建筑力学

（第3版）

主　编　徐凯燕　聂　堃
副主编　陆晓明　姚　艳　王　龙　王以贤
参　编　周见光　刘　星　张根源
主　审　张修杰　孙晓立

北京理工大学出版社
BEIJING INSTITUTE OF TECHNOLOGY PRESS

内 容 提 要

本书按照高等院校人才培养目标及专业教学改革的需要进行编写。全书共分为十六章，主要内容包括绪论、静力学基本知识、平面汇交力系、力矩与平面力偶系、平面一般力系、空间力系、平面图形的几何性质、轴向拉伸与压缩、剪切与扭转、梁的弯曲变形、组合变形、压杆稳定、平面体系的几何组成分析、静定结构的内力计算、结构位移及其计算、超静定结构计算、影响线及其应用。

本书可作为高等院校土木工程类相关专业的教材，也可作为函授和自学考试辅导用书，还可供建筑工程施工现场相关技术和管理人员工作时参考使用。

图书在版编目（CIP）数据

建筑力学 / 徐凯燕，聂堃主编. —3版. —北京：北京理工大学出版社，2020.7

ISBN 978-7-5682-8795-1

Ⅰ.①建…　Ⅱ.①徐…　②聂…　Ⅲ.①建筑科学－力学－高等学校－教材　Ⅳ.①TU311

中国版本图书馆CIP数据核字（2020）第135706号

出版发行 / 北京理工大学出版社有限责任公司
社　　址 / 北京市海淀区中关村南大街5号
邮　　编 / 100081
电　　话 /（010）68914775（总编室）
（010）82562903（教材售后服务热线）
（010）68948351（其他图书服务热线）
网　　址 / http://www.bitpress.com.cn
经　　销 / 全国各地新华书店
印　　刷 / 天津久佳雅创印刷有限公司
开　　本 / 787毫米 ×1092毫米　1/16
印　　张 / 18.5
字　　数 / 471千字
版　　次 / 2020年7月第3版　2020年7月第1次印刷
定　　价 / 68.00元

责任编辑 / 江　立
文案编辑 / 江　立
责任校对 / 周瑞红
责任印制 / 边心超

第3版前言

“建筑力学”是高等院校土木工程类相关专业一门必修的专业基础课程。通过本课程的学习，要求学生了解一般建筑结构的组成方式，对建筑结构的受力性能具有明确的基本概念和必要的基础知识，对结构内力、应力及位移的分析计算问题具有初步的认识，从而使学生能对一般的建筑工程问题进行初步分析，为学习后续的专业课程，如建筑结构、平法识图与钢筋翻样等提供一定的力学基础。本书依据高等院校土木工程类相关专业建筑力学课程大纲编写而成，旨在培养学生应用建筑力学的基本概念和基本原理，分析、解决常见建筑结构和杆件的强度、刚度和稳定性问题的能力。本书是编者多年建筑力学课程教学实践的总结。

本书从高等教育培养目标和学生的实际情况出发，以“必需，够用”为度，注重应用，精选理论力学、材料力学和结构力学的有关内容形成简洁的教学体系，力求做到理论联系实际，注重科学性、实用性和针对性，突出学生应用能力的培养。本书内容新颖、层次明确、结构有序，其基础理论内容具有系统性、全面性，具体内容具有针对性、实用性，能很好地满足专业特点要求。

为进一步强化教材的实用性和可操作性，使修订后的教材能更好地满足高等院校教学工作的需要，本次修订对原有章节内容进行较大幅度的调整和补充，并对各章节的能力目标、知识目标、本章小结进行了修订，在修订中对各章节知识体系进行了深入的思考，联系实际对知识点进行了总结与概括，从而便于学生学习与思考，并对各章节的思考与练习也进行了适当补充，有利于学生课后复习。

本书由广东交通职业技术学院徐凯燕、江西交通职业技术学院聂堃担任主编，由郑州科技学院陆晓明、南昌理工学院姚艳、广州五羊建设机械有限公司王龙、河南建筑职业技术学院王以贤担任副主编，由恩施职业技术学院周见光、闽西职业技术学院刘星、宿迁泽达职业技术学院张根源参与编写。全书由广东省公路勘察规划设计院有限公司张修杰、广州市市政工程试验检测有限公司孙晓立主审。本书在修订过程中参阅了国内同行多部著作，部分高等院校老师提出了很多宝贵意见供我们参考，在此表示衷心的感谢！对于参与本书第1、2版编写但未参加本次修订的老师、专家和学者，本次修订所有编写人员向你们表示敬意，感谢你们对高等教育教学改革所做出的不懈努力，希望你们对本书保持持续关注并多提宝贵意见。

虽经反复讨论修改，但限于编者的学识及专业水平和实践经验，修订后的图书仍难免有疏漏和不妥之处，恳请广大读者指正。

编　者

第2版前言

“建筑力学”是高等院校土建类相关专业的一门重要技术基础课程。其主要任务是使学生具备建筑力学的基础知识，掌握正确的受力分析方法；对工程结构中杆件的强度问题具有明确的概念和一定的计算能力；初步掌握杆件体系的分析方法，初步了解常用结构形式的受力性能；掌握各种结构在荷载作用下维持平衡的条件以及承载能力的计算方法，为解决工程实际问题提供理论基础，使所设计的构件既安全合理，又经济实用。

本书第1版自出版发行以来，经有关院校教学使用，深受广大专业任课老师及学生的欢迎及好评，他们对书中内容提出了很多宝贵的意见和建议，编者对此表示衷心的感谢。为使内容能更好地体现当前高等院校“建筑力学”课程的需要，编者对本书进行了修订。

本次修订以第1版为基础，按照第1版的体例进行编写。修订时坚持以理论知识够用为度，遵循“立足实用、打好基础、强化能力”的原则，以培养面向生产第一线的应用型人才为目的，强调提升学生的实践能力和动手能力，力求做到内容精简，由浅入深，注重阐述基本概念和基本方法，联系工程实际，在文字上尽量做到通俗易懂。通过本书的学习，学生能熟练运用建筑力学的基本理论和基本方法去分析实际工程中杆件及结构的主要受力状态，为结构的设计提供内力、应力、变形和稳定性等计算参数以及基本分析方法，从而为其运用建筑力学的知识去分析工程实际中的有关问题并为学习专业课程和进一步学习准备条件。

为更方便“老师的教”和“学生的学”，本次修订时除对各章节内容进行了必要更新外，还对有关章节的顺序进行了合适的调整，并结合广大读者、专家的意见和建议，对书中的错误与不合适之处进行了修订；还重点对各章的“能力目标”“知识目标”及“本章小结”重新进行了编写，明确了学习目标，便于教学重点的掌握。本次修订对各章后的“思考与练习”进行了必要的补充，并将其分为“复习思考题”和“习题”两部分，从而更有利于学生课后复习参考，强化应用所学理论知识解决工程实际问题的能力。

本书由刘宏、杨卫国、聂堃担任主编，由冉迅、崔彩萍、张少波、胡小勇担任副主编，郝绍菊、张寰、王岩参与了部分章节的编写。

本书在修订过程中参阅了国内同行多部著作，部分高等院校老师提出了很多宝贵意见供我们参考，在此表示衷心的感谢！对于参与本书第1版编写但未参加本次修订的老师、专家和学者，本次修订所有编写人员向你们表示敬意，感谢你们对高等教育教学改革所做出的不懈努力，希望你们对本书保持持续关注并多提宝贵意见。

本书虽经反复讨论修改，但限于编者的学识及专业水平和实践经验，修订后的图书仍难免有疏漏和不妥之处，恳请广大读者指正。

编　者

第1版前言

建筑力学是建筑工程设计人员和施工技术人员必不可少的专业基础。作为结构设计人员，只有掌握建筑力学知识，才能正确地对结构进行受力分析和力学计算，保证所设计的结构既安全可靠又经济合理；作为施工技术及施工管理人员，只有掌握建筑力学知识，了解结构和构件的受力情况、各种力的传递途径以及结构和构件在这些力的作用下会发生怎样的破坏等，才能避免质量和安全事故的发生，确保建筑施工正常进行。建筑力学的任务是研究结构的几何组成规律，以及在荷载作用下结构和构件的强度、刚度和稳定性问题；它是建筑结构、建筑施工技术、地基与基础等课程的基础，是高等院校土建类相关专业一门十分重要的专业基础课程。

本书以适应社会需求为目标，以培养技术能力为主线组织编写，在编写内容上以“够用”为度，以“实用”为准，理论紧密联系实际，深入浅出，主要体现出如下特色：

（1）以培养实用型建筑企业管理人才为目标，围绕以下学生应熟悉和掌握的技能进行编写。

1）了解建筑力学的研究对象和任务，掌握建筑力学的基本理论，熟悉刚体、变形固体的概念及其基本假设的内容。

2）掌握力、力系的概念，熟悉静力学的基本公理，熟悉荷载的性质，理解合力投影定理，能熟练地对物体进行受力分析；掌握力矩、力偶及力偶矩的分析、计算，掌握力的平移定理及一般力系的简化方法，熟悉平面一般力系的平衡条件及平衡方程式的应用。

3）掌握杆件变形的基本形式，熟悉内力、应力的概念及应力集中对构件强度的影响，掌握拉（压）杆件的应力计算、强度条件和强度计算；掌握物体的重心和形心坐标的计算，掌握组合截面惯性矩的计算。

4）掌握剪切、挤压的概念及相关计算，掌握圆轴扭转时的强度条件与强度计算；掌握梁的弯曲内力计算；掌握组合变形的强度条件与强度计算；掌握压杆的稳定条件及相关计算；熟练掌握平面体系的几何组成分析；掌握静定平面刚架、静定平面桁架及三铰拱的受力分析、内力计算和内力图的绘制；掌握静定结构的位移计算；了解超静定结构的概念、类型，熟练使用位移法计算超静定梁与无侧移刚架的内力；能用静力法绘制单跨静定梁的反力及内力影响线。

（2）以社会需求为基本依据，以就业为导向，以学生为主体，体现教学组织的科学性和灵活性的原则。

（3）在保证系统性的基础上，体现内容的先进性，并通过例题、思考与练习加强对学生动手能力的培养和训练。

（4）以【学习重点】—【培养目标】—【课程学习】—【本章小结】—【思考与练习】的体例形式，构建“引导—学习—总结—练习”的教学模式，引导学生从更深层次复习和巩固所学知识。

本书由刘宏、孟胜国、聂堃任主编，由李建民、郭清燕、贾文青、李娜任副主编，洪彩霞、杨晶、施吕冰、崔彩萍、陈拖顺、姜涛、李华志等参与编写。

本书可作为高等教育土建类相关专业教材，也可作为土建工程施工人员、技术人员和管理人员学习、培训的参考用书。本书在编写过程中，参阅了国内同行多部著作，同时部分高等院校教师也提出了很多宝贵意见，在此，对他们表示衷心的感谢！

本书编写过程中，虽经推敲核证，但限于编者的专业水平和实践经验，仍难免有疏漏或不妥之处，恳请广大读者指正。

编　者

Contents

目 录

绪　论

一、建筑力学的研究对象

建筑物是由基本构件组成的。常见的构件有梁、楼板、墙柱、基础、屋架等。其中许多构件构成建筑物中的骨架，并承受和传递各种荷载作用。

建筑物中支承和传递荷载并起骨架作用的部分或体系称为结构。按其构件的几何性质可分为以下三种：

(1)**杆系结构**。杆系结构是由若干杆件按照一定的方式连接起来组合而成的体系。杆件的几何特征是其截面高、宽两个方向的尺寸要比杆长小得多(杆件长度尺寸与其截面高、宽两个方向尺寸的比在5倍以上)。本书所研究的主要对象就是杆件或由杆件组成的杆系结构，如图0-1所示。

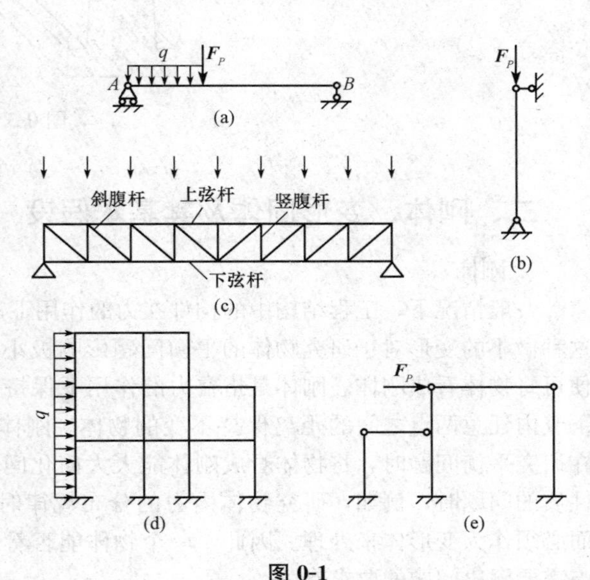

图0-1

(a)梁；(b)柱；(c)桁架结构；(d)刚架；(e)排架结构

(2)**薄壁结构**。薄壁结构由薄壁构件组成。其厚度要比长度和宽度小得多，如楼板、薄壳屋面[图0-2(a)]、矩形水池[图0-2(b)]、拱坝、薄膜结构等。

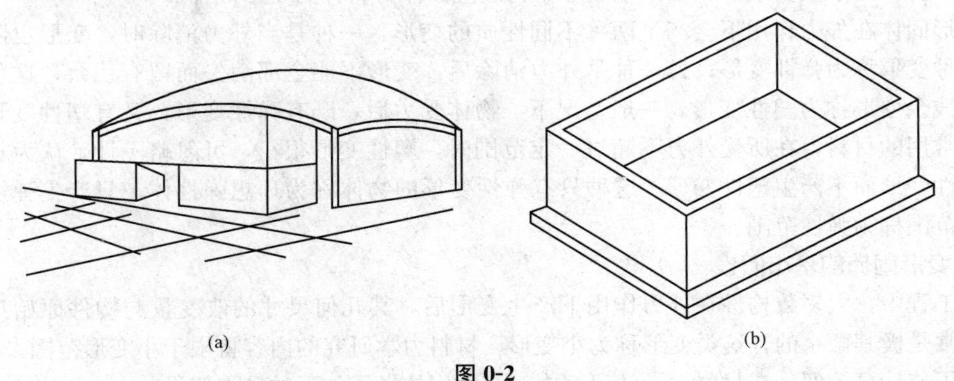

图0-2

(a)薄壳屋面；(b)矩形水池

(3)**实体结构**。实体结构本身可以看作是一个实体构件或由若干实体构件组成。其几何特征呈块状，长、宽、高三个方向的尺寸大体相近，且内部大多为实体，如挡土墙(图0-3)、重力坝、动力机器的底座或基础等。

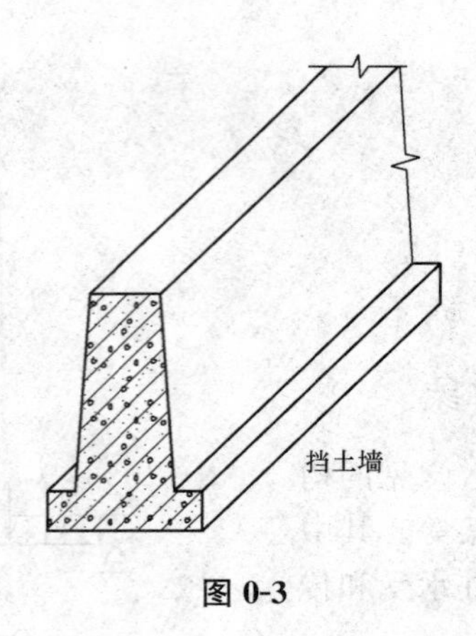

图 0-3

二、刚体、变形固体及其基本假设

1. 刚体

一般情况下，工程结构中的构件在力的作用下产生的变形是很微小的，在很多工程问题中，这种微小的变形对于研究物体的平衡问题影响极小，可以略去不计。忽略了物体微小的变形后便可将物体看成刚体。刚体是指在力的作用下保持其形状和大小不变的物体，或者在力的作用下其内任意两点之间的距离保持不变的物体。刚体是对物体加以抽象后得到的一种理想模型。在研究平衡问题时，将物体看成刚体能大大简化问题的研究。然而也应当注意，当研究另一类性质的问题时，例如，研究物体内力的分布规律时，即使变形很小，也不能将物体视为刚体，而必须作为变形体来处理。因此，一个物体能否看作刚体，不仅取决于物体变形的大小，而且与需要解决问题的要求有关。

2. 变形固体

在工程中，构件和零件都是由固体材料制成的，如铸铁、钢、木材、混凝土等。这些固体材料在外力作用下或多或少都会产生变形，将这些固体材料称为变形固体。

变形固体在外力作用下会产生两种不同性质的变形：一种是当外力消除时，变形也随之消失，这种变形称为弹性变形；另一种是外力消除后，变形不能全部消失而留有残余，这种不能消失的残余变形称为塑性变形。一般情况下，物体受力后，既有弹性变形，又有塑性变形。但工程中常用的材料，在所受外力不超过一定范围时，塑性变形很小，可忽略不计，认为材料只产生弹性变形而不产生塑性变形。这种只有弹性变形的物体称为理想弹性体。只产生弹性变形的外力范围称为弹性范围。

3. 变形固体的基本假设

在工程中，大多数构件在外力作用下产生变形后，其几何尺寸的改变量与构件原始尺寸相比，常常是极其微小的，这类变形称为小变形。材料力学研究的内容将限于小变形范围。

为了使计算简便，在材料力学的研究中对变形固体做了如下的基本假设：

(1)连续性假设。认为物体的材料结构是密实的，物体内材料是无空隙的连续分布。在此假设下，物体内的一些物理量才能够用坐标中的连续函数表示其变化规律。实际上，可变形固体内部存在着气孔、杂质等缺陷，但其与构件尺寸相比极为微小，可忽略不计。

(2)均匀性假设。认为材料的力学性质是均匀的，从物体上任取或大或小的一部分，材料的力学性质均相同。

(3)各向同性假设。认为材料的力学性质是各向同性的，材料沿不同的方向具有相同的力学性质，即物体的力学性能不随方向的不同而改变，对这类材料从不同的方向做理论研究时，可得到相同的结论。常用的工程材料如钢材、混凝土、玻璃等都可认为是各向同性材料。如果材料沿各个方向具有不同的力学性能，则称为各向异性材料。

材料力学的研究对象是由连续、均匀、各向同性的变形固体材料制成的构件，且限于小变形范围。

按照连续、均匀、各向同性假设而理想化了的一般变形固体称为理想变形固体。采用理想变形固体模型不但可使理论分析和计算得到简化，且所得结果的精度能满足工程的要求。

无论是刚体还是理想变形固体，都是针对所研究问题的性质，略去一些次要因素，保留对问题起决定性作用的主要因素，而抽象化形成的理想物体在生活和生产实践中并不存在，但解决力学问题时，它们是必不可少的理想化的力学模型。

三、杆件变形的形式与度量

材料力学中的主要研究对象是杆件。**杆件**是指长度远大于其他两个方向尺寸的构件(构件长度尺寸与其截面宽、高尺寸相比，通常在5倍以上)。

1. 杆件的类别与几何特性

杆系结构中杆件的轴线多为直线，也有轴线为曲线和折线的杆件，分别称为直杆、曲杆和折杆，如图0-4所示。

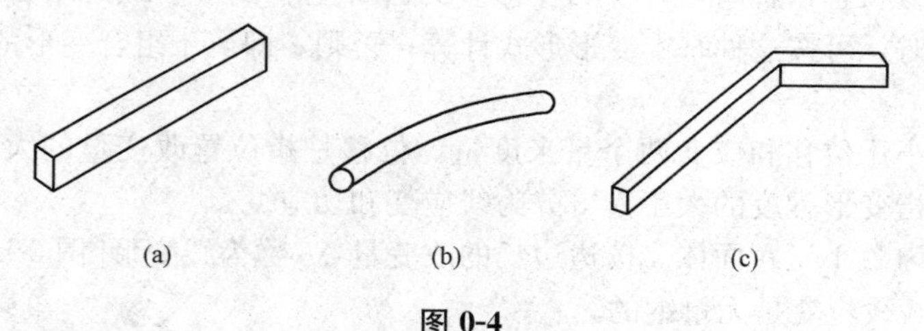

图0-4
(a)直杆；(b)曲杆；(c)折杆

杆件的几何特点可由横截面和轴线进行描述，即横截面是与杆长方向垂直的截面，而轴线是各截面形心的连线(图0-5)。横截面相同的杆件称为等截面杆；横截面不同的杆件称为变截面杆(图0-6)。

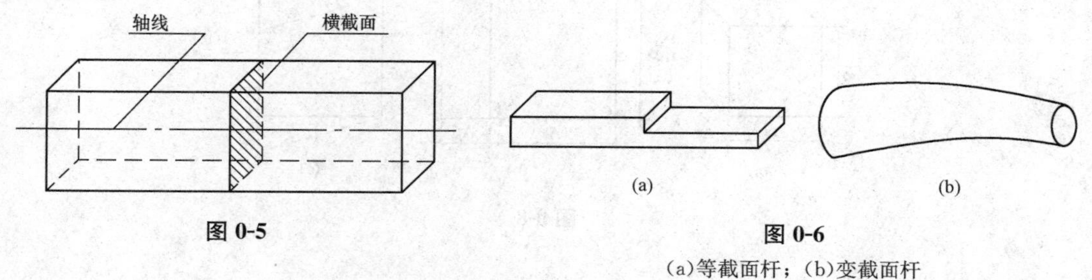

图0-5

图0-6
(a)等截面杆；(b)变截面杆

2. 杆件变形的基本形式

杆件受外力作用后，其几何形状和尺寸一般都要发生改变，这种改变量称为**变形**。

杆件在不同形式的外力作用下，将发生不同形式的变形。总的来说，杆件变形的基本形式有以下四种：

(1)轴向拉伸或压缩[图 0-7(a)、(b)]。在一对大小相等、方向相反、作用线与杆轴线相重合的外力作用下，杆件将发生长度的改变(伸长或缩短)。

(2)剪切[图 0-7(c)]。在一对相距很近、大小相等、方向相反的横向外力作用下，杆件的横截面将沿力的方向发生错动。

(3)扭转[图 0-7(d)]。在一对大小相等、方向相反、位于垂直于杆轴线的两平面内的力偶作用下，杆的任意两个横截面将绕轴线发生相对转动。

(4)弯曲[图 0-7(e)]。在一对大小相等、方向相反、位于杆的纵向平面内的力偶作用下，杆件的轴线由直线弯成曲线。

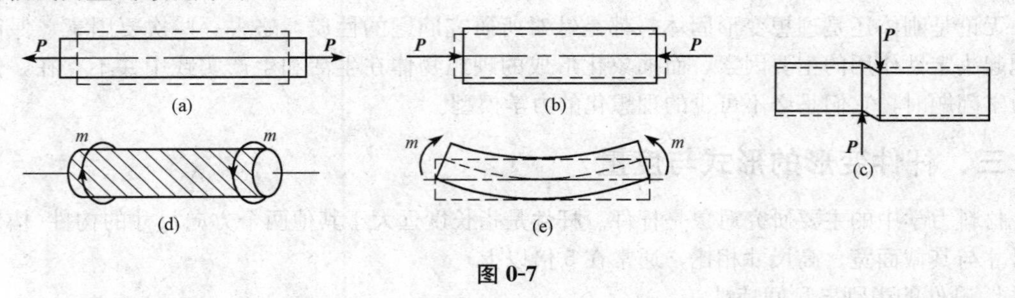

图 0-7

各基本变形形式都是在特定的受力状态下发生的，杆件正常工作时的实际受力状态往往不同于上述特定的受力状态，所以，杆件的变形多为各种基本变形形式的组合。当某一种基本变形形式起主要作用时，可按这种基本变形形式计算；否则，即属于组合变形的问题。

3. 位移与应变

杆件变形的大小用位移和应变两个量来度量。**位移**是指位置改变量的大小，可分为线位移和角位移；**应变**是指变形程度的大小，可分为线应变和切应变。

图 0-8(a)所示为微小正六面体。棱边边长的改变量 $\Delta\mu$ 称为线变形[图 0-8(b)]，$\Delta\mu$ 与 Δx 的比值 ε 称为线应变。线应变是无量纲的。

$$\varepsilon=\frac{\Delta\mu}{\Delta x} \tag{0-1}$$

上述微小正六面体的各边缩小为无穷小时，通常称为单元体。单元体中相互垂直棱边夹角的改变量 γ[图 0-8(c)]称为**切应变或角应变**(剪应变)。角应变用弧度来度量，其也是无量纲的。

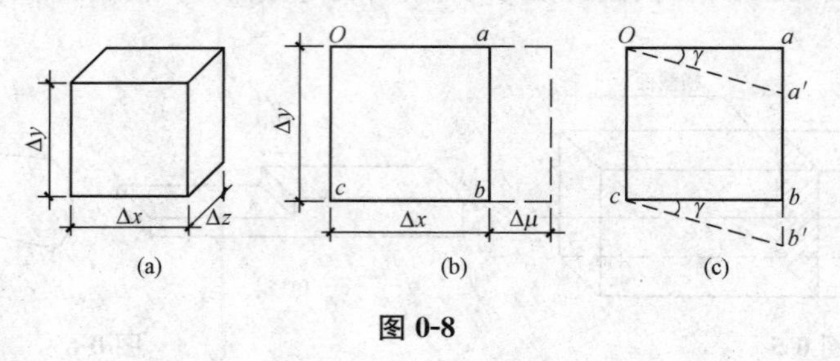

图 0-8

四、荷载的概念及分类

1. 荷载的概念

作用在物体上的力一般可分为两种：一种是使物体运动或使物体有运动趋势的主动力；另一种是阻碍物体运动的约束力。通常，将作用在结构上的主动力称为荷载，如结构自重、水压力、土压力、风压力及人群与货物的重力、起重机轮压等；而将约束力称为反力。荷载和反力是相互独立且相互依存的一个矛盾的两个方面。它们都是其他物体作用在结构上的力，又统称为外力。在外力作用下，结构内各部分之间将产生相互作用的力，称为内力。另外，还有其他因素可以使结构产生内力和变形，如温度变化、地基沉陷、构件制造误差、材料收缩等。从广义上说，这些因素也可看作荷载。

合理地确定荷载，是结构设计中非常重要的工作。如果荷载估计过大，所设计的结构尺寸将偏大，造成浪费；如荷载估计过小，则所设计的结构不够安全。进行结构设计，就是要确保结构的承载能力足以抵抗内力，将变形控制在结构能正常使用的范围内。在进行结构设计时，不仅要考虑直接作用在结构上的各种荷载作用，还应考虑引起结构内力、变形等效应的间接作用。

对于特殊的结构，必要时还要进行专门的试验和理论研究以确定荷载。

2. 荷载的分类

在实际工程中，作用在结构上的荷载是多种多样的。为了便于力学分析，需要从不同的角度，对其进行分类。

(1)根据荷载的分布范围分类。根据荷载的分布范围，荷载可分为**集中荷载**和**分布荷载**。

1)集中荷载是指分布面积远小于结构尺寸的荷载，如起重机的轮压。由于这种荷载的分布面积较集中，因此，在计算简图上可将这种荷载作用于结构上的某一点处。

2)分布荷载是指连续分布在结构上的荷载。分布荷载又可分为均布荷载和非均布荷载。若荷载连续作用各处大小相同，这种荷载称为均布荷载。当荷载连续分布在结构内部各点上时称为体均布荷载；当荷载连续分布在结构表面上时称为面均布荷载；当荷载沿着某条线连续分布时称为线均布荷载。当荷载连续作用，但各处大小不相同时，则称为非均布荷载。

(2)根据荷载的作用性质分类。根据荷载的作用性质，荷载可分为静力荷载和动力荷载。

1)当荷载从零开始，逐渐缓慢地、连续均匀地增加到最后的确定数值后，其大小、作用位置及方向都不再随时间而变化，这种荷载称为静力荷载。如结构的质量、一般的活荷载等。静力荷载的特点是该荷载作用在结构上时，不会引起结构振动。

2)如果荷载的大小、作用位置、方向随时间而急剧变化，这种荷载称为动力荷载。如动力机械产生的荷载、地震力等。动力荷载的特点是该荷载作用在结构上时，会产生惯性力，从而引起结构显著的振动或冲击。

(3)根据荷载作用时间的长短分类。根据荷载作用时间的长短，荷载可分为**恒荷载**和**活荷载**。

1)恒荷载是指作用在结构上的不变荷载，即在结构建成以后，其大小和作用位置都不再发生变化的荷载。如构件的质量、土压力等。构件的质量可根据结构尺寸和材料的重力密度(即每 1 m^3 体积的质量，单位为 N/m^3)进行计算。

2)活荷载是指在施工或建成后使用期间可能作用在结构上的可变荷载，这种荷载有时存在，有时不存在，它们的作用位置和作用范围可能是固定的(如风荷载、雪荷载、会议室的人群荷载等)，也可能是移动的(如起重机荷载、桥梁上行驶的汽车荷载等)。不同类型的房屋建筑，因其使用的情况不同，活荷载的大小也就不同。《建筑结构荷载规范》(GB 50009—2012)(以下简称《荷载规范》)对各种常用的活荷载都有详细的规定。

确定结构所承受的荷载是结构设计中的重要内容之一，必须认真对待。在《荷载规范》未包含的某些特殊情况下，设计者需要深入现场，结合实际情况进行调查研究，才能合理地确定荷载。

五、建筑力学的研究任务和内容

1. 建筑力学的研究任务

在施工和使用过程中，建筑结构构件要承受及传递各种荷载作用，构件本身会因荷载作用而产生变形，存在损坏、失稳的可能。建筑力学的任务是研究结构的几何组成规律，以及在荷载作用下结构和构件的强度、刚度和稳定性问题。其目的是保证结构按照设计要求正常工作，并充分发挥材料的性能，使设计的结构既安全可靠又经济合理。

(1)强度。构件本身具有一定的承载能力，在荷载的作用下，其抵抗破坏或不产生塑性变形的能力通常称为强度。构件在过大的荷载作用下可能被破坏。例如，当起重机的起重量超过一定限度时，吊杆可能断裂。

(2)刚度。在荷载作用下，构件不产生超过工程允许的弹性变形的能力称为刚度。在正常情况下，构件会发生变形，但变形不能超出一定的限值，否则将会影响正常使用。例如，如果起重机梁的变形过大，起重机就不能正常行驶。因此，设计时必须保证构件有足够刚度使变形不超过规范允许的范围。

(3)稳定性。在荷载作用下，构件保持其原有平衡状态的能力称为稳定性。结构中受压的细长杆件，如桁架中的压杆，在压力较小时能保持直线平衡状态，当压力超过某一临界值时，就可能变为非直线平衡并发生破坏，称为失稳破坏。工程结构中的失稳破坏往往比强度破坏损失更惨重，因为这种破坏具有突然性，没有先兆。

结构的强度、刚度、稳定性反映了它的承载能力，其高低与构件的材料性质、截面的几何形状及尺寸、受力性质、工作条件及构造情况等因素有关。在结构设计中，如果将构件截面设计得过小，构件会因刚度不足导致变形过大而影响正常使用，或因强度不足而迅速破坏；如果构件截面设计得过大，其能承受的荷载过分大于所受的荷载，则又会不经济，造成人力、物力上的浪费。因此，结构和构件的安全性与经济性是矛盾的。建筑力学的任务就在于力求合理地解决这种矛盾，即研究和分析作用在结构(或构件)上的力与平衡的关系，结构(或构件)的内力、应力、变形的计算方法，以及构件的强度、刚度和稳定条件，为保证结构(或构件)既安全可靠又经济合理提供计算理论依据。

2. 建筑力学的研究内容

建筑力学是一门技术基础课程。其主要分析材料的力学性能和变形特点及建筑结构或构件的受力情况，包括结构或构件的强度、刚度和稳定性，为建筑结构设计及解决施工中的受力问题提供基本的力学知识和计算方法。

具体来说，建筑力学将讨论下列几个方面的内容：

(1)力系的简化和力系平衡问题。即结构和构件上所受到的各种力都要符合保持平衡状态的条件。

(2)强度问题。即研究结构和构件在荷载作用下其内部产生的力和结构抵抗破坏的能力。

(3)刚度问题。即讨论结构和构件在荷载作用下的变形大小和抵抗变形的能力。

(4)稳定问题。即讨论受压构件的稳定性，避免受压构件因过于细长，当压力超过一定值时突然从原来的直线状态变成曲线形状，改变受压工作形状而破坏，即失稳破坏。

(5)研究杆件几何组成规则。即保证各部分不发生相对运动，使杆件体系能形成稳固的结构体系。

第一章 静力学基本知识

知识目标

了解力的表示及三要素、刚体、平衡、约束、约束反力的概念；熟悉静力学基本公理、柔索约束、光滑接触面约束、圆柱铰链约束、链杆约束、铰链支座约束、固定端约束等；掌握物体受力图的画法。

能力目标

通过本章的学习，能熟练地画出各种约束的约束反力、指定物体或物体系统的受力图；能对结构计算简图进行简化并计算。

第一节 力与平衡的概念

一、力的概念

力是物体之间的相互作用，这种作用使物体的运动状态或形状发生改变。物体相互间的作用形式多种多样，可以归纳为两类：一类是两物体相互接触时，它们之间相互产生的拉力或压力；另一类是地球与物体之间相互产生的吸引力，对物体来说，这种吸引力就是重力。

力不能脱离物体而单独存在，它总是成对出现，有作用力必有反作用力。物体在受到力的作用后，产生的效应可以分为两种：一是使物体的运动状态发生改变(称为**外效应**，也称为运动效应)；二是使物体的形状发生变化(称为**内效应**，也称为变形效应)。

1. 力的三要素

力对物体的作用效应取决于三个要素，**即力的大小、方向、作用点**。

(1)力的大小反映物体相互间作用的强弱程度，它可以通过力的外效应和内效应的大小来度量。在国际单位制中，度量力的大小以牛顿(N)或千牛顿(kN)为单位。

(2)力的方向表示物体间的相互作用具有方向性，它包括力所顺沿的直线(称为力的作用线)在空间的方位和力沿其作用线的指向。例如，重力的方向是“铅垂向下”，“铅垂”是力的方位，“向下”是力的指向。

(3)力的作用点是指力在物体上的作用位置。实际上，两个物体之间相互作用时，其接触的部位总是占有一定的面积，力总是按照各种不同的方式分布于物体接触面的各点上。当接触面面积很小时，则可以将微小面积抽象为一个点，这个点称为力的作用点，该作用力称为**集中力**；反之，如果接触面面积较大而不能忽略时，则力在整个接触面上分布作用，此时的作用力称为**分布力**。分布力的大小用单位面积上力的大小来度量，称为**荷载集度**，用 $p(\mathrm{N/m^2})$来表示。

2. 力的表示

力的三要素表明力是矢量(其计算符合矢量代数运算法则)，常常用黑体字表示，如 $\boldsymbol{F}$(图 1-1)，用一段带有箭头的线段(AB)来表示。其中，线段(AB)的长度按一定的比例尺表示力的大小；线段的方位和箭头的指向表示力的方向；线段的起点 A 或终点 B(应在受力物体上)表示力的作用点。线段所沿的直线称为力的作用线，也常用普通字母(如 F)表示力的大小。

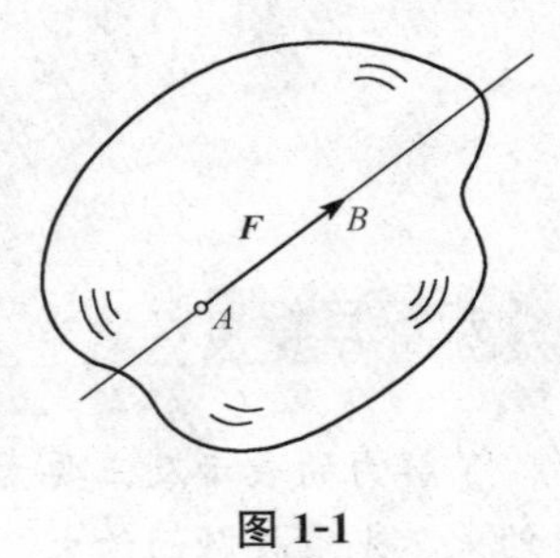

图 1-1

二、刚体的概念

实践表明，任何物体受到力的作用后，总会产生一些变形。但在通常情况下，绝大多数构件或零件的变形都是很微小的。研究证明，在很多情况下，这种微小的变形对物体的外效应影响甚微，可以忽略不计，即认为物体在力的作用下大小和形状保持不变。将这种在力的作用下不产生变形的物体称为**刚体**。

刚体只是人们将实物理想化的一个力学模型。事实上，自然界中任何物体受到外力作用都会发生不同程度的变形，只是有时变形很小，对所研究的问题影响甚微，可忽略不计。例如，在建筑中最常见的梁，在研究它的平衡问题时，可认为它是刚体；在研究它的强度、刚度时，又必须将它看作是变形体。所以，刚体的概念是相对的。

三、力系与平衡的概念

1. 力系

一般情况下，一个物体总是同时受到若干个力的作用。将同时作用于一个物体上的一组力称为**力系**。

按照力系中各力作用线分布的不同形式，力系可分为以下几种：

(1)汇交力系。力系中各力作用线汇交于一点。

(2)力偶系。力系中各力可以组成若干力偶或力系由若干力偶组成。

(3)平行力系。力系中各力作用线相互平行。

(4)一般力系。力系中各力作用线既不完全交于一点，也不完全相互平行。

按照各力作用线是否位于同一平面内，力系又可以分为**平面力系**和**空间力系**两大类，如平面汇交力系、空间一般力系等。

2. 平衡

平衡是指物体相对于地球保持静止或匀速直线运动的状态。例如，房屋、水坝、桥梁相对于地球保持静止；沿直线匀速起吊的构件相对于地球是作匀速直线运动等。它们的共同特点就是运动状态没有发生变化。建筑力学研究的平衡主要是物体处于静止状态。

3. 力系的分解与合成

在不改变物体作用效应的前提下，用一个简单力系代替一个复杂力系的过程，称为**力系的简化**或**力系的合成**；反过来，将合力代换成若干分力的过程，称为**力的分解**。

如果某一力系对物体产生的效应，可以用另外一个力系来代替，则这两个力系称为**等效力**

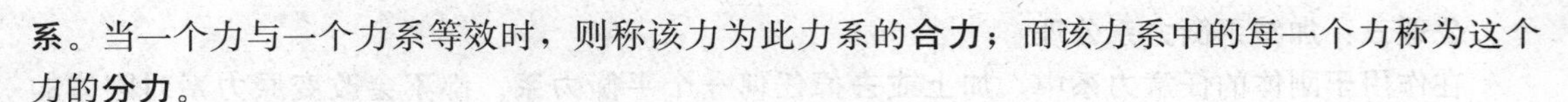

系。当一个力与一个力系等效时，则称该力为此力系的**合力**；而该力系中的每一个力称为这个力的**分力**。

4. 平衡力系

使物体处于平衡状态的力系称为**平衡力系**。物体在力系作用下处于平衡时，力系所应该满足的条件，称为**力系的平衡条件**，这种条件有时是一个，有时是几个，它们是建筑力学分析的基础。

第二节　静力学基本公理

静力学公理是人们从实践中总结出来的最基本的力学规律，这些规律是符合客观实际的，并被认为是无须再证明的真理，是人们关于力的基本性质的概括和总结，是研究力系的简化与平衡问题的基础。

公理一：二力平衡公理

作用于刚体上的两个力使刚体处于平衡的充分必要条件是这两个力大小相等、方向相反、作用线在同一条直线上(简称二力等值、反向、共线)。

二力平衡公理揭示了刚体在两个力作用下处于平衡状态所必须满足的条件，故又称为**二力平衡条件**。

构件是一种物体，在两个力作用下处于平衡的构件称为**二力构件**，如图 1-2(a)、(b)、(c)所示，作用在二力构件上的两个力必定等值、反向、共线；若此构件为直杆，通常称为**二力杆**，如图 1-2(d)所示。

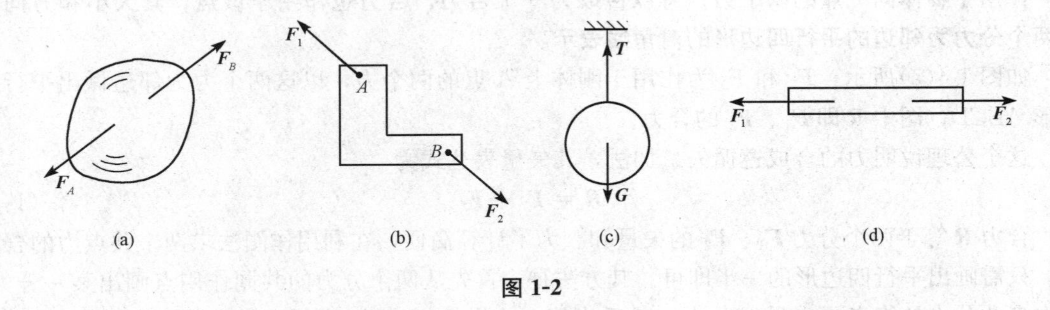

图 1-2

公理二：作用力与反作用力公理

两个物体间的作用力与反作用力，总是大小相等、方向相反、作用线相同，并分别而且同时作用于这两个物体上。

这个公理概括了任何两个物体之间相互作用的关系。作用力与反作用力总是同时存在，又同时消失。作用力与反作用力这一对力并不在同一物体上出现。

必须注意的是，不能将二力平衡问题和作用力与反作用力混淆起来。二力平衡公理中的两个力作用在同一物体上，而且使物体平衡。作用力与反作用力公理中的两个力分别作用在两个不同的物体上，是一种相互作用关系，虽然也是大小相等、方向相反、作用在同一条直线上，但不能说是平衡的。

公理三：加减平衡力系公理

在作用于刚体的任意力系中，加上或去掉任何一个平衡力系，都不会改变原力系对刚体的作用效应。

这是因为在平衡力系中，诸力对刚体的作用效应相互抵消，力系对刚体的效应等于零。根据这个原理，可以进行力系的等效变换。

推论一：力的可传性原理

作用于刚体上某点的力，可沿其作用线移动到刚体内任意一点，而不改变该力对刚体的作用效应。

如图 1-3 所示，小车 A 点上作用有力 $\boldsymbol{F}$，在其作用线上任取一点 B，在 B 点沿力 $\boldsymbol{F}$ 的作用线加一对平衡力，使 $\boldsymbol{F}=\boldsymbol{F}_1=-\boldsymbol{F}_2$，根据加减平衡力系公理，力系 $\boldsymbol{F}_1$、$\boldsymbol{F}_2$、$\boldsymbol{F}$ 对小车的作用效应不变。将 $\boldsymbol{F}$ 和 $\boldsymbol{F}_2$ 组成的平衡力系去掉，只剩下力 $\boldsymbol{F}_1$，与原力系等效，由于 $\boldsymbol{F}=\boldsymbol{F}_1$，这就相当于将力 $\boldsymbol{F}$ 沿其作用线从 A 点移到 B 点而效应不变。

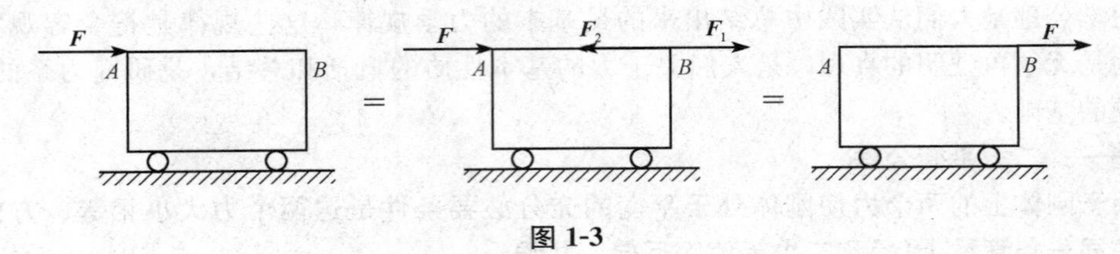

图 1-3

由此可见，对于刚体来说，力的作用点已不是决定力的作用效应的要素，它已被作用线所代替。因此，作用于刚体上力的三要素是力的大小、方向和作用线。

必须指出的是，力的可传性原理只适用于刚体而不适用于变形体。

公理四：力的平行四边形法则

作用于物体同一点的两个力，可以合成为一个合力，合力也作用于该点，其大小和方向由以两个分力为邻边的平行四边形的对角线表示。

如图 1-4(a)所示，$\boldsymbol{F}_1$ 和 $\boldsymbol{F}_2$ 为作用于刚体上 A 点的两个力，以这两个力为邻边做出平行四边形 $ABCD$，图中 $\boldsymbol{R}$ 即 $\boldsymbol{F}_1$、$\boldsymbol{F}_2$ 的合力。

这个公理说明力的合成遵循矢量加法，其矢量表达式为

$$\boldsymbol{R}=\boldsymbol{F}_1+\boldsymbol{F}_2 \tag{1-1}$$

合力 $\boldsymbol{R}$ 等于两个分力 $\boldsymbol{F}_1$、$\boldsymbol{F}_2$ 的矢量和。为了计算简便，在利用作图法求两个共点力的合力时，只需画出平行四边形的一半即可。其方法是：首先从两个分力的共同作用点画出某一分力，其次自此分力的终点画出另一分力，最后由第一个分力的起点至第二个分力的终点作一矢量，即合力，做出的三角形，称为**力三角形**，这种求合力的方法称为**力的三角形法则**，如图 1-4(b)所示。

画力三角形时，首先要注意“首尾相接”的次序规则，如图 1-4(b)中，以 a 为起点，两力 $\boldsymbol{F}_1$、$\boldsymbol{F}_2$ 首尾相接于 b 点，终点为 c，而合力 $\boldsymbol{R}$ 则是从起点 a 指向终点 c 的；其次要注意合力 $\boldsymbol{R}$ 的作用点不是在 a，而仍是两力 $\boldsymbol{F}_1$、$\boldsymbol{F}_2$ 的交点 A。上述按比例作图，在图上量取合力的大小与方位的方法，称为**几何法**。

合力的大小与方位也可利用力平行四边形的几何关系而解得，凡用数学解析来求解合力的大小与方位的方法，称为**解析法**。由图 1-4(b)可知 $\boldsymbol{F}_1$、$\boldsymbol{F}_2$、$\boldsymbol{R}$ 三者的几何关系：

$$R^2=F_1^2+F_2^2+2F_1F_2\cos(180°-\alpha) \tag{1-2}$$

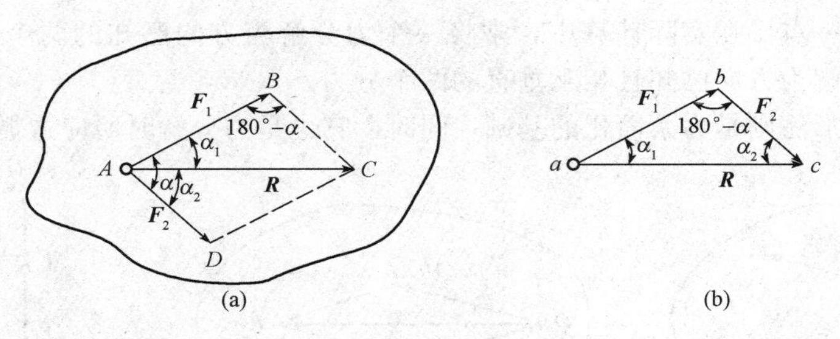

图 1-4

由此可得合力大小为

$$R=\sqrt{F_1^2+F_2^2+2F_1\cdot F_2\cos\alpha} \tag{1-3}$$

正弦定理关系式为

$$\frac{R}{\sin\alpha}=\frac{F_1}{\sin\alpha_1}=\frac{F_2}{\sin\alpha_2} \tag{1-4}$$

【例 1-1】 已知两力 $\boldsymbol{F}_1$ 和 $\boldsymbol{F}_2$ 相交于 A 点，力 $F_1=600$ N，方向水平向右，力 $F_2=500$ N 与水平线成 $\alpha=60°$[图 1-5(b)]，试求其合力 $\boldsymbol{R}$。

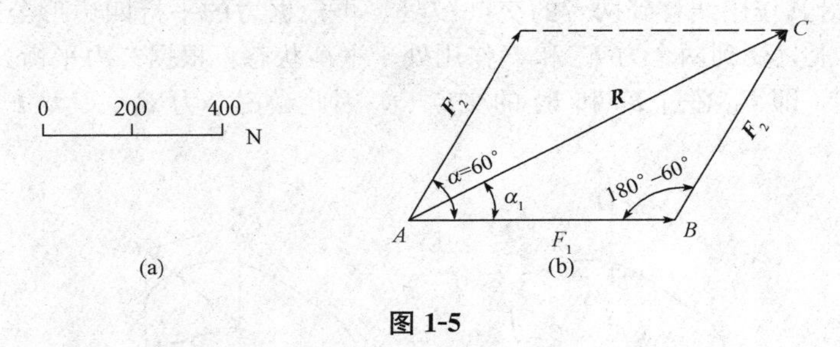

图 1-5

【解】 (1)几何法。从力 $\boldsymbol{F}_1$ 和 $\boldsymbol{F}_2$ 的交点 A 出发，沿水平线方向往右按图 1-5(a)所示的比例，画出 $\boldsymbol{F}_1$ 的大小；然后从 B 点出发画一条与线 AB 成(180°−60°)角的直线，并在该直线上用同一比例画出 $\boldsymbol{F}_2$ 的大小，得矢量 $\boldsymbol{F}_2$ 的箭头点 C，连接 AC，线段 AC 即表示合力 $\boldsymbol{R}$ 的大小与方向。用图 1-5(a)所示的比例量取，得 $R=950$ N，合力与水平线的夹角 $\alpha_1=27°$：

(2)解析法。

$$\begin{aligned}R&=\sqrt{F_1^2+F_2^2+2F_1F_2\cos\alpha}\\&=\sqrt{600^2+500^2+2\times600\times500\times\cos60°}\\&=953.94(\text{N})\end{aligned}$$

$$\sin\alpha_1=\frac{F_2}{R}\sin\alpha=\frac{500}{953.94}\times\sin60°=0.4539$$

$$\alpha_1=27°$$

无论对刚体或变形体，力的平行四边形法则都是适用的。但对于刚体，只要两个分力 $\boldsymbol{F}_1$ 和 $\boldsymbol{F}_2$ 的作用线[图 1-6(a)]相交于一点 O，那么，可根据力的可传性原理，先分别将两力的作用点移到交点 O 上[图 1-6(b)]，然后再应用力的平行四边形法则求合力，则合力 $\boldsymbol{R}$ 的作用线通过 O 点。

利用力的平行四边形法则，也可以将作用在物体上的一个力，分解为相交的两个分力，分力与合力作用于同一点。在实际计算中，常将一个力分解为方向已知的两个分力，图 1-7 所示为将一个任意力分解为方向已知且相互垂直的两个分力。

力的平行四边形法则是力系简化的基础，同时，它也是力分解时所应遵循的法则。

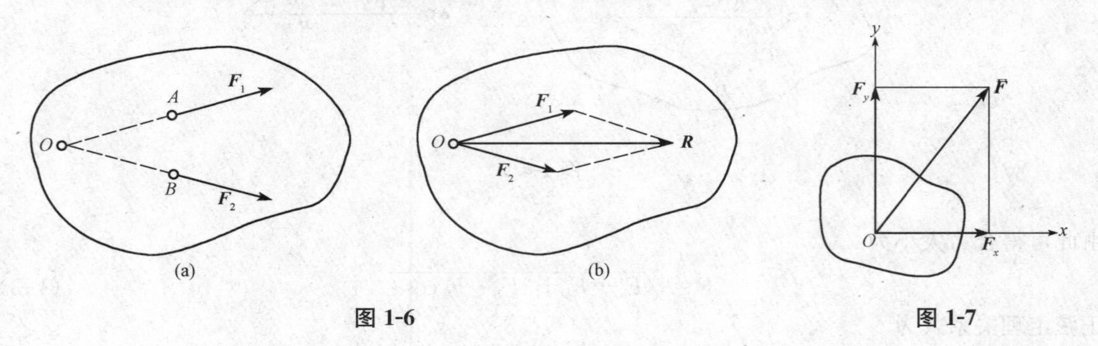

图 1-6　　图 1-7

推论二：三力平衡汇交定理

一个刚体在共面而不平行的三个力作用下处于平衡状态，这三个力的作用线必汇交于一点。

如图 1-8 所示，刚体受到共面而不平行的三个力 $\boldsymbol{F}_1$、$\boldsymbol{F}_2$、$\boldsymbol{F}_3$ 作用处于平衡，根据力的可传性原理将 $\boldsymbol{F}_2$、$\boldsymbol{F}_3$ 沿其作用线移到两者的交点 O 处，再根据力的平行四边形公理将 $\boldsymbol{F}_2$、$\boldsymbol{F}_3$ 合成合力 $\boldsymbol{F}$，于是刚体上只受到两个力 $\boldsymbol{F}_1$ 和 $\boldsymbol{F}$ 作用处于平衡状态，根据二力平衡公理可知，$\boldsymbol{F}_1$ 和 $\boldsymbol{F}$ 必在同一条直线上，即 $\boldsymbol{F}_1$ 必过 $\boldsymbol{F}_2$ 和 $\boldsymbol{F}_3$ 的交点 O。因此，三个力 $\boldsymbol{F}_1$、$\boldsymbol{F}_2$、$\boldsymbol{F}_3$ 的作用线必交于一点。

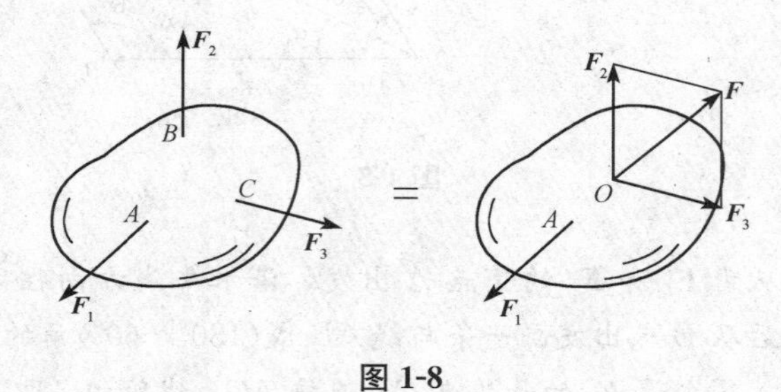

图 1-8

应当指出的是，三力平衡汇交定理只说明了不平行的三力平衡的必要条件，而不是充分条件。它常用来确定刚体在不平行三力作用下平衡时，其中某一未知力的作用线(力的方向)。

第三节　约束与约束反力

一、约束与约束反力的概念

力学中通常将物体分为两类，即**自由体**和**非自由体**。自由体可以自由移动，不受任何其他物体的限制，飞行的飞机是自由体，它可以任意地移动和旋转；非自由体不能自由移动，其某些移动受其他物体的限制不能发生，结构和结构的各构件是非自由体。

限制物体运动的周围物体称为约束体，简称为**约束**。例如，梁是板的约束体，墙是梁的约束体，基础是墙的约束体等。

约束体在限制其他物体运动时，所施加的力称为**约束反力**。约束反力总是与它所限制物体的运动或运动趋势的方向相反。例如，墙阻碍梁向下落时，就必须对梁施加向上的反作用力等。约束反力的作用点就是约束与被约束物体的接触点。

与约束反力相对应，凡能主动引起物体运动或使物体有运动趋势的力，称为**主动力**。如物体的重力、水压力、土压力等。作用在工程结构上的主动力称为**荷载**。通常情况下，主动力是已知的，而约束反力是未知的。静力分析的任务之一就是确定未知的约束反力。

二、常见的几种约束及其约束反力

由于约束的类型不同，约束反力的作用方式也各不相同。下面介绍在工程中常见的几种约束类型及其约束反力的特性。

(一)柔索约束

由柔软且不计自重的绳索、链条等构成的约束称为**柔索约束**。柔索约束只能承受拉力，即只能限制物体沿柔索受拉方向的运动，而不能限制物体其他方向的运动。这就是柔索的约束功能。所以，**柔索的约束反力通过接触点，沿柔索中心线而背离所约束的物体**，通常用符号 $\boldsymbol{T}$ 表示。

图 1-9 给出一受柔索约束的物体 A。物体 A 所受的约束反力 $\boldsymbol{T}$ 如图 1-9 所示。约束反力 $\boldsymbol{T}$ 的反作用力 $\boldsymbol{T}'$ 作用在柔索上，使柔索受拉。

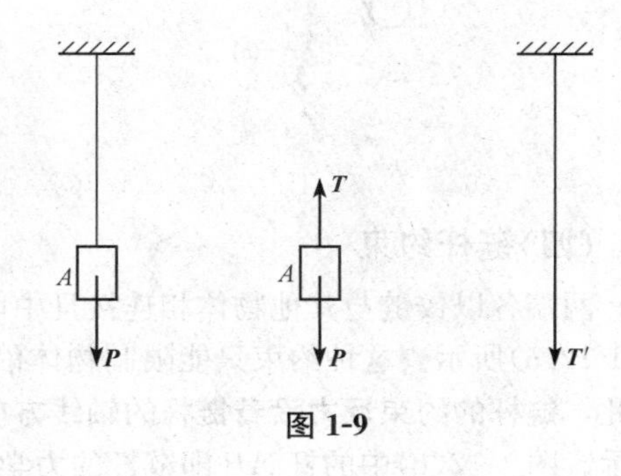

图 1-9

(二)光滑接触面约束

两物体直接接触，当接触面光滑，摩擦力很小可以忽略不计时，形成的约束就是**光滑接触面约束**。这种约束只能限制物体沿着接触面在接触点的公法线方向且指向约束物体的运动，而不能限制物体的其他运动或运动趋势。所以，**光滑接触面对物体的约束反力通过接触点，沿接触面的公法线，指向被约束的物体**。光滑接触面的约束反力是压力，通常用符号 $\boldsymbol{N}$ 表示，如图 1-10 所示。

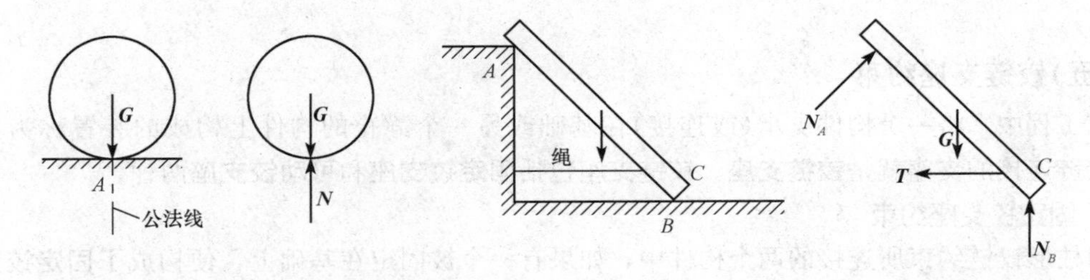

图 1-10

值得注意的是，当两个物体的接触面光滑，但沿着接触面的公法线没有指向接触面的运动趋势时，则没有约束反力。

(三)圆柱铰链约束

两个物体分别被钻上直径相同的圆孔并用销钉连接起来，如果不计销钉与销钉孔壁之间的摩擦，则这种约束被称为**光滑圆柱铰链约束**，简称**铰链约束**，如图 1-11(a)所示。这种约束可以用 1-11(b)所示的力学简图表示。其特点是只限制两物体在垂直于销钉轴线的平面内沿任意方向的相对移动，而不能限制物体绕销钉轴线的相对转动和沿其轴线方向的相对滑动。因此，**铰链的约束反力作用在与销钉轴线垂直的平面内，并通过销钉中心，但方向待定**，如图 1-11(c)所示的 $\boldsymbol{F}_A$。工程中，常用通过铰链中心的相互垂直的两个分力 $\boldsymbol{X}_A$、$\boldsymbol{Y}_A$ 表示，如图 1-11(d)所示。

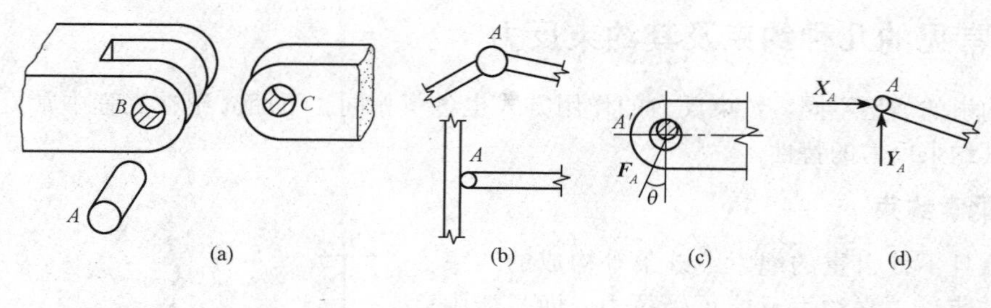

图 1-11

(四)链杆约束

两端各以铰链与其他物体相连接且中间不受力(包括物体本身的自重)的直杆称为**链杆**，如图 1-12(a)所示。这种约束只能限制物体沿链杆轴线方向的运动，而不能限制其他方向的运动。因此，**链杆的约束反力沿着链杆的轴线方向，指向不定**，常用符号 $\boldsymbol{R}$ 表示，如图 1-12(c)、(d)所示。图 1-12(b)中的杆 AB 即链杆的力学简图。

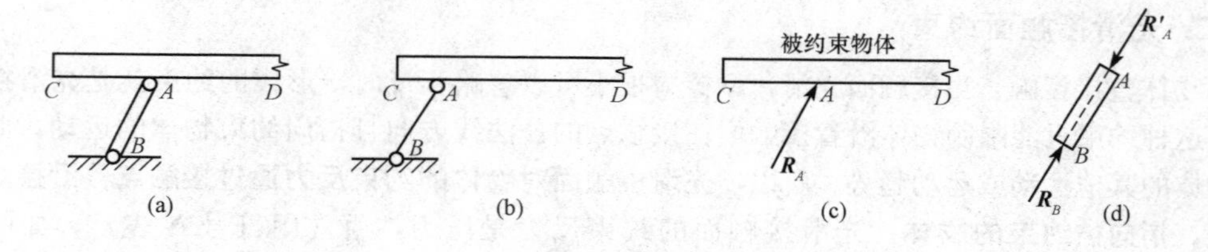

图 1-12

(五)铰链支座约束

在工程中，将一个构件支承(或连接)在基础或另一个静止的构件上构成的装置称为**支座**。采用铰链连接的支座就是**铰链支座**。铰链支座包括**固定铰支座**和**可动铰支座**两种。

1. 固定铰支座约束

圆柱形铰链约束所连接的两个构件中，如果有一个被固定在基础上，便构成了**固定铰支座**，如图 1-13(a)所示。这种支座不能限制构件绕销钉轴线的转动，只能限制构件在垂直于销钉轴线的平面内向任意方向的移动。可见固定铰支座的约束性能与圆柱铰链约束相同。所以，**固定铰支座的支座反力在垂直于销钉轴线的平面内，通过铰链中心，且方向未定**。

固定铰支座的简图如图 1-13(b)所示。反力的表示如图 1-13(c)所示(指向为假设)，为方便起见，工程中常用相互垂直的两个分力 $\boldsymbol{R}_{Ax}$、$\boldsymbol{R}_{Ay}$ 表示。

2. 可动铰支座约束(滚轴支座约束)

在固定铰支座下面加几个滚轴支承于平面上，但支座的连接使它不能离开支承面，就构成了**可动铰支座**，如图 1-14(a)所示。这种支座只能限制构件在垂直于支承面方向上的移动，而不能限制构件绕销钉轴线的转动和沿支承面方向的移动。所以，**可动铰支座的支座反力通过销钉中心，并垂直于支承面，但指向未定**。可动铰支座的简图如图 1-14(b)所示，反力的表示如图 1-14(c)所示(指向为假设)。

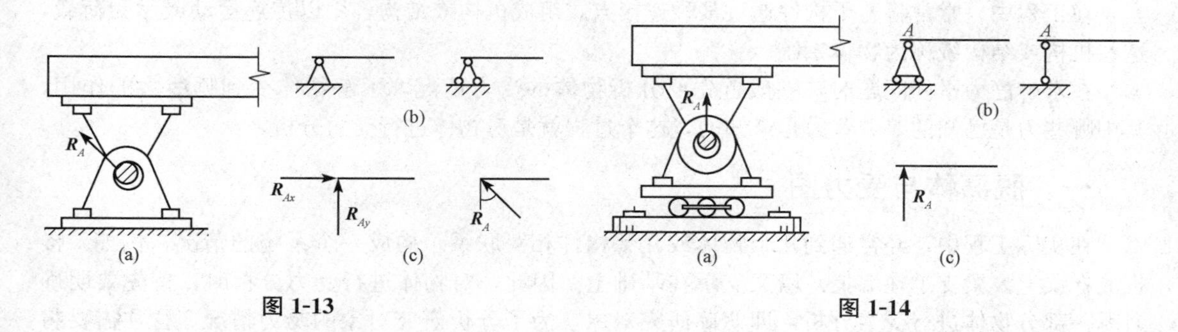

图 1-13　　　　图 1-14

由于可动铰支座允许被约束体在一个方向发生移动，因此，桥梁、屋架等工程结构一端用固定铰支座，另一端用可动铰支座，以适应温度变化引起的伸缩变形。

(六)固定端约束(固定端支座约束)

图 1-15(a)中，杆件 AB 的 A 端被牢固地固定，使杆件既不能发生移动也不能发生转动，这种约束称为**固定端约束**或**固定端支座**。固定端约束的简化图形如图 1-15(b)所示。固定端的约束反力是两个垂直的分力 $\boldsymbol{X}_A$、$\boldsymbol{Y}_A$ 和一个力偶 $\boldsymbol{m}_A$，它们在图 1-15(b)中的指向是假定的。约束反力 $\boldsymbol{X}_A$、$\boldsymbol{Y}_A$ 对应于约束限制移动的位移；约束反力偶 $\boldsymbol{m}_A$ 对应于约束限制转动的位移。例如，房屋建筑中的挑梁，钢筋混凝土柱插入基础部分四周用混凝土与基础浇筑在一起，因此，柱的下部被嵌固得很牢，不能移动和转动，可视为固定端支座，如图 1-16 所示。

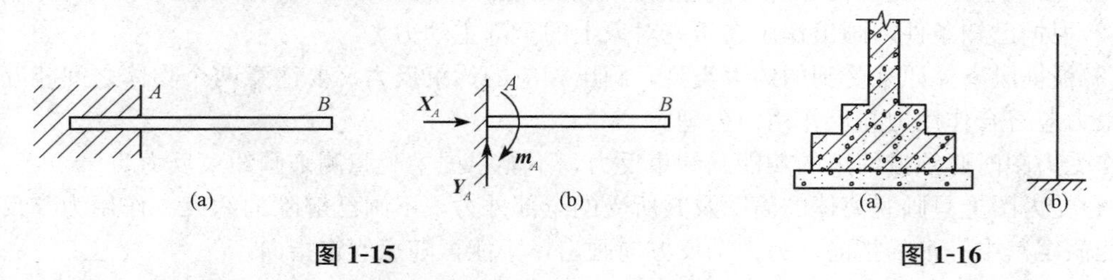

图 1-15　　　　图 1-16

(七)定向支座约束

定向支座是将构件用两根相邻的等长、平行链杆与地面相连接，如图 1-17(a)所示。这种支座只允许杆端沿与链杆垂直的方向移动，既限制了沿链杆方向的移动，也限制了转动。定向支座的约束反力是一个沿链杆方向的力 $\boldsymbol{N}$ 和一个力偶 $\boldsymbol{m}$。图 1-17(b)中反力 $\boldsymbol{N}_A$ 和反力偶 $\boldsymbol{m}_A$ 的指向都是假定的。

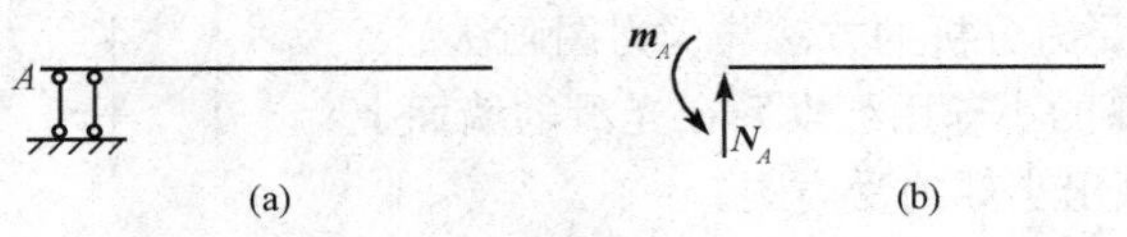

图 1-17

第四节　物体的受力分析与受力图

在工程中，常常将若干构件通过某种连接方式组成机构或结构，用以传递运动或承受荷载，这些机构或结构统称为**物体系统**。

在求解静力平衡问题时，一般首先要分析物体的受力情况，了解物体受到哪些力的作用，其中哪些力是已知的，哪些力是未知的，这个过程就是对物体进行受力分析。

一、脱离体与受力图

在实际工程中，经常遇到几个物体或几个构件相互联系，构成一个系统的情况。例如，楼板放在梁上，梁支承在墙上，墙又支承在基础上。因此，对物体进行受力分析时，首先要明确对哪一部分物体进行受力分析，即明确研究对象。为了分析研究对象的受力情况，往往需要**将研究对象从与它有联系的周围物体中脱离出来**。脱离出来的研究对象称为**脱离体**。

确定脱离体后，再分析脱离体的受力情况，经分析后**在脱离体上画出它所受的全部主动力和约束反力**，这样的图形称为**受力图**。

正确对物体进行受力分析并画出其受力图，是求解力学问题的关键。因此，必须熟练掌握物体受力图的画法。

二、物体受力图的画法

1. 画受力图的步骤及注意事项

(1)将研究对象从其联系的周围物体中分离出来，即取脱离体。对结构上某一构件进行受力分析时，必须单独画出该构件的分离体图，不能在整体结构图上作该构件的受力图。

(2)根据已知条件，画出作用在研究对象上的全部主动力。

(3)根据脱离体原来受到的约束类型，画出相应的约束反力。要注意两个物体之间相互作用的约束力应符合作用力与反作用力公理。

作受力图时必须按约束的功能画约束反力，不能根据主观臆测来画约束反力。

(4)受力图上只画脱离体的简图及其所受的全部外力，不画已解除的约束。作用力与反作用力只能假定其中一个的指向，另一个反方向画出，不能再随意假定指向。

(5)当以系统为研究对象时，受力图上只画该系统(研究对象)所受的主动力和约束反力，而不画系统内各物体之间的相互作用力(称为内力)。

(6)正确判断二力杆，二力杆中的两个力的作用线沿力作用点连线且等值、反向。同一约束反力在不同受力图上出现时，其指向必须一致。

2. 物体受力分析与受力图画法

下面举例说明物体受力分析的方法与受力图画法。

【例 1-2】 重力为 G 的小球用绳索系在光滑的墙面上，如图 1-18(a)所示，试画出小球的受力图。

【解】 取小球为研究对象，单独画出小球。小球受到

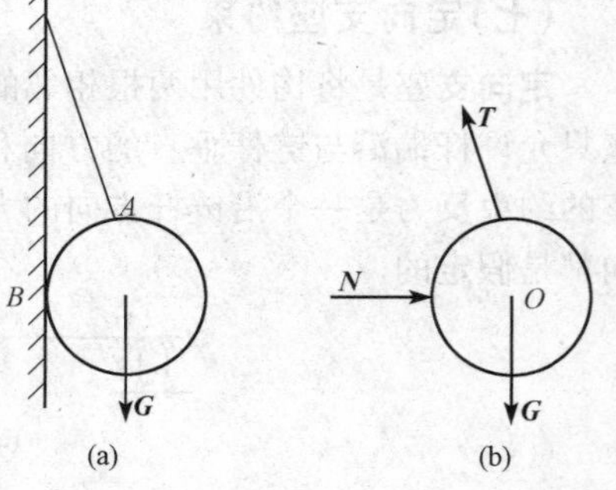

图 1-18

重力 $\boldsymbol{G}$ 的作用。与小球有直接联系的物体有绳索和光滑的墙面，这些与小球有直接联系的物体对小球都有约束反力。绳索对小球的约束反力 $\boldsymbol{T}$ 作用于 A 点，沿绳索的中心线，对小球是拉力。光滑的墙面对小球的约束反力 $\boldsymbol{N}$ 作用于它们的接触点 B，沿着接触面的公法线(公法线与墙面垂直，并过球心)，指向球心。小球的受力图如图 1-18(b)所示。

【例 1-3】 图 1-19(a)所示的简支梁 AB，跨中受到集中力 $\boldsymbol{F}$ 作用，A 端为固定铰支座约束，B 端为可动铰支座约束。试画出梁的受力图。

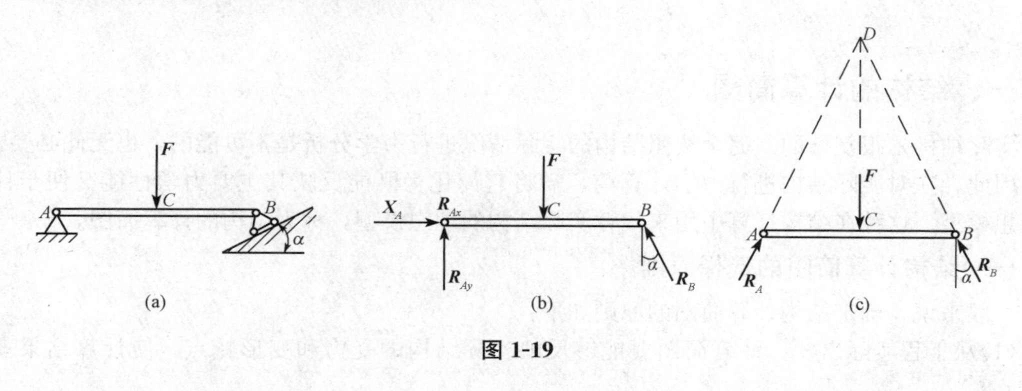

图 1-19

【解】 (1)取 AB 梁为研究对象，解除 A、B 两处的约束，画出其脱离体简图。

(2)在梁的中点 C 画主动力 $\boldsymbol{F}$。

(3)在受约束的 A 处和 B 处，根据约束类型画出约束反力。B 处为可动铰支座约束，其反力通过铰链中心且垂直于支承面，其指向假定如图 1-19(b)所示；A 处为固定铰支座约束，其反力可用通过铰链中心 A 并以相互垂直的分力 $\boldsymbol{R}_{Ax}$、$\boldsymbol{R}_{Ay}$ 表示。受力图如图 1-19 (b)所示。

另外，注意到梁只在 A、B、C 三点受到互不平行的三个力作用而处于平衡，因此，也可以根据三力平衡汇交定理进行受力分析。已知 $\boldsymbol{F}$、$\boldsymbol{R}_B$ 相交于 D 点，则 A 处的约束反力 $\boldsymbol{R}_A$ 也应通过 D 点，从而可确定 $\boldsymbol{R}_A$ 必通过沿 A、D 两点的连线，可画出如图 1-19(c)所示的受力图。

【例 1-4】 一自重为 $\boldsymbol{F}$ 的电动机，放置在 ABC 构架上。构架的 A、C 端分别以铰链固定在墙上，AB 梁与 BC 斜杆在 B 处铰链连接[图 1-20(a)]。如忽略梁与斜杆的自重，试分析斜杆的受力情况。

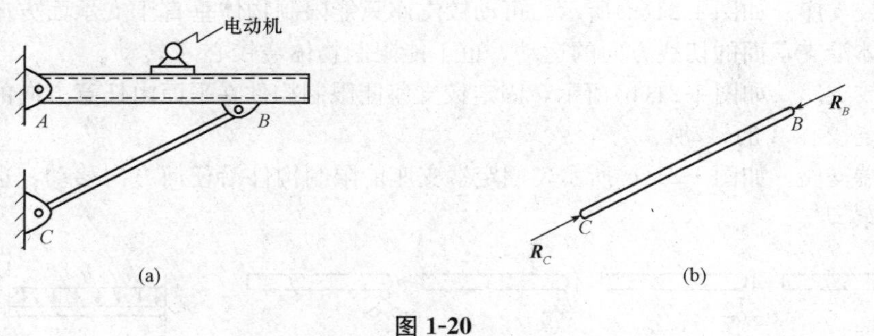

图 1-20

【解】 由于 ABC 构架处于静力平衡状态，当只研究 BC 斜杆的受力情况时，可将 BC 杆假想地脱离构架[图 1-20(b)]，BC 杆两端通过铰链 B 和 C 分别受到约束反力 $\boldsymbol{R}_B$ 和 $\boldsymbol{R}_C$。根据光滑铰链的性质，这两个力必定分别通过 B、C 点。BC 杆在此两个力作用下处于平衡，根据二力平衡的条件，这两个力必定沿同一直线且等值、反向。所以，可以确定 $\boldsymbol{R}_B$ 和 $\boldsymbol{R}_C$ 的作用线应沿 B 和 C 的连线。

讨论： 如果 BC 为曲杆，则是否仍为二力杆？其约束反力的方向如何？

第五节　结构计算简图及分类

一、结构的计算简图

实际结构是很复杂的，完全按照结构的实际情况进行力学分析是不可能的，也无此必要。因此，在对实际结构进行力学计算前，需将它简化为既能反映其主要力学性能又便于计算的理想模型。这种在结构计算中用来代替实际结构的理想模型，称为结构的计算简图。

(一)结构计算简图的选择原则

一般来说，确定结构计算简图的原则如下：

(1)从工程实际出发：计算简图要能够反映实际结构的受力和变形特点，使计算结果安全可靠。

(2)简化计算：抓住主要因素，略去次要因素，力求计算简便。

(二)结构计算简图的简化方法

(1)荷载的简化。荷载也称为力，是物体之间的相互机械作用，这种作用使物体的运动状态或形状发生改变。实际结构受到的荷载，一般是作用在构件内各处的体荷载及作用在某一面积上的面荷载，常见的有结构自重、楼面活荷载、屋面活荷载、屋面积灰荷载、车辆荷载、吊车荷载、设备动力荷载，以及风、雪、裹冰、波浪等自然荷载。在计算简图中，常将它们简化为作用在构件纵向轴线上的线荷载、集中力和集中力偶。

(2)支座的简化。支座其实就是前面说的约束。在实际工程结构中，各种支撑的装置随着结构形式或者材料的差异而各不相同。在选取其计算简图时，可根据实际构造和约束情况进行。常用的平面杆系结构的支座有以下三种：

1)可动铰支座。如图 1-21(a)所示，可动铰支座只能限制物体垂直于支承面方向的移动，但不能限制物体沿支承面的切线方向的运动，也不能限制物体绕铰心 A 转动。

2)固定铰支座。如图 1-21(b)所示，固定铰支座能限制构件在平面内任意方向的移动，而不能限制构件绕铰心 A 的转动。

3)固定端支座。如图 1-21(c)所示，固定端支座能限制构件沿任何方向移动，也能限制构件绕杆端 A 的转动。

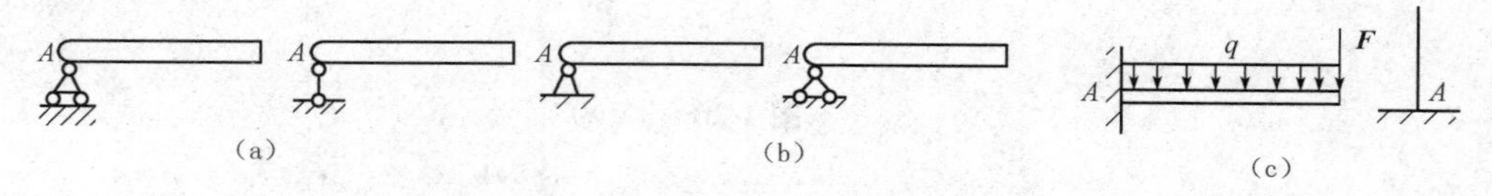

图 1-21

(a)可动铰支座；(b)固定铰支座；(c)固定端支座

(3)结点的简化。杆件相互连接处称为结点。在计算简图中，通常可将结点分为铰结点和刚结点两种。

1)铰结点。铰结点的特征是各杆端可以绕结点中心自由转动，但不能有任何方向的相对移动，因而，铰结点只产生杆端轴力和剪力，不引起杆端弯矩。图 1-22(a)所示为某木屋架的结点构造。此时各杆端虽不能绕结点任意转动，但由于联结不可能很严密牢固，因而杆件之间仍有微小相对转动的可能。事实上，结构在荷载作用下，杆件之间所产生的转动也相当小，所以，该结点应视为铰结点。其计算简图如图 1-22(b)所示。

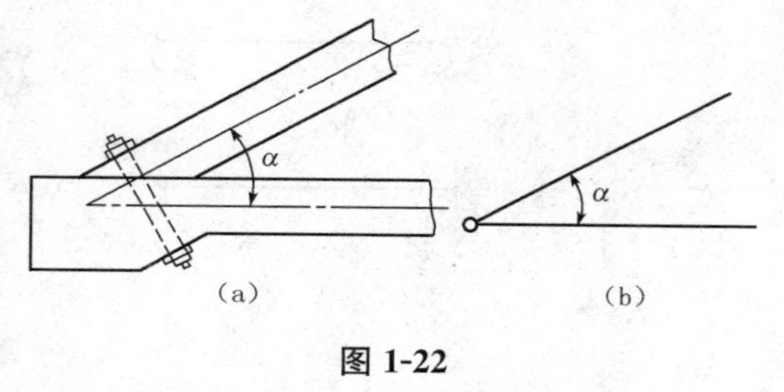

图 1-22

2)刚结点。刚结点的特征是汇交于结点的各杆端之间既不能发生相对移动，也不能发生相对转动。因而，刚结点对杆端有阻止相对转动的约束力存在，既除产生杆端轴力和剪力外，还引起杆端弯矩。图 1-23(a)所示为钢筋混凝土刚架的结点，上、下柱和横梁在该处用混凝土浇筑成整体，钢筋的布置也使各杆端能够抵抗弯矩。计算时这种结点应视为刚结点，其计算简图如图 1-23(b)所示。当结构发生变形时，汇交于刚结点各杆端的切线之间的夹角将保持不变[图 1-23(c)]。

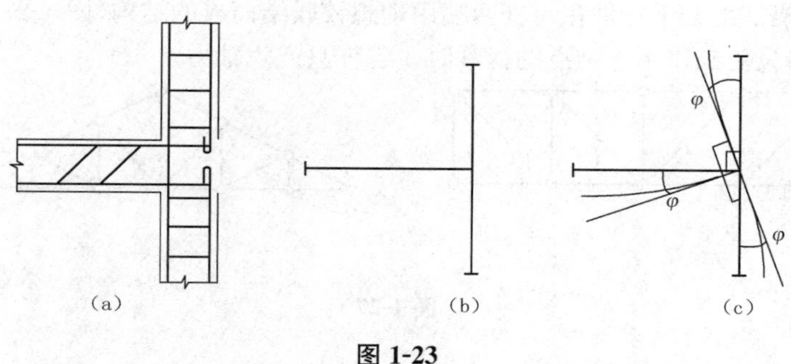

图 1-23

3)组合结点。有时会遇到铰结点与刚结点共存的组合结点，如图 1-24 所示。图中 C 为铰结点，D 为组合结点，为 BD、ED、CD 三杆结点。其中，BD 与 ED 二杆是刚性连接，杆与其他两杆则由铰连接。组合结点处的铰称为不完全铰。

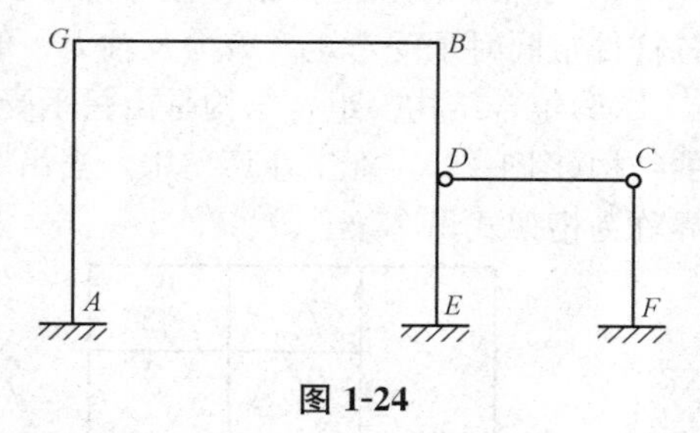

图 1-24

(4)结构、杆件的简化。一般的实际结构均为空间结构，而空间结构常常可分解为几个平面结构来计算。结构构件均可用其杆轴线来代替。

(5)结构的平面简化。一般结构实际上都是空间结构，各部分相连接成为一个空间整体，以便承受空间各个方向可能出现的荷载。在适当的条件下，根据受力状态和结构的特点，可以设法将空间结构分解为平面结构，这种简化称为结构的平面简化。

(三)工程中常见结构的计算简图

按照平面杆件结构的构造和力学特征，可将其分为以下五类：

(1)梁。梁是一种受弯杆件，其轴线通常为直线。它可以是单跨的[图 1-25(a)、(c)]，也可以是多跨连续的[图 1-25(b)、(d)]。

(2)拱。拱的轴线通常为曲线。其特点是在竖向荷载作用下会产生水平反力。水平反力的存

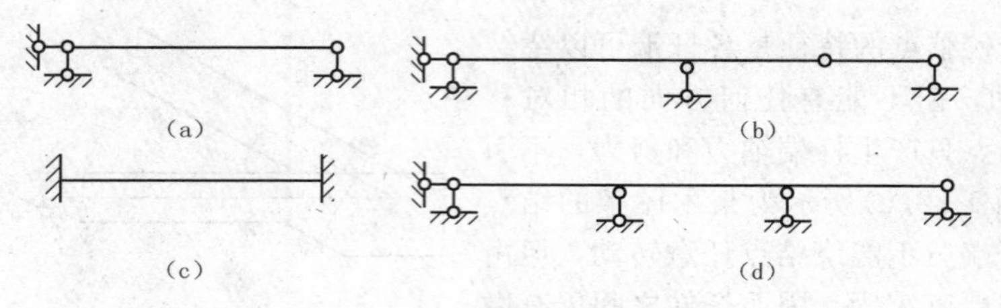

图 1-25

在将使拱内弯矩远小于跨度、荷载及支承情况相同的梁的弯矩(图 1-26)。

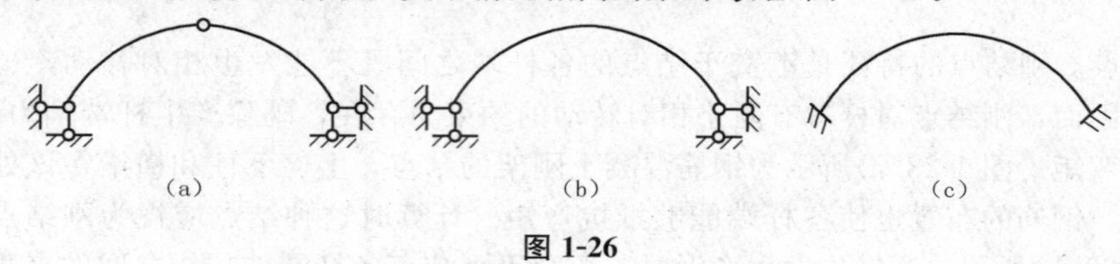

图 1-26

(3)桁架。桁架是由若干杆件在每杆两端用理想铰联结而成的结构(图 1-27)。其各杆的轴线一般都是直线，当只受到作用于结点的荷载时，各杆只产生轴力。

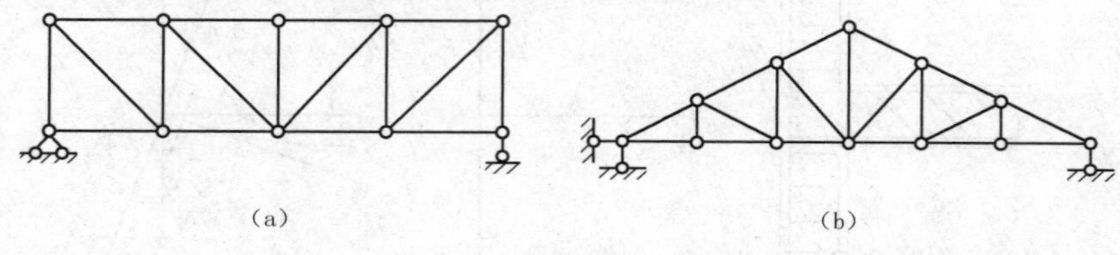

图 1-27

(4)刚架。刚架是由梁和柱等直杆全部或部分由刚结点组合而成的结构(图 1-28)。刚架中的各杆件常同时承受弯矩、剪力及轴力，但多以弯矩为主要内力。

(5)组合结构。组合结构是由只承受轴向力的链杆和主要承受弯矩的梁或刚架杆件组合而成的结构(图 1-29)。在工业厂房中，当吊车梁的跨度较大(12 m 以上时)，常采用组合结构，工程界称为桁架式吊车梁。

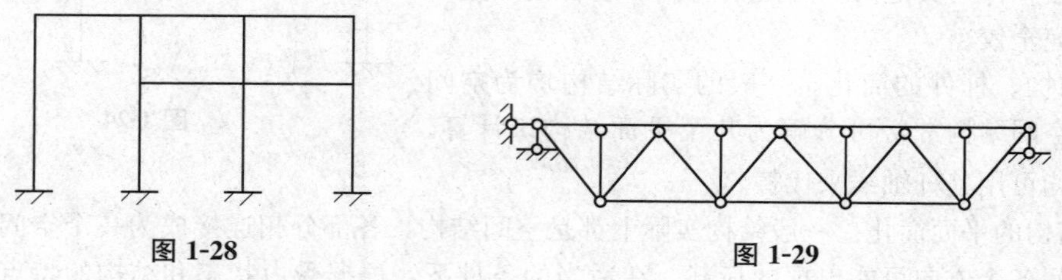

图 1-28　　图 1-29

二、荷载的分类及计算

在实际工程中，作用在结构上的荷载是多种多样的。为了便于力学分析，需要从不同的角度，将它们进行分类。

(1)荷载按其作用在结构上的时间久暂分为恒载和活荷载(永久荷载和可变荷载)。

1)恒载是指作用在结构上的不变荷载，即在结构建成以后，其大小和作用位置都不再发生变化的荷载。例如，构件的自重、土压力等。构件的自重可根据结构尺寸和材料的重力密度(即每 1 m^3 体积的重量，单位为 N/m^3)进行计算。例如，截面尺寸为 20 cm×50 cm 的钢筋混凝土梁，总长为 6 m，已知钢筋混凝土重力密度为 24 000 N/m^3，则该梁的自重 $G=24\ 000\times0.2\times0.5\times6=14\ 400$(N)。

如果将总重除以长度，则得到该梁每米长度的重量，单位为 N/m，用符号 q 表示，即 $q=14\ 400/6=2\ 400$(N/m)。

在建筑工程中，对于楼板的自重，一般是以 1 m^2 面积的重量来表示。例如，10 cm 厚的钢筋混凝土楼板，其重量为 $24\ 000\times0.1=2\ 400$(N/m^2)。就是说，10 cm 厚的钢筋混凝土楼板每 1 m^2 的重量为 2 400 N。

重量的单位也可以用“kN”来表示，1 kN=1 000 N。例如，上面钢筋混凝土的重力密度可表示为 24 kN/m^3。

2)活荷载是指在施工或建成后使用期间可能作用在结构上的可变荷载。这种荷载有时存在，有时不存在，它们的作用位置和作用范围可能是固定的(如风荷载、雪荷载、会议室的人群荷载等)，也可能是移动的(如吊车荷载、桥梁上行驶的汽车荷载等)。不同类型的房屋建筑，因其使用情况的不同，活荷载的大小也就不同。在现行《建筑结构荷载规范》(GB 50009—2012)中，各种常用的活荷载，都有详细的规定，例如，住宅、办公楼、托儿所、医院病房等一类民用建筑的楼面活荷载，目前规定为 1.5 kN/m^2；而教室、会议室的活荷载，则规定为 2.0 kN/m^2。

(2)荷载按其作用在结构上的分布情况分为分布荷载和集中荷载。

1)分布荷载是指满布在结构某一表面上的荷载，根据其具体作用情况还可以分为均布荷载和非均布荷载。如果分布荷载在一定的范围内连续作用且其大小在各处都相同，这种荷载称为均布荷载。例如，上面所述梁的自重按每米长度均匀分布，称为线均布荷载；又如上面所述的楼面荷载，按每单位面积均匀分布，称为面均布荷载。反过来，如果分布荷载不是均布荷载，则称为非均布荷载，如水压力，其大小与水的深度有关(成正比)，荷载为按照三角形规律变化的分布荷载，即荷载虽然连续作用，但其各处大小不同。

2)集中荷载是指作用在结构上的荷载。其分布的面积远远小于结构的尺寸，则将此荷载认为是作用在结构的某点上。上面所述的吊车轮压，即认为是集中荷载。其单位一般用“N”或“kN”表示。

(3)荷载按作用在结构上的性质分为静力荷载和动力荷载。

1)当荷载从零开始，逐渐缓慢地、连续均匀地增加到最后的确定数值后，其大小、作用位置及方向都不再随时间而变化，这种荷载称为静力荷载。如结构的自重、一般的活荷载等。静力荷载的特点是该荷载作用在结构上时，不会引起结构振动。

2)如果荷载的大小、作用位置、方向随时间而急剧变化，这种荷载称为动力荷载。如动力机械产生的荷载、地震力等。动力荷载的特点是该荷载作用在结构上时，会产生惯性力，从而引起结构显著振动或冲击。

本章小结

静力学是整个力学体系的基础，在实际工程中有着广泛的应用。本章主要介绍了力与平衡的概念、静力学基本公理、约束与约束反力、物体的受力分析与受力图、结构计算简图及分类。

思考与练习

一、填空题

1. 力对物体的作用效应取决于三个要素，即__________、__________、__________。

2. 按照各力作用线是否位于同一平面内，力系又可以分为__________和__________两大类。

3. 若同一刚体在二力作用下平衡，则此二力必然大小__________，方向__________，且作用线在__________上。

4. 限制某物体自由位移的其他物体，称为对该物体的__________。

5. 约束反力的方向，总是与约束所阻碍的位移的方向__________。

6. 两端各以铰链与其他物体相连接且中间不受力（包括物体本身的自重）的直杆称为__________。

二、简答题

1. 按照力系中各力作用线分布的不同形式力系可分为哪几种？

2. 简述静力学基本公理。

3. 请判断以下说法是否正确，并说明理由。

(1)处于平衡状态的物体就可视为刚体。

(2)变形微小的物体就可视为刚体。

(3)物体的变形对所研究的力学问题没有影响，或者影响甚微，则可将该物体视为刚体。

4. 既然作用力与反作用力大小相等而又方向相反，那么它们是否构成一平衡力系？

5. 图 1-30 所示的起吊架，用止推轴承 A 和导向轴承 B 固定，各接触面均为光滑面。试按约束的构造确定约束的性质，并按约束的性质分析约束反力。

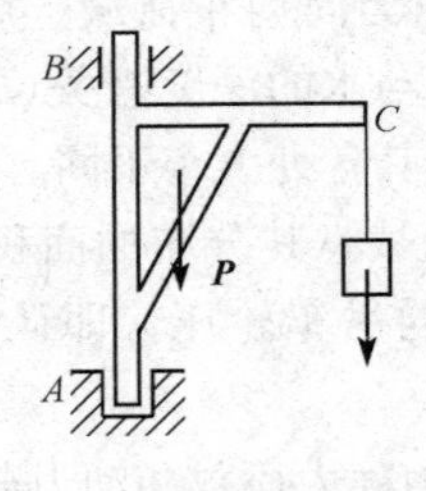

图 1-30

三、作图题

1. 如图 1-31 所示，画出杆件 AB 受力图。图中各接触面均为光滑面。

2. 如图 1-32 所示，画出圆盘 A、B 的受力图。图中各接触面均为光滑面。

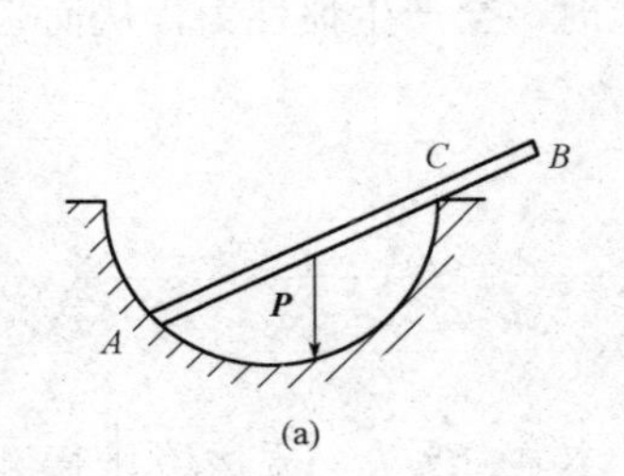

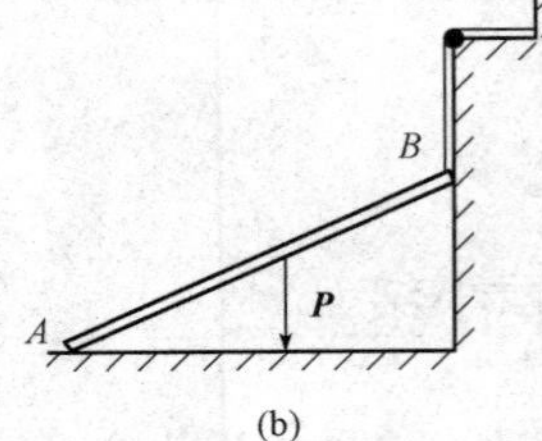

图 1-31

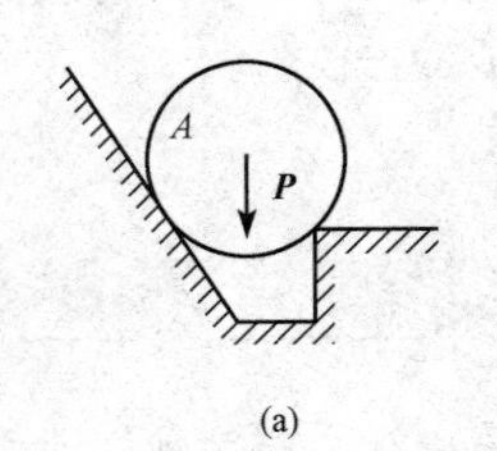

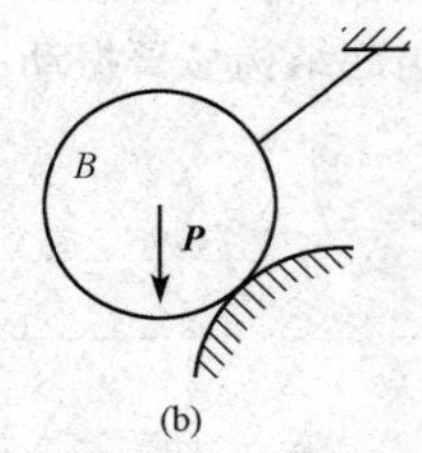

图 1-32

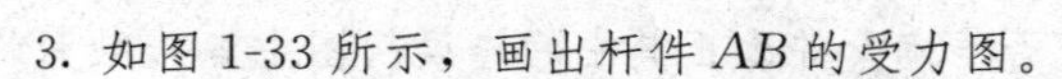

3. 如图 1-33 所示，画出杆件 AB 的受力图。

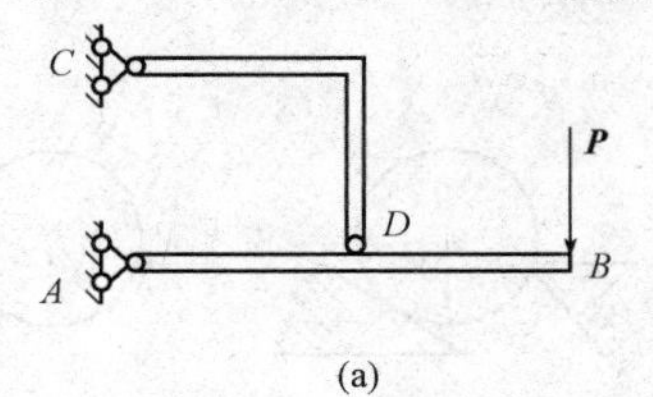

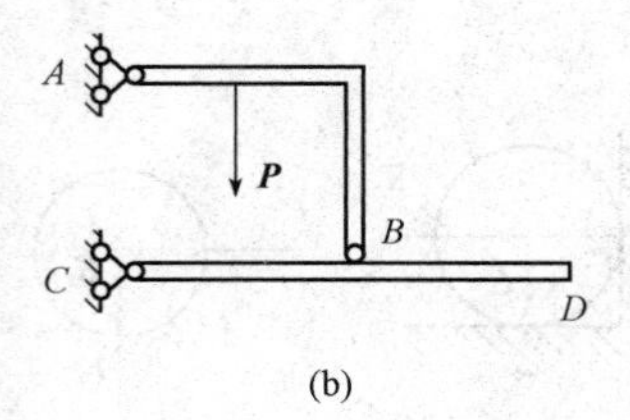

图 1-33

4. 如图 1-34 所示，画出杆件 BCD、杆 DE 及系统整体的受力图。

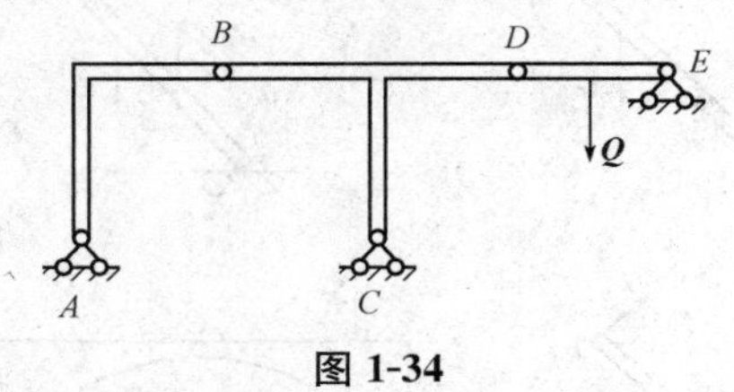

图 1-34

5. 如图 1-35 所示，分别以杆件 BD 和杆件 CD 为分离体，画出其受力图。

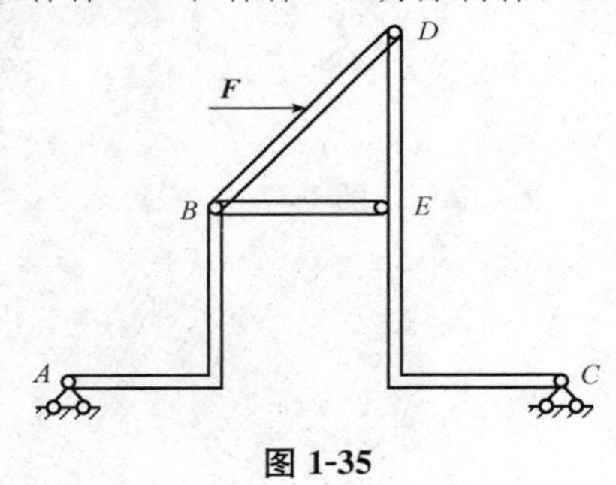

图 1-35

6. 如图 1-36 所示，画出各物体的受力图。图中各接触面均为光滑面，未注明者，自重均不计。

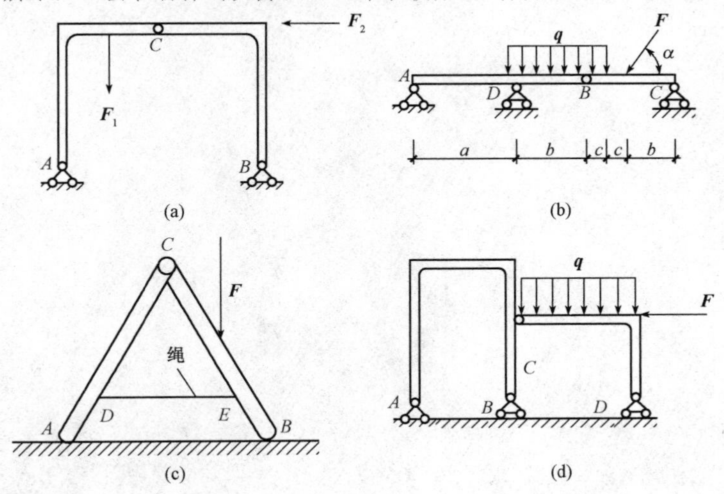

图 1-36

(a)AC 杆、BC 杆、系统；(b)AB 杆、BC 杆、系统；

(c)AC 杆、BC 杆、系统；(d)AB 杆、CD 杆、系统

7. 试判断图 1-37 中各物体的受力图画得是否准确？并改正其中的错误。图中各接触面均为光滑面。

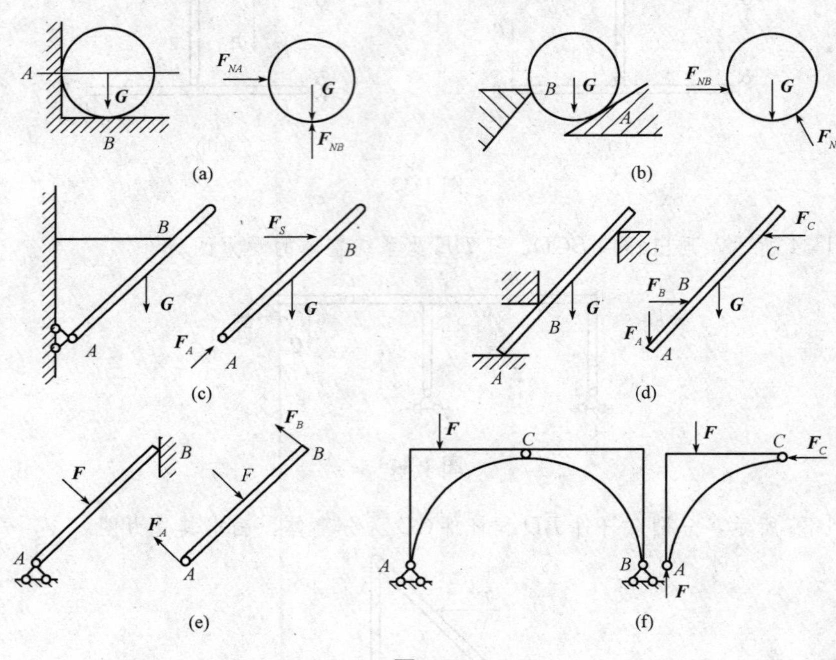

图 1-37

第二章　平面汇交力系

学习目标

了解求平面汇交力系合力的几何法，了解平面汇交力系平衡的几何条件；掌握分力与投影的异同点，掌握合力投影定理。

能力目标

通过本章的学习，能运用解析法求平面汇交力系的合力；能熟练地应用平面汇交力系的平衡方程求解物体的平衡问题。

第一节　力系的分类

凡是各力作用线在同一平面内的力系称为**平面力系**。作用在物体上的某个力系，如果力系中各力的作用线不在同一平面之内，称为**空间力系**。空间力系是力系的最一般形式，而平面力系是空间力系的特殊情况。

为了便于研究和解决问题，通常将力系按照其各力作用线的分布情况进行分类。

(1)平面汇交力系。力系中各力的作用线都在同一平面内且汇交于一点，这样的力系称为**平面汇交力系**。在工程中经常遇到平面汇交力系。例如，在施工中起重机的吊钩所受各力就构成一平面汇交力系，如图 2-1 所示。平面汇交力系的合成有几何法和解析法两种方法。

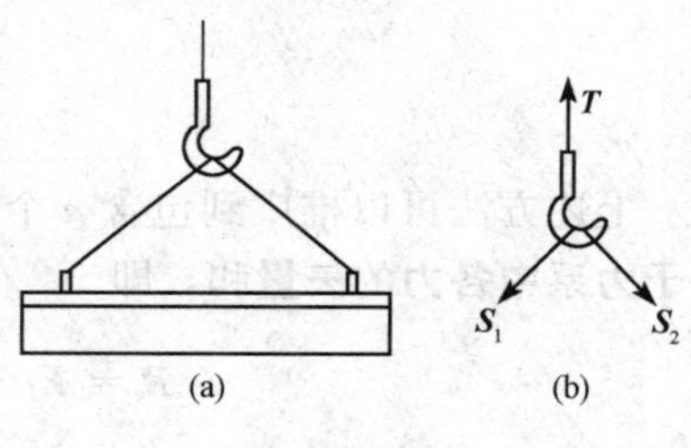

图 2-1

(2)平面平行力系。在平面力系中，各力的作用线互相平行的力系称为**平面平行力系**。

(3)平面任意力系。在平面力系中既不是平面汇交力系，也不是平面平行力系的力系称为**平面任意力系**。

(4)空间汇交力系。各力的作用线汇交于一点的空间力系称为**空间汇交力系**。

第二节　平面汇交力系合成与平衡——几何法

一、平面汇交力系合成的几何法

在第一章中，已对几何法进行了介绍，知道了两个汇交于一点的力 $\boldsymbol{F}_1$ 和 $\boldsymbol{F}_2$ 如何应用力的平行四边形法则和三角形法则求它们的合力 $\boldsymbol{R}$。当要求用几何法求更多汇交于一点的力的合力时，也可以此为基础进行求解，下面举例进行说明。

设作用于物体上 A 点的力 $\boldsymbol{F}_1$、$\boldsymbol{F}_2$、$\boldsymbol{F}_3$、$\boldsymbol{F}_4$ 组成平面汇交力系，现求其合力，如图 2-2(a)所示。应用力的三角形法则，首先将 $\boldsymbol{F}_1$、$\boldsymbol{F}_2$ 合成得 $\boldsymbol{R}_1$，然后将 $\boldsymbol{R}_1$ 与 $\boldsymbol{F}_3$ 合成得 $\boldsymbol{R}_2$，最后将 $\boldsymbol{R}_2$ 与 $\boldsymbol{F}_4$ 合成得 $\boldsymbol{R}$，力 $\boldsymbol{R}$ 就是原汇交力系 $\boldsymbol{F}_1$、$\boldsymbol{F}_2$、$\boldsymbol{F}_3$、$\boldsymbol{F}_4$ 的合力，图 2-2(b)所示即是此汇交力系合成的几何示意图，矢量关系的数学表达式为

$$\boldsymbol{R}=\boldsymbol{F}_1+\boldsymbol{F}_2+\boldsymbol{F}_3+\boldsymbol{F}_4 \tag{2-1}$$

实际作图时，可以不必画出图中虚线所示的中间合力 $\boldsymbol{R}_1$ 和 $\boldsymbol{R}_2$，只要按照一定的比例尺将表达各力矢量的有向线段首尾相接，就会形成一个不封闭的多边形，如图 2-2(c)所示。然后再画一条从起点指向终点的矢量 $\boldsymbol{R}$，即原汇交力系的合力，如图 2-2(d)所示。这种由各分力和合力构成的多边形 $abcde$ 称为**力多边形**。按照与各分力同样的比例，**封闭边的长度表示合力的大小，合力的方向与封闭边的方向一致，指向则由力多边形的起点至终点，合力的作用线通过汇交点。**这种求合力矢的几何作图法被称为**力多边形法**。

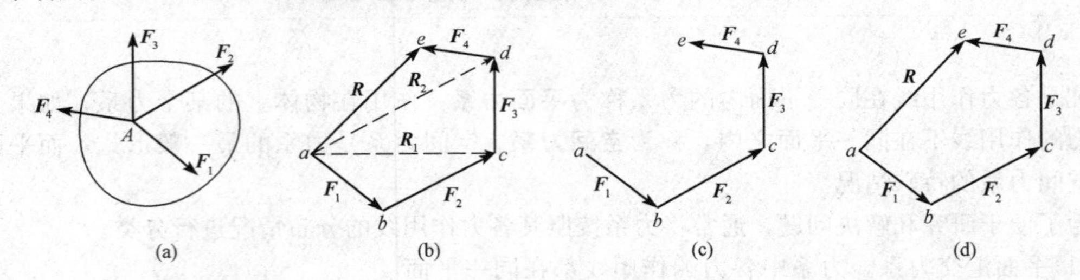

图 2-2

上述方法可以推广到包含 n 个力的平面汇交力系中，得出结论为**平面汇交力系的合力矢量等于力系中各力的矢量和**，即

$$\boldsymbol{R}=\boldsymbol{F}_1+\boldsymbol{F}_2+\boldsymbol{F}_3+\boldsymbol{F}_4+\cdots+\boldsymbol{F}_n=\sum_{i=1}^{n}\boldsymbol{F}_i \tag{2-2}$$

由此可见，合力的作用线通过各力的汇交点。

值得注意的是，作力多边形时，改变各力的顺序，可得不同形状的力多边形，但合力矢量的大小和方向并不改变。

【例 2-1】 在拉环上套有在同一平面上的三根绳索，各绳的拉力分别为 $F_1=100$ N、$F_2=150$ N、$F_3=75$ N，各力的方向如图 2-3(a)所示，试用几何法求三个力的合力。

【解】 拉力 $\boldsymbol{F}_1$、$\boldsymbol{F}_2$、$\boldsymbol{F}_3$ 的作用力汇交于 O 点，构成平面汇交力系。选定比例，按力多边形法则依次画出 $\boldsymbol{F}_1$、$\boldsymbol{F}_2$、$\boldsymbol{F}_3$，如图 2-3(b)所示，连接 AD，则矢量 $\overrightarrow{AD}$ 代表合力 $\boldsymbol{R}$，依比例尺量得：

$$R=267\ \text{N}$$
$$\alpha=34°$$

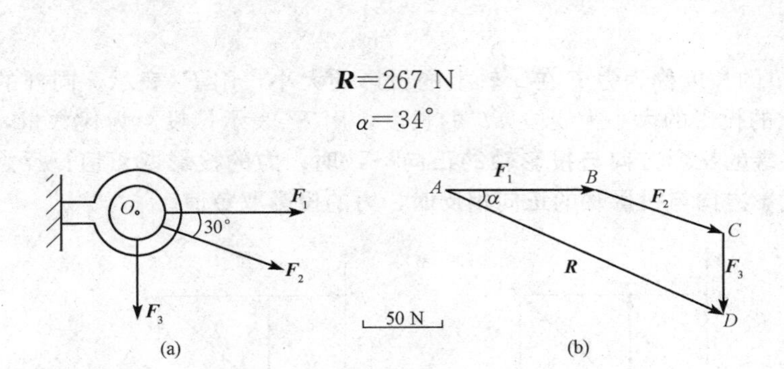

图 2-3

二、平面汇交力系平衡的几何条件

平面汇交力系合成的结果是一个合力。物体在平面汇交力系的作用下保持平衡，则该力系的合力应等于零；反之，如果该力系的合力等于零，则物体在该力系的作用下，必然处于平衡。所以，**平面汇交力系平衡的充分必要条件是该力系的合力等于零，即力系中各力的矢量和为零。**

$$\boldsymbol{R}=\sum_{i=1}^{n}\boldsymbol{F}_i=0 \tag{2-3}$$

设有平面汇交力系 $\boldsymbol{F}_1$，$\boldsymbol{F}_2$，$\boldsymbol{F}_3$，…，$\boldsymbol{F}_n$，如图 2-4 所示，当用几何法求合力，其最后一个力的终点与第一个力的起点相重合时，则表示该力系的力多边形的封闭边变为一点，即合力等于零。此时构成一个封闭的力多边形。因此，**平面汇交力系平衡的充分必要几何条件是：力多边形自行闭合。**

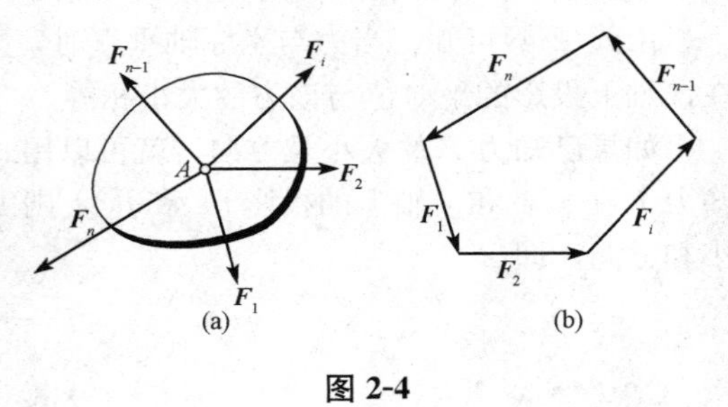

图 2-4

利用平面汇交力系平衡的几何条件，可以解决以下两类问题：

(1)检验刚体在平面汇交力系作用下是否平衡；

(2)当刚体处于平衡状态时，利用平衡条件，通过作用于物体上的已知力，求解未知力(未知力的个数不能超过两个)。

第三节　平面汇交力系合成与平衡——解析法

求解平面汇交力系合成的另一种方法是解析法。这种方法是以力在坐标轴上的投影为基础进行计算的，需要用力在坐标轴上的投影知识。

一、力在直角坐标轴上的投影

设力 $\boldsymbol{F}$ 作用在物体上某点 A 处，如图 2-5 所示。通过力 $\boldsymbol{F}$ 所在平面内的任意点 O 作平面直角坐标系 xOy。从力 $\boldsymbol{F}$ 的两端点 A 和 B 分别向 x 轴作垂线，得垂足 a 和 b，并在 x 轴上得

线段 ab，线段 ab 的长度称为力 $\boldsymbol{F}$ 在 x 轴上的投影的大小，用 F_x 表示。同样的方法也可以确定力 $\boldsymbol{F}$ 在 y 轴上的投影的大小为线段 $a'b'$ 的长度，用 F_y 表示。投影为代数量，并规定：**当力的始端投影到终端的投影方向与投影轴的正向一致时，力的投影取正值；反之，当力的始端投影到终端的投影方向与投影轴的正向相反时，力的投影取负值。**

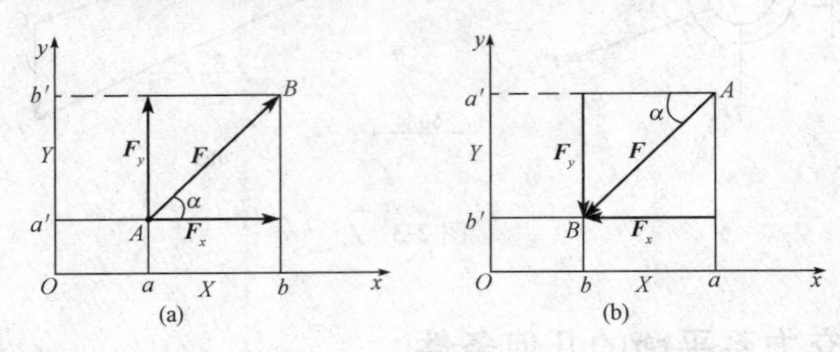

图 2-5

从图 2-5 中的几何关系得出投影的计算公式为

$$\left.\begin{aligned}F_x&=\pm F\cos\alpha\\F_y&=\pm F\sin\beta\end{aligned}\right\}\tag{2-4}$$

式中，α 为力 $\boldsymbol{F}$ 与 x 轴所夹的锐角，F_x 和 F_y 的正负号可按上述规定确定。

由式(2-4)可知，当力与坐标轴垂直时，力在该轴上的投影为零；当力与坐标轴平行时，力在该轴上投影的绝对值与该力的大小相等。

如果已知力 $\boldsymbol{F}$ 的大小及方向，就可以用式(2-4)方便地计算出投影 F_x 和 F_y；反之，如果已知力 $\boldsymbol{F}$ 在 x 轴和 y 轴上的投影 F_x 和 F_y，则由图 2-5 中的几何关系，可用式(2-5)确定力 $\boldsymbol{F}$ 的大小和方向，即

$$\left.\begin{aligned}F&=\sqrt{F_x^2+F_y^2}\\\tan\alpha&=\left|\frac{F_y}{F_x}\right|\end{aligned}\right\}\tag{2-5}$$

式中，α 为力 $\boldsymbol{F}$ 与 x 轴所夹的锐角，力 $\boldsymbol{F}$ 的具体方向可由 F_x、F_y 的正负号确定。

应当注意的是，力的投影和分力是两个不同的概念。力的投影是标量，它只有大小和正负；而力的分力是矢量，有大小和方向。

力在平面直角坐标轴上的投影计算，在力学计算中应用非常普遍，必须熟练掌握。

【例 2-2】 已知力 $F_1=100$ N，$F_2=50$ N，$F_3=80$ N，$F_4=60$ N，各力的方向如图 2-6 所示，试计算各力在 x 轴和 y 轴上的投影。

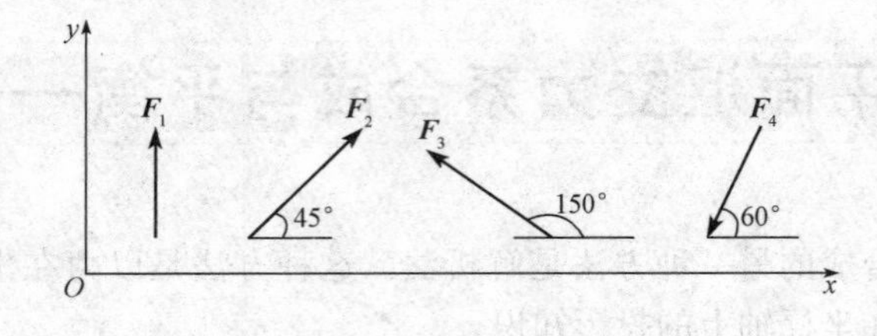

图 2-6

【解】 各力在 x 轴和 y 轴上的投影分别为

$$F_{1x}=0\quad F_{1y}=100\text{ N}$$

$F_{2x}=50\times\cos45°=35.36(\text{N})\quad F_{2y}=50\times\sin45°=35.36(\text{N})$

$F_{3x}=-80\times\cos30°=-69.28(\text{N})\quad F_{3y}=80\times\sin30°=40(\text{N})$

$F_{4x}=-60\times\cos60°=-30(\text{N})\quad F_{4y}=-60\times\sin60°=-51.96(\text{N})$

二、合力投影定理

合力投影定理建立了合力在轴上的投影与各分力在同一轴上的投影之间的关系。

设有一平面汇交力系 $\boldsymbol{F}_1$、$\boldsymbol{F}_2$、$\boldsymbol{F}_3$ 作用于物体的 O 点，如图 2-7 所示。利用力多边形法则求其合力 $\boldsymbol{R}$，则得力多边形 $ABCD$，在其平面内任取一坐标轴 x，求各分力及合力在 x 轴上的投影 F_{1x}、F_{2x}、F_{3x}、R_x。

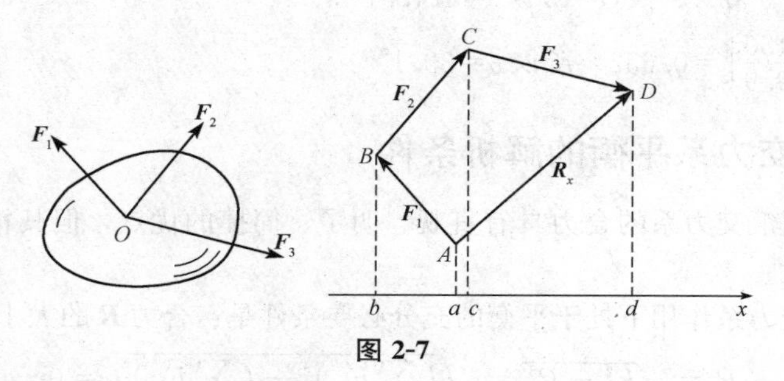

图 2-7

可见

$$F_{1x}=-ba$$
$$F_{2x}=bc$$
$$F_{3x}=cd$$
$$R_x=ad$$

而
$$ad=bc+cd-ba$$

所以
$$R_x=F_{1x}+F_{2x}+F_{3x}$$

这个关系可推广到任意一个汇交力系的情形，即

$$R_x=F_{1x}+F_{2x}+F_{3x}+\cdots+F_{nx}=\sum F_{ix} \tag{2-6}$$

于是，可得到合力投影定理：**力系的合力在任一轴上的投影，等于力系中各力在同一轴上投影的代数和。**

三、用解析法求平面汇交力系的合力

当平面汇交力系为已知时，可选定直角坐标系求得力系中各力在 x 轴、y 轴上的投影，再根据合力投影定理求得合力 $\boldsymbol{R}$ 在 x 轴、y 轴上的投影 R_x、R_y(注意：力的投影是标量)。则合力的大小及方向(合力 $\boldsymbol{R}$ 与 x 轴所夹的锐角为 α)由下式确定：

$$\left.\begin{aligned} R&=\sqrt{R_x^2+R_y^2}=\sqrt{\left(\sum F_{ix}\right)^2+\left(\sum F_{iy}\right)^2}\\ \tan\alpha&=\left|\frac{R_y}{R_x}\right|=\left|\frac{\sum F_{iy}}{\sum F_{ix}}\right| \end{aligned}\right\} \tag{2-7}$$

合力 $\boldsymbol{R}$ 的指向由 R_x、R_y 的正负号确定。合力的作用线通过原力系的汇交点。

【例 2-3】 用解析法求例 2-1 中的平面汇交力系的合力(图 2-8)。

【解】 各力在 x、y 轴上的投影为

$F_{1x}=100\ \text{N}$

$F_{1y}=0$

$F_{2x}=150\times\cos30°=129.90(\text{N})$

$F_{2y}=-150\times\sin30°=-75(\text{N})$

$F_{3x}=0$

$F_{3y}=-75\ \text{N}$

$R_x=100+129.9=229.9(\text{N})$

$R_y=-150\ \text{N}$

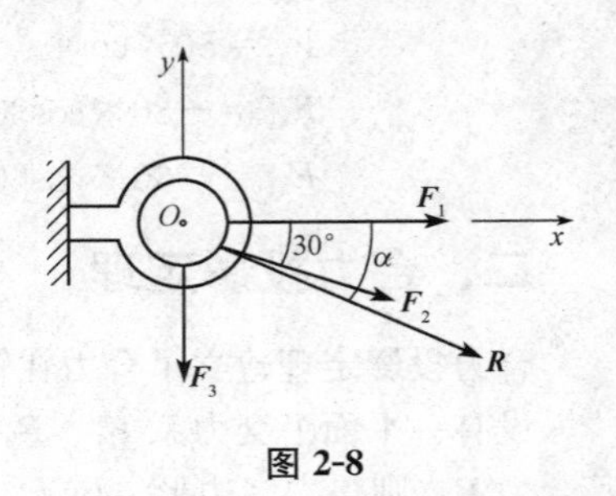

图 2-8

合力的大小 $R=\sqrt{229.9^2+(-150)^2}=274.51(\text{N})$

方向 $\tan\alpha=\left|\dfrac{-150}{229.9}\right|=0.652$ 所以 $\alpha=33.1°$

四、平面汇交力系平衡的解析条件

几何法求解平面汇交力系的合力具有直观、明了、简捷的优点，但其精确度较差，在力学计算时多用解析法。

物体在平面汇交力系作用下处于平衡的充分必要条件是：合力 **R** 的大小等于零。即

$$R=\sqrt{R_x^2+R_y^2}=\sqrt{\left(\sum F_{ix}\right)^2+\left(\sum F_{iy}\right)^2}=0 \tag{2-8}$$

要使式(2-8)成立，则：

$$\left.\begin{aligned}\sum F_{ix}=R_x=0\\ \sum F_{iy}=R_y=0\end{aligned}\right\} \tag{2-9}$$

式(2-9)表明平面汇交力系平衡的解析条件是：**力系中各分力在任意两个坐标轴上投影的代数和分别等于零**。式(2-9)称为平面汇交力系的平衡方程。它们相互独立，应用这两个独立的平衡方程可求解两个未知量。

解题时未知力指向有时可以预先假设，若计算结果为正值，表示假设力的指向就是实际的指向；若计算结果为负值，表示假设力的指向与实际指向相反。在实际计算中，适当地选取投影轴，可使计算简化。

下面通过例题来说明平衡方程的应用。

【例 2-4】 简易起重机如图 2-9(a)所示，被匀速吊起的重物 $G=20$ kN，杆件自重、摩擦力、滑轮大小均不计。试求 AB 杆、BC 杆所受的力。

【解】 (1)选择研究对象，画其受力图。AB 杆和 BC 杆是二力杆，不妨假设两杆均受拉力，绳索的拉力和重物的重力 **G** 相等，所以选择既与已知力有关，又与未知力有关的滑轮 B 为研究对象，其受力图如图 2-9(b)所示。

(2)建立直角坐标系，列平衡方程。

$$\sum F_{ix}=0-S'_{BA}-S'_{BC}\cos45°-T_{BD}\sin30°=0$$

$$\sum F_{iy}=0-T_{BD}\cos30°-S'_{BC}\sin45°-G=0$$

代入相应数据解得

$$S'_{BC}=-52.87\ \text{kN(压)}$$

$$S'_{BA}=27.32\ \text{kN(拉)}$$

负号表示受力图中 S'_{BC} 的方向与实际相反，在斜杆中实为压力。

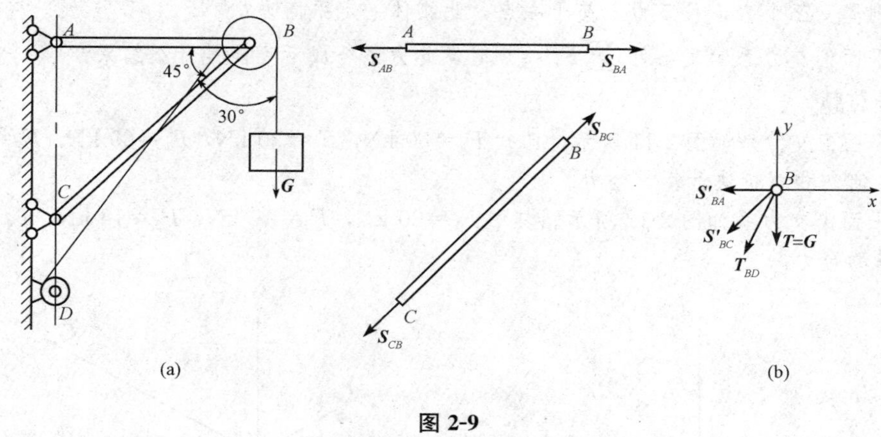

图 2-9

本章小结

平面汇交力系是最简单的一种平面力系，在土木工程中，有很多工程实例可简化为平面汇交力系。本章主要介绍力系的分类、平面汇交力系合成与平衡的几何法、解析法。

思考与练习

一、填空题

1. 凡是各力的作用线在同一平面内的力系称为__________。

2. 作用在物体上的某个力系，如果力系中各力的作用线不在同一平面之内，称为__________。

3. 平面汇交力系的合力 $\boldsymbol{R}$=__________。

4. 已知力 $\boldsymbol{F}$ 与 x 轴正向间的夹角 $0<\alpha<90°$，则 $F_x=$__________，$F_y=$__________。

二、简答题

1. 力沿某轴的分力与力在该轴上的投影有什么区别？力沿某轴分力的大小是否总是等于力在该轴上投影的绝对值？

2. 指出图 2-10 所示各力系有什么区别？请用矢量式表示。

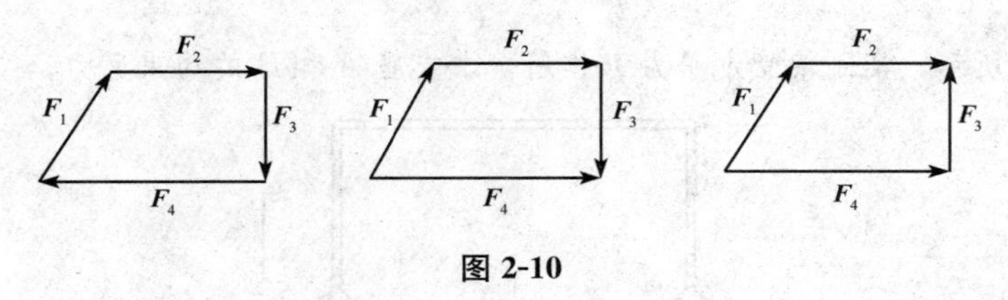

图 2-10

3. 用解析法求平面汇交力系的合力时，若取不同的坐标系(正交或非正交坐标系)，所求得的合力是否相同？

4. 一刚体受三个力，且三力汇交于一点，此刚体一定平衡吗？

5. 某平面汇交力系满足条件 $\sum F_x = 0$ 时，此力系合成后可能是什么结果？

三、计算题

1. 某平面汇交力系如图 2-11 所示。已知 $F_1=50$ kN，$F_2=30$ kN，$F_3=60$ kN，$F_4=100$ kN，试分别用几何法和解析法计算其合力。

2. 某平面汇交力系如图 2-12 所示。其中 $F_1=20$ kN，$F_2=10$ kN，$F_3=18$ kN，$F_4=15$ kN，试求该力系的合力。

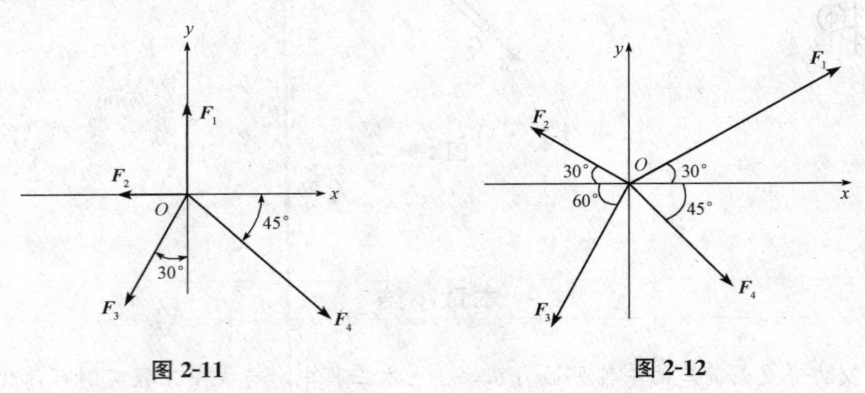

图 2-11　　**图 2-12**

3. 如图 2-13 所示，某铰结三脚架悬挂物重 $P=10$ kN。已知 $AB=AC=2$ m，$BC=1$ m。求杆 AC 和 BC 所受的力。

4. 如图 2-14 所示，压路机的碾子重 20 kN，半径 $r=40$ cm。要用通过中心 O 的水平力 $\boldsymbol{F}$ 将碾子拉过高 $h=8$ cm的台阶，试求力 $\boldsymbol{F}$ 的大小。若想通过最小的力拉动碾子，试确定力作用的方向及此最小值。

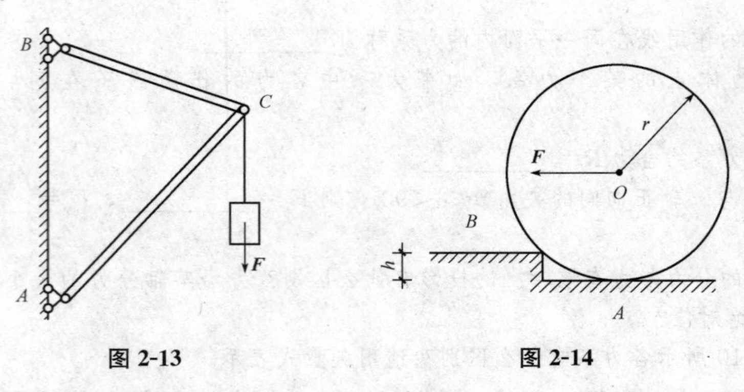

图 2-13　　**图 2-14**

5. 如图 2-15 所示，某刚架受水平力 $\boldsymbol{P}$ 作用，求支座 A 和 B 的约束反力。

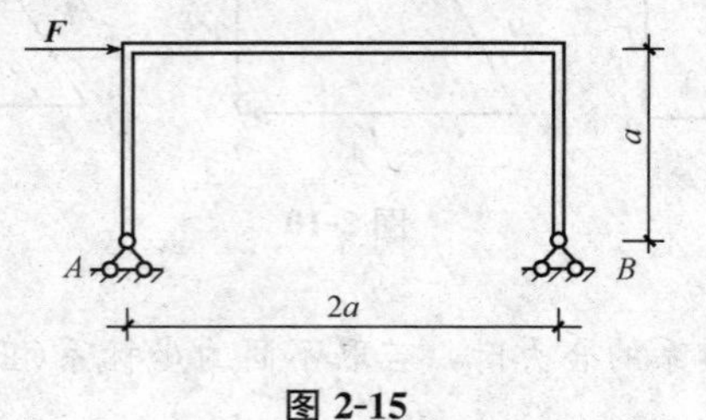

图 2-15

6. 如图 2-16 所示的结构受荷载 $Q=1$ kN 作用，试求 CD 杆所受的力及支座 B 的约束反力。

7. 某三铰刚架如图 2-17 所示，试计算固定铰支座 A 和 C 的约束反力。

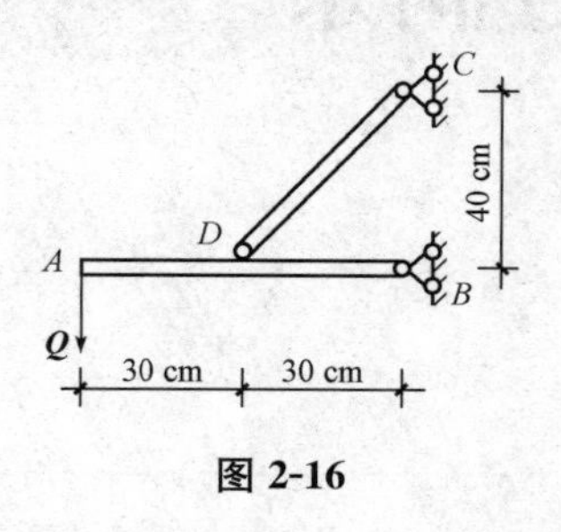

图 2-16

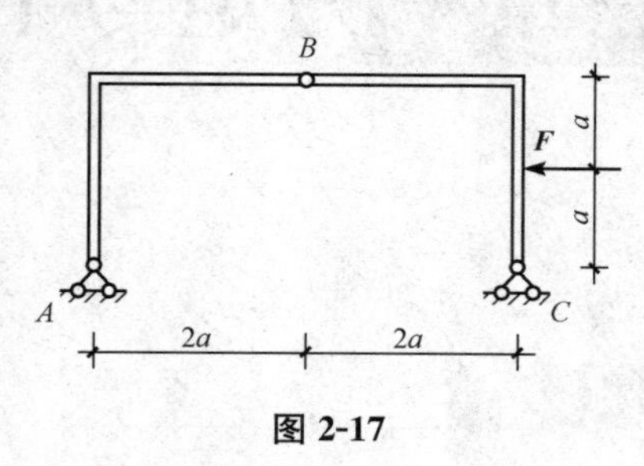

图 2-17

8. 压榨机的结构如图 2-18 所示。在铰 A 处加水平力 $\boldsymbol{P}$，使压块 C 压紧物体 D，试计算物体 D 所受的压力。摩擦力不计。

9. 某简易起重机如图 2-19 所示。已知重物 $W=100$ kN，设各杆、滑轮、钢丝绳自重不计，摩擦力不计，A、B、C 三处均为铰链连接。试计算杆 AC、杆 AB 所受的力。

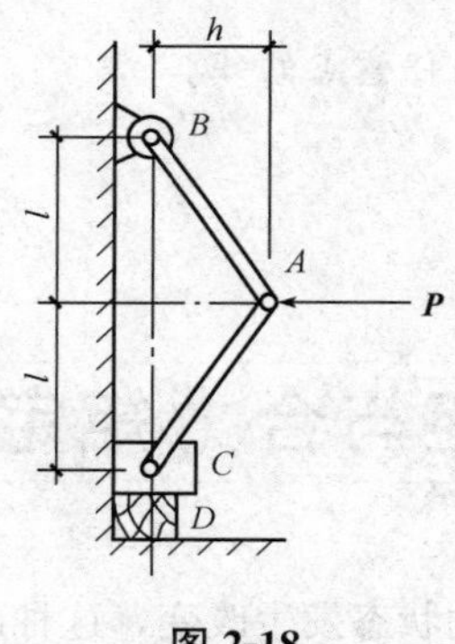

图 2-18

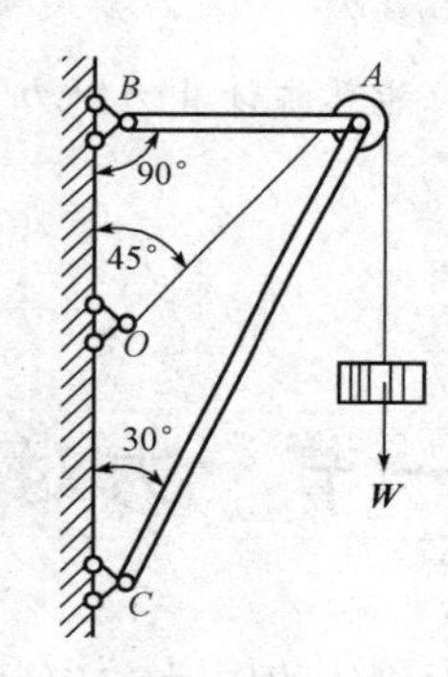

图 2-19

10. 如图 2-20 所示的连杆机构中，在铰 A 和铰 B 处按给定的角度分别施加力 $\boldsymbol{Q}$ 和 $\boldsymbol{R}$，试计算机构平衡时，力 $\boldsymbol{Q}$ 和力 $\boldsymbol{R}$ 的值应满足的关系。

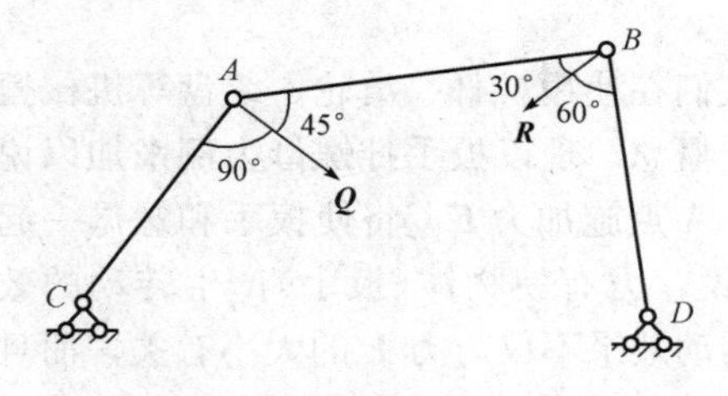

图 2-20

第三章　力矩与平面力偶系

学习目标

了解力对点的矩的概念；了解力偶、力偶矩的概念；熟悉平面力偶的等效条件；掌握合力矩定理、平面力偶系的合成及平衡条件的运用。

能力目标

通过本章的学习，能熟练计算力对力系作用面内任意点的矩。

第一节　力对点的矩与合力矩定理

一般情况下，力对刚体的作用效应使刚体的运动状态发生改变，这种改变包括移动与转动。其中，力对刚体的移动效应可用力矢来度量，而力对刚体的转动效应可以用力对点的矩(简称**力矩**)来度量，即**力矩是度量物体转动效应的物理量**。

一、力对点的矩

力对点的矩是很早以前人们在使用杠杆、滑轮、绞盘等机械搬运或提升重物时所形成的一个概念。现以扳手拧螺母为例来加以说明。如图 3-1 所示，在扳手的 A 点施加力 $\boldsymbol{F}$，将使扳手和螺母一起绕螺栓中心 O 转动，也就是说，力有使物体(扳手)产生转动的效应。实践经验表明，扳手的转动效果不仅与力 $\boldsymbol{F}$ 的大小有关，而且还与 O 点到力作用线的垂直距离 d 有关。当 d 值保持不变时，力 $\boldsymbol{F}$ 越大，转动越快。当力 $\boldsymbol{F}$ 不变时，d 值越大，转动也越快。若改变力的作用方向，则扳手的转动方向就会发生改变，因此，用 $\boldsymbol{F}$ 与 d 的乘积和合适的正负号来表示力 $\boldsymbol{F}$ 使物体绕 O 点转动的效应。

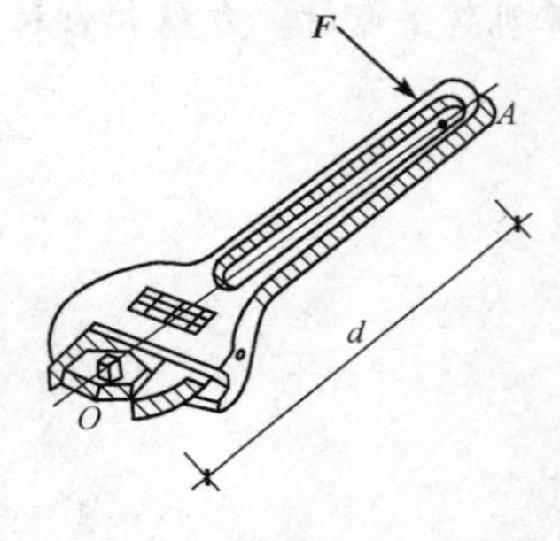

图 3-1

一般情况下，物体受力 $\boldsymbol{F}$ 作用(图 3-2)，力 $\boldsymbol{F}$ 使物体绕平面上任意点的转动效果，可用力 $\boldsymbol{F}$ 对 O 点的力矩来度量。所以，可将力对点的矩定义为：**力对点的矩是力使物体绕点转动效果的度量**。力对点的矩是一个代数量，其绝对值等于力的大小与力臂之积，其正负可作如下规定：**力使物体绕矩心逆时针转动时取正号；反之取负号。**

力 $\boldsymbol{F}$ 对 O 点的矩，以符号 $m_O(\boldsymbol{F})$ 表示，即

$$m_O(\boldsymbol{F})=\pm F\cdot d \tag{3-1}$$

O 点称为转动中心，简称**矩心**。矩心 O 到力作用线的垂直距离 d 称为**力臂**。

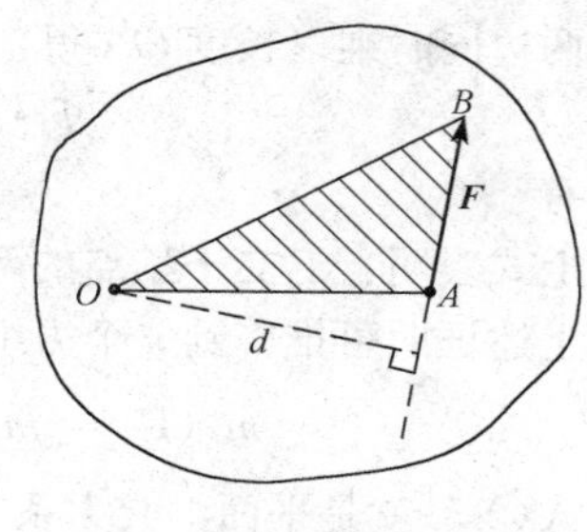

图 3-2

由图 3-2 可以看出，力对点的矩还可用以矩心为顶点，以力矢量为底边所构成的三角形的面积的两倍来表示。即

$$m_O(\boldsymbol{F})=\pm 2\triangle OAB\text{面积} \tag{3-2}$$

在平面力系中，力矩或为正值，或为负值，因此，力矩可视为代数量。

显然，力矩在下列两种情况下等于零：一是力等于零；二是力臂等于零，就是力的作用线通过矩心。力矩的单位是牛顿·米(N·m)或千牛顿·米(kN·m)。

【例 3-1】 矩形板的边长 $a=0.3$ m，$b=0.2$ m，放置在水平面上。给定力 $F_1=40$ N，$F_2=50$ N，二力与长边的夹角 $\alpha=30°$，如图 3-3 所示。试求两个力对 A 点的力矩。如果 A 点是一转轴，试判断在此二力的作用下矩形板绕 A 点转动的方向。

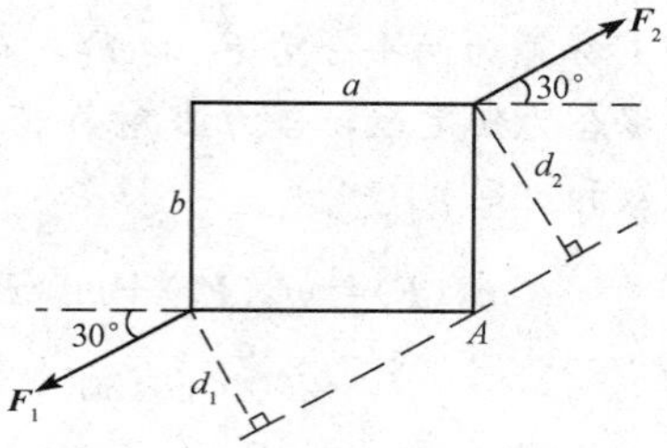

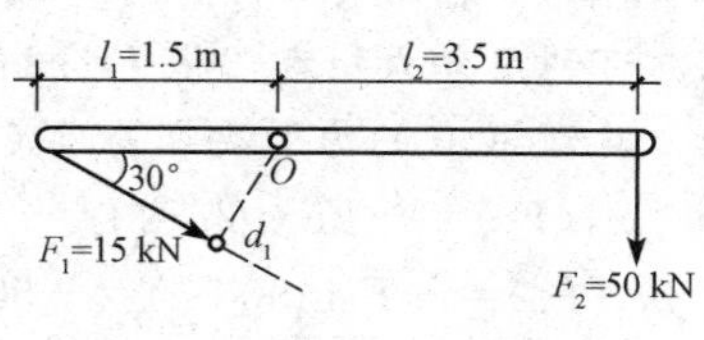

图 3-3

【解】 二力对 A 点的力矩分别为

$m_A(\boldsymbol{F_1})=F_1\cdot d_1=40\times0.3\times\sin30°=6(\text{N}\cdot\text{m})$

$m_A(\boldsymbol{F_2})=F_2\cdot d_2=-50\times0.2\times\cos30°=-8.66(\text{N}\cdot\text{m})$

计算结果表明，力 $\boldsymbol{F}_2$ 使物体绕 A 点转动的效果大于力 $\boldsymbol{F}_1$ 所产生的转动效果，板将绕 A 点顺时针方向转动。

【例 3-2】 分别计算图 3-4 所示的 $\boldsymbol{F}_1$、$\boldsymbol{F}_2$ 对 O 点的力矩。

【解】 由式(3-1)，有：

$m_O(\boldsymbol{F_1})=F_1d_1=15\times1.5\times\sin30°=11.25(\text{kN}\cdot\text{m})$

$m_O(\boldsymbol{F_2})=-F_2d_2=-50\times3.5=-175(\text{kN}\cdot\text{m})$

图 3-4

二、合力矩定理

由前面的内容可知，平面汇交力系的作用效应可以用它的合力来代替，作用效应包括移动效应和转动效应，而力使物体绕某点的转动效应由力对点的矩来度量，由此可得：**平面汇交力系的合力对平面内任一点的矩等于该力系中的各分力对同一点之矩的代数和。这就是平面汇交力系的合力矩定理。**

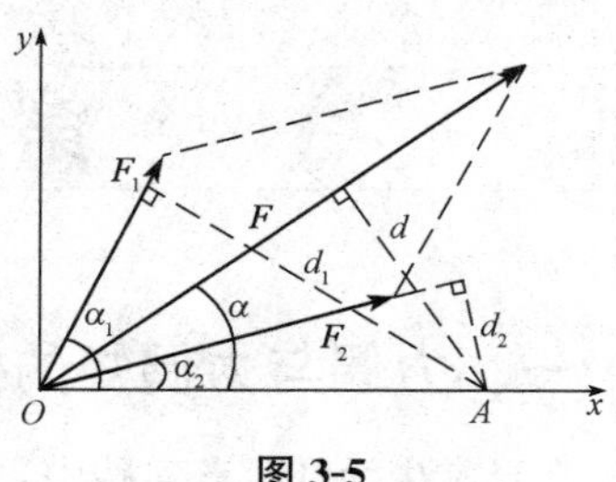

图 3-5

证明：设物体 O 点作用有平面汇交力系 $\boldsymbol{F}_1$、$\boldsymbol{F}_2$，其合力为 $\boldsymbol{R}$。在力系的作用面内取一点 A，点 A 到 $\boldsymbol{F}_1$、$\boldsymbol{F}_2$、合力 $\boldsymbol{R}$ 三力作用线的垂直距离分别为 d_1、d_2 和 d，以 OA 为 x 轴，建立直角坐标系，如图 3-5 所示，$\boldsymbol{F}_1$、$\boldsymbol{F}_2$、合力 $\boldsymbol{R}$ 与 x 轴的夹角分别 α_1、α_{12}、α，则

$$m_A(\boldsymbol{F})=-Fd=-F\cdot OA\sin\alpha$$

$$m_A(\boldsymbol{F_1})=-F_1d_1=-F_1\cdot OA\sin\alpha_1$$

$$m_A(\boldsymbol{F_2})=-F_2d_2=-F_2\cdot OA\sin\alpha_2$$

因

$$F_y=F_{1y}+F_{2y}$$

即

$$F\sin\alpha=F_1\sin\alpha_1+F_2\sin\alpha_2$$

等式两边同时乘以长度 OA 得：

$$F\cdot OA\sin\alpha=F_1\cdot OA\sin\alpha_1+F_2\cdot OA\sin\alpha_2$$

所以有

$$m_A(\boldsymbol{F})=m_A(\boldsymbol{F}_1)+m_A(\boldsymbol{F}_2)$$

上式表明：**汇交于某点的两个分力对 A 点的力矩的代数和等于其合力对 A 点的力矩。**

上述证明可推广到 n 个力组成的平面汇交力系，即

$$m_A(\boldsymbol{F})=m_A(\boldsymbol{F}_1)+m_A(\boldsymbol{F}_2)+\cdots+m_A(\boldsymbol{F}_n)=\sum m_A(\boldsymbol{F}_i) \quad (3\text{-}3)$$

式(3-3)就是平面汇交力系的合力矩定理的表达式。利用合力矩定理可以简化力矩的计算。

【例 3-3】 如图 3-6 所示，每 1 m 长挡土墙所受土压力的合力为 $\boldsymbol{F}$，其大小 $F=200$ kN，求土压力 $\boldsymbol{F}$ 使墙倾覆的力矩。

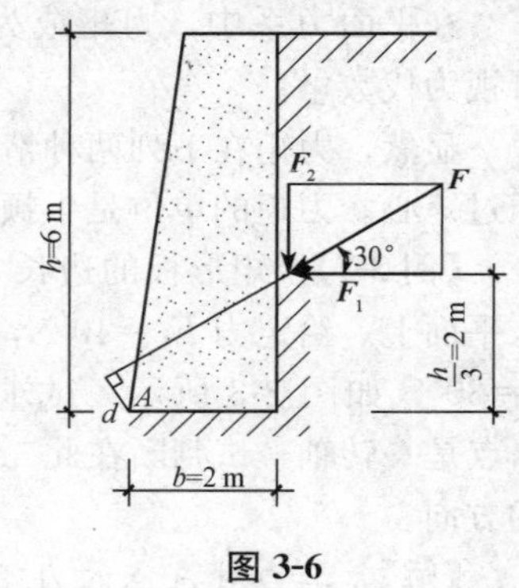

图 3-6

【解】 土压力 $\boldsymbol{F}$ 可使挡土墙绕 A 点倾覆，求 $\boldsymbol{F}$ 使墙倾覆的力矩，就是求它对 A 点的力矩。由于 $\boldsymbol{F}$ 的力臂求解较麻烦，但如果将 $\boldsymbol{F}$ 分解为两个分力 $\boldsymbol{F}_1$ 和 $\boldsymbol{F}_2$，而两分力的力臂是已知的。因此，根据合力矩定理，合力 $\boldsymbol{F}$ 对 A 点的矩等于 $\boldsymbol{F}_1$、$\boldsymbol{F}_2$ 对 A 点的矩的代数和。则

$$\begin{aligned}m_A(\boldsymbol{F})&=m_A(\boldsymbol{F}_1)+m_A(\boldsymbol{F}_2)=F_1\cdot\frac{h}{3}-F_2\cdot b\\&=200\times\cos30^\circ\times2-300\times\sin30^\circ\times2\\&=146.4(\text{kN}\cdot\text{m})\end{aligned}$$

【例 3-4】 如图 3-7 所示，一构件 ABC 的 C 处作用一力 $F=50$ N，求力 $\boldsymbol{F}$ 对铰支座 A 的矩。

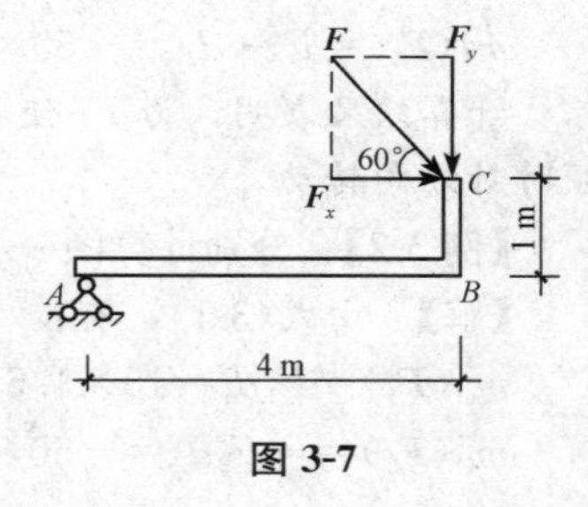

图 3-7

【解】 利用定义计算力 $\boldsymbol{F}$ 对 A 点的力矩，力臂不易确定。所以，可利用合力矩定理将 $\boldsymbol{F}$ 分解为两个分力 $\boldsymbol{F}_x$ 和 $\boldsymbol{F}_y$(分解出的分力，其到 A 点的力臂要容易确定)。则

$$m_A(\boldsymbol{F}_x)=-F\cos60^\circ\times1=-50\times\cos60^\circ\times1=-25(\text{N}\cdot\text{m})$$

$$m_A(\boldsymbol{F}_y)=-F\sin60^\circ\times4=-50\times\sin60^\circ\times4=-173.2(\text{N}\cdot\text{m})$$

所以

$$\begin{aligned}m_A(\boldsymbol{F})&=m_A(\boldsymbol{F}_x)+m_A(\boldsymbol{F}_y)\\&=-25-173.2=-198.2(\text{N}\cdot\text{m})\end{aligned}$$

第二节　力偶与力偶矩

一、力偶与力偶矩的概念

在日常生活和生产实践中，人们经常会碰到大小相等、方向相反而不共线的两个平行力所组成的力系；这种力系只能使物体产生转动，例如，用两个手指拧开瓶盖，如图 3-8(a)所示；用两只手转动汽车方向盘，如图 3-8(b)所示；钳工用丝锥攻螺纹，如图 3-8(c)所示。

在力学中，**把这种大小相等、方向相反、作用线不重合的两个平行力称为力偶**，用符号($\boldsymbol{F}$，$\boldsymbol{F}'$)表示。力偶的两个力作用线之间的垂直距离 d 称为**力偶臂**；力偶的两个力所构成的平面称为**力偶作用面**。

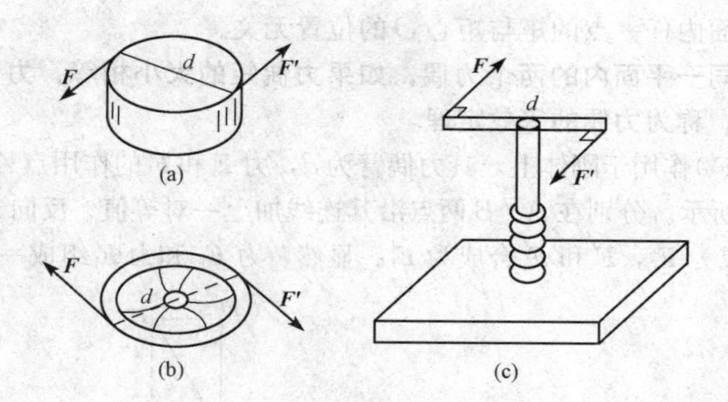

图 3-8

通过以上的例子可知，力偶使物体转动的效应由以下两个因素来决定：

(1)力偶矩的大小；

(2)力偶在作用面内的转向。

力偶中一个力的大小和力偶臂的乘积 $F \cdot d$，加上表示转向的正负号称为**力偶矩**，通常用 $m(\boldsymbol{F}, \boldsymbol{F}')$ 表示，简写为 m。

$$m = \pm F \cdot d \tag{3-4}$$

式中，正负号表示力偶矩的转向。通常规定：**若力偶使物体作逆时针方向转动时，力偶矩为正；反之为负。**

力偶矩的单位和力矩的单位相同，是牛顿·米(N·m)或千牛顿·米(kN·m)。作用在某平面的力偶使物体转动的效应是由力偶矩来衡量的。

二、力偶的基本性质

力偶不同于力，它具有一些特殊的性质，包括以下几个方面：

性质一：力偶无合力，力偶不能与一个力等效，也不能用一个力来代替。

由于力偶中的两个力大小相等、方向相反、作用线平行，故它们在任一坐标轴上投影的代数和为零。如图 3-9 所示，设力与 x 轴的夹角为 α，由此可得：

$$F_x = F\cos\alpha - F'\cos\alpha = 0 \tag{3-5}$$

这说明，力偶在任一轴上的投影等于零。

由于力偶在轴上的投影为零，所以力偶对物体只能产生转动效应，而一个力在一般情况下，对物体可产生移动和转动两种效应。

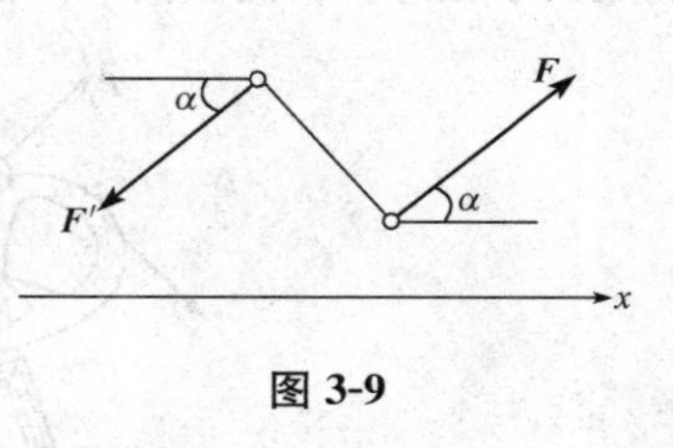

图 3-9

力偶和力对物体的作用效应不同，说明力偶不能用一个力来代替，即力偶不能简化为一个力，因而力偶也不能和一个力平衡，力偶只能与力偶平衡。

性质二：力偶对其作用面内任一点之矩都等于力偶矩，与矩心位置无关。

如图 3-10 所示，力偶($\boldsymbol{F}$, $\boldsymbol{F}'$)作用于某刚体上，其力偶臂为 d，在力偶的作用面内取任一点 O 为矩心，用 d_1 表示 O 点到 $\boldsymbol{F}'$ 的垂直距离，力偶($\boldsymbol{F}$, $\boldsymbol{F}'$)对 O 点的力矩为

$$m_O(\boldsymbol{F}, \boldsymbol{F}') = m_O(\boldsymbol{F}) + m_O(\boldsymbol{F}') = F \cdot (d + d_1) - F' \cdot d_1 = F \cdot d = m \tag{3-6}$$

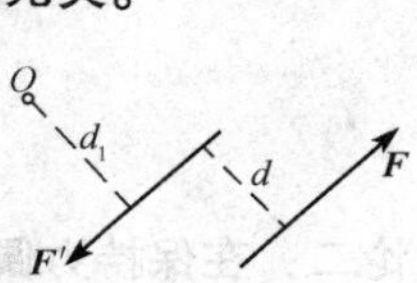

图 3-10

可见力偶对作用面内任一点的矩与矩心 O 的位置无关。

性质三：作用在同一平面内的两个力偶，如果力偶矩的大小相等，力偶的转向相同，则这两个力偶为等效力偶，称为力偶的等效定理。

设有一力偶($\boldsymbol{F}$，$\boldsymbol{F}'$)作用于刚体上，其力偶臂为 d，力 $\boldsymbol{F}$ 和 $\boldsymbol{F}'$ 的作用点 A 和 B 的连线 AB 恰为力偶臂 d，如图 3-11 所示。分别在 A、B 两点沿其连线加上一对等值、反向、共线的平衡力 $\boldsymbol{F}_T$ 和 $\boldsymbol{F}'_T$。现将 $\boldsymbol{F}$ 和 $\boldsymbol{F}_T$ 合成为 $\boldsymbol{F}_1$，$\boldsymbol{F}'$ 和 $\boldsymbol{F}'_T$ 合成为 $\boldsymbol{F}'_1$。显然，力 $\boldsymbol{F}_1$ 和力 $\boldsymbol{F}'_1$ 组成一新的力偶($\boldsymbol{F}_1$，$\boldsymbol{F}'_1$)。

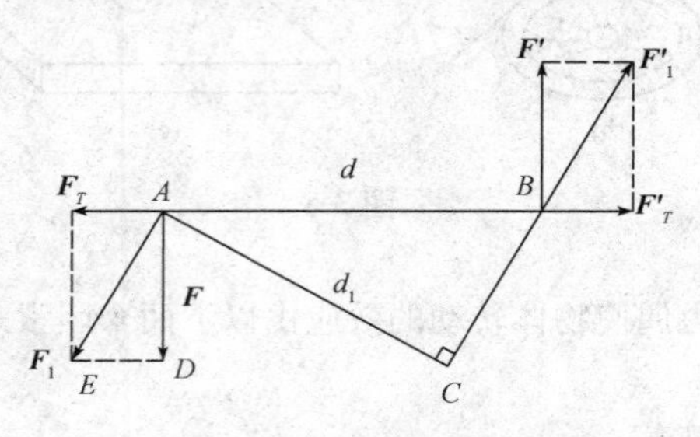

图 3-11

令新力偶($\boldsymbol{F}_1$，$\boldsymbol{F}'_1$)的力偶臂为 d_1，由图 3-11 可知：$\angle BAC=\angle EAD$。则

$$\frac{F_1}{F}=\frac{d}{d_1}$$

即

$$F_1 d_1=Fd$$

由此可得

$$m(\boldsymbol{F}_1, \boldsymbol{F}'_1)=m(\boldsymbol{F}, \boldsymbol{F}')$$

力偶($\boldsymbol{F}_1$，$\boldsymbol{F}'_1$)是在原力偶($\boldsymbol{F}$，$\boldsymbol{F}'$)上加上一对平衡力而得到的，根据加减平衡力系定理，力偶($\boldsymbol{F}_1$，$\boldsymbol{F}'_1$)与力偶($\boldsymbol{F}$，$\boldsymbol{F}'$)等效。这就证明了共面的两个力偶矩相等，它们等效。

平面力偶的等效定理给出了同一平面内力偶等效的条件。由此可得如下推论：

推论一：力偶可以在其作用面内任意移动，不会改变它对刚体的作用效果，即力偶对刚体的作用效果与力偶在作用面内的位置无关。

例如，如图 3-12(a)所示，作用在方向盘上的两个力偶($\boldsymbol{P}_1$，$\boldsymbol{P}'_1$)和($\boldsymbol{P}_2$，$\boldsymbol{P}'_2$)，只要它们的力偶矩大小相等，转向相同，即使作用位置不同，转动效应也是相同的。

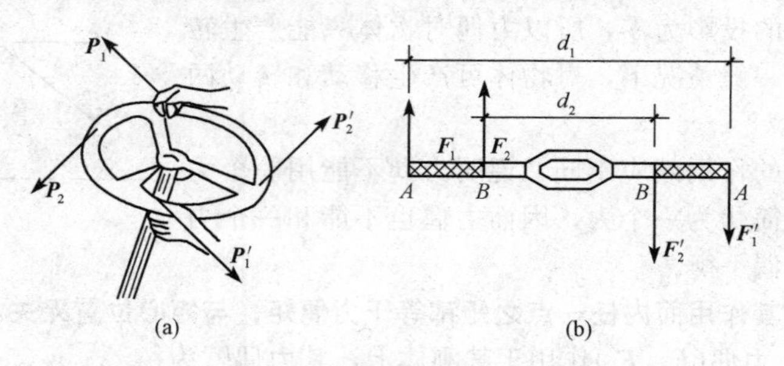

图 3-12

推论二：在保持力偶矩不变的情况下，可以随意地同时改变力偶中力的大小以及力偶臂的长短，而不会影响力偶对刚体的作用效果。

如图 3-12(b)所示，在攻螺纹时，作用在纹杆上的($\boldsymbol{F}_1$，$\boldsymbol{F}'_1$)或($\boldsymbol{F}_2$，$\boldsymbol{F}'_2$)，虽然 d_1 和 d_2 不相

等，但只要调整力的大小，使力偶矩 $F_1d_1=F_2d_2$，则两力偶的作用效果是相同的。

由以上分析可知，**力偶对于物体的转动效应完全取决于力偶矩的大小、力偶的转向及力偶作用面，即力偶的三要素**。

按照以上推论，只要给定力偶矩的大小及符号，力偶的作用效果就确定了，至于力偶中力的大小、力臂的长短如何，都是无关紧要的。根据以上推论就可以在保持力偶矩不变的条件下，将一个力偶等效地变换成另一个力偶。例如，在图 3-13 中所进行的变换就是等效变换。

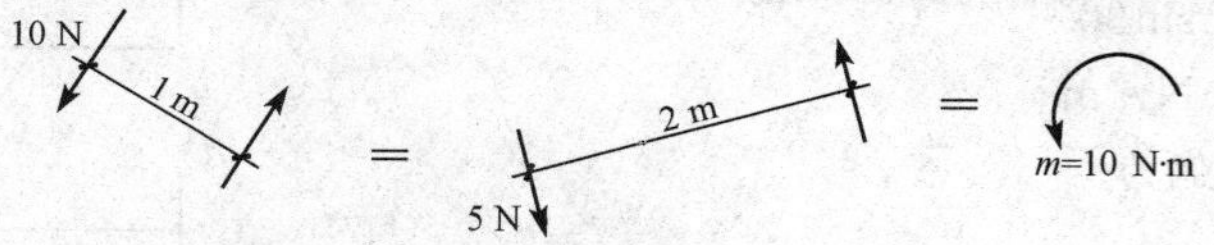

图 3-13

因此，可以这样表示力偶：用一圆弧箭头表示力偶的转向，在箭头旁边标出力偶矩的值即可。上述的力偶等效变换是进行力偶系简化的手段。

第三节 平面力偶系的合成与平衡条件

一、平面力偶系的合成

作用在物体上同一平面内的两个或两个以上的力偶，称为**平面力偶系**。平面力偶系合成可以根据力偶的等效性来进行。

设有两个力偶作用在物体的同一平面内，其力偶矩分别为 m_1、m_2，如图 3-14 所示。根据力偶的等效性，将两个力偶等效变换，使它们成为具有相同力偶臂 d 的两个力偶($\boldsymbol{F}_1$，$\boldsymbol{F}_1'$)、($\boldsymbol{F}_2$，$\boldsymbol{F}_2'$)，则 $m_1=F_1d$，$m_2=-F_2d$。将变换后的各力偶在作用面内移动和转动，使它们的力偶臂都与 AB 重合。设 $F_1>F_2$，则 F 和 F' 的大小为

$$F=F'=F_1-F_2$$

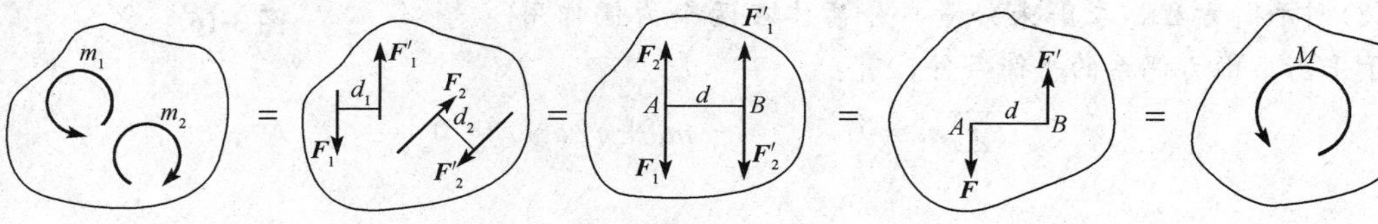

图 3-14

$\boldsymbol{F}$ 和 $\boldsymbol{F}'$ 组成一个合力偶($\boldsymbol{F}$，$\boldsymbol{F}'$)，这个力偶与原来的两个力偶等效，称为原平面力偶系的合力偶。其力偶矩为

$$M=F\cdot d=(F_1-F_2)\times d=F_1\cdot d-F_2\cdot d=m_1+m_2$$

上述结论可以推广到任意多个力偶合成的情形，即：**平面力偶系可以合成为一个合力偶，合力偶矩等于力偶系中各分力偶矩的代数和**。可写为

$$M=m_1+m_2+\cdots+m_n=\sum m \tag{3-7}$$

【例 3-5】 如图 3-15 所示，在物体同一平面内受到三个力偶的作用，设 $F_1=F_1'=200$ N，$F_2=F_2'=400$ N，$m=150$ N·m，求其合成的结果。

【解】 三个共面力偶合成的结果是一个合力偶，各分力偶矩为

$$m_1=F_1d_1=200\times1=200(\text{N}\cdot\text{m})$$

$$m_2=F_2d_2=400\times\frac{0.25}{\sin30^\circ}=200(\text{N}\cdot\text{m})$$

$$m_3=-m=-150\ \text{N}\cdot\text{m}$$

由式(3-7)得合力偶为

$$M=\sum m=m_1+m_2+m_3$$
$$=200+200-150$$
$$=250(\text{N}\cdot\text{m})$$

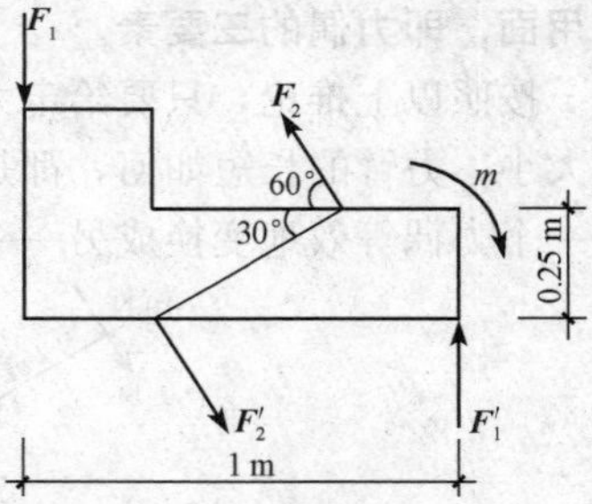

图 3-15

因此，合力偶矩的大小等于 250 N·m，转向为逆时针方向，作用在原力偶系的平面内。

二、平面力偶系的平衡条件

平面力偶系可以合成为一个合力偶，当合力偶矩等于零时，则力偶系中各力偶对物体的转动效应互相抵消，物体处于平衡状态；反之，若物体在平面力偶系的作用下处于平衡状态，则原平面力偶系的合力偶矩必为零。所以，**平面力偶系平衡的充分必要条件是：力偶系中各力偶矩的代数和为零，**即

$$M=\sum m=0 \tag{3-8}$$

式(3-8)为平面力偶系的平衡方程。

【例 3-6】 三铰刚架如图 3-16 所示，求在力偶矩为 m_1 的力偶作用下，支座 A 和 B 的反力。

【解】 (1)取分离体，作受力图。取三铰刚架为分离体，其上受到力偶及支座 A 和 B 的约束反力的作用。由于 BC 是二力杆，支座 B 的反力 $\boldsymbol{N}_B$ 的作用线应在铰 B 和铰 C 的连线上。支座 A 的约束反力 $\boldsymbol{N}_A$ 的作用线是未知的。考虑到力偶只能用力偶来与之平衡，由此断定 $\boldsymbol{N}_A$ 与 $\boldsymbol{N}_B$ 必定组成一力偶。即 $\boldsymbol{N}_A$ 与 $\boldsymbol{N}_B$ 平行，且大小相等，方向相反，如图 3-16 所示。

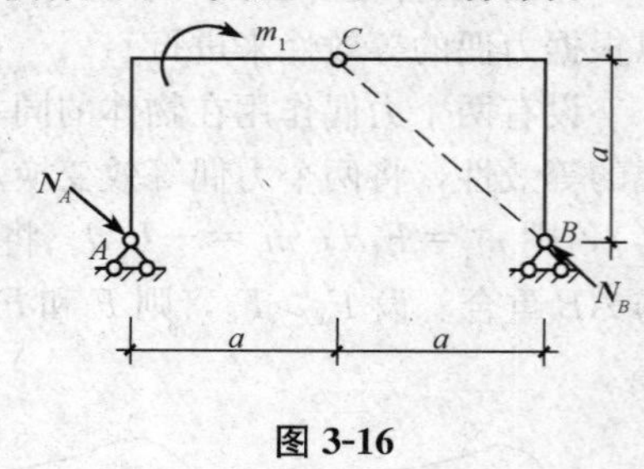

图 3-16

(2)列平衡方程，求解未知量。分离体在两个力偶作用下处于平衡，由力偶系的平衡条件，有：

$$\sum m=0 \qquad -m_1+\sqrt{2}aN_A=0$$

解得

$$N_A=N_B=m_1/(\sqrt{2}a)$$

本章小结

力对物体的运动效应有移动效应和转动效应。集中力使物体产生移动效应，在度量力对物体的转动效应时，要使用力对点之矩和力偶这两个概念。本章主要介绍力矩、力偶的概念，合力矩定理，平面力偶系的合成及平衡条件。

思考与练习

一、填空题

1. 力$\vec{F}$对O点的矩，用记号＿＿＿＿＿＿表示。

2. 力偶是＿＿＿＿＿＿、＿＿＿＿＿＿且不共线的二平行力。

3. 力偶在任何坐标轴上的代数和恒等于＿＿＿＿＿＿。

4. ＿＿＿＿＿＿是作用在刚体上的两个力偶等效的充分必要条件。

5. 平面力偶系平衡的必要与充分条件是：力偶系中＿＿＿＿＿＿的力偶矩的代数和等于零。

二、简答题

1. 力偶具有哪些性质？

2. “力偶的合力等于零”这种说法对吗？

3. 力矩与力偶矩有何异同？

4. 平面力偶系的简化依据是什么？其简化结果如何？

5. 如图3-17所示，圆轮在力偶M和力$\boldsymbol{F}$的共同作用下平衡，这是否说明一个力偶可用一个合适的力与之平衡？

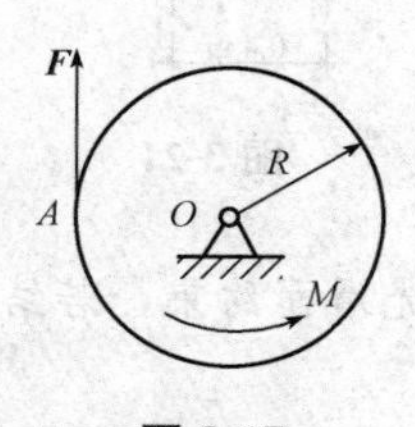

图 3-17

6. 组成力偶和两个力在任一投影轴上的投影之和为什么一定为零？

7. 等效力偶的力和力臂均应分别相等，对吗？

三、计算题

1. 按图3-18中给定的条件，试计算力$\boldsymbol{F}$对点A的力矩。

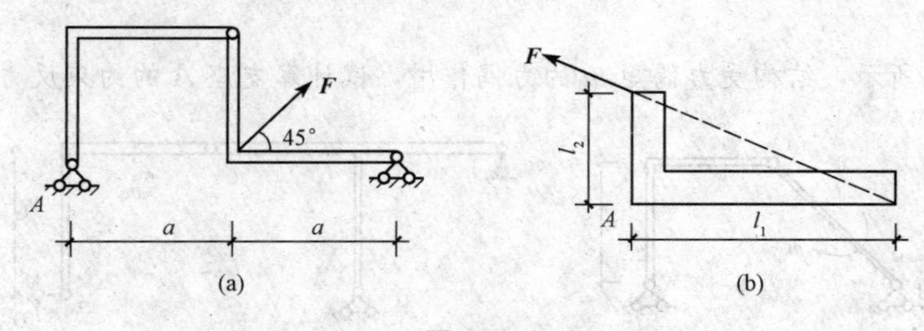

图 3-18

2. 如图3-19所示，某梁自由端受作用力$\boldsymbol{F}_1$和$\boldsymbol{F}_2$作用，试分别计算此两力对梁上O点的力矩。

3. 如图3-20所示，螺栓B受到的夹紧力为100 N，并垂直于手钳的夹爪，为了提供上述的夹紧力，试计算施加于手柄的力$\boldsymbol{F}$的大小。

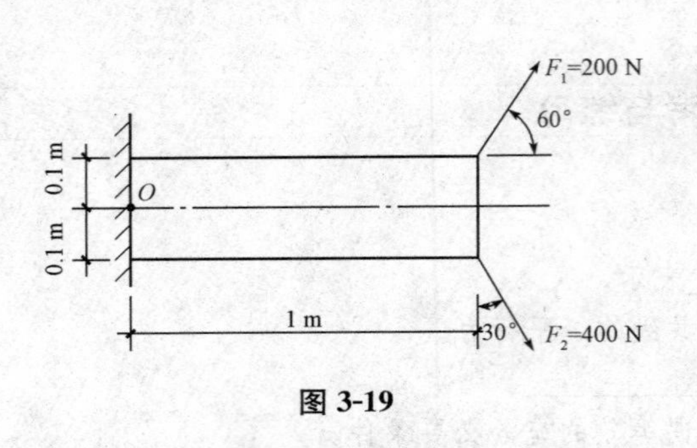

图 3-19

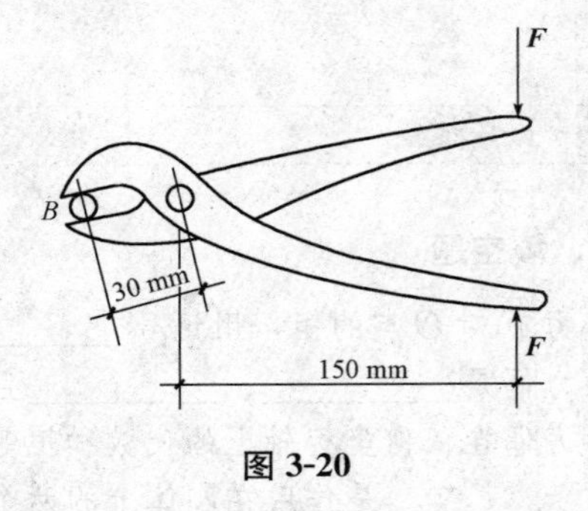

图 3-20

4. 如图 3-21 所示，T 形板上受三个力偶的作用，已知 $F_1=F_1'=50$ N，$F_2=F_2'=40$ N，$F_3=F_3'=30$ N，试按图中给定的尺寸求合力偶的力偶矩。

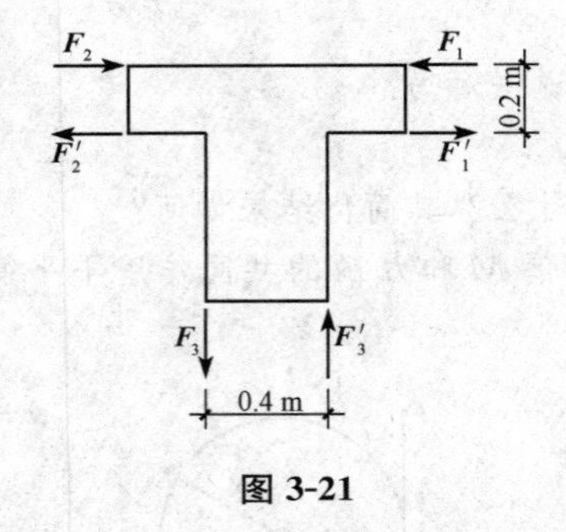

图 3-21

5. 如图 3-22 所示，某结构 A 处为光滑面约束，若结构自重不计，试计算在已知力偶 M 作用下 D 处的约束反力。

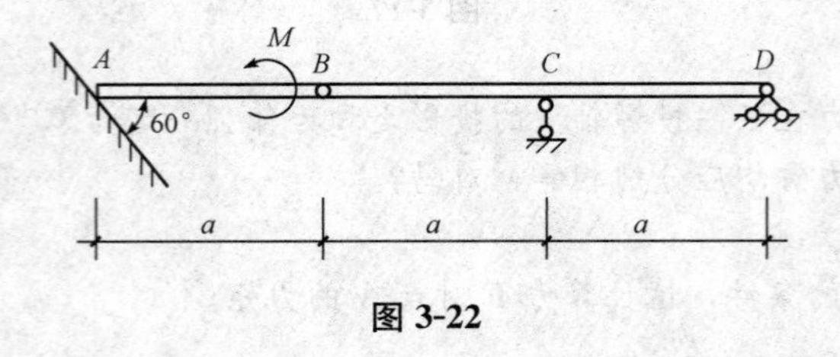

图 3-22

6. 如图 3-23 所示，结构受力偶矩 m 的力偶作用，试计算支座 A 的约束反力。

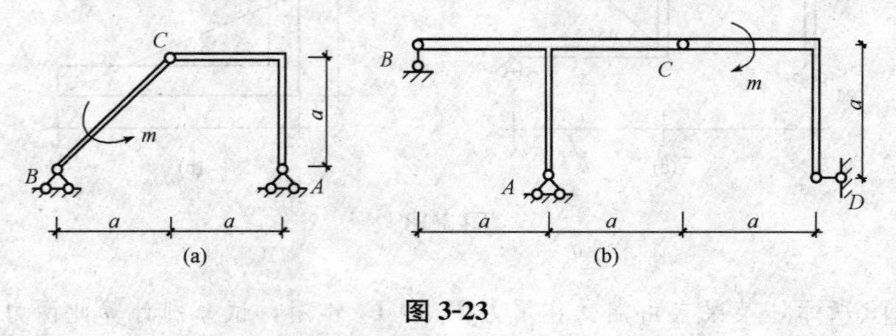

图 3-23

7. 如图 3-24 所示的某减速箱，在外伸的两轴上分别作用一个力偶。它们的力偶矩 $m_1=$ 2 000 N·m，$m_1=$1 000 N·m。减速箱用两个相距 400 mm 的螺钉 A 和 B 固定在地面上。

设 A、B 处只有铅垂方向的约束反力。减速箱重力不计。试计算螺钉 A 和 B 的约束反力。

8. 如图 3-25 所示，两圆轴法兰由 8 个螺栓连接，8 个螺栓布置在直径 $D_0=140$ mm 的圆周上。已知法兰所受外力偶矩 $M=3$ kN·m。试计算每个螺栓所受力的大小与方向。

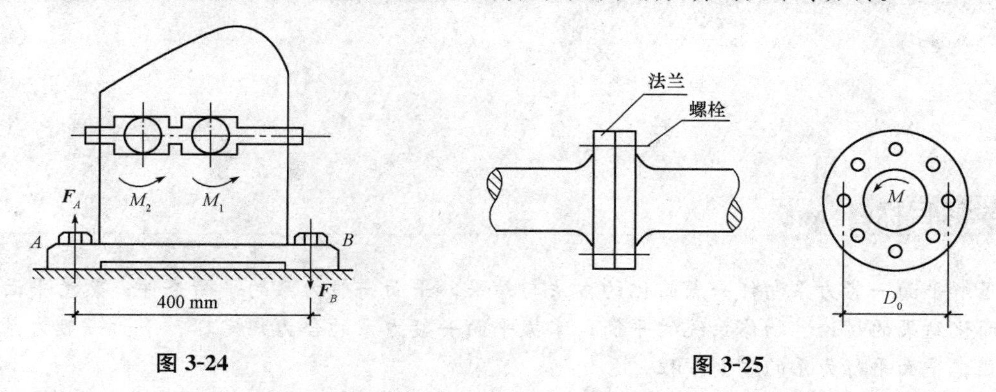

图 3-24　　图 3-25

9. 如图 3-26 所示，已知挡土墙重 $G_1=90$ kN，垂直土压力 $G_2=140$ kN，水平压力 $P=100$ kN，试验算此挡土墙是否会倾覆。

10. 如图 3-27 所示，某机构自重不计。圆轮上的销子 A 放在摇杆 BC 上的光滑导槽内，圆轮上作用力偶矩为 $M_1=2$ kN·m 的力偶。已知 $OA=r=0.5$ m，图示位置时 OA 与 OB 垂直，$\alpha=30°$，且系统平衡。试计算作用于摇杆 BC 上的力偶及铰链 O、B 的约束反力的大小。

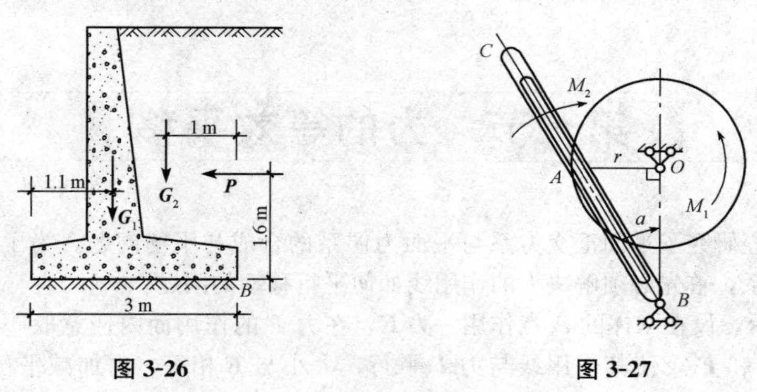

图 3-26　　图 3-27

第四章　平面一般力系

学习目标

了解平面一般力系向任一点简化的方法与结果，平面一般力系的平衡条件；熟悉平面一般力系简化结果的讨论、物体系统的平衡；掌握平面一般力系的合力矩定理、平面一般力系的平衡方程、平面平行力系的平衡方程。

能力目标

通过本章的学习，能熟练地应用平面一般力系平衡方程的三种形式求解单个物体的平衡问题；能熟练地求解简单的物体系的平衡问题。

第一节　力的等效平移

前面两章已经研究了平面汇交力系与平面力偶系的合成与平衡问题。为了将平面一般力系简化为这两种力系，首先必须解决力的作用线如何平行移动的问题。

如图 4-1 所示，设在刚体的 A 点作用一力 $\boldsymbol{F}$，在力 $\boldsymbol{F}$ 的作用面内任意取一点 B，并在 B 处加一对平衡力 $\boldsymbol{F}_1$ 和 $\boldsymbol{F}_1'$，使其作用线与力 $\boldsymbol{F}$ 平行，大小与 $\boldsymbol{F}$ 相等。由加减平衡力系公理可知，这与原力系的作用效果相同。显然 $\boldsymbol{F}$ 和 $\boldsymbol{F}_1'$ 组成一力偶，其力偶矩为

$$m=\boldsymbol{F}d \tag{4-1}$$

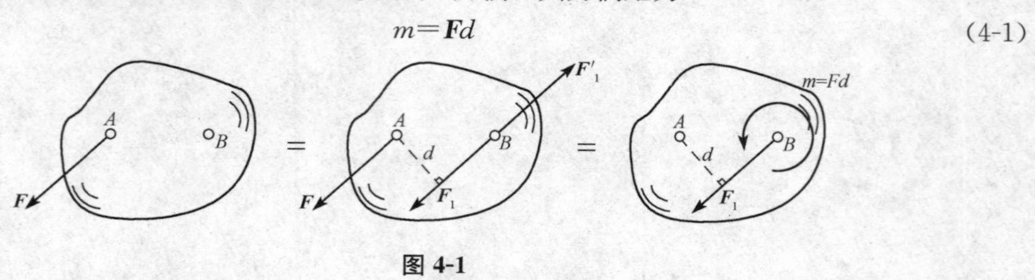

图 4-1

于是，原作用于 A 点的力 $\boldsymbol{F}$ 就与 B 点的力 $\boldsymbol{F}_1$ 和力偶($\boldsymbol{F}$，$\boldsymbol{F}_1'$)等效。

由此可得力的平移定理：**作用在刚体上 A 点的力 $\boldsymbol{F}$ 可以等效地平移到此刚体上的任意一点 B，但必须附加一个力偶，附加力偶的力偶矩等于原来的力 $\boldsymbol{F}$ 对新的作用点 B 的矩。**

顺便指出，根据上述力的平移的逆过程，还可将共面的一个力和一个力偶合成为一个力，该力的大小和方向与原力相同，其作用线间的垂直距离为

$$d=\frac{|m|}{F'} \tag{4-2}$$

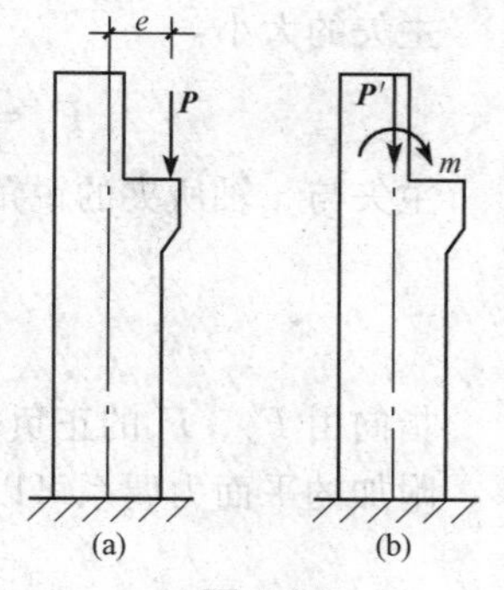

图 4-2

力的平移定理不仅是力系向一点简化的工具，而且可以用来解释一些实际问题。例如，图 4-2(a)所示的一厂房立柱，在立柱的凸出部分(牛腿)承受起重机梁施加的压力 $\boldsymbol{P}$。力 $\boldsymbol{P}$ 与柱轴线的距离为 e，称为**偏心距**。按力的平移定理，可将力 $\boldsymbol{P}$ 等效地平移到立柱的轴线上，同时附加一力偶矩 $m=-Pe$，如图 4-2(b)所示。移动后可以清楚地看到力 $\boldsymbol{P}'$ 使立柱产生压缩变形；力偶 m 使立柱产生弯曲变形。说明力 $\boldsymbol{P}$ 所引起的变形是压缩和弯曲两种变形的组合。

第二节　平面一般力系向作用面内任一点简化

一、简化方法和结果

设刚体上作用有平面一般力系 $\boldsymbol{F}_1$，$\boldsymbol{F}_2$，…，$\boldsymbol{F}_n$，各力的作用点分别为 A_1，A_2，…，A_n，如图 4-3 所示。在力系的作用面内任选一点 O，称为**简化中心**。根据力的平移定理，将各力平移到 O 点，其结果得到一个作用于 O 点的平面汇交力系 $\boldsymbol{F}_1'$，$\boldsymbol{F}_2'$，…，$\boldsymbol{F}_n'$ 和一个附加的平面力偶系，其力偶矩分别为 m_1，m_2，…，m_n。

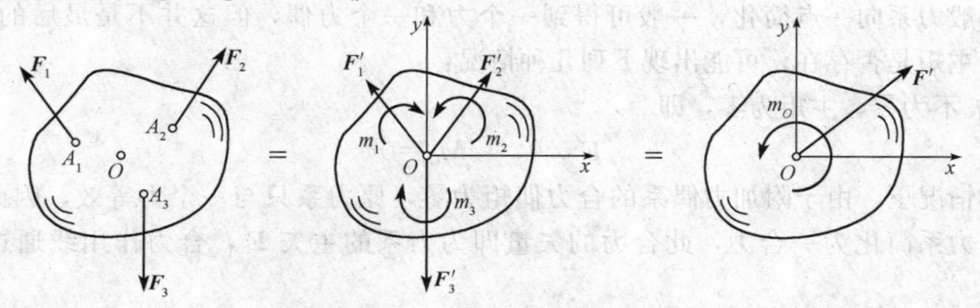

图 4-3

其中平面汇交力系中各力的大小和方向分别与原力系中对应的各力相同，即

$$\boldsymbol{F}_1'=\boldsymbol{F}_1,\ \boldsymbol{F}_2'=\boldsymbol{F}_2,\ \cdots,\ \boldsymbol{F}_n'=\boldsymbol{F}_n$$

各附加的力偶矩分别等于原力系中各力对简化中心 O 点之矩，即

$$m_1=m_O(\boldsymbol{F}_1),\ m_2=m_O(\boldsymbol{F}_2),\ \cdots,\ m_n=m_O(\boldsymbol{F}_n)$$

由平面汇交力系合成的理论可知，$\boldsymbol{F}_1'$，$\boldsymbol{F}_2'$，…，$\boldsymbol{F}_n'$ 可合成为一个作用于 O 点的力，这个力的矢量 $\boldsymbol{F}'$ 称为原力系的主矢。则有：

$$\boldsymbol{F}'=\boldsymbol{F}_1'+\boldsymbol{F}_2'+\cdots+\boldsymbol{F}_{\mathrm{n}}'=\sum \boldsymbol{F}_i'=\sum \boldsymbol{F}_i \tag{4-3}$$

在计算主矢 $\boldsymbol{F}'$ 时，引进参考直角坐标系 xOy，根据合力投影定理，可得：

$$\left.\begin{aligned}F_x'&=\sum F_{ix}'=\sum F_{ix}\\F_y'&=\sum F_{iy}'=\sum F_{iy}\end{aligned}\right\}$$

主矢的大小：

$$F' = \sqrt{(F'_x)^2 + (F'_y)^2} = \sqrt{(\sum F_{ix})^2 + (\sum F_{iy})^2}$$

主矢与 x 轴所夹的锐角：

$$\tan\alpha = \left|\frac{F'_y}{F'_x}\right| = \left|\frac{\sum F_{iy}}{\sum F_{ix}}\right| \tag{4-4}$$

指向由 F'_x、F'_y的正负号判断。

附加的平面力偶系可以合成一合力偶，其力偶矩 M_O 称为原力系向 O 点简化的主矩。显然

$$M_O = \sum m_i = \sum m_O(\boldsymbol{F}_i) \tag{4-5}$$

所以，对平面任意力系向任一点简化的结果可以总结如下：**平面一般力系向作用面内任一点简化的结果，是一个力和一个力偶。这个力作用在简化中心，它的矢量称为原力系的主矢，并等于原力系中各力的矢量和；这个力偶的力偶矩称为原力系对简化中心的主矩，并等于原力系中各力对简化中心之矩的代数和。**

应当注意的是，作用于简化中心的力 $\boldsymbol{F}'$一般并不是原力系的合力，力偶矩为 M_O 的力偶也不是原力系的合力偶，只有 $\boldsymbol{F}'$与 M_O 两者相结合才与原力系等效。

由于主矢等于原力系中各力的矢量和，因此**主矢 $\boldsymbol{F}$ 的大小和方向与简化中心的位置无关。**而主矩等于原力系中各力对简化中心之矩的代数和，取不同的点作为简化中心，各力的力臂都要发生变化，则各力对简化中心的力矩也会改变。因此，**主矩一般随着简化中心的位置改变而改变(即主矩与简化中心有关)。**

二、平面一般力系简化结果的讨论

平面一般力系向一点简化，一般可得到一个力和一个力偶，但这并不是最后的简化结果。根据主矢与主矩是否存在，可能出现下列几种情况：

(1)主矢不为零，主矩为零，即

$$\boldsymbol{F}' \neq 0, \quad M_O = 0$$

在这种情况下，由于附加力偶系的合力偶矩为零，原力系只与一个力等效，因此在这种特殊情况下，力系简化为一合力，此合力的矢量即为力系的主矢 $\boldsymbol{F}'$，合力作用线通过简化中心 O 点。

(2)主矢、主矩均不为零，即

$$\boldsymbol{F}' \neq 0, \quad M_O \neq 0$$

在这种情况下，力系等效于一作用于简化中心 O 的力 $\boldsymbol{F}'$和一力偶矩为 M_O 的力偶。由力的平移定理知，一个力可以等效地变换成为一个力和一个力偶，那么，反过来也可将一个力和一个力偶等效地变换成为一个力，如图 4-4 所示。

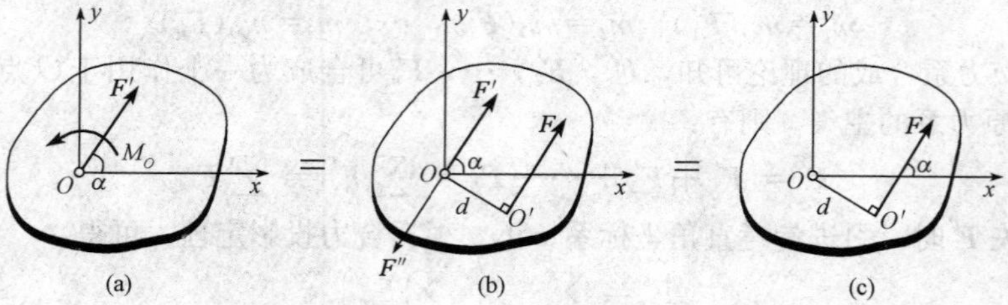

图 4-4

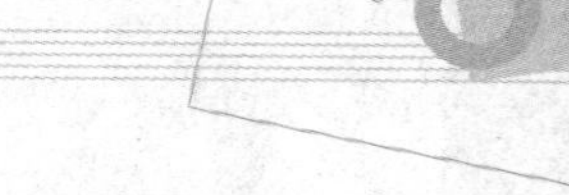

将力偶矩为 M_O 的力偶用两个反向平行力 $\boldsymbol{F}'$、$\boldsymbol{F}''$表示，并使 $\boldsymbol{F}'$和 $\boldsymbol{F}''$等值、共线，使它们构成一平衡力，如图 4-4(b)所示，为保持 M_O 不变，取力臂 d 为

$$d=\frac{|M_O|}{F'}=\frac{|M_O|}{F} \tag{4-6}$$

将 $\boldsymbol{F}''$和 $\boldsymbol{F}'$这一平衡力系去掉，这样就只剩下 $\boldsymbol{F}$ 力与原力系等效[图 4-4(c)]。合力 $\boldsymbol{F}$ 在 O 点的哪一侧，由 $\boldsymbol{F}$ 对 O 点的力矩的转向与主矩 M_O 的转向相一致来确定。

(3)主矢为零，主矩不为零，即

$$\boldsymbol{F}'=0, \quad M_O\neq 0$$

在这种情况下，平面任意力系中各力向简化中心等效平移后，所得到的汇交力系是平衡力系，原力系与附加力偶系等效。原力系简化为一合力偶，该力偶的矩就是原力系相对于简化中心 O 的主矩 M_O。由于原力系等效于一力偶，而力偶对平面内任意一点的矩都相同，因此当力系简化为一力偶时，主矩与简化中心的位置无关，向不同点简化，所得主矩相同。

(4)主矢与主矩均为零，即

$$\boldsymbol{F}'=0, \quad M_O=0$$

在这种情况下，平面任意力系是一个平衡力系。

总之，对不同的平面任意力系进行简化，其最后结果只有三种可能性：一是合力；二是合力偶；三是平衡。

三、平面一般力系的合力矩定理

由上面分析可知，当 $\boldsymbol{F}'\neq 0$，$M_O\neq 0$ 时，还可进一步简化为一合力 $\boldsymbol{F}$，如图 4-4 所示，合力对 O 点的力矩如下：

$$m_O(\boldsymbol{F})=F\cdot d=M_O$$

而 M_O 是力系中各力(分力)对 O 点的力矩的代数和：

$$M_O=\sum m_O(\boldsymbol{F}_i)$$

所以

$$m_O(\boldsymbol{F})=\sum m_O(\boldsymbol{F}_i)$$

由于简化中心 O 是任意选取的，故上式具有普遍的意义。于是可得到平面力系的合力矩定理：**平面一般力系的合力对其作用面内任一点之矩等于力系中各力对同一点之矩的代数和。**

第三节　平面一般力系的平衡条件与平衡方程

一、平面一般力系的平衡条件

平面一般力系向平面内任一点简化，若主矢 $\boldsymbol{F}'$和主矩 M_O 同时等于零，表明作用于简化中心 O 点的平面汇交力系和附加力平面力偶系都自成平衡，则原力系一定是平衡力系；反之，如果主矢 $\boldsymbol{F}'$和主矩 M_O 中有一个不等于零或两个都不等于零时，则平面一般力系就可以简化为一个合力或一个力偶，原力系就不能平衡。因此，**平面一般力系平衡的必要与充分条件是，力系的主矢和力系对平面内任一点的主矩都等于零。**即

$$\boldsymbol{F}'=0, \quad M_O=0$$

二、平面一般力系的平衡方程

(一)平衡方程的基本形式

由于

$$F' = \sqrt{(\sum F_x)^2 + (\sum F_y)^2} = 0$$
$$M_O = \sum m_O(\boldsymbol{F}_i) = 0$$

于是平面一般力系的平衡条件为：

$$\left.\begin{aligned} \sum F_x = 0 \\ \sum F_y = 0 \\ \sum m_O(\boldsymbol{F}_i) = 0 \end{aligned}\right\} \tag{4-7}$$

式(4-7)表明，平面一般力系处于平衡的充分必要条件是：**力系中所有各力在 x 坐标轴上投影的代数和等于零；力系中所有各力在 y 轴上的投影的代数和为零；力系中各力对作用面内任一点的力矩的代数和等于零。**

式(4-7)为平面一般力系的平衡方程的基本形式(一矩式平衡方程)。其中，前两式称为投影方程；后一式称为力矩方程。平面一般力系有三个独立的平衡方程，可以求解三个未知量。

【例 4-1】 图 4-5(a)所示的刚架 AB 受均匀分布风荷载的作用，单位长度上承受的风压为 q(N/m)，q 为均布荷载集度。给定 q 和刚架尺寸，求支座 A 和 B 的约束反力。

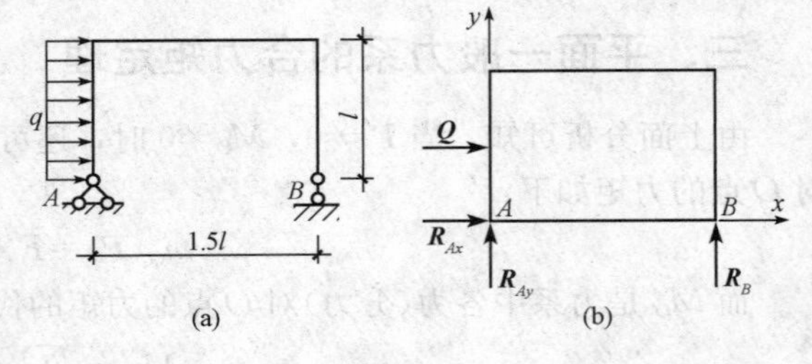

图 4-5

【解】 (1)取分离体，作受力图。取刚架 AB 为分离体。它所受的分布荷载用其合力 $\boldsymbol{Q}$ 代替，合力 $\boldsymbol{Q}$ 的大小等于荷载集度 q 与荷载作用长度之积。

$$Q = ql \tag{a}$$

合力 $\boldsymbol{Q}$ 作用在均布荷载作用线的中点，如图 4-5(b)所示。

(2)列平衡方程，求解未知力。刚架受平面任意力系的作用，三个支座反力是未知量，可由平衡方程求出。取坐标轴如图 4-5(b)所示。列平衡方程

$$\sum F_x = 0,\ Q + R_{Ax} = 0 \tag{b}$$

$$\sum F_y = 0,\ R_B + R_{Ay} = 0 \tag{c}$$

$$\sum m_A(\boldsymbol{F}_i) = 0,\ 1.5lR_B - 0.5lQ = 0 \tag{d}$$

由式(b)解得

$$R_{Ax} = -Q = -ql$$

由式(d)解得

$$R_B = \frac{1}{3}ql$$

将 R_B 的值代入式(c)得

$$R_{Ay} = -R_B = -\frac{1}{3}ql$$

负号说明约束反力 R_{Ay} 的实际方向与图中假设的方向相反。

(二)平衡方程的其他形式

前面通过平面一般力系的平衡条件导出了平面一般力系平衡方程的基本形式，除此之外，还可以将平衡方程改写成二力矩式和三力矩式的形式。

1. 二力矩式

三个平衡方程中有一个为投影方程，两个为力矩方程，即

$$\left.\begin{aligned}\sum F_x = 0 \\ \sum m_A(\boldsymbol{F}_i) = 0 \\ \sum m_B(\boldsymbol{F}_i) = 0\end{aligned}\right\} \tag{4-8}$$

式中，注意 A、B **两点的连线不能与** x **轴垂直**，如图 4-6 所示。

可以证明，式(4-8)也是平面一般力系的平衡方程。因为如果力系对点 A 的主矩等于零，则这个力系不可能简化为一个力偶，但可能有两种情况：一种是这个力系或者是简化为经过点 A 的一个力 $\boldsymbol{F}$，或者平衡；另一种是如果力系对另外一点 B 的主矩也同时为零，则这个力系或简化为一个沿 A、B 两点连线的合力 $\boldsymbol{F}$(图 4-6)，或者平衡；如果再满足 $\sum F_x=0$，且 x 轴不与 A、B 两点连线垂直，则力系也不能合成为一个合力，若有合力，合力在 x 轴上就必然有投影。因此力系必然平衡。

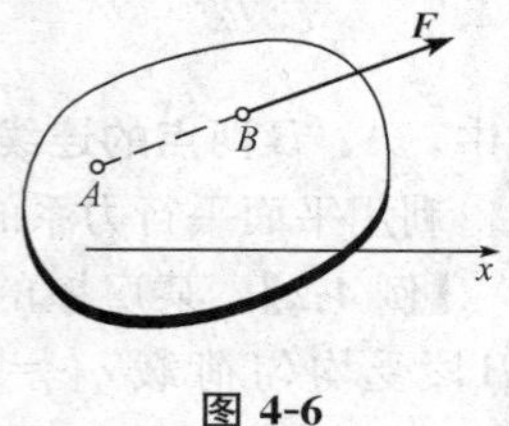

图 4-6

2. 三力矩式

三个平衡方程都为力矩方程，即

$$\left.\begin{aligned}\sum m_A(\boldsymbol{F}_i) = 0 \\ \sum m_B(\boldsymbol{F}_i) = 0 \\ \sum m_C(\boldsymbol{F}_i) = 0\end{aligned}\right\} \tag{4-9}$$

式中，**矩心** A、B、C **三点不能共线。**

同样可以证明式(4-9)也是平面一般力系的平衡方程。因为如果力系对 A、B 两点的主矩同时等于零，则力系或者是简化为经过点 A、B 两点的一个力 $\boldsymbol{F}$(图 4-7)，或者平衡；如果力系对另外一 C 点的主矩也同时为零，且 C 点不在 A、B 两点的连线上，则力系就不可能合成为一个力，由于一个力不可能同时通过不在一条直线上的三点，因此力系必然平衡。

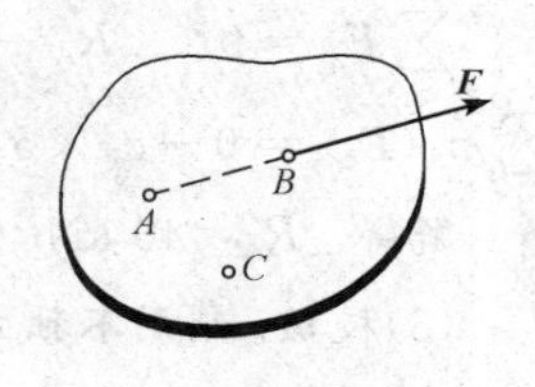

图 4-7

由上述可知，平面一般力系共有三种不同形式的平衡方程组，均可用来解决平面一般力系的平衡问题。每一组方程中都只含有三个独立的方程式，都只能求解三个未知量。任何再列出的平衡方程，都不再是独立的方程，但可用来校核计算结果。应用时可根据问题的具体情况，选用不同形式的平衡方程组，以达到方便计算的目的。

第四节　平面平行力系的平衡方程

如前所述，**力系中各力的作用线在同一平面内且相互平行，这样的力系称为平面平行力系。**平面汇交力系、平面力偶系、平面平行力系都是平面任意力系的特殊情况。这三种力系的平衡

方程都可以作为平面任意力系平衡方程的特例而导出。下面导出平面平行力系的平衡方程。

如图 4-8 所示，设物体受平面平行力系 $\boldsymbol{F}_1$，$\boldsymbol{F}_2$，…，$\boldsymbol{F}_n$ 的作用。如选取 x 轴与各力垂直，则无论力系是否平衡，每一个力在 x 轴上的投影恒等于零，即 $\sum F_x \equiv 0$。于是，平面平行力系只有两个独立的平衡方程，即

$$\left.\begin{aligned}\sum F_y &= 0\\ \sum m_O(\boldsymbol{F}_i) &= 0\end{aligned}\right\} \tag{4-10}$$

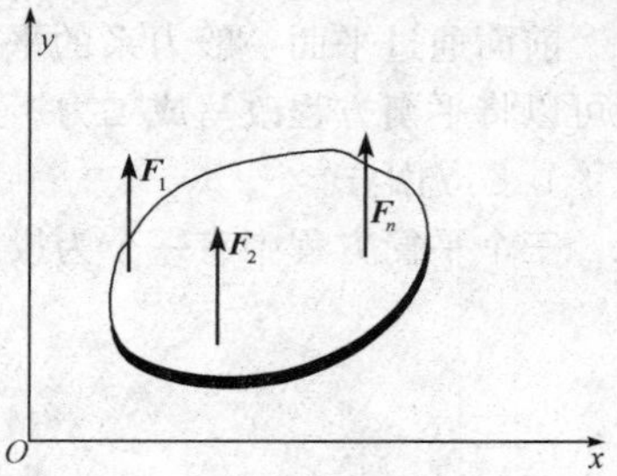

图 4-8

平面平行力系的平衡方程，也可以写成二力矩式的形式，即

$$\left.\begin{aligned}\sum m_A(\boldsymbol{F}_i) &= 0\\ \sum m_B(\boldsymbol{F}_i) &= 0\end{aligned}\right\} \tag{4-11}$$

式中，A、B **两点的连线不与力线平行。**

利用平面平行力系的平衡方程，可求解两个未知量。

【例 4-2】 某房屋的外伸梁尺寸如图 4-9 所示。该梁的 AB 段受均匀荷载 $q_1 = 20$ kN/m，BC 段受均布荷载 $q_2 = 25$ kN/m，求支座 A、B 的反力。

【解】 (1)选取 AC 梁为研究对象，画其受力图。

外伸梁 AC 在 A、B 处的约束一般可以简化为固定铰支座和可动铰支座，由于在水平方向没有荷载，所以没有水平方向的反力。在竖向荷载 q_1 和 q_2 作用下，支座反力 $\boldsymbol{R}_A$、$\boldsymbol{R}_B$ 沿铅垂方向，它们组成平面平行力系。

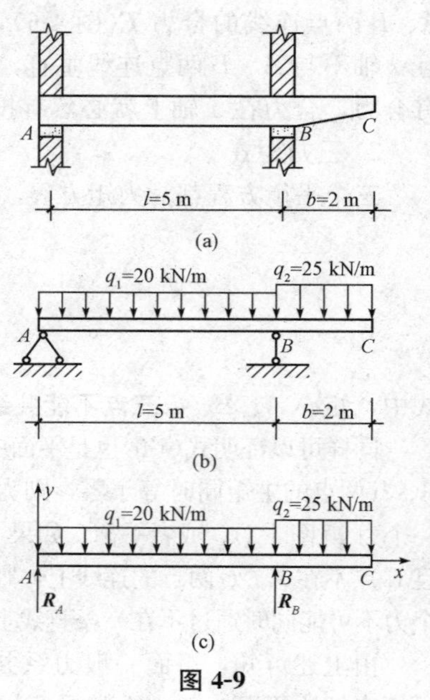

图 4-9

(2)建立直角坐标系，列平衡方程。

$\sum F_y = 0 \qquad R_A + R_B - q_1 \times 5 - q_2 \times 2 = 0$

$\sum m_A(\boldsymbol{F}_i) = 0 - q_1 \times 5 \times 2.5 - q_2 \times 2 \times 6 + 5 \times R_B = 0$

解得 $\quad R_A = 40$ kN(↑)，$R_B = 110$ kN(↑)

(3)校核。利用不独立方程 $\sum m_B(\boldsymbol{F}_i) = 0$ 进行校核。

$\sum m_B(\boldsymbol{F}_i) = -40 \times 5 + 20 \times 5 \times 2.5 - 25 \times 2 \times 1 = 0$

所以，计算结果无误。

第五节　物体系统的平衡

在工程中，常常遇到由几个物体通过一定的约束联系在一起的系统，这种系统称为**物体系统**。图 4-10 是机械中常见的曲柄连杆机构；图 4-11 是一个拱的简图；图 4-12 是一个厂房结构的简图，这些都是物体系统的实例。

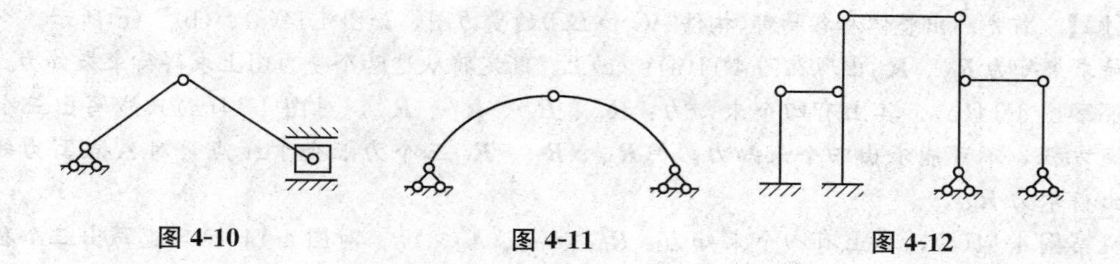
图 4-10　　　　图 4-11　　　　图 4-12

研究物体系统的平衡时，不仅要求解支座反力，而且还需要计算系统内各物体之间的相互作用力。将作用在物体上的力分为内力和外力。所谓**外力，就是系统以外的其他物体作用在这个系统上的力**；所谓**内力，就是系统内各物体之间相互作用的力**。

如图 4-13(a)所示，荷载及 A、C 支座处的反力就是组合梁的外力，而在铰 B 处左右两段梁之间的相互作用力就是组合梁的内力。应当注意的是，内力和外力是相对的概念，也就是相对所取的研究对象而言。例如，图 4-13(b)所示的组合梁在铰 B 处的约束反力，对组合梁的整体而言，就是内力；而对图 4-13(c)、图 4-13(d)所示的左、右两段梁来说，B 点处的约束反力就成为外力了。

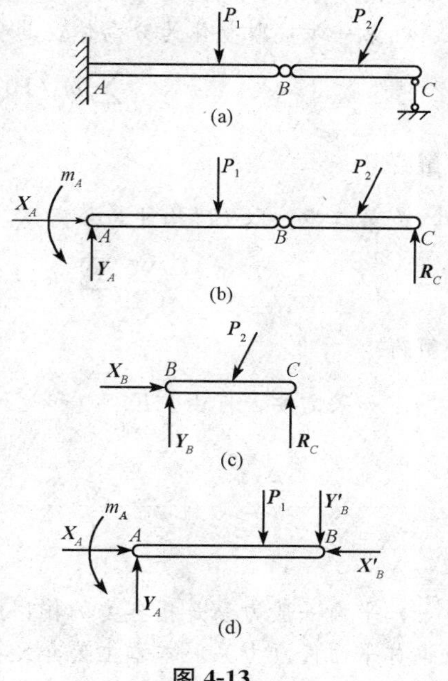

图 4-13

求解物体系统的平衡问题具有重要的实际意义。当物体系统处于平衡状态时，该体系中的每一个物体也必定处于平衡状态。如果每个物体都受平面任意力系的作用，可对每一个物体写出三个独立的平衡方程。对由 n 个物体组成的物体系统，则共有 $3n$ 个独立的平衡方程。假如物体系统中有受平面汇交力系或平面平行力系作用的物体，独立的平衡方程数目相应减少。按照上述方法求解物体系统的平衡问题，在理论上并不困难。但是，针对具体问题选择有效、简便的解题途径，对初学者来说不是件容易的事情。

求解物体系统的平衡问题，关键在于恰当地选取研究对象，正确地选取投影轴和矩心，列出适当的平衡方程。总的原则是：**尽可能减少每一个平衡方程中的未知量，最好是每个方程只含有一个未知量，以避免求解联立方程。**

下面通过例题来说明如何求解物体系统的平衡问题。

【例 4-3】 由折杆 AC 和 BC 铰接组成的厂房结构受力计算简图如图 4-14(a)所示。求固定铰支座 B 的约束反力。

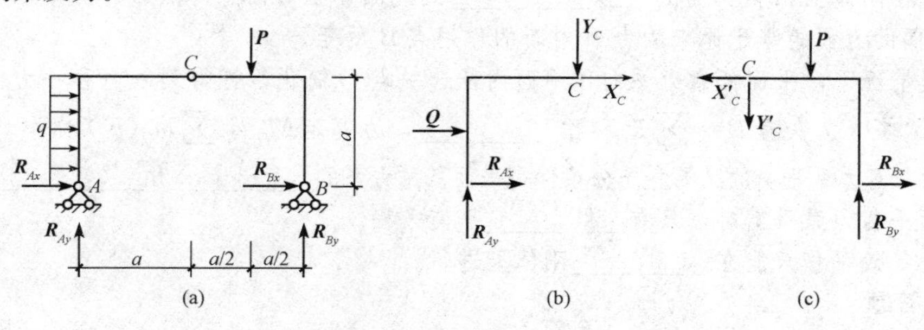

图 4-14

【解】 首先画出整体和各局部(构件 AC 和 BC)的受力图，如图 4-14(a)、(b)、(c)所示。

待求未知力 $\boldsymbol{R}_{Bx}$、$\boldsymbol{R}_{By}$ 出现在图 4-14(a)、(c)上，断定将从这两个受力图上求得待求未知力。

观察图 4-14(a)，其上有四个未知力：$\boldsymbol{R}_{Ax}$、$\boldsymbol{R}_{Ay}$、$\boldsymbol{R}_{Bx}$、$\boldsymbol{R}_{By}$。对图 4-14(a)只能写出三个独立的平衡方程，不可能求出四个未知力。但 $\boldsymbol{R}_{Ax}$、$\boldsymbol{R}_{Ay}$、$\boldsymbol{R}_{Bx}$ 三个力汇交于 A 点，对 A 点写力矩方程可求出待求力 $\boldsymbol{R}_{By}$。

观察图 4-14(c)，其上有四个未知力：$\boldsymbol{R}_{Bx}$、$\boldsymbol{Y}_{By}$、$\boldsymbol{X}_C'$、$\boldsymbol{Y}_C'$。对图 4-14(c)只能写出三个独立的平衡方程，不可能求出四个未知力。但是，如能从其他受力图上求出这四个未知力中的某一个，则另外三个未知力可全部求出。

从受力图[图 4-14(a)]上求出 $\boldsymbol{R}_{By}$，即可以从受力图[图 4-14(c)]上求出 $\boldsymbol{R}_{Bx}$。于是本题可按以下两步求解：

第一步：取整体为分离体，其受力图如图 4-14(a)所示，列平衡方程

$$\sum m_A(\boldsymbol{F})=0,\ -\frac{1}{2}qa^2-\frac{3}{2}Pa+2aR_{By}=0$$

解得

$$R_{By}=-\frac{1}{4}(qa+3P)$$

第二步：取 BC 构件为分离体，其受力图如图 4-14(c)所示，列平衡方程

$$\sum m_C(\boldsymbol{F})=0,\ -\frac{1}{2}Pa+R_{Bx}a+R_{By}a=0$$

解得

$$R_{Bx}=-\frac{1}{4}(qa+P)$$

如果需要，可由 $\sum F_x=0$ 和 $\sum F_y=0$ 两个平衡方程求出铰 C 处的反力 $\boldsymbol{X}_C$ 和 $\boldsymbol{Y}_C$。

本章小结

平面一般力系是指各力的作用线在同一平面内，但不完全交于一点，也不完全平行的力系，也称平面任意力系。本章主要介绍力的等效平移、平面一般力系向作用面内任一点简化、平面一般力系的平衡条件与平衡方法、平面平行力系的平衡方程、物体系统的平衡。

思考与练习

一、填空题

1. 作用在刚体上 A 点的力 F 可以__________到此刚体上的任意一点 B，但必须附加一个力偶，附加力偶的力偶矩等于原来的力 F 对新的作用点 B 的矩。

2. 一般情况下，平面任意力系向作用面内任选一点 O 简化，可得到一力和一力偶，该力作用于简化中心 O，力矢量 $\vec{R}=\sum\vec{F}_i$ 称作__________，力偶矩 $M_O=\sum m_O(\vec{F}_i)$ 称作__________。

3. 平面任意力系平衡的必要和充分条件是平面任意力系的__________和__________同时为零。

4. 平面平行力系平衡时，只有__________平衡方程。

5. 力的等效平移只能在__________刚体上进行。

二、简答题

1. 力的平移定理的实质是什么？

2. 平面一般力系的主矢就是平面任意力系的合力吗？若力系有合力，力系的合力与力系的主矢有何关系？

3. 平面一般力系向简化中心简化时，可能产生哪几种结果？

4. 若平面任意力系向作用面内任一点 A 简化，其主矢 $\boldsymbol{F}'=0$，但主矩 $M_A\neq 0$。若再向平面内另一点 B 简化，其结果如何？

5. 平面力系向矩心 A 和 B 两点简化的结果相同，且主矢和主矩都不为零，请问是否可能。

6. 平面一般力系的平衡方程有哪几种形式？各自的应用限制条件有哪些？

7. 平面汇交力系的平衡方程是否可写成一个投影方程和一个力矩方程？或写为两个力矩方程？各有什么限制条件？

三、计算题

1. 如图 4-15 所示，某挡土墙自重 $W=400$ kN，土压力 $F=320$ kN，水压力 $H=176$ kN。试求这些力向底边中心简化的结果，并求合力作用线的位置。

2. 某重力坝受力情况如图 4-16 所示，设坝的自重分别为 $G_1=9\ 600$ kN，$G_2=21\ 600$ kN，上游水压力 $F=10\ 120$ kN，试将力系向坝底 O 点简化，并求其最后的简化结果。

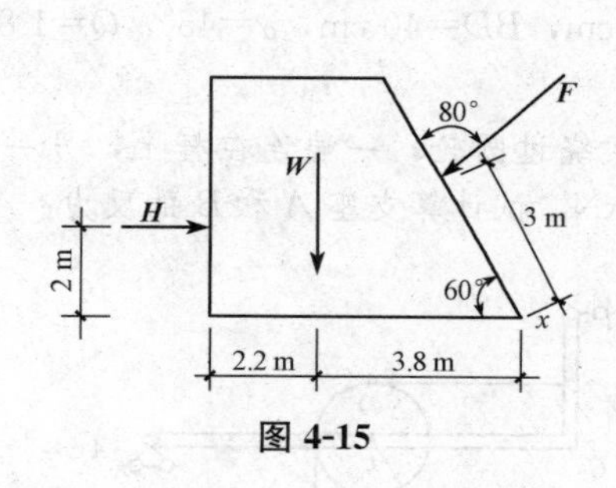

图 4-15

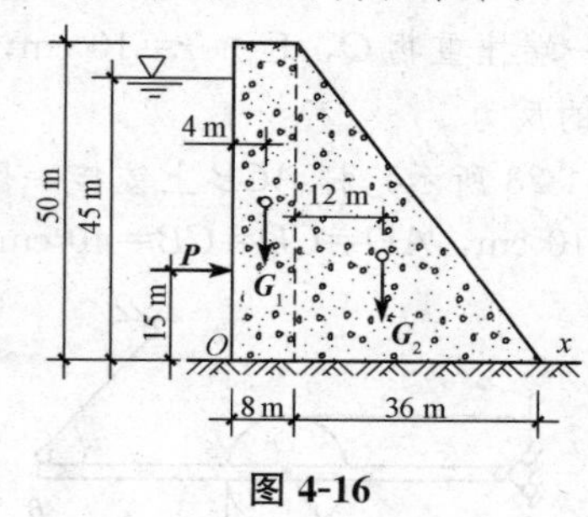

图 4-16

3. 如图 4-17 所示，某桥墩所受的力：$P=2\ 740$ kN，$W=5\ 280$ kN，$Q=140$ kN，$T=193$ kN，$m=5\ 125$ kN·m。求力系向 O 点简化的结果，并求合力作用线的位置。

4. 如图 4-18 所示，已知 $P=20$ kN，试计算简支梁支座 A 和 B 的反力。

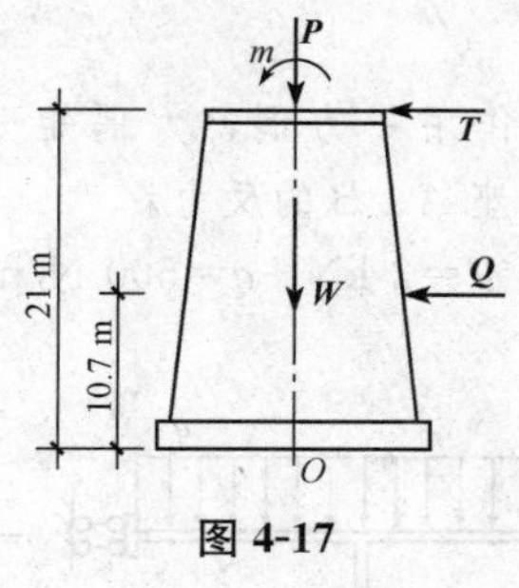

图 4-17

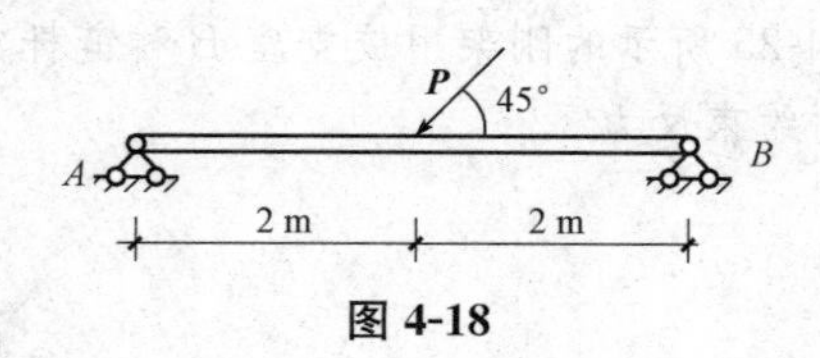

图 4-18

5. 如图 4-19 所示，已知均布荷载集度为 q，试计算悬臂梁固定端 A 的反力。

6. 如图 4-20 所示，某外伸梁受力 $\boldsymbol{F}$ 和力偶矩为 m 的力偶作用。已知 $F=2$ kN，$m=2$ kN·m，试计算支座 A 和 B 的反力。

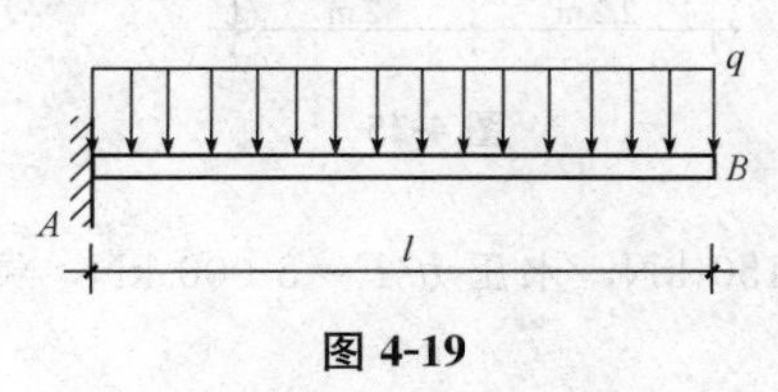

图 4-19

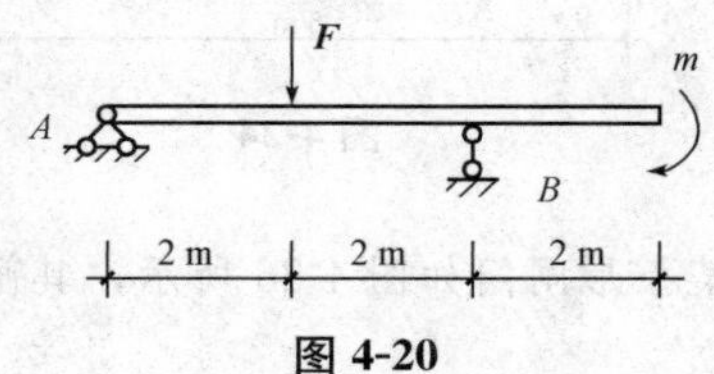

图 4-20

7. 求图 4-21 所示刚架的支座反力。

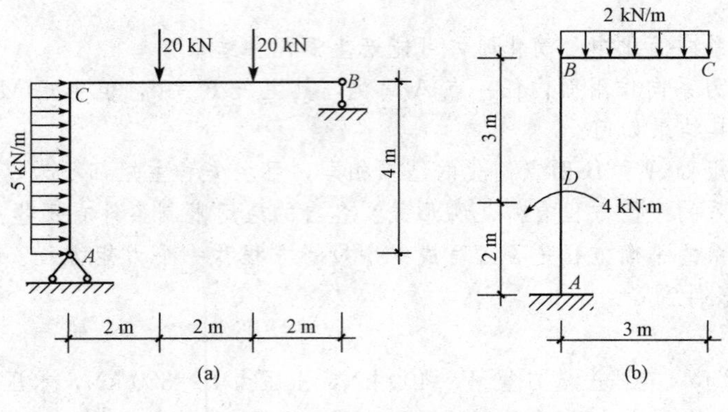

图 4-21

8. 如图 4-22 所示梁 AB 用支座 A 和杆件 BC 固定。轮 D 铰接在梁上，绳绕过轮 D，一端系在墙上，另一端挂重物 Q，已知 $r=10$ cm，$AD=20$ cm，$BD=40$ cm，$\alpha=45^\circ$，$Q=1\ 800$ N，试计算支座 A 的反力。

9. 如图 4-23 所示，杆 ACB 上铰接一圆轮，绳索绕过圆轮，一端连在杆上，另一端挂重物 Q。已知 $r=10$ cm，$AD=CD=CB=40$ cm，$Q=10$ kN，试计算支座 A 和 B 的反力。

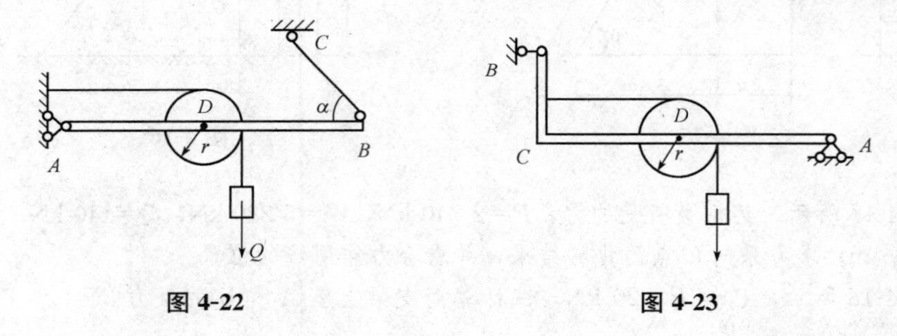

图 4-22　　　　图 4-23

10. 不计重量的梁 AB，长 $l=5$ m，在 A、B 两端各作用一力偶，力偶矩分别为 $m_1=20$ kN·m，$m_2=30$ kN·m，转向如图 4-24 所示，试计算支座 A、B 的反力。

11. 图 4-25 所示的刚架用铰支座 B 和链杆支座 A 固定。$P=2$ kN，$q=500$ N/m。试计算支座 A 和 B 的约束反力。

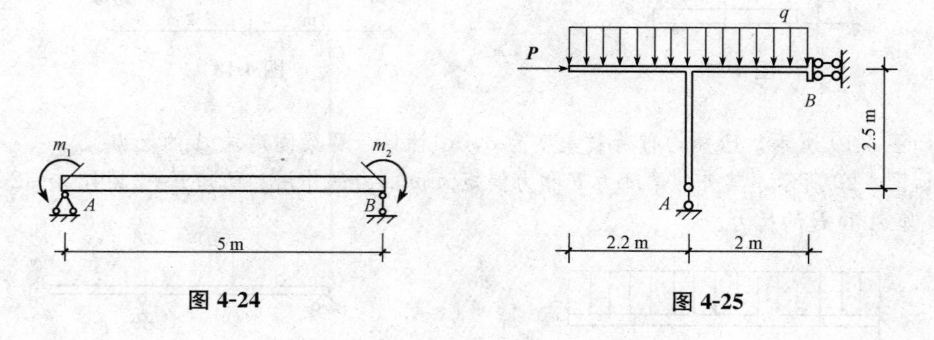

图 4-24　　　　图 4-25

12. 某弧形闸门如图 4-26 所示，其闸门自重 $W=150$ kN，水压力 $F=3\ 000$ kN，铰 A 处摩

擦力偶矩 $m=60\ \mathrm{kN\cdot m}$，试计算开启闸门时的拉力 $\boldsymbol{T}$。

13. 如图 4-27 所示，某多跨梁上起重机的起重量 $P=10\ \mathrm{kN}$，起重机重 $G=50\ \mathrm{kN}$，其重心位于铅垂线 EC 上，梁自重不计，试求 A、B、D 三处的支座反力。

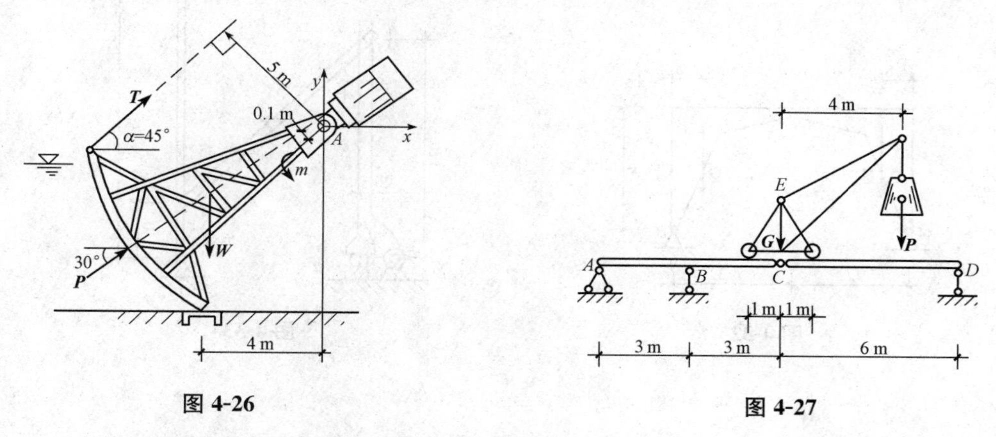

图 4-26　　图 4-27

14. 如图 4-28 所示，求三铰刚架支座 A、B 的支座反力。

15. 如图 4-29 所示，某结构由 AB 和 CD 两部分组成，中间用铰 C 连接。求在均布荷载 q 的作用下铰支座 A 的约束反力。

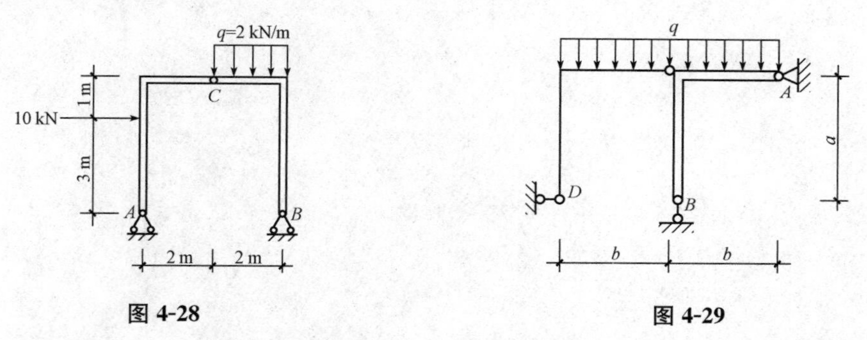

图 4-28　　图 4-29

16. 如图 4-30 所示，某结构由 AB、BE、CED 三个构件组成。已知 $m=8\ \mathrm{kN\cdot m}$，试计算铰 A、D、B 的反力。

17. 如图 4-31 所示，由杆件 AB 与绳索 BC 组成的 ABC 直角构架，A、B、C 三处均采用铰接连接。已知杆件 AB 上承担重物 $W=500\ \mathrm{N}$，试计算 A、C 两处的约束反力。

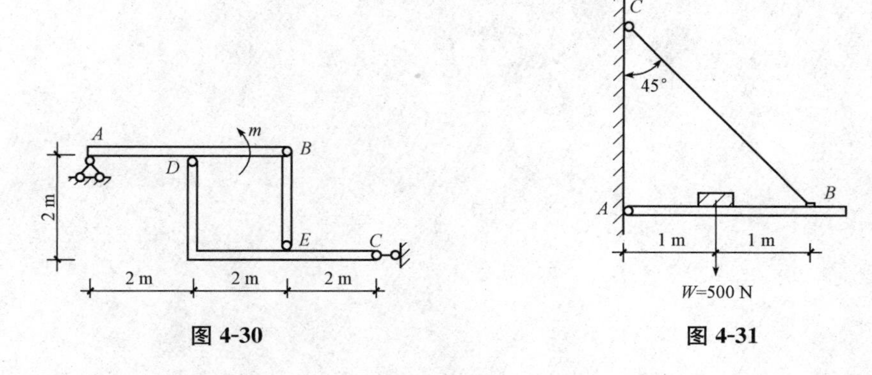

图 4-30　　图 4-31

18. 某三铰拱桥如图 4-32 所示。已知 $Q=300\ \mathrm{kN}$，$L=32\ \mathrm{m}$，$h=10\ \mathrm{m}$。试计算支座 A 和 B 的反力。

19. 某钢筋切断设备如图 4-33 所示。欲使钢筋 E 受到 12 kN 的压力，问加于 A 点的力应多大？图中尺寸单位为 cm。

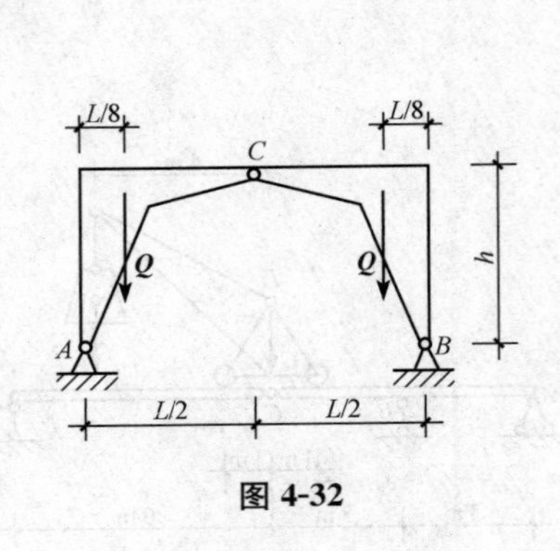

图 4-32

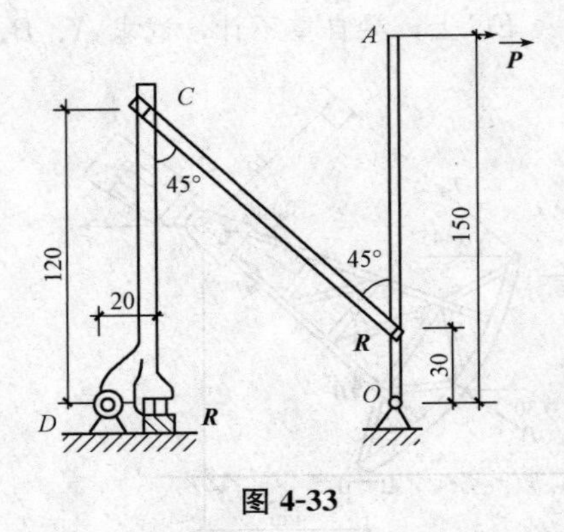

图 4-33

第五章　空间力系

学习目标

认识空间汇交力系与空间一般力系。熟悉掌握力在空间坐标系里的一次投影法和二次投影法；掌握各类空间力系的平衡条件和平衡方程。

能力目标

通过本章的学习，能熟练运用各种形式的空间力系平衡方程求解简单空间平衡问题。

第一节　概　述

作用线不在同一平面内的力系称为空间力系。在实际工程中，物体所受的力系都是空间力系，满足一定条件时，可将实际的空间力系简化为平面力系。但有些工程问题不能简化为平面力系，必须按空间力系计算。图 5-1(a)所示的三脚架在 D 点吊着重物 G，D 点所受的各力构成一个空间力系。

空间力系可分为以下三类。

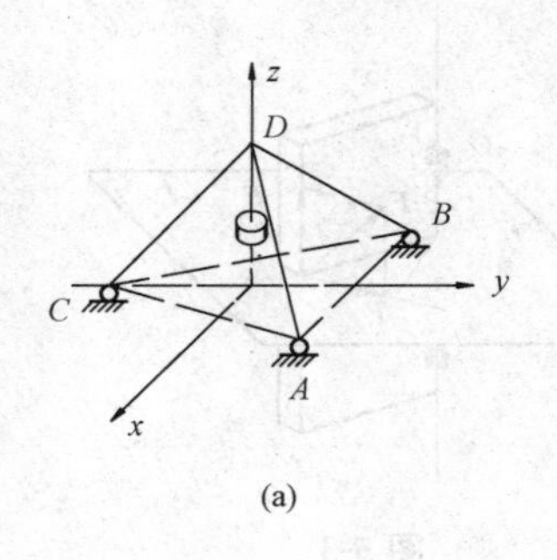

(a)

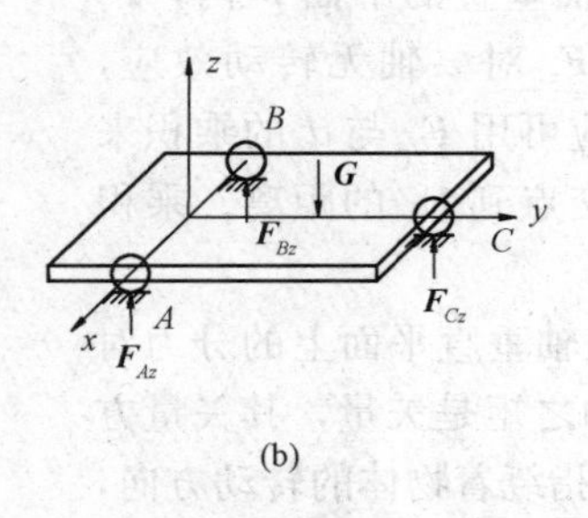

(b)

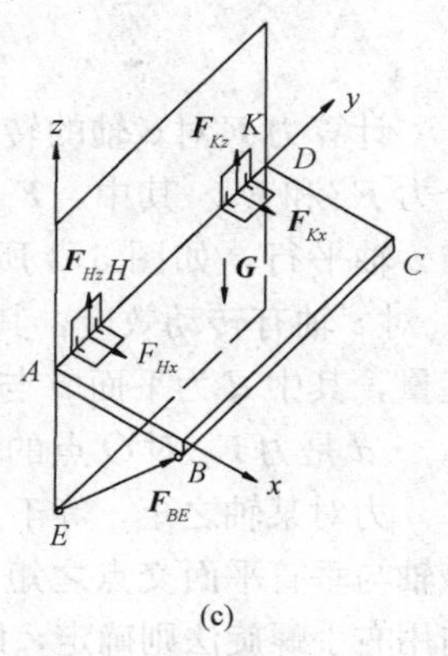

(c)

图 5-1

1. 空间汇交力系

作用线交于一点的空间力系称为空间汇交力系。图 5-1(a)所示三脚架的 D 点受到重物 G 的重力与三根杆的作用力，它们都经过 D 点，因此构成一个空间汇交力系。

2. 空间平行力系

作用线相互平行的空间力系称为空间平行力系。图 5-1(b)所示的三轮车，外荷载与三个车轮的约束反力均平行于 z 轴，它们构成一个空间平行力系。

3. 空间一般力系

作用线在空间任意分布的力系称为空间一般力系。图 5-1(c)所示的搁板可绕 AD 轴转动，外力 G 作用在搁板中心，B 点有二力杆 BE 支承，铰 K、H 处有约束反力 $\boldsymbol{F}_{Kx}$、$\boldsymbol{F}_{Kz}$、$\boldsymbol{F}_{Hx}$、$\boldsymbol{F}_{Hz}$，各力的作用线是任意分布的，它们构成一个空间一般力系。

第二节　力对轴之矩

力可以使物体绕某轴转动，如力 $\boldsymbol{F}$ 可使门绕轴转动[图 5-2(a)]，平面 p 与 z 轴垂直，它们的交点为 O，力 $\boldsymbol{F}$ 在平面 p 内，力 $\boldsymbol{F}$ 使门绕 z 轴的转动效应可以用 $F \cdot d$ 来度量。如果力 $\boldsymbol{F}$ 与 z 轴相交[图 5-2(b)]，或与 z 轴平行[图 5-2(c)]，都不能使门绕 z 轴转动。

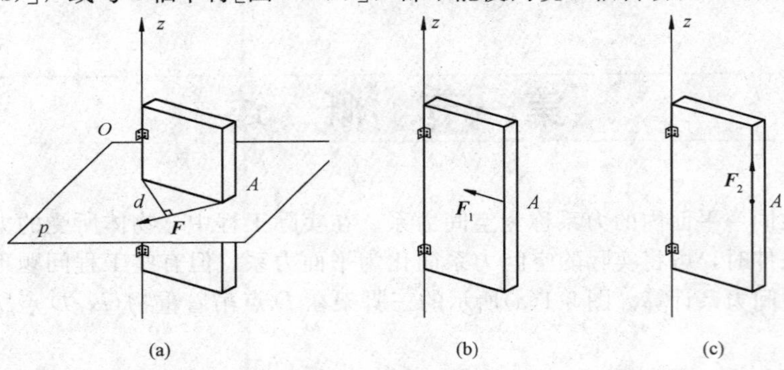

图 5-2

计算力 $\boldsymbol{F}$ 对 z 轴的转动效应时，可将力 $\boldsymbol{F}$ 分解为两个分力 $\boldsymbol{F}_{xy}$ 和 $\boldsymbol{F}_z$。其中，$\boldsymbol{F}_{xy}$ 在与 z 轴垂直的平面 p 内，$\boldsymbol{F}_z$ 与 z 轴平行，如图 5-3 所示。而 $\boldsymbol{F}_z$ 对 z 轴无转动效应，$\boldsymbol{F}_{xy}$ 对 z 轴有转动效应，其转动效应可用 $\boldsymbol{F}_{xy}$ 与 d 的乘积来度量，其中 d 为平面 p 与 z 轴的交点到 $\boldsymbol{F}_{xy}$ 的距离。乘积 $F_{xy} \cdot d$ 是力 $\boldsymbol{F}_{xy}$ 对 O 点的力矩值。

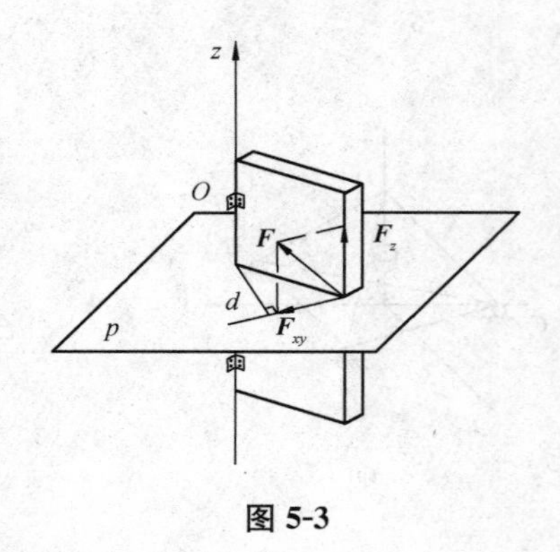

图 5-3

力对某轴之矩，等于力在与该轴垂直平面上的分力对该轴与垂直平面交点之矩。力对轴之矩是矢量，其矢量方向用右手螺旋法则确定，即右手四指绕着物体的转动方向，大拇指的指向是力矩矢量的方向。也可以用正负号表示力对轴的两种转向，当力对 z 轴之矩的矢量方向与 z 轴的正方向相同时，取正号，如图 5-4(a)所示；反之，当矢量方向与 z 轴正方向相反时，取负号[图 5-4(b)]。

力对轴之矩的单位与力对点之矩相同，常用 N・m 或 kN・m 表示。

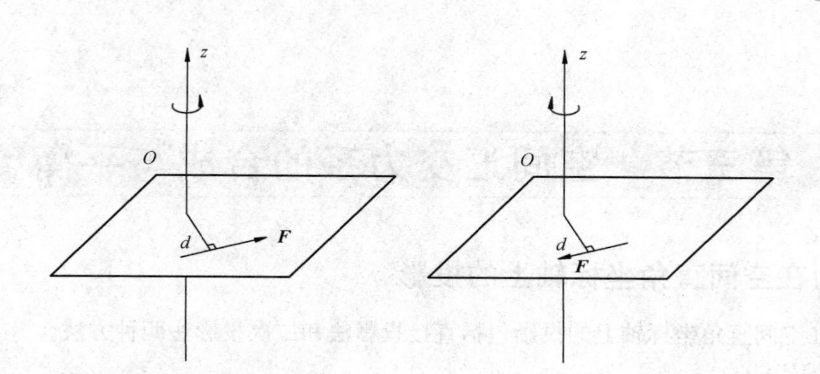

图 5-4

当力与某轴平行或相交时，力对该轴之矩为零。

在第二章讲述过平面力系的合力矩定理，空间力系中力对轴之矩也有类似关系，即空间力系的合力对某轴之矩等于力系中各分力对同一轴之矩的代数和，称为空间力系的合力矩定理，可用下式表示：

$$M_z(\boldsymbol{F}_R) = M_z(\boldsymbol{F}_1) + M_z(\boldsymbol{F}_2) + \cdots + M_z(\boldsymbol{F}_n) = \sum M_z(\boldsymbol{F}) \tag{5-1}$$

【例 5-1】 如图 5-5 所示，矩形板 $ABCD$ 用球铰 A 和铰链与墙壁相连，用绳索 CE 使板处于水平位置，绳索的拉力 $F=10$ kN，分别计算力 F 对 x、y、z 轴之矩。

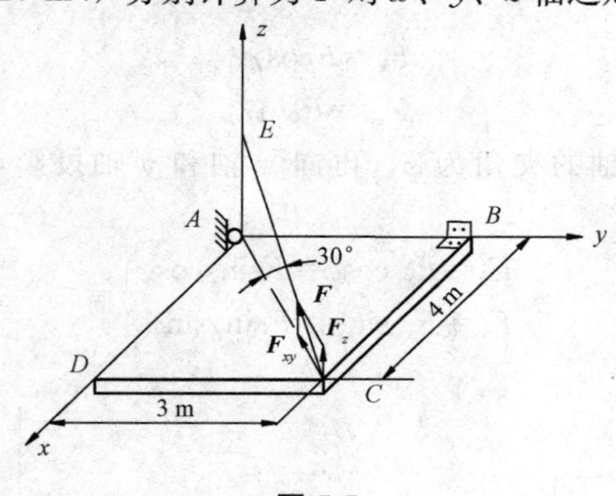

图 5-5

【解】 因为力 $\boldsymbol{F}$ 与 z 轴相交，它对 z 轴之矩为零，即

$$M_z(\boldsymbol{F})=0$$

将力 $\boldsymbol{F}$ 分解为 xy 平面上的分力 $\boldsymbol{F}_{xy}$ 和 z 轴方向的分力 $\boldsymbol{F}_z$，由于分力 $\boldsymbol{F}_{xy}$ 与 x、y 轴都相交，它对 x、y 轴之矩均为零。

$$F_z = F\sin 30° = 10 \times 0.5 = 5(\text{kN})$$

根据合力矩定理，有

$$M_x(\boldsymbol{F}) = M_x(\boldsymbol{F}_{xy}) + M_x(\boldsymbol{F}_z) = M_x(\boldsymbol{F}_z) = 5 \times 3 = 15(\text{kN}\cdot\text{m})$$

$$M_y(\boldsymbol{F}) = M_y(\boldsymbol{F}_{xy}) + M_y(\boldsymbol{F}_z) = M_y(\boldsymbol{F}_z) = -5 \times 4 = -20(\text{kN}\cdot\text{m})$$

第三节　空间汇交力系的合成与平衡

一、力在空间直角坐标轴上的投影

计算力在空间直角坐标轴上的投影包括直接投影法和二次投影法两种方法。

1. 直接投影法

力 F 的作用点为 O，过 O 点作直角坐标系 $Oxyz$，若知道力 $\boldsymbol{F}$ 与 x 轴、y 轴和 z 轴的夹角分别为 α、β 和 γ，如图 5-6 所示，则力 $\boldsymbol{F}$ 在 x 轴、y 轴和 z 轴上的投影分别为

$$\left.\begin{aligned}F_x&=F\cos\alpha\\F_y&=F\cos\beta\\F_z&=F\cos\gamma\end{aligned}\right\}\tag{5-2}$$

若知道力 $\boldsymbol{F}$ 与三个坐标轴的夹角 α、β 和 γ，宜用直接投影法计算力 $\boldsymbol{F}$ 在 x 轴、y 轴和 z 轴的投影。

2. 二次投影法

若已知力 $\boldsymbol{F}$ 与 z 轴的夹角 γ，则可以将力 $\boldsymbol{F}$ 投影到 z 轴和 xy 平面上，得投影 F_z 和 F_{xy}，可用下式计算：

$$\left.\begin{aligned}F_z&=F\cos\gamma\\F_{xy}&=F\sin\gamma\end{aligned}\right\}\tag{5-3}$$

在 xy 平面内，$\boldsymbol{F}_{xy}$ 与 x 轴的夹角为 φ，再向 x 轴和 y 轴投影，如图 5-7 所示，可用下式计算：

$$\left.\begin{aligned}F_x&=F_{xy}\cos\varphi=F\sin\gamma\cos\varphi\\F_y&=F_{xy}\sin\varphi=F\sin\gamma\sin\varphi\end{aligned}\right\}\tag{5-4}$$

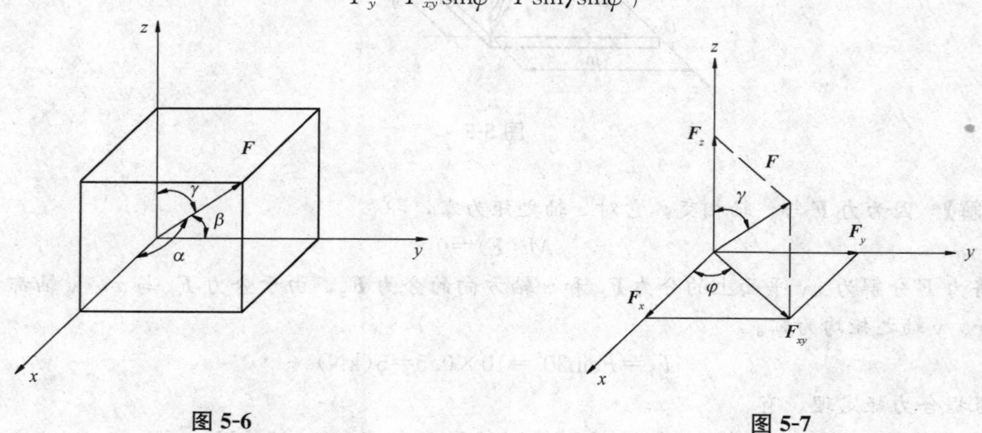

图 5-6　　　　图 5-7

上述方法采用了两次投影，称为二次投影法。如果知道力与 z 轴的夹角，以及力在 xy 平面上的投影与 x 轴的夹角，宜用二次投影法计算力的投影。

力的投影指向与坐标轴的正向一致时投影为正；反之为负。

若已知力在三个坐标轴上的投影 F_x、F_y、F_z，则力的大小和方向余弦为

$$F=\sqrt{F_x^2+F_y^2+F_z^2} \tag{5-5a}$$

$$\left.\begin{aligned}\cos\alpha&=\frac{F_x}{F}=\frac{F_x}{\sqrt{F_x^2+F_y^2+F_z^2}}\\ \cos\beta&=\frac{F_y}{F}=\frac{F_x}{\sqrt{F_x^2+F_y^2+F_z^2}}\\ \cos\gamma&=\frac{F_z}{F}=\frac{F_x}{\sqrt{F_x^2+F_y^2+F_z^2}}\end{aligned}\right\} \tag{5-5b}$$

【例 5-2】 在一个正立方体上作用有三个力 $\boldsymbol{F}_1$、$\boldsymbol{F}_2$ 和 $\boldsymbol{F}_3$，如图 5-8 所示，已知 $F_1=3\text{ kN}$，$F_2=2\text{ kN}$，$F_3=1\text{ kN}$，计算这三个力在坐标轴 x、y、z 上的投影。

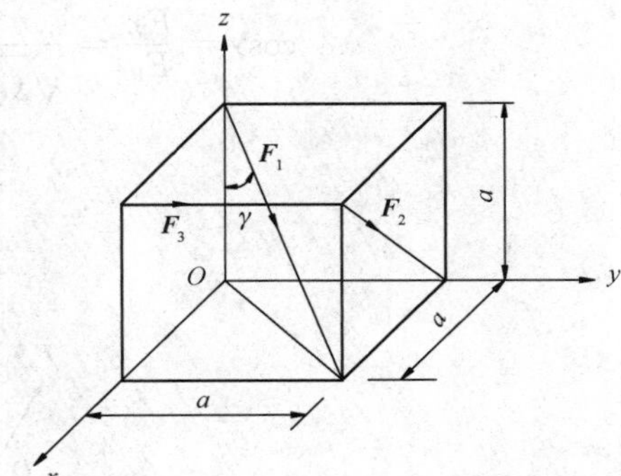

图 5-8

【解】 设 $\boldsymbol{F}_1$ 与 z 轴的夹角为 γ，则

$$\sin\gamma=\sqrt{\frac{2}{3}}，\cos\gamma=\frac{1}{\sqrt{3}}$$

采用二次投影法

$$F_{x1}=F_1\sin\gamma\cos45^\circ=3\times\sqrt{\frac{2}{3}}\times\frac{\sqrt{2}}{2}=1.732(\text{kN})$$

$$F_{y1}=F_1\sin\gamma\sin45^\circ=3\times\sqrt{\frac{2}{3}}\times\frac{\sqrt{2}}{2}=1.732(\text{kN})$$

$$F_{z1}=F_1\cos\gamma=-3\times\sqrt{\frac{3}{3}}=-1.732(\text{kN})$$

对于 $\boldsymbol{F}_2$，有

$$F_{x2}=-F_2\sin45^\circ=-2\times\frac{1}{\sqrt{2}}=-1.414(\text{kN})$$

$$F_{y2}=0$$

$$F_{z2}=-F_2\cos45^\circ=-2\times\frac{1}{\sqrt{2}}=-1.414(\text{kN})$$

对于 $\boldsymbol{F}_3$，有

$$F_{x3}=0$$

$$F_{y3}=1\text{ kN}$$

$$F_{z3}=0$$

二、空间汇交力系的合成

设空间汇交力系 $\boldsymbol{F}_1$、$\boldsymbol{F}_2$、…、$\boldsymbol{F}_n$ 汇交于点 O，如图 5-9 所示，在 O 点建立直角坐标系 $Oxyz$。将平面汇交力系的合力投影定理推广到空间汇交力系，即力系的合力在任一轴的投影等于力系中所有分力在同一轴上投影的代数和，可用下式表示：

$$\left.\begin{aligned}F_{Rx}&=\sum F_x\\ F_{Ry}&=\sum F_y\\ F_{Rz}&=\sum F_z\end{aligned}\right\} \tag{5-6}$$

式中，F_{Rx}、F_{Ry}、F_{Rz} 分别是合力在 x、y、z 轴上的投影，$\sum F_x$、$\sum F_y$、$\sum F_z$ 分别是所有分力在 x 轴、y 轴、z 轴投影的代数和。合力的大小和方向余弦为

$$F_R=\sqrt{F_{Rx}^2+F_{Ry}^2+F_{Rz}^2}=\sqrt{(\sum F_x)^2+(\sum F_y)^2+(\sum F_z)^2} \tag{5-7a}$$

$$\left.\begin{aligned}\cos\alpha&=\frac{F_{Rx}}{F_R}=\frac{\sum F_x}{\sqrt{(\sum F_x)^2+(\sum F_y)^2+(\sum F_z)^2}}\\ \cos\beta&=\frac{F_{Ry}}{F_R}=\frac{\sum F_y}{\sqrt{(\sum F_x)^2+(\sum F_y)^2+(\sum F_z)^2}}\\ \cos\gamma&=\frac{F_{Rz}}{F_R}=\frac{\sum F_z}{\sqrt{(\sum F_x)^2+(\sum F_y)^2+(\sum F_z)^2}}\end{aligned}\right\} \tag{5-7b}$$

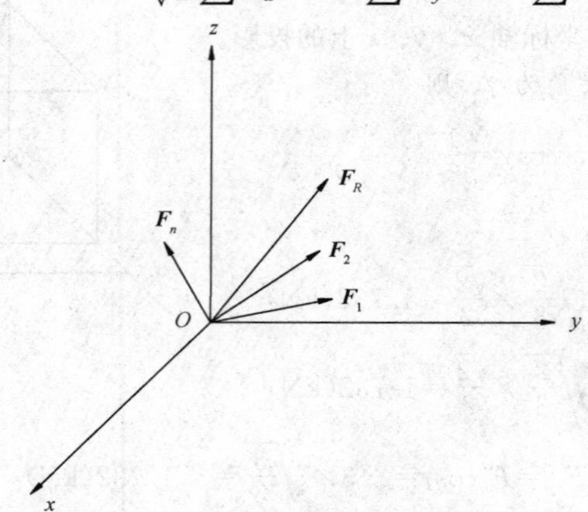

图 5-9

三、空间汇交力系的平衡

空间汇交力系合成为一个合力，若物体在空间汇交力系作用下而处于平衡状态，其合力必须为零。因此，空间汇交力系平衡的充分必要条件是：空间汇交力系的合力为零，即

$$F_R=\sqrt{F_{Rx}^2+F_{Ry}^2+F_{Rz}^2}=\sqrt{(\sum F_x)^2+(\sum F_y)^2+(\sum F_z)^2}=0$$

要使上式成立，必须同时满足

$$\left.\begin{aligned}\sum F_x&=0\\ \sum F_y&=0\\ \sum F_z&=0\end{aligned}\right\} \tag{5-8}$$

因此，空间汇交力系平衡的充分必要条件是：**力系中所有各力在三个坐标轴中每一轴上的投影的代数和为零。**式(5-8)称为空间汇交力系的平衡方程，有三个独立的方程，可解三个未知量。

【例 5-3】 杆 AB、AC 和 AD 在 A 点由球铰连在一起，B、C、D 点在半径为 3 m 的圆周上，A 点承受 5 kN 的力，方向与 y 轴平行，如图 5-10 所示，各杆自重不计，求各杆所受的力。

【解】 考虑 A 点，作用有力的大小为 5 kN，$\boldsymbol{F}_{AC}$、$\boldsymbol{F}_{AB}$、$\boldsymbol{F}_{AD}$ 汇交于 A 点，构成空间汇交力系。计算各力在坐标轴的投影，设$\angle ACO=\alpha$。

$$\overline{AC}=\sqrt{3^2+4^2}=5\text{ m}，\cos\alpha=\frac{3}{5}，\sin\alpha=\frac{4}{5}$$

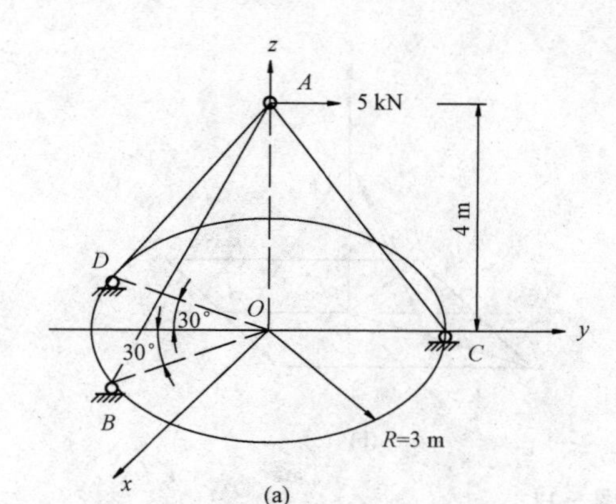

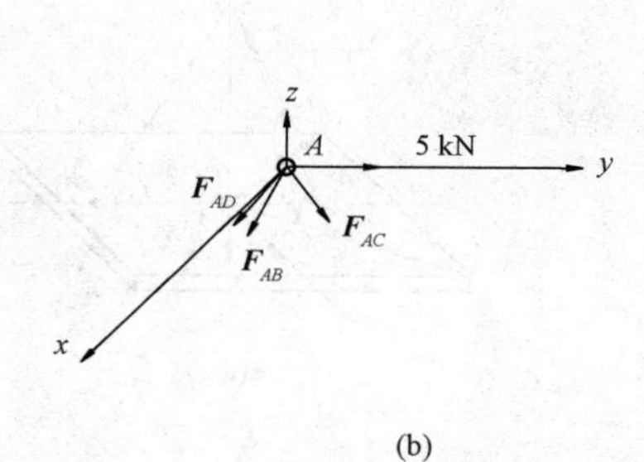

图 5-10

$$F_{ACx}=0$$

$$F_{ACy}=F_{AC}\cos\alpha=\frac{3}{5}F_{AC}$$

$$F_{ACz}=-F_{AC}\sin\alpha=-\frac{4}{5}F_{AC}$$

杆 AB、AD 的投影采用二次投影法计算

$$F_{ABz}=-F_{AB}\sin\alpha=-\frac{4}{5}F_{AB}$$

$$F_{ABxy}=F_{AB}\cos\alpha=\frac{3}{5}F_{AB}$$

$$F_{ABx}=F_{ABxy}\sin30^\circ=\frac{3}{5}F_{AB}\cdot\frac{1}{2}=\frac{3}{10}F_{AB}$$

$$F_{ABy}=-F_{ABxy}\cos30^\circ=-\frac{3}{5}F_{AB}\cdot\frac{\sqrt{3}}{2}=-\frac{3\sqrt{3}}{10}F_{AB}$$

$$F_{ADz}=-F_{AD}\sin\alpha=-\frac{4}{5}F_{AD}$$

$$F_{ADxy}=F_{AD}\cos\alpha=\frac{3}{5}F_{AD}$$

$$F_{ADx}=F_{ADxy}\sin30^\circ=-\frac{3}{5}F_{AD}\cdot\frac{1}{2}=-\frac{3}{10}F_{AD}$$

$$F_{ADy}=-F_{ADxy}\cos30^\circ=-\frac{3}{5}F_{AD}\cdot\frac{\sqrt{3}}{2}=-\frac{3\sqrt{3}}{10}F_{AD}$$

根据空间汇交力系平衡方程

$$\sum F_x=0,\ \frac{3}{10}F_{AB}-\frac{3}{10}F_{AD}=0$$

$$\sum F_y=0,\ 5+\frac{3}{5}F_{AC}-\frac{3\sqrt{3}}{10}F_{AB}-\frac{3\sqrt{3}}{10}F_{AD}=0$$

$$\sum F_z=0,\ -\frac{4}{5}F_{AC}-\frac{4}{5}F_{AB}-\frac{4}{5}F_{AD}=0$$

解得　　　　$F_{AB}=2.233\ \text{kN}$，$F_{AD}=2.233\ \text{kN}$，$F_{AC}=-4.466\ \text{kN}$

【例 5-4】 匀质板重 $G=2$ kN，重心在 O 点，由三根绳子吊起，如图 5-11(a)所示，试计算绳子的拉力。

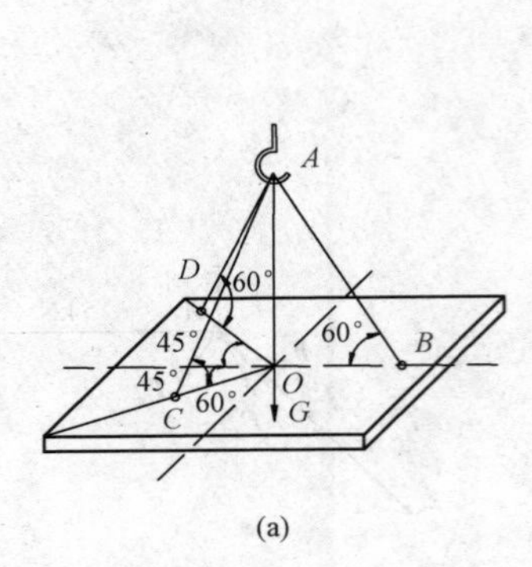

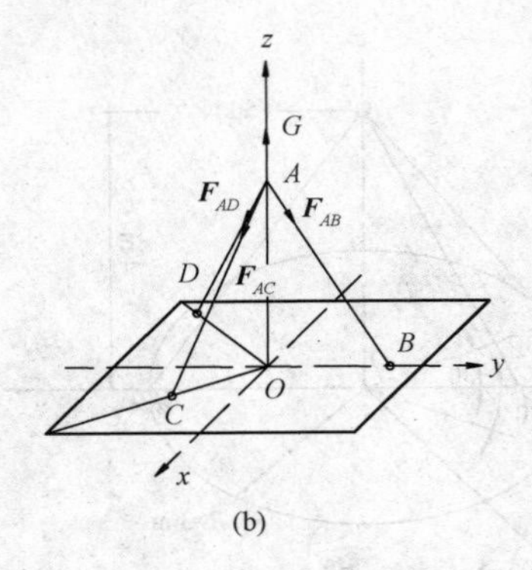

图 5-11

【解】 板重力 G，三根绳子的拉力 $\boldsymbol{F}_{AB}$、$\boldsymbol{F}_{AC}$、$\boldsymbol{F}_{AD}$ 是汇交于 A 点的空间汇交力系，建立图 5-11(b) 所示的坐标系，计算各力在坐标轴的投影。

$$F_{ABz}=-F_{AB}\sin60°=-\frac{\sqrt{3}}{2}F_{AB}$$

$$F_{ABy}=F_{AB}\cos60°=\frac{1}{2}F_{AB}$$

$$F_{ABx}=0$$

$$F_{ACz}=-F_{AC}\sin60°=-\frac{\sqrt{3}}{2}F_{AC}$$

$$F_{ACz}=-F_{AC}\sin60°=-\frac{\sqrt{3}}{2}F_{AC}$$

$$F_{ACx}=F_{ACxy}\sin45°=\frac{1}{2}F_{AC}\cdot\frac{\sqrt{2}}{2}=\frac{\sqrt{2}}{4}F_{AC}$$

$$F_{ACy}=-F_{ACxy}\cos45°=-\frac{1}{2}F_{AC}\cdot\frac{\sqrt{2}}{2}=-\frac{\sqrt{2}}{4}F_{AC}$$

$$F_{ADz}=-F_{AD}\sin60°=-\frac{\sqrt{3}}{2}F_{AD}$$

$$F_{ADxy}=F_{AD}\cos60°=\frac{1}{2}F_{AD}$$

$$F_{ADx}=-F_{ADxy}\sin45°=-\frac{1}{2}F_{AD}\cdot\frac{\sqrt{2}}{2}=-\frac{\sqrt{2}}{4}F_{AD}$$

$$F_{ADy}=-F_{ADxy}\cos45°=-\frac{1}{2}F_{AD}\cdot\frac{\sqrt{2}}{2}=-\frac{\sqrt{2}}{4}F_{AD}$$

根据空间汇交力系平衡方程

$$\sum F_x=0,\ \frac{\sqrt{2}}{4}F_{AC}-\frac{\sqrt{2}}{4}F_{AD}=0$$

$$\sum F_y=0,\ \frac{1}{2}F_{AB}-\frac{\sqrt{2}}{4}F_{AC}-\frac{\sqrt{2}}{4}F_{AD}=0$$

$$\sum F_z=0,\ 2-\frac{\sqrt{3}}{2}F_{AB}-\frac{\sqrt{3}}{2}F_{AC}-\frac{\sqrt{3}}{2}F_{AD}=0$$

解得　　　$F_{AB}=0.956\ \text{kN}$，$F_{AD}=0.676\ \text{kN}$，$F_{AC}=0.676\ \text{kN}$

四、空间一般力系的平衡

在空间力系作用下，要使物体保持平衡状态，必须使物体在三个坐标轴方向既不能移动，也不能转动。因此，空间一般力系平衡的充分必要条件是，**力系所有力在三个坐标轴每一坐标轴的投影代数和等于零，力系中各力对三个坐标轴之矩的代数和等于零**，即

$$\left.\begin{aligned}\sum F_x &= 0\\ \sum F_y &= 0\\ \sum F_z &= 0\\ \sum M_x(\boldsymbol{F}) &= 0\\ \sum M_y(\boldsymbol{F}) &= 0\\ \sum M_z(\boldsymbol{F}) &= 0\end{aligned}\right\} \tag{5-9}$$

式(5-9)称为空间一般力系的平衡方程，有六个独立的平衡方程，可求解六个未知量。

作用线相互平行的空间力系称为空间平行力系。其是空间一般力系的特例。图 5-12 所示的空间平行力系 $\boldsymbol{F}_1$，$\boldsymbol{F}_2$，…，$\boldsymbol{F}_n$各力作用线与 z 轴平行，根据空间一般力系的平衡方程[式(5-9)]，由于各力平行于 z 轴，各力在 x 轴和 y 轴的投影为零，式(5-9)的前两式自动满足，又因为各力与 z 轴平行，各力对 z 轴之矩为零，因此，式(5-9)的最后一式也自动满足。空间平行力系的平衡方程为

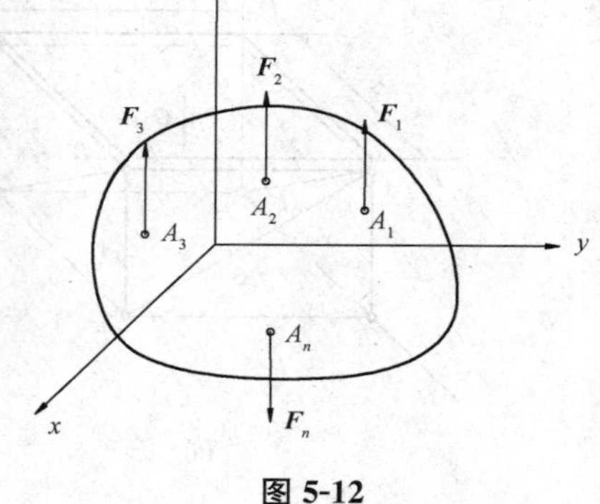

图 5-12

$$\left.\begin{aligned}\sum F_z &= 0\\ \sum M_x(\boldsymbol{F}) &= 0\\ \sum M_y(\boldsymbol{F}) &= 0\end{aligned}\right\} \tag{5-10}$$

空间平行力系平衡的充分必要条件是：**力系中各力在与力系平行的坐标轴上投影的代数和等于零，各力对另外两坐标轴之矩的代数和为零。**空间平行力系的平衡方程有三个独立的平衡方程，可解三个未知量。

【例 5-5】 图 5-13 所示的三轮车，自重 $G=2$ kN，作用在 D 点。求三轮车各轮所受的力。

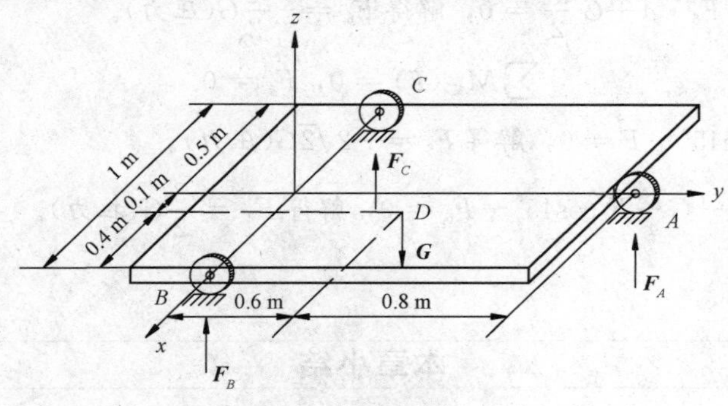

图 5-13

【解】 三轮车的自重 G，三个车轮所受的力 $\boldsymbol{F}_A$、$\boldsymbol{F}_B$、$\boldsymbol{F}_C$ 构成一个空间平行力系，根据空间平行力系的平衡方程式(5-10)，可列出三个平衡方程：

$$\sum F_z = 0,\ F_A + F_B + F_C - G = 0$$

$$\sum M_x(\boldsymbol{F}) = 0,\ F_A \cdot 1.4 - G \cdot 0.6 = 0$$

$$\sum M_y(\boldsymbol{F}) = 0,\ -F_B \cdot 0.5 + F_C \cdot 0.5 + G \cdot 0.1 = 0$$

解得

$$F_A = 0.429G = 0.429 \times 2 = 0.858(\text{kN})$$

$$F_B = 0.386G = 0.386 \times 2 = 0.772(\text{kN})$$

$$F_C = 0.186G = 0.186 \times 2 = 0.372(\text{kN})$$

【例 5-6】 正方形匀质板自重 G，受到 6 根杆的支撑，在 A 点处作用水平力 $F=2G$，如图 5-14(a)所示。求 6 根支撑杆所受的力。

【解】 6 根支撑杆都是二力杆，设各杆受到拉力。以正方形板为研究对象，它所受的力构成一个空间一般力系[图 5-14(b)]。

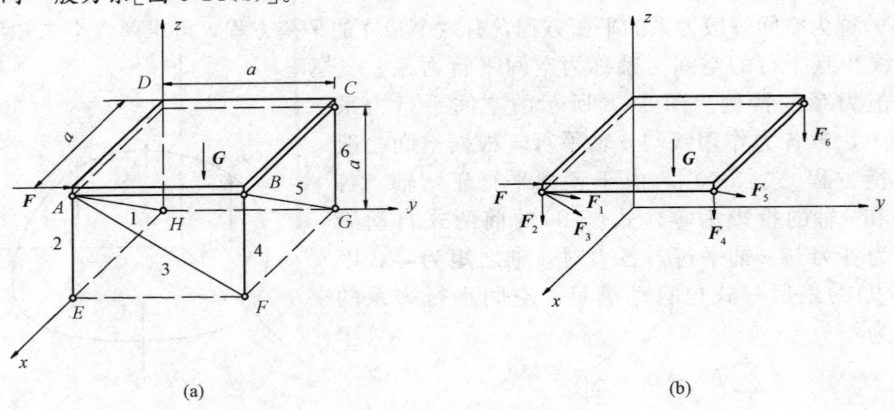

图 5-14

根据空间一般力系的平衡条件，有：

$$\sum M_{AE}(\boldsymbol{F}) = 0,\ F_5 = 0$$

$$\sum M_{BF}(\boldsymbol{F}) = 0,\ F_1 = 0$$

$\sum M_{AB}(\boldsymbol{F}) = 0$，$F_6 \cdot a + G\dfrac{a}{2} = 0$，解得 $F_6 = -\dfrac{1}{2}G$(压力)。

$$\sum M_{AC}(\boldsymbol{F}) = 0,\ F_4 = 0$$

$\sum F_y = 0$，$F_3 \sin 45^\circ + F = 0$，解得 $F_3 = -2\sqrt{2}G$(压力)。

$\sum F_z = 0$，$-F_2 - G - F_3 \cos 45^\circ - F_6 = 0$，解得 $F_2 = \dfrac{3}{2}G$(拉力)。

本章小结

在实际工程中，物体所受各力的作用线并不都在同一个平面内，这样的力系称为空间力系。本章将研究空间力系的简化和平衡条件，与平面力系一样，将空间力系分为空间汇交力系、空间平行力系和空间任意力系来研究，简化方法仍然采用力的平移定理，但由于是空间问题，附加的力偶用矢量表示。因此，本章将重点讲述用矢量表示的矩和力偶的概念。

思考与练习

1. 直角折杆 OA 如图 5-15 所示，BC 平行于 z 轴，AB 平行于 x 轴。已知：OC=6 m，BC=6 m，AB=8 m，杆端 A 作用一大小等于 1 000 N 的力 $\boldsymbol{F}$，求力 $\boldsymbol{F}$ 对点 O 之矩以及它对坐标系 $Oxyz$ 各轴之矩。

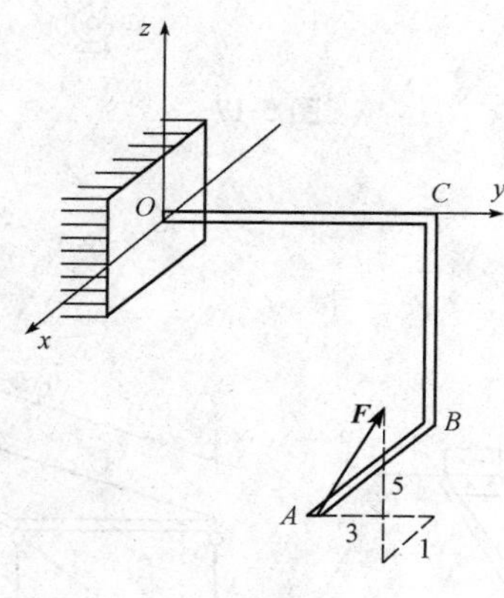

图 5-15

2. 求图 5-16 所示力 F=1 000 N 对于 z 轴的力矩 M_z。

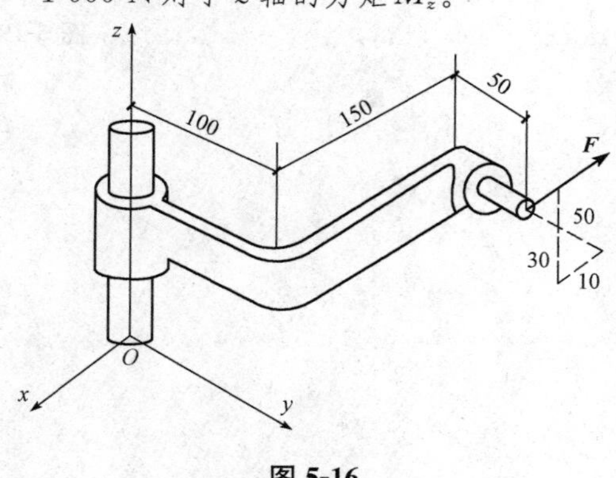

图 5-16

3. 图 5-17 所示的空间桁架由六杆 1、2、3、4、5 和 6 构成。在节点 A 上作用一力 $\boldsymbol{F}$，此力在矩形 ABCD 平面内，且与铅垂线成 45°。∠EAK=∠FBM。等腰三角形 EAK、FBM 和 NDB 在顶点 A、B 和 D 处均为直角，又 EC=CK=FD=DM。若 F=10 kN，求各杆的内力。

4. 如图 5-18 所示，均质长方形薄板重 P=200 N，用球铰链 A 和蝶铰链 B 固定在墙上，并用绳子 CE 维持在水平位置上。求绳子的拉力和支座约束力。

5. 如图 5-19 所示的六杆支撑一水平板，在板角处受铅垂力 $\boldsymbol{F}$ 作用。设板和杆自重不计，求各杆的内力。

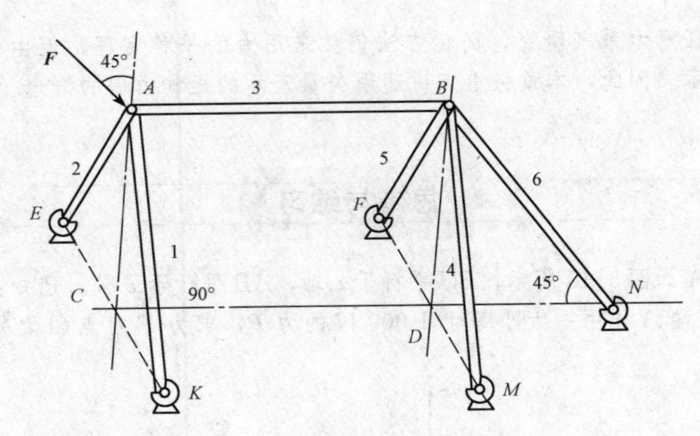

图 5-17

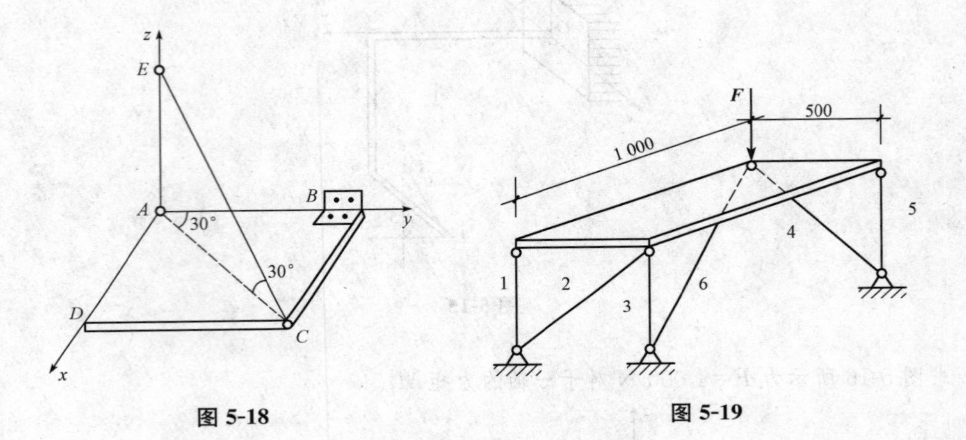

图 5-18

图 5-19

第六章　平面图形的几何性质

学习目标

了解重心、形心、静矩、惯性矩、惯性积、惯性半径、主轴、形心主轴、主惯性矩、形心主惯性矩的概念；掌握平面图形形心与静矩的计算方法；掌握简单平面图形惯性矩的计算方法，掌握惯性矩的平行移轴公式。

能力目标

通过本章的学习，能够掌握平面图形形心与静矩、简单平面图形惯性矩的计算方法；会计算组合截面的惯性矩。

第一节　重心与形心

一、重心的概念

地球上的任何物体都受到地球引力的作用，这个力称为物体的重力。如果将一个物体分成许多微小部分，则这些微小部分所受的重力形成汇交于地球中心的空间汇交力系。但是，由于地球半径很大，这些微小部分所受的重力可看成空间平行力系，该力系的合力的大小就是该物体的重力。

由试验可知，无论物体在空间的方位如何，物体重力的作用线始终通过一个确定的点，这个点就是物体重力的作用点，称为**物体的重心**。物体的重心不一定在物体上，如一个圆环的重心。

对重心的研究，在实际工程中具有重要的意义。例如，水坝、挡土墙、起重机等的倾覆稳定性问题就与这些物体的重心位置直接有关；混凝土振捣器，其转动部分的重心必须偏离转轴才能发挥预期的作用；在建筑设计中，重心的位置影响着建筑物的平衡与稳定；在建筑施工过程中采用两个吊点起吊柱子就是要保证柱子重心在两吊点之间。

二、重心的坐标公式

为确定物体重心的位置，将物体看作由微体积 ΔV_1，ΔV_2，ΔV_3，…，ΔV_n 组成，物体的总体积为

$$V=\sum_{i=1}^{n}\Delta V_i=\sum\Delta V_i$$

设每一微体积单位体积的重力为γ_i，则ΔV_1的重力为$\gamma_1 \Delta V_1$，ΔV_2的重力为$\gamma_2 \Delta V_2$，…，ΔV_n的重力为$\gamma_n \Delta V_n$。取直角坐标系如图6-1所示。其中，y轴铅垂向上，ΔV_1的作用点位置为C_1，ΔV_2的作用点位置为C_2，…，ΔV_n的作用点位置为C_n。各微体积的重力作用线均平行于y轴，视为分力。则物体所受的重力的合力为

$$W = \sum_{i=1}^{n} \Delta W_i = \sum_{i=1}^{n} \gamma_i \Delta V_i = \sum \gamma_i \Delta V_i$$

根据合力矩定理，可以求得合力作用点(即重心)的位置，即对x轴取矩：

$$W z_C = \sum_{i=1}^{n} z_i \Delta W_i = \sum_{i=1}^{n} z_i \gamma_i \Delta V_i = \sum z_i \gamma_i \Delta V_i$$

由此可得

$$z_C = \frac{\sum z_i \gamma_i \Delta V_i}{\gamma_i \Delta V_i} = \frac{\sum z_i \Delta W_i}{W} \tag{6-1}$$

同理，对z轴取矩，可得

$$x_C = \frac{\sum x_i \gamma_i \Delta V_i}{\gamma_i \Delta V_i} = \frac{\sum x_i \Delta W_i}{W} \tag{6-2}$$

当物体视为刚体时，无论物体在空间中处于何种位置，也无论物体如何放置，其重心在物体内的位置都是固定的。因而，若将图6-1中的空间坐标系绕z轴旋转90°(图6-2)时，可得重心在y轴方向的位置。

$$y_C = \frac{\sum y_i \gamma_i \Delta V_i}{\gamma_i \Delta V_i} = \frac{\sum y_i \Delta W_i}{W} \tag{6-3}$$

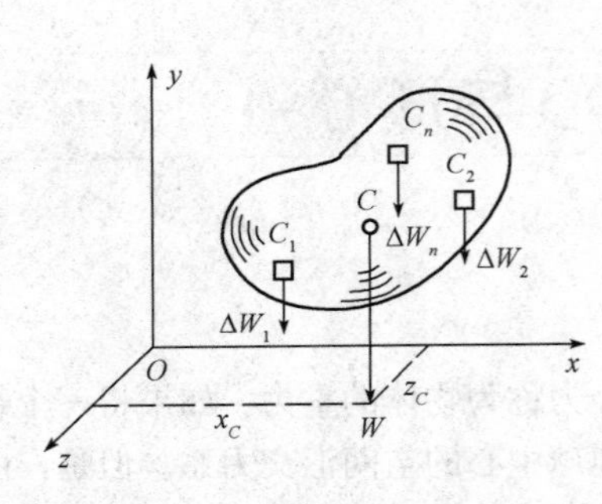

图 6-1

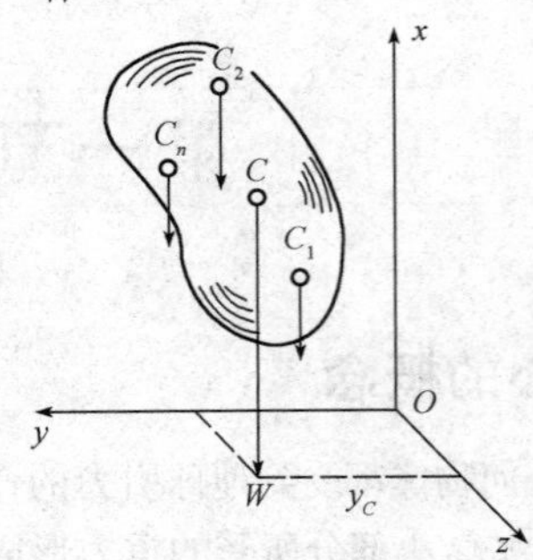

图 6-2

对于均质物体，微体积单位体积的重力相等，即$\gamma = \gamma_1 = \gamma_2 = \gamma_3 = \cdots = \gamma_n$，由式(6-1)～式(6-3)可得均质物体的重心坐标公式为

$$x_C = \frac{\sum x_i \Delta V_i}{V},\ y_C = \frac{\sum y_i \Delta V_i}{V},\ z_C = \frac{\sum z_i \Delta V_i}{V} \tag{6-4}$$

由式(6-4)可以算出，均质物体的重心与重力无关。所以，**均质物体的重心就是其几何中心**，称为**形心**。对于均质物体，其重心和形心重合在一点上。

如果将物体分割的份数无数多，且每份的体积无限小，在极限情况下，则式(6-1)～式(6-3)可写成积分形式。

$$x_C = \frac{\int_W x \mathrm{d}W}{W},\ y_C = \frac{\int_W y \mathrm{d}W}{W},\ z_C = \frac{\int_W z \mathrm{d}W}{W} \tag{6-5}$$

式中　dW——物体微小部分的重量(或所受的重力)；

x、y、z——物体微小部分的空间坐标；

W——物体的总重力。

对于均质物体，形心坐标公式(6-4)也可写成积分形式为：

$$x_C=\frac{\int_V x\mathrm{d}V}{V},\ y_C=\frac{\int_V y\mathrm{d}V}{V},\ z_C=\frac{\int_V z\mathrm{d}V}{V} \tag{6-6}$$

式中 $\mathrm{d}V$——均质物体微小部分的体积；

x、y、z——物体微小部分的空间坐标；

V——均质物体的总体积。

对于均质、等厚的薄平板，计算形心坐标时，可将坐标面 xOy 建立在与板平行的板的中间平面上(图 6-3)，用 δ 表示其厚度，ΔA_i 表示微面积，则由式(6-4)得形心坐标计算公式如下：

$$x_C=0,\ y_C=\frac{\sum y_i\Delta A_i}{A},\ z_C=\frac{\sum z_i\Delta A_i}{A} \tag{6-7}$$

同理，当微面积 $\Delta A_i\to 0$ 时，则可用积分形式表示如下：

$$y_C=\frac{\int_A y\mathrm{d}A}{A},\ z_C=\frac{\int_A z\mathrm{d}A}{A} \tag{6-8}$$

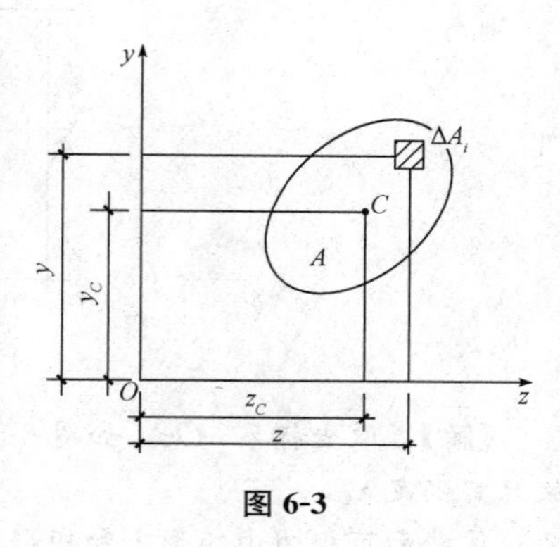

图 6-3

三、平面图形的形心

形心就是物体的几何中心。当平面图形具有对称轴或对称中心时，则形心一定在对称轴或对称中心上。若平面图形是一个组合平面图形，则可先将其分割为若干个简单图形，然后可按式(6-7)求得其形心的坐标，这时公式中的 ΔA_i 为所分割的简单图形的面积，而 y_i、z_i 为其相应的形心坐标，这种方法称为**分割法**。另外，有些组合图形，可以看成从某个简单图形中挖去一个或几个简单图形而成，如果将挖去的面积用负面积表示，则仍可应用分割法求其形心坐标，这种方法又称为**负面积法**。

【例 6-1】 计算图 6-4 所示均质等厚 L 形薄板的形心坐标。已知 $a=6$ cm，$b=9$ cm，$d=1$ cm。

【解】 建立坐标系如图 6-4 所示，坐标系 xOy 位于薄板厚度中间平面内。将薄板按图中虚线分为两个矩形。

第一个矩形的面积和形心 C_1 的坐标分别为

$$A_1=9\times1=9(\mathrm{cm}^2)$$
$$x_{C_1}=0.5\ \mathrm{cm},\ y_{C_1}=4.5\ \mathrm{cm}$$

第二个矩形的面积和形心 C_2 的坐标分别为

$$A_2=(6-1)\times1=5(\mathrm{cm}^2)$$
$$x_{C_2}=3.5\ \mathrm{cm},\ y_{C_2}=0.5\ \mathrm{cm}$$

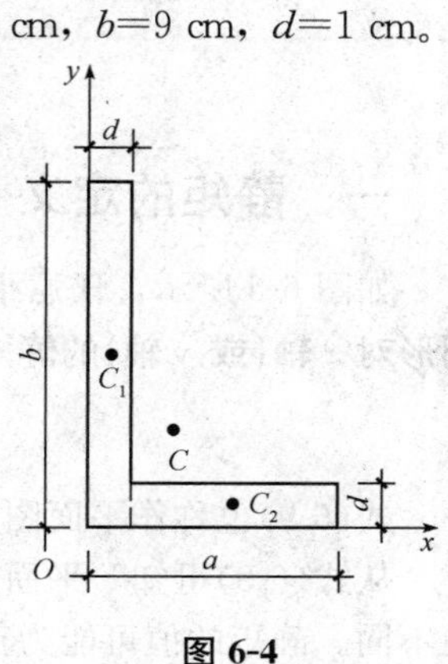

图 6-4

则 L 形薄板的截面形心坐标为

$$x_C=\frac{\sum x_i\Delta A_i}{A}=\frac{x_{C_1}A_1+x_{C_2}A_2}{A_1+A_2}$$
$$=\frac{0.5\times9+3.5\times5}{9+5}=1.57(\mathrm{cm})$$

$$y_C=\frac{\sum y_i\Delta A_i}{A}=\frac{y_{C_1}A_1+y_{C_2}A_2}{A_1+A_2}$$

$$=\frac{4.5\times 9+0.5\times 5}{9+5}=3.07(\text{cm})$$

【例 6-2】 试确定图 6-5 所示平面图形中形心的位置。

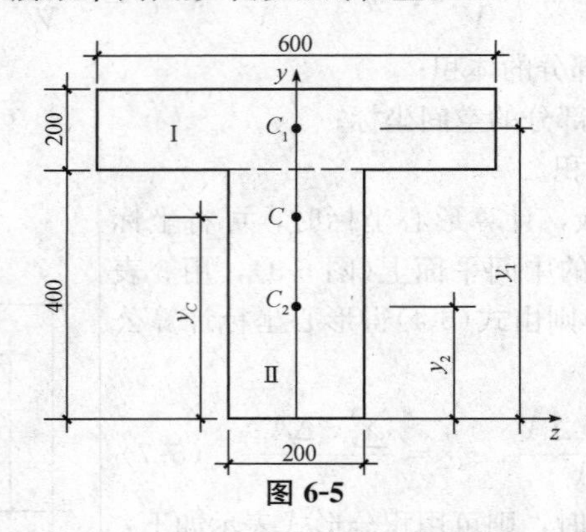

图 6-5

【解】 取坐标系 yOz，如图 6-5 所示，由于 y 轴为对称轴，所以形心在 y 轴上，即 $z_C=0$，故只需确定 y_C。

该截面可视为由矩形Ⅰ和矩形Ⅱ组合而成，则：

$$y_C=\frac{\sum y_i\Delta A_i}{A}=\frac{y_{C_1}A_1+y_{C_2}A_2}{A_1+A_2}$$

$$=\frac{(100+400)\times(600\times 200)+200\times(200\times 400)}{600\times 200+200\times 400}=380(\text{mm})$$

第二节　静　　矩

一、静矩的定义

如图 6-6 所示，**任意平面图形上所有微面积 dA 与其坐标 y(或 z)乘积的总和，称为该平面图形对 z 轴(或 y 轴)的静矩**，用 S_z(或 S_y)表示，即

$$S_z=\int_A y\mathrm{d}A,\ S_y=\int_A z\mathrm{d}A \tag{6-9}$$

式(6-9)也称作平面图形对 z 轴和 y 轴的一次矩，或面积矩。

从式(6-9)可知，平面图形的静矩是对某一轴而言的，同一平面图形对不同的坐标轴，其静矩不同。静矩的值可能为正，可能为负，也可能等于零。静矩的量纲是长度的三次方，常用单位为 m^3 或 mm^3。

二、形心与静矩的关系

图 6-6 中，C 为截面的形心，y_C、z_C 为形心坐标。由前述第一节的形心坐标公式，结合式

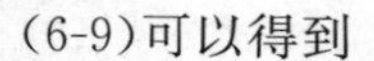

(6-9)可以得到

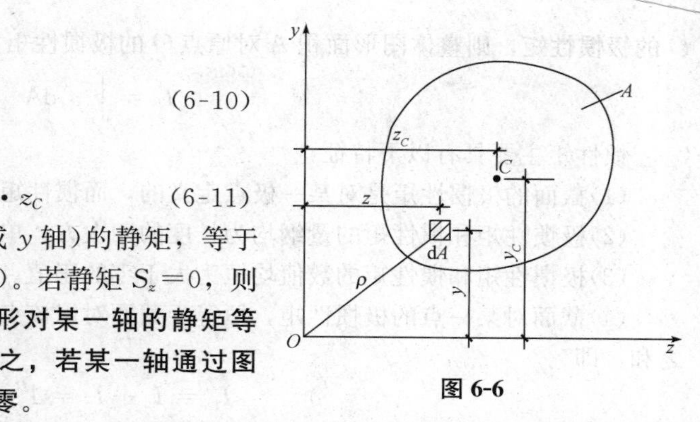

图 6-6

$$y_C=\frac{S_z}{A},\ z_C=\frac{S_y}{A} \tag{6-10}$$

式(6-10)也可改写成

$$S_z=A\cdot y_C,\ S_y=A\cdot z_C \tag{6-11}$$

式(6-11)表明，平面图形对 z 轴（或 y 轴）的静矩，等于图形的面积 A 乘以形心的坐标 y_C（或 z_C）。若静矩 $S_z=0$，则 $y_C=0$；$S_y=0$，则 $z_C=0$。所以，**若图形对某一轴的静矩等于零，则该轴必然通过图形的形心；反之，若某一轴通过图形的形心，则图形对该轴的静矩必等于零。**

在实际工程中，有些杆件的截面是由矩形、圆形、三角形等简单几何图形组合而成的，称为组合截面。组合截面对某轴的静矩等于各简单几何图形对该轴静矩的代数和，即

$$S_z=\sum_{i=1}^{n}A_i y_{C_i},\ S_y=\sum_{i=1}^{n}A_i z_{C_i} \tag{6-12}$$

式中 n——简单几何图形的个数；

A_i——第 i 个几何图形的面积；

y_{C_i}，z_{C_i}——第 i 个几何图形的形心坐标。

【例 6-3】 计算图 6-7 所示 T 形截面对 z 轴的静矩。

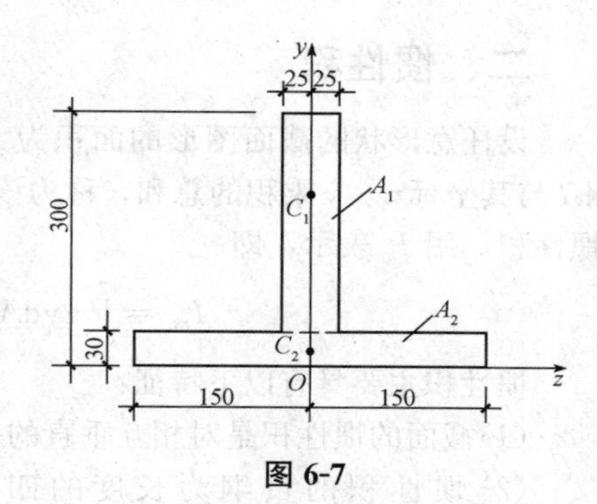

图 6-7

【解】 将 T 形截面分为两个矩形，其面积分别为

$A_1=50\times270=13.5\times10^3(\text{mm}^2)$

$A_2=300\times30=90\times10^3(\text{mm}^2)$

$y_{C_1}=165\ \text{mm}$，$y_{C_2}=15\ \text{mm}$

截面对 z 轴的静矩

$$S_z=\sum(A_i\cdot y_{C_i})=A_1\cdot y_{C_1}+A_2\cdot y_{C_2}$$
$$=13.5\times10^3\times165+90\times10^3\times15$$
$$=3.58\times10^6(\text{mm}^3)$$

第三节 惯性矩、惯性积与惯性半径

一、惯性矩

设任意形状的截面图形的面积为 A（图 6-8），在图形中任取一微面积 $\text{d}A$，该微面积到两坐标轴的距离分别为 y 和 z，将乘积 $y^2\text{d}A$ 和 $z^2\text{d}A$ 分别称为微面积 $\text{d}A$ 对 z 轴和 y 轴的惯性矩，**所有微面积 $\text{d}A$ 与其坐标 y（或 z）平方乘积的总和称为该平面图形对 z 轴（或 y 轴）的惯性矩**，用 I_z（或 I_y）表示，即

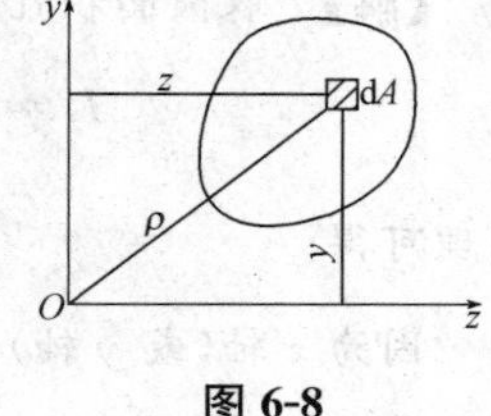

图 6-8

$$I_z=\int_A y^2\text{d}A,\ I_y=\int_A z^2\text{d}A \tag{6-13}$$

若 $\text{d}A$ 至坐标原点 O 的距离为 ρ（图 6-8），$\rho^2\text{d}A$ 称为该微面积对原点

O 的**极惯性矩**，则整体图形面积 A 对原点 O 的极惯性矩为

$$I_P = \int_A \rho^2 \mathrm{d}A \tag{6-14}$$

惯性矩主要具有以下特征：

(1)截面的极惯性矩是对某一极点定义的，而惯性矩是对某一坐标轴定义的。

(2)极惯性矩和惯性矩的量纲均为长度的四次方，单位为 m^4、cm^4 或 mm^4。

(3)极惯性矩和惯性矩的数值均恒为大于零的正值。

(4)截面对某一点的极惯性矩，恒等于截面对以该点为坐标原点的任意一对坐标轴的惯性矩之和，即

$$I_P = I_y + I_z = I'_y + I'_z \tag{6-15}$$

(5)组合截面(图 6-9)对某一点的极惯性矩或对某一轴的惯性矩，分别等于各组分图形对同一点的极惯性矩或对同一轴的惯性矩之代数和，即

$$I_P = \sum_{i=1}^{n} I_{Pi} \tag{6-16}$$

$$I_z = \sum_{i=1}^{n} I_{z_i},\ I_y = \sum_{i=1}^{n} I_{y_i} \tag{6-17}$$

二、惯性积

设任意形状的截面图形的面积为 A，则截面上所有微面积 $\mathrm{d}A$ 与其坐标 z、y 乘积的总和，称为该截面图形对 z、y 两轴的惯性积，用 I_{zy} 表示，即

$$I_{zy} = \int_A zy \mathrm{d}A \tag{6-18}$$

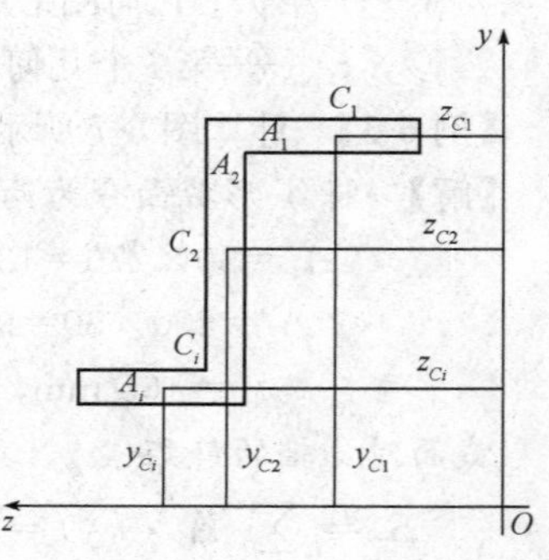

图 6-9

惯性积主要具有以下特征：

(1)截面的惯性积是对相互垂直的一对坐标轴定义的。

(2)惯性积的量纲为长度的四次方，单位为 m^4、cm^4 或 mm^4。

(3)惯性积的数值可正可负，也可能为零。若一对坐标轴中有一轴为截面图形的对称轴，则截面对该对坐标轴的惯性积必等于零。但截面对某一对坐标轴的惯性积为零，则该对坐标轴中不一定存在图形的对称轴。

(4)组合截面对某一对坐标轴的惯性积，等于各组分图形对同一对坐标轴的惯性积的代数和，即

$$I_{yz} = \sum_{i=1}^{n} I_{yz_i} \tag{6-19}$$

【例 6-4】 求图 6-10 中矩形对通过其形心且与两边平行的 z 轴和 y 轴的惯性矩 I_z 和 I_y，以及惯性积 I_{yz}。

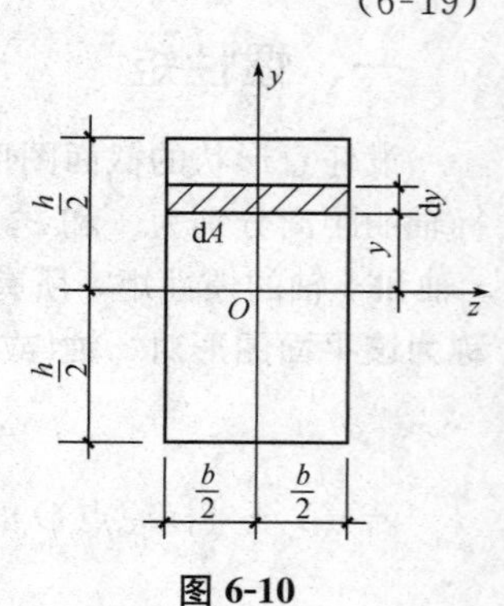

图 6-10

【解】 取微面积 $\mathrm{d}A = b\mathrm{d}y$，则

$$I_z = \int_A y^2 \mathrm{d}A = \int_{-\frac{h}{2}}^{\frac{h}{2}} y^2 b \mathrm{d}y = \frac{bh^3}{12}$$

同理可得

$$I_y = \frac{hb^3}{12}$$

因为 z 轴(或 y 轴)为对称轴，所以惯性积

$$I_{yz} = 0$$

三、惯性半径

在实际工程中为了计算方便，将图形的惯性矩表示为图形面积 A 与某一长度平方的乘积，即

$$\left.\begin{aligned} I_y &= i_y^2 A \\ I_z &= i_z^2 A \end{aligned}\right\} \text{或} \left.\begin{aligned} I_z &= \sqrt{\frac{I_z}{A}} \\ I_y &= \sqrt{\frac{I_y}{A}} \end{aligned}\right\} \tag{6-20}$$

式中　i_y，i_z——平面图形对 y 轴、z 轴的惯性半径。

惯性半径主要具有以下特征：

(1)截面的惯性半径是仅对某一坐标轴定义的。

(2)惯性半径的量纲为长度的一次方，单位为 m、cm 或 mm。

(3)惯性半径的数值恒取正值。

四、简单截面的几何性质

表 6-1 列出了常用简单截面的几何性质。

表 6-1　简单截面的几何性质

序号	截面形状和形心轴位置	面积 A	惯性矩		惯性半径	
			I_y	I_z	i_y	i_z
1	y z C h b	bh	$\frac{hb^3}{12}$	$\frac{bh^3}{12}$	$\frac{b}{2\sqrt{3}}$	$\frac{h}{2\sqrt{3}}$
2	y z C h $\frac{h}{3}$ b	$\frac{bh}{2}$	—	$\frac{bh^3}{36}$	—	$\frac{h}{3\sqrt{2}}$
3	y z C d	$\frac{\pi d^2}{4}$	$\frac{\pi d^4}{64}$	$\frac{\pi d^4}{64}$	$\frac{d}{4}$	$\frac{d}{4}$

续表

序号	截面形状和形心轴位置	面积 A	惯性矩		惯性半径	
			I_y	I_z	i_y	i_z
4	$\alpha=\frac{d}{D}$	$\frac{\pi D^2}{4}(1-\alpha^2)$	$\frac{\pi D^4}{64}(1-\alpha^4)$	$\frac{\pi D^4}{64}(1-\alpha^4)$	$\frac{D}{4}\sqrt{1+\alpha^2}$	$\frac{D}{4}\sqrt{1+\alpha^2}$
5		$\frac{\pi r^2}{2}$	—	$\left(\frac{1}{8}-\frac{8}{9\pi^2}\right)\times \pi r^4 \approx 0.11r^4$	—	$0.264r$

五、组合截面惯性矩的计算

组合图形对某轴的惯性矩等于组成组合图形的各简单图形对同一轴的惯性矩之和。

第四节　惯性矩的平行移轴公式

根据定义，同一平面图形对不同坐标轴的惯性矩是不同的。本节讨论当坐标轴平移时，平面图形与互相平行的坐标轴惯性矩之间的关系，应用这种关系可以很方便地计算组合图形的惯性矩。

图 6-11 所示为任意截面图形，z、y 为通过截面形心的一对正交轴，z_1、y_1 为与 z、y 轴平行的另一对轴，两对轴之间的距离分别为 a 和 b。则根据惯性矩的定义

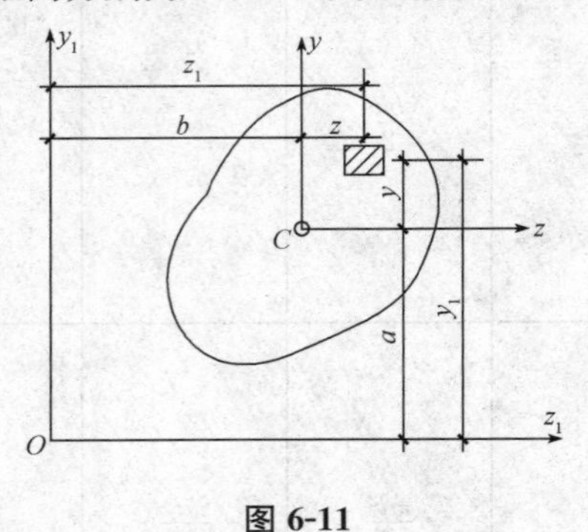

图 6-11

$$
\begin{aligned}
I_{z_1} &= \int_A y_1^2 \mathrm{d}A = \int_A (y+a)^2 \mathrm{d}A \\
&= \int_A y^2 \mathrm{d}A + 2a\int_A y \mathrm{d}A + a^2\int_A \mathrm{d}A
\end{aligned}
$$

$$= I_z + 2ay_C \cdot A + a^2 A$$

因为 z 轴通过形心，所以 $y_C=0$，故：

$$I_{z_1} = I_z + a^2 A \tag{6-21}$$

同理可得

$$I_{y_1} = I_y + b^2 A \tag{6-22}$$

这就是惯性矩的平行移轴公式。此公式表明：**截面对任一轴的惯性矩，等于它对平行于该轴的形心轴的惯性矩加上截面面积与两轴间距离平方的乘积。**

【例 6-5】 计算图 6-12 所示 T 形截面对形心轴的惯性矩 I_{z_C}。

【解】 (1)求截面相对底边的形心坐标。

$$y_C = \frac{\sum y_i \Delta A_i}{A} = \frac{y_{C_1} A_1 + y_{C_2} A_2}{A_1 + A_2}$$

$$= \frac{185 \times 200 \times 30 + 85 \times 30 \times 170}{200 \times 30 + 30 \times 170} = 139(\text{mm})$$

图 6-12

(2)求截面对形心轴的惯性矩。

$$I_{z_C} = \sum (I_{z_{C_i}} + a_i^2 A)$$

$$= \frac{200 \times 30^3}{12} + (200-139-15)^2 \times 200 \times 30 + \frac{30 \times 170^3}{12} + \left(139 - \frac{170}{2}\right)^2 \times 30 \times 170$$

$$= 40.3 \times 10^6 (\text{mm}^4)$$

【例 6-6】 求图 6-13 中 T 形截面对于形心轴 y_C、z_C 的惯性矩。

【解】 在例 6-2 中已经确定了形心 C 的位置，图 6-5 中 $y_C=380$ mm，$z_C=0$。形心轴 y_C、z_C 如图 6-13 所示。将该截面视为矩形Ⅰ和矩形Ⅱ的组合截面，则惯性矩由两部分截面惯性矩叠加而成，即

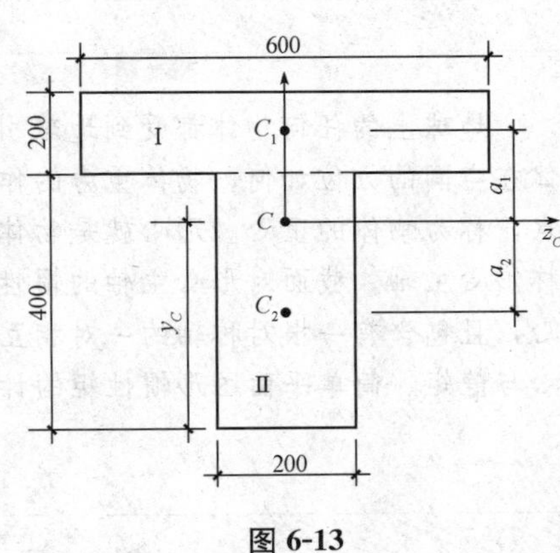

图 6-13

$$I_{z_C} = I_{z_C}^{\mathrm{I}} + I_{z_C}^{\mathrm{II}}$$

其中 $I_{z_C}^{\mathrm{I}} = \dfrac{60 \times 20^3}{12} + (60 \times 20) \times \left[(40-38) + \dfrac{1}{2} \times 20\right]^2$

$$= 2.13 \times 10^5 (\text{cm}^4)$$

$$I_{z_C}^{\mathrm{II}} = \frac{20 \times 40^3}{12} + (20 \times 40) \times (38-20)^2 = 3.66 \times 10^5 (\text{cm}^4)$$

则

$$I_{z_C} = 2.13 \times 10^5 + 3.66 \times 10^5 = 5.79 \times 10^5 (\text{cm}^4)$$

$$I_{y_C} = I_{y_C}^{\mathrm{I}} + I_{y_C}^{\mathrm{II}} = \frac{20 \times 60^3}{12} + \frac{40 \times 20^3}{12} = 3.87 \times 10^5 (\text{cm}^4)$$

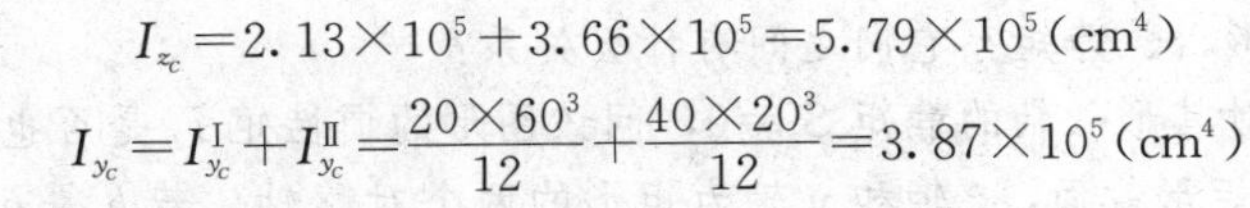

第五节　形心主惯性轴与形心主惯性矩

若截面对某坐标轴的惯性积 $I_{z_0 y_0}=0$，则这对坐标轴 z_0、y_0 称为截面的**主惯性轴**，简称**主轴**。截面对主轴的惯性矩称为**主惯性矩**，简称**主惯矩**。

由前述可知，当截面具有对称轴时，截面对包括对称轴在内的一对正交轴的惯性积等于零。

图 6-14(a)中，y 为截面的对称轴，z_1 轴与 y 轴垂直，截面对 z_1、y 轴的惯性积等于零，z_1、y 即主轴。同理，图 6-14(a)中的 z_2、y 和 z、y 也都是主轴。

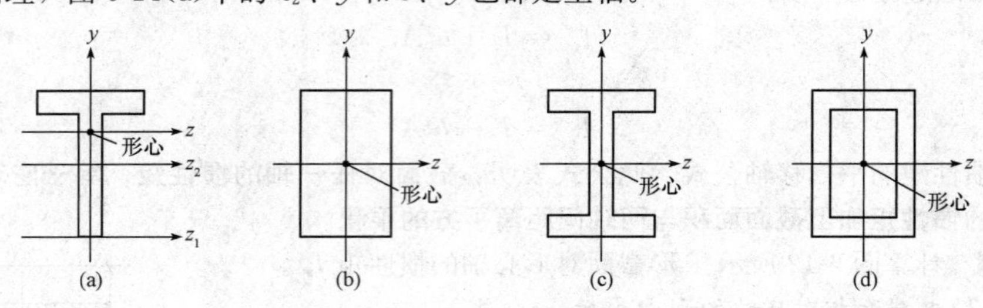

图 6-14

通过形心的主惯性轴称为**形心主惯性轴**，简称**形心主轴**。截面对形心主轴的惯性矩称为**形心主惯性矩**，简称为**形心主惯矩**。

凡通过截面形心，且包含有一根对称轴的一对相互垂直的坐标轴一定是形心主轴。

图 6-14(a)中的 z、y 轴通过截面形心，z、y 轴即为形心主轴。图 6-14(b)、(c)、(d)中的 z 轴和 y 轴均为形心主轴。

本章小结

地球上的任何物体都受到地球引力的作用，这个力称为物体的重力。由试验可知，无论物体在空间的方位如何，物体重力的作用线始终通过一个确定的点，这个点就是物体重力的作用点，称为物体的重心。形心就是物体的几何中心。通过形心的主惯性轴称为形心主惯性轴，简称形心主轴。截面对形心主轴的惯性矩称为形心主惯性矩，简称为形心主惯矩。凡通过截面形心，且包含有一根对称轴的一对相互垂直的坐标轴一定是形心主轴。本章主要介绍平面图形形心与静矩、简单平面图形惯性矩的计算方法及组合截面的惯性矩的计算。

思考与练习

1. 什么是重心、形心、静矩？它们之间有什么关系？

2. 已知平面图形对其形心轴的静矩 $S_z=0$，问该图形的惯性矩 I_z 是否也为零？为什么？

3. 图 6-15 所示的矩形截面，z 轴和 y 轴为矩形的两个对称轴，若 h 是 b 的 n 倍，试计算 I_z 是 I_y 的多少倍？

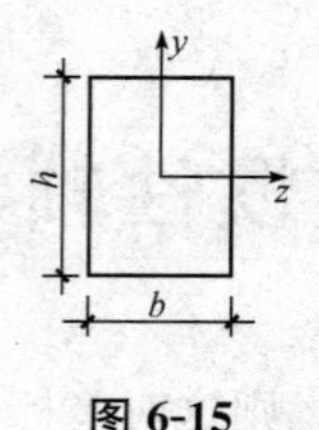

图 6-15

4. 试问图 6-16 所示两截面的惯性矩 I_z，是否按 $I_z=\frac{BH^3}{12}-\frac{bh^3}{12}$ 进行计算？

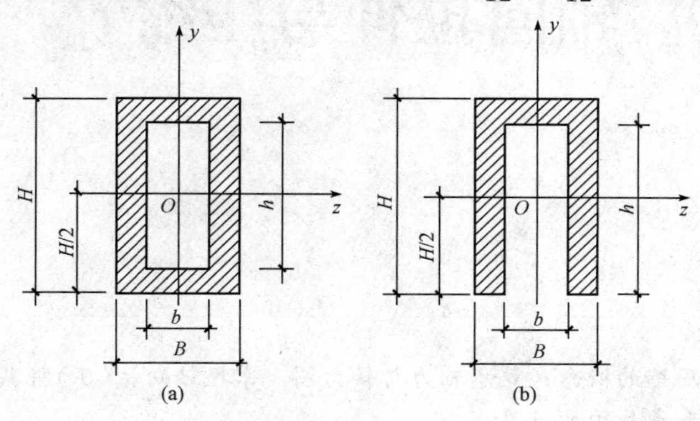

图 6-16

5. 如图 6-17 所示，若 z 轴和 y 轴都通过截面的形心，试问截面对该两轴的惯性积是否等于零？

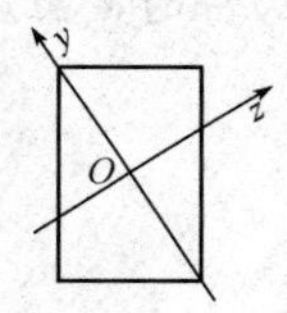

图 6-17

第七章　轴向拉伸与压缩

学习目标

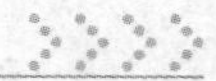

了解轴向拉伸与压缩的概念；熟悉轴力与轴力图，掌握轴向拉(压)杆截面上的应力与变形，并能够进行相应应力和承载力的计算。

能力目标

通过本章的学习，能够计算轴向拉(压)杆的截面应力，相应承载力，并能够对构件进行强度分析。

第一节　轴力与轴力图

一、轴向拉伸与压缩的概念

在实际工程中，发生轴向拉伸或压缩变形的构件很多，例如，钢木组合桁架中的钢拉杆(图 7-1)和三角支架 ABC(图 7-2)中的杆，作用于杆上的外力(或外力合力)的作用线与杆的轴线重合。在这种轴向荷载作用下，杆件以轴向伸长或缩短为主要变形形式，称为轴向拉伸或轴向压缩。以轴向拉压为主要变形的杆件，称为拉(压)杆。

实际拉(压)杆的端部连接情况和传力方式是各不相同的，但在讨论时可以将它们简化为一根等截面的直杆(等直杆)，两端的力系用合力代替，其作用线与杆的轴线重合，则其计算简图如图 7-3 所示。

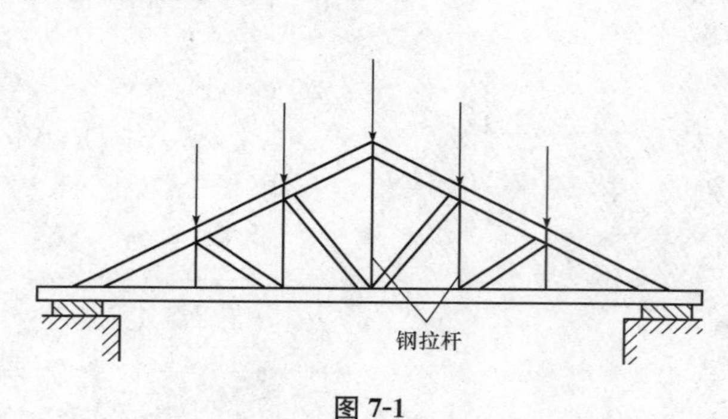

图 7-1

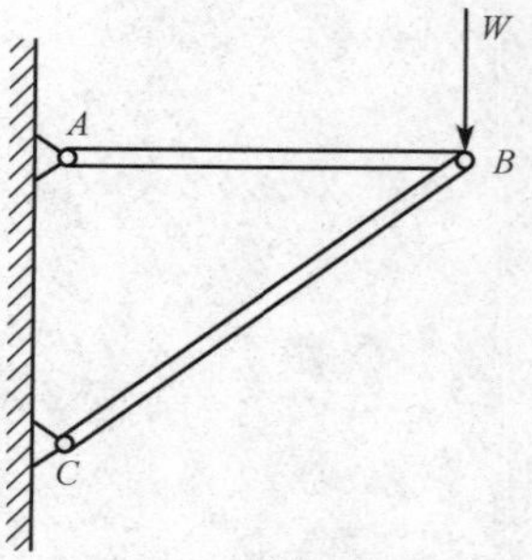

图 7-2

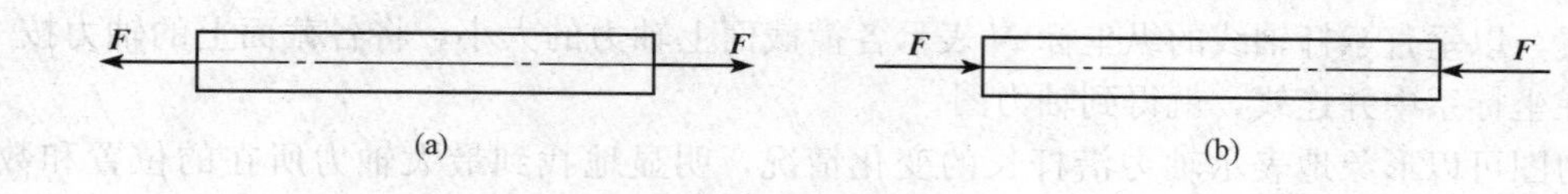

图 7-3

二、轴向拉(压)杆的内力——轴力

1. 轴力的概念

图 7-4(a)所示为一等截面直杆受轴向外力的作用，产生拉伸变形。现分析其任一截面 m—m 上的内力。用假设的截面在截面 m—m 处将直杆切成左、右两部分，取其中的一部分为研究对象(如取左部分)，根据左部分处于平衡状态的条件，判断右部分对左部分的作用力，其受力图如图 7-4(b)所示。根据平衡条件列平衡方程：

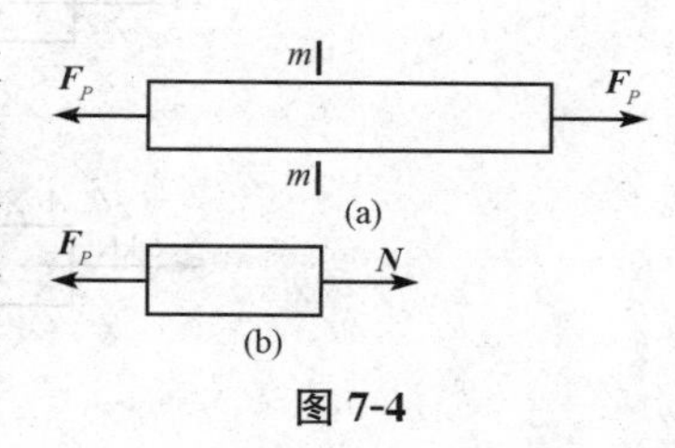

图 7-4

$$\sum F_x = 0 \qquad N - F_P = 0$$

$$N = F_P$$

对于压杆，也可以通过上述方法求得其任一横截面上的内力 N，但其指向为指向截面。

内力的作用线与杆轴线重合，称为**轴向内力**，简称**轴力**，用符号 N 表示。背离截面的轴力，称为拉力；而指向截面的轴力，称为**压力**。

2. 轴力的正负号规定

轴向拉力为正号，轴向压力为负号。在求轴力时，通常将轴力假设为拉力方向，这样由平衡条件求出结果的正负号，就可直接代表轴力本身的正负号。

在国际单位制中，轴力的单位是牛顿(N)或千牛顿(kN)。

【例 7-1】 如图 7-5(a)所示，直杆在各力作用下处于平衡状态。求指定截面 1—1、截面 2—2 处杆件的内力。

【解】 (1)截面 1—1 处的杆件轴力 N_1。用假设截面沿截面 1—1 截开，取左部分为研究对象，设截面 1—1 处的杆件轴力为拉力，画出受力图，如图 7-5(b)所示。根据平衡条件列平衡方程：

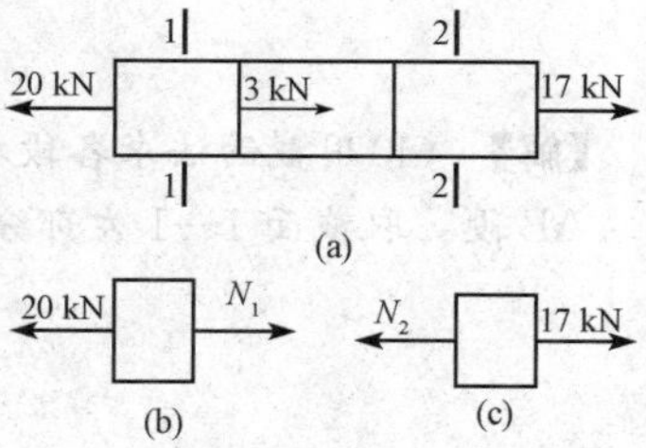

图 7-5

$$\sum F_x = 0 \qquad N_1 - 20 = 0$$

$$N_1 = 20\ \text{kN}(\text{拉力})$$

(2)截面 2—2 处的杆件轴力 N_2。用假设截面沿截面 2—2 切开，取右部分为研究对象，设截面 2—2 处的杆件轴力为拉力，画其受力图，如图 7-5(c)所示。根据平衡条件列平衡方程：

$$\sum F_x = 0 \qquad 17 - N_2 = 0$$

$$N_2 = 17\ \text{kN}(\text{拉力})$$

计算结果为正值，说明假设方向与实际方向相同。

三、轴力图

当杆件受到多于两个轴向外力的作用时，在杆件的不同横截面上轴力不尽相同。将描述沿杆长各个横截面上轴力变化规律的图形，称为轴力图。以平行于杆轴线的横坐标轴 x 表示各横截面位置，以垂直于杆轴线的纵坐标 N 表示各横截面上轴力的大小，将各截面上的轴力按一定比例画在坐标系中并连线，就得到轴力图。

轴力图可以形象地表示轴力沿杆长的变化情况，明显地找到最大轴力所在的位置和数值。画轴力图时，将**正的轴力画在轴线上方，负的轴力画在轴线下方。**

【例 7-2】 一直杆受轴向外力作用如图 7-6(a)所示，试用截面法求各段杆的轴力，并画出轴力图。

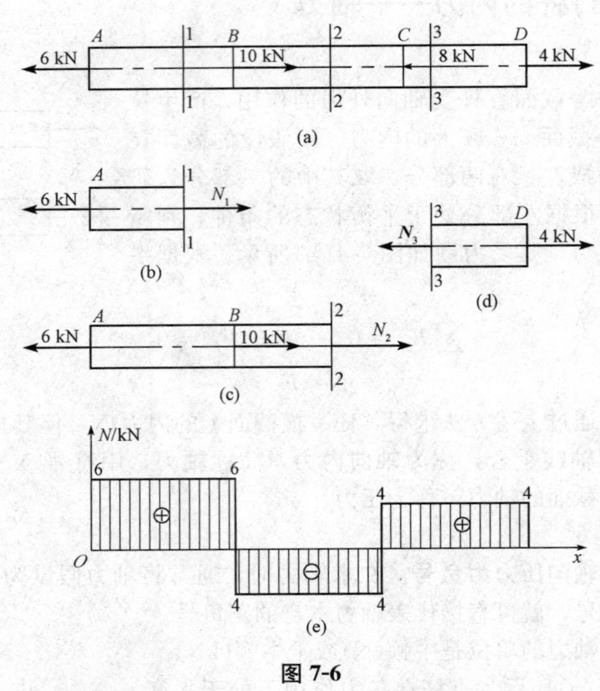

图 7-6

【解】 (1)用截面法求各段杆横截面上的轴力。

AB段：取截面 1—1 左部分杆件为研究对象，其受力如图 7-6(b)所示，由平衡条件

$$\sum F_x = 0 \quad N_1 - 6 = 0$$

得

$$N_1 = 6\ \text{kN(拉)}$$

BC 段：取截面 2—2 左部分杆件为研究对象，其受力如图 7-6(c)所示，由平衡条件

$$\sum F_x = 0 \quad N_2 + 10 - 6 = 0$$

得

$$N_2 = -4\ \text{kN(压)}$$

CD 段：取截面 3—3 右部分杆为研究对象，其受力如图 7-6(d)所示，由平衡条件

$$\sum F_x = 0 \quad 4 - N_3 = 0$$

得

$$N_3 = 4\ \text{kN(拉)}$$

(2)画轴力图。根据上面求出的各段杆轴力的大小及其正负号画出轴力图，如图 7-6(e)所示。

画轴力图时应注意以下几点：

(1)轴力图要与计算简图对齐。

(2)图中的竖标(纵坐标)表示相应位置截面轴力的大小，一定要与表示轴力的坐标轴平行，

或与表示横截面位置的坐标轴垂直。

(3)标明正负号和数值。在画轴力图时，也可用一条基线表示横截面位置。将正的轴力画在基线一面，负的轴力画在基线的另一面。

第二节　轴向拉(压)杆截面上的应力

要解决轴向拉(压)杆的强度问题，不但要知道杆件的内力，还必须知道内力在截面上的分布规律。应力在截面上的分布不能直接观察到，但内力与变形有关，因此要找出内力在截面上的分布规律，通常采用的方法是先做试验。根据试验观察到的杆件在外力作用下的变形现象，做出一些假设，然后才能推导出应力计算公式。下面就用这种方法推导轴向拉(压)杆的应力计算公式。

一、轴向拉(压)杆横截面上的应力

图 7-7(a)所示的等直杆，在杆件的外表面画上一系列与轴线平行的纵向线和与轴线垂直的横向线。施加轴向拉力 **P** 后，杆发生变形，所有的纵向线均产生同样的伸长，所有的横向线均仍保持为直线，且仍与轴线正交[图 7-7(b)]。

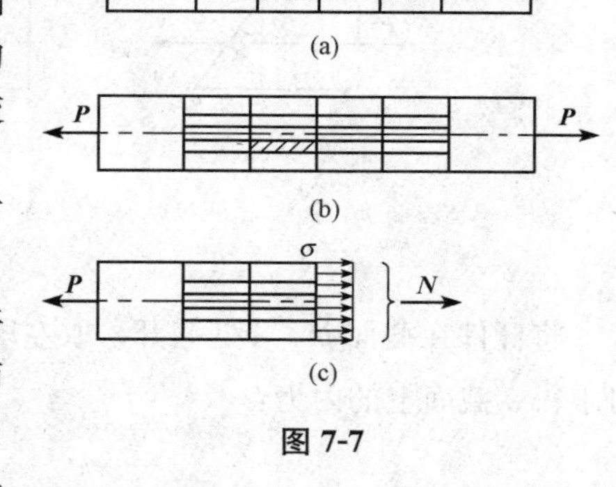

图 7-7

根据上述试验现象，对杆件的内部变形可做出如下假设：

(1)平面假设。若将各条横线看作一个横截面，则杆件横截面在变形以后仍为平面且与杆轴线垂直，任意两个横截面只是做相对平移。

(2)若将各纵向线看作杆件由许多纤维组成，根据平面假设，任意两横截面之间的所有纤维的伸长都相同，即杆件横截面上各点处的变形都相同，因此推断它们受的力也相等。

由此可得，横截面上各点处的正应力 σ 大小相等[图 7-7(c)]。若杆的轴力为 N，横截面面积为 A，则正应力为

$$\sigma=\frac{N}{A} \tag{7-1}$$

应力的单位为帕斯卡(简称帕)，1 帕＝1 牛顿/平方米，或表示为 1 Pa＝1 N/m²。由于此单位较小，常用兆帕(MPa)或吉帕(GPa)表示(1 MPa＝10^6 Pa，1 GPa＝10^9 Pa)。

当杆件受轴向压缩时，式(7-1)同样适用。由于前面已规定了轴力的正负号，由式(7-1)可知，正应力也随轴力 N 而有正负之分，即拉应力为正，压应力为负。

【例 7-3】 一直杆的受力情况如图 7-8 所示。直杆的横截面面积 $A=10\ \text{cm}^2$，试计算各段横截面上的正应力。

100 kN　150 kN　50 kN　A　B　C

图 7-8

【解】 (1)用截面法求出各段轴力：

$$N_{AB}=100\ \text{kN}$$
$$N_{BC}=-50\ \text{kN}$$

(2)由式(7-1)计算各段的正应力值为

$$\sigma_{AB}=\frac{N_{AB}}{A}=\frac{100\times10^3}{10\times10^{-4}}=100(\text{MPa})$$

$$\sigma_{BC}=\frac{N_{BC}}{A}=\frac{-50\times10^3}{10\times10^{-4}}=-50(\text{MPa})$$

二、轴向拉(压)杆斜截面上的应力

设有一等直杆，在两端分别受到一个大小相等的轴向外力 $\boldsymbol{P}$ 的作用[图 7-9(a)]，现分析任意斜截面 $m—n$ 上的应力，截面 $m—n$ 的方位用它的外法线 On 与 x 轴的夹角 α 表示，并规定 α 从 x 轴算起，逆时针转向为正。

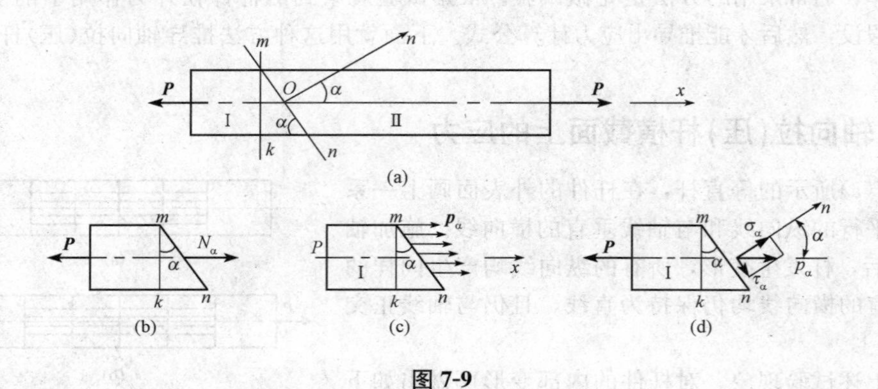

图 7-9

将杆件在截面 $m—n$ 处截开，取左段为研究对象[图 7-9(b)]，由静力平衡方程 $\sum F_x=0$，可求得 α 截面上的内力：

$$N_\alpha=P=N \tag{7-2}$$

式中，N 为横截面 $m—k$ 上的轴力。

若以 p_α 表示 α 截面上任意一点的总应力，按照上面所述横截面上正应力变化规律的分析过程，同样可得到斜截面上各点处的总应力相等的结论[图 7-9(c)]，于是可得：

$$p_\alpha=\frac{N_\alpha}{A_\alpha}=\frac{N}{A_\alpha} \tag{7-3}$$

式中，A_α 为斜截面面积，从几何关系可知 $A_\alpha=\dfrac{A}{\cos\alpha}$，将它代入式(7-3)可得：

$$p_\alpha=\frac{N}{A}\cos\alpha \tag{7-4}$$

式中，$\dfrac{N}{A}$为横截面上的正应力 σ，故得：

$$p_\alpha=\sigma\cos\alpha \tag{7-5}$$

p_α 是斜截面任一点处的总应力，为研究方便，通常将 p_α 分解为垂直于斜截面的正应力 σ_α 和相切于斜截面的剪应力 τ_α[图 7-9(d)]，则：

$$\sigma_\alpha=p_\alpha\cdot\cos\alpha=\sigma\cos^2\alpha \tag{7-6}$$

$$\tau_\alpha = p_\alpha \sin\alpha = \sigma\cos\alpha\sin\alpha = \frac{1}{2}\sigma\sin2\alpha \tag{7-7}$$

式(7-6)、式(7-7)表示出轴向受拉杆斜截面上任意一点的 σ_α 和 τ_α 的数值随斜截面位置 α 角变化而变化的规律。同样它们也适用于轴向受压杆。

σ_α 和 τ_α 的正负号规定如下：**正应力 $\boldsymbol{\sigma_\alpha}$ 以拉应力为正，压应力为负；剪应力 $\boldsymbol{\tau_\alpha}$ 以它使研究对象绕其中任意一点顺时针转动趋势时为正；反之为负。**

由式(7-6)、式(7-7)可知，轴向拉压杆在斜截面上有正应力和剪应力，它们的大小随截面的方位 α 角的变化而变化。

当 $\alpha=0°$时，正应力达到最大值：

$$\sigma_{max} = \sigma$$

由此可见，**拉压杆的最大正应力发生在横截面上。**

当 $\alpha=45°$时，剪应力达到最大值：

$$\tau_{max} = \frac{\sigma}{2}$$

即拉压杆的最大剪应力发生在与杆轴成 45°的斜截面上。

当 $\alpha=90°$时，$\sigma_\alpha=\tau_\alpha=0$，这表明在平行于杆轴线的纵向截面上无任何应力。

第三节　拉(压)杆的变形

一、纵向变形与横向变形

杆件在轴向拉伸或压缩时，产生的主要变形是沿轴线方向伸长或缩短，同时杆的横向尺寸缩小或增大。下面结合轴向受拉杆件的变形情况，介绍一些有关的基本概念。

1. 纵向变形

杆件在轴向拉(压)变形时长度的改变量称为纵向变形，用 Δl 表示。如图 7-10 所示，若杆件原来长度为 l，变形后长度为 l_1，则纵向变形为

$$\Delta l = l_1 - l \tag{7-8}$$

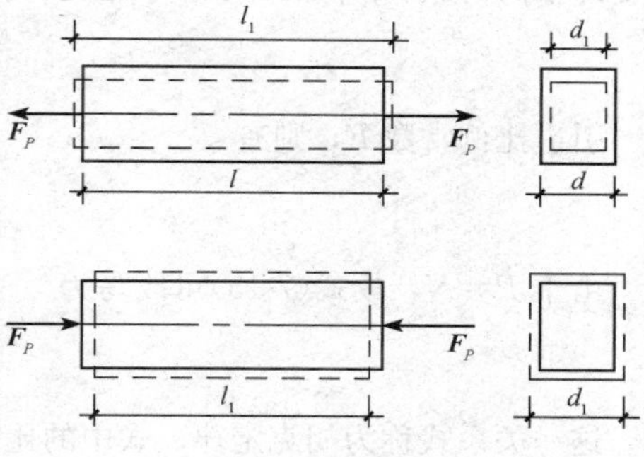

拉伸时纵向变形 Δl 为正值；压缩时纵向变形 Δl 为负值。纵向变形单位是米(m)或毫米(mm)。纵向变形只反映杆件的总变形量，不能确切表明杆件的局部变形程度。用单位长度内的纵向变形来反映杆件各处的变形程度，称为**纵向线应变或线应变**，用 ε 表示。即

图 7-10

$$\varepsilon = \frac{\Delta l}{l} \tag{7-9}$$

纵向线应变的正负号与 Δl 相同。拉伸时为正值，压缩时为负值。纵向线应变的量纲为 1。

2. 横向变形

杆件在轴向拉(压)变形时，横向尺寸的改变量称为横向变形。若杆件原横向尺寸为 d，变

形后的横向尺寸为 d_1，则：

$$\Delta d = d_1 - d \tag{7-10}$$

横向线应变为

$$\varepsilon' = \frac{\Delta d}{d} \tag{7-11}$$

横向变形、横向线应变的正负号与纵向变形、纵向线应变的正负号相反，拉伸时为负值，压缩时为正值。

上述概念同样适用于压杆。

二、绝对变形胡克定律

试验表明，当拉杆沿其轴向伸长时，其横向将缩短[图 7-11(a)]；压杆则相反，轴向缩短时，横向增大[图 7-11(b)]。

设 l、d 为直杆变形前的长度与直径，l_1、d_1 为直杆变形后的长度与直径，则轴向和轴向变形分别为

$$\Delta l = l_1 - l \tag{7-12}$$

$$\Delta d = d_1 - d \tag{7-13}$$

Δl、Δd 称为绝对变形。由式(7-12)、式(7-13)可知 Δl 与 Δd 符号相反。

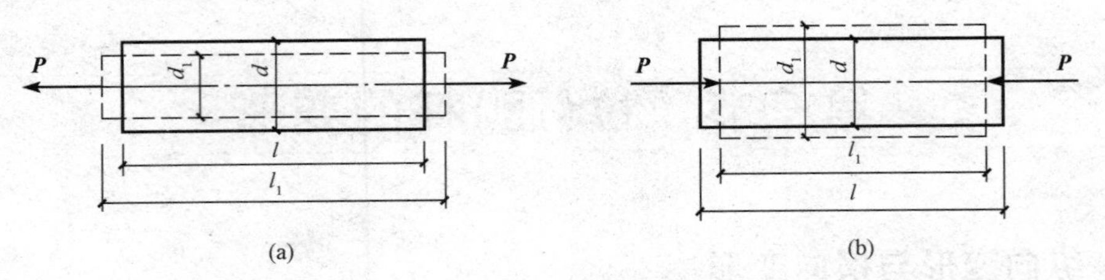

图 7-11

试验结果表明，如果所施加的荷载使杆件的变形处于弹性范围内，杆的轴向变形 Δl 与杆所承受的轴向荷载 p、杆的原长 l 成正比，而与其横截面面积 A 成反比，写成关系式为

$$\Delta l \propto \frac{pl}{A} \tag{7-14}$$

引进比例常数 E，则有

$$\Delta l = \frac{pl}{EA} \tag{7-15}$$

由于 $P=N$，故式(7-15)可改写为

$$\Delta l = \frac{Nl}{EA} \tag{7-16}$$

这一关系式称为胡克定律。式中的比例常数 E 称为杆材料的弹性模量，其量纲为$ML^{-1}T^{-2}$，其单位为 Pa，E 的数值随材料而异，是通过试验测定的，其值表征材料抵抗弹性变形的能力。EA 称为杆的拉伸(压缩)刚度，对于长度相等且受力相同的杆件，其拉伸(压缩)刚度越大则杆件的变形越小。Δl 的正负与轴力 N 一致。

当拉(压)杆有两个以上的外力作用时，需先画出轴力图，然后按式(7-12)分段计算各段的变形，各段变形的代数和即杆的总变形力：

$$\Delta l=\sum \frac{N_i l_i}{(EA)_i} \tag{7-17}$$

三、相对变形、泊松比

绝对变形的大小只反映杆的总变形量，而无法说明杆的变形程度。因此，为了度量杆的变形程度，还需计算单位长度内的变形量。对于轴力为常量的等截面直杆，其变形处处相等。可将 Δl 除以 l，Δd 除以 d 表示单位长度的变形量，即

$$\varepsilon=\frac{\Delta l}{l} \tag{7-18}$$

$$\varepsilon'=\frac{\Delta d}{d} \tag{7-19}$$

ε 称为纵向线应变，ε' 称为横向线应变。应变是单位长度的变形，是无因次的量。由于 Δl 与 Δd 具有相反符号，因此 ε 与 ε' 也具有相反的符号。将式(7-16)代入式(7-18)，得胡克定律的另一表达形式为

$$\varepsilon=\frac{\sigma}{E} \tag{7-20}$$

显然，式(7-20)中的纵向线应变 ε 和横截面上正应力的正负号也是相对应的。式(7-20)是经过改写后的胡克定律，它不仅适用于拉(压)杆，而且还可以更普遍地用于所有的单轴应力状态，故通常又称为单轴应力状态下的胡克定律。

试验表明，当拉(压)杆内应力不超过某一限度时，横向线应变 ε' 与纵向线应变 ε 之比的绝对值为一常数，即

$$\mu=\left|\frac{\varepsilon'}{\varepsilon}\right| \tag{7-21}$$

μ 称为横向变形因数或泊松比，是无因次的量，其数值随材料而异，也是通过试验测定的。

弹性模量 E 和泊松比 μ 都是材料的弹性常数。几种常用材料的 E 和 μ 值可参阅表 7-1。

表 7-1　常用材料的 E 和 μ 的数值

材料名称	E/GPa	μ
低碳钢	196～216	0.25～0.33
中碳钢	205	
合金钢	186～216	0.24～0.33
灰口铸铁	78.5～157	0.23～0.27
球墨铸铁	150～180	
铜及其合金	72.6～128	0.31～0.742
铝合金	70	0.33
混凝土	15.2～36	0.16～0.18
木材(顺纹)	9～12	

必须指出，当沿杆长度为非均匀变形时，式(7-18)并不反映沿长度各点处的纵向线应变。对于各处变形不均匀的情形(图 7-12)，则必须考核杆件上沿轴向的微段 $\mathrm{d}x$ 的变形，并以 $\mathrm{d}x$ 的相对变形来度量杆件局部的变形程度。这时有

$$\varepsilon_x=\frac{\Delta \mathrm{d}x}{\mathrm{d}x}=\frac{\frac{N\mathrm{d}x}{EA(x)}}{\mathrm{d}x}=\frac{\sigma_x}{E} \tag{7-22}$$

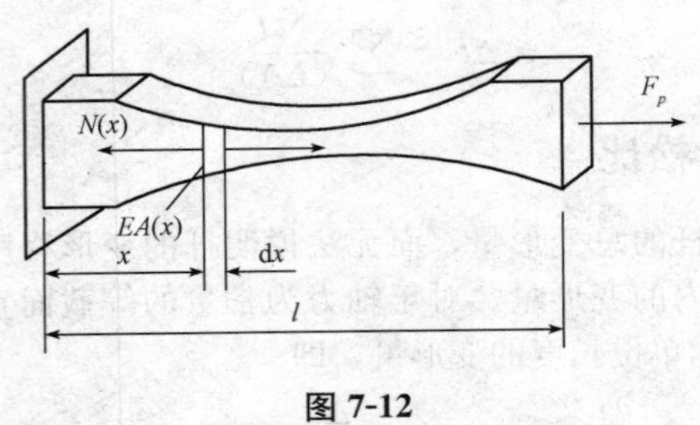

图 7-12

可见，无论变形均匀还是不均匀，正应力与正应变之间的关系都是相同的。

【例 7-4】 已知阶梯形直杆受力如图 7-13(a)所示，材料的弹性模量 $E=200$ GPa，杆各段的横截面面积分别为 $A_{AB}=A_{BC}=1\ 500\ \text{mm}^2$，$A_{CD}=1\ 000\ \text{mm}^2$。要求：

(1)作轴力图；

(2)计算杆的总伸长量。

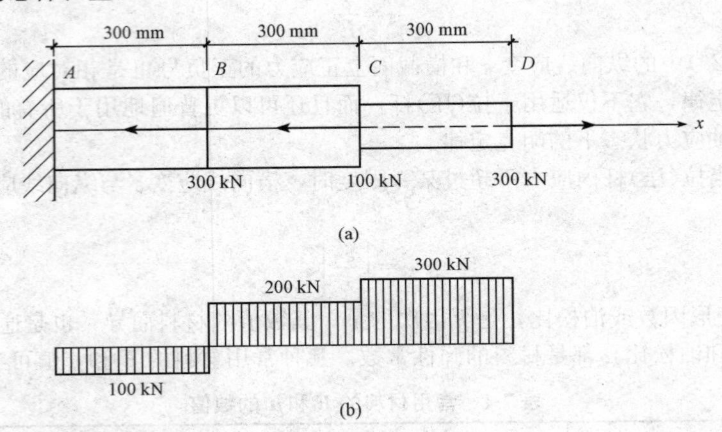

图 7-13

【解】 (1)画轴力图。因为在 A、B、C、D 处都有集中力作用，所以 AB、BC 和 CD 三段杆的轴力各不相同。应用截面法得

$$N_{AB}=300-100-300=-100(\text{kN})$$

$$N_{BC}=300-100=200(\text{kN})$$

$$N_{CD}=300\ (\text{kN})$$

轴力图如图 7-13(b)所示。

(2)求杆的总伸长量。因为杆各段轴力不等，且横截面面积也不完全相同，因而必须分段计算各段的变形，然后求和。各段杆的轴向变形分别为

$$\Delta l_{AB}=\frac{N_{AB}l_{AB}}{EA_{AB}}=\frac{-100\times10^3\times300}{200\times10^3\times1\ 500}=-0.1(\text{mm})$$

$$\Delta l_{BC}=\frac{N_{BC}l_{BC}}{EA_{BC}}=\frac{200\times10^3\times300}{200\times10^3\times1\ 500}=0.2(\text{mm})$$

$$\Delta l_{CD}=\frac{N_{CD}l_{CD}}{EA_{CD}}=\frac{300\times10^3\times300}{200\times10^3\times1\ 000}=0.45(\text{mm})$$

杆的总伸长量为

$$\Delta l = \sum_{i=1}^{3} \Delta l_i = -0.1 + 0.2 + 0.45 = 0.55(\text{mm})$$

第四节　材料在拉伸和压缩时的力学性能

在解决构件的强度、刚度及稳定性问题时，必须研究材料的力学性能。所谓**力学性能**，是**指材料在受力和变形过程中所表现出的性能特征**。它们都是通过材料试验来测定的。试验证明，材料的力学性能不仅与材料自身的性质有关，还与荷载的类别(静荷载、动荷载)、温度条件(高温、常温、低温)等因素有关。

工程中使用的材料种类很多，习惯上根据试件在拉伸时塑性变形的大小区分为**塑性材料**和**脆性材料**两类。如低碳钢、低合金钢、铜等为塑性材料；砖、混凝土、铸铁等为脆性材料。这两类材料的力学性能有明显的差别。

由于低碳钢在塑性材料中具有代表性，而铸铁在脆性材料中具有代表性，下面将主要介绍这两种材料的拉、压试验。

一、材料在拉伸时的力学性能

(一)低碳钢(塑性材料)的拉伸试验

1. 试件要求

试件的尺寸和形状对试验结果有很大的影响，为了便于比较不同材料的试验结果，

在做试验时，应将材料做成国家金属试验标准中统一规定的标准试件，如图 7-14 所示。试件的中间部分较细，两端加粗，便于将试件安装在试验机的夹具中。在中间等直部分上标出一段作为工作段，用来测量变形，其长度称为标距 l。为了便于比较不同粗细试件工作段的变形程度，通常对圆截面标准试件的标距 l 与横截面直径的比例加以规定：$l=10d$ 或 $l=5d$；矩形截面试件标距和截面面积 A 之间的关系规定为 $l=11.3\sqrt{A}$ 和 $l=5.65\sqrt{A}$，前者为长试件，后者为短试件。

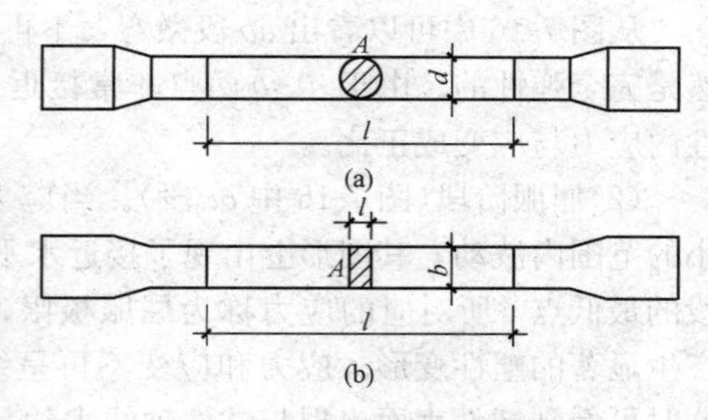

图 7-14

2. 应力-应变图

将低碳钢的标准试件夹在拉力试验机上，开动试验机后，试件受到由零缓慢增加的拉力 F_P，同时发生变形。在试验机上可以读出试件所受拉力 F_P 的大小，以及相应的纵向伸长 Δl，并间隔性地记录下 F_P 和 Δl 值，直至试件拉断为止。以拉力 F_P 为纵坐标，Δl 为横坐标，将 F_P 和 Δl 的关系按一定比例绘制成的曲线，称为**拉伸图**，如图 7-15 所示。

由于荷载 F_P 与 Δl 的对应关系与试件尺寸有关，为了消除这一影响，反映材料本身的力学性质，将纵坐标 F_P 改为正应力 $\sigma=\dfrac{N}{A}$，横坐标 Δl 改为线应变 $\varepsilon=\dfrac{\Delta l}{l}$。于是，拉伸图就变成如图 7-16 所示的应力-应变图。

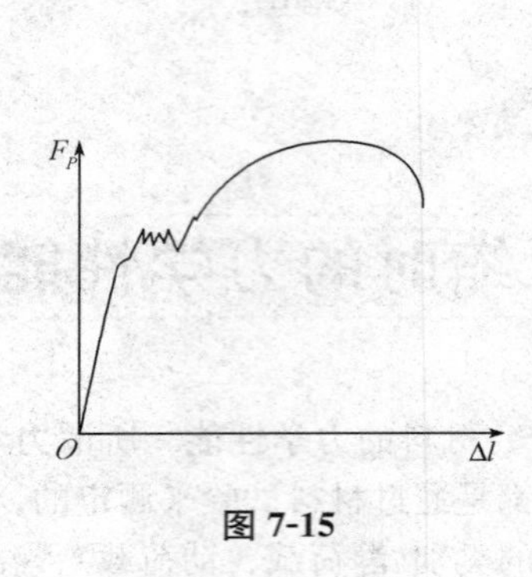

图 7-15

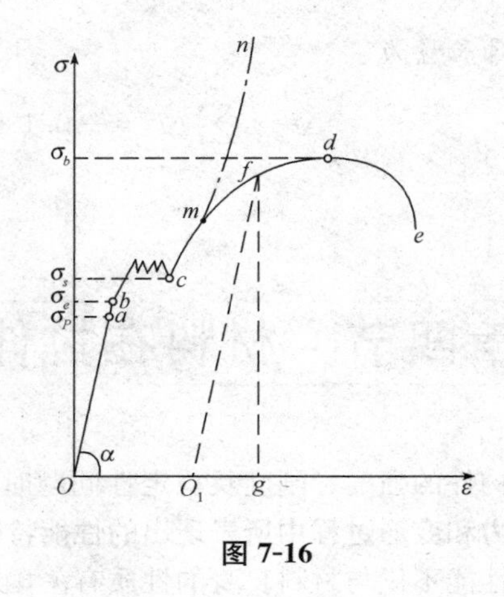

图 7-16

3. 拉伸过程的四个阶段

低碳钢的拉伸过程可分为四个阶段，现根据应力-应变图来说明各阶段中出现的力学性能。

(1)弹性阶段(图 7-16 中 Ob 段)。在此阶段内如果把荷载逐渐卸除至零，则试件的变形完全消失，可见这一阶段，变形是完全弹性的，因此称为弹性阶段。这一阶段的最高点 b 对应的应力称为**弹性极限**，用 σ_e 表示。

图中的 Oa 为直线，表明 σ 和 ε 成正比，a 点对应的应力值称为**比例极限**，用 σ_p 表示。常用的 Q235 钢，其比例极限 $\sigma_p=200$ MPa。

当应力不超过比例极限 σ_p 时，σ 和 ε 成正比，**直线 Oa 的斜率即材料的弹性模量 E。**即

$$\tan\alpha=\frac{\sigma}{\varepsilon}=E \tag{7-23}$$

从图 7-16 中可以看出 ab 段微弯，不再是直线，说明 ab 段内，σ 和 ε 不再成正比，但变形仍然是完全弹性的。由于 a、b 两点非常接近，在实际应用中对 σ_p 和 σ_e 未加严格区别，认为在弹性内应力与应变成正比。

(2)屈服阶段(图 7-16 中 bc 段)。当应力超过 b 点对应值以后，应变迅速增加，而应力在很小的范围内波动，其图形上出现了接近水平的锯齿形阶段 bc，这一阶段称为屈服阶段。屈服阶段的最低点 c 所对应的应力称为**屈服极限**，用 σ_s 表示。在此阶段材料失去了抵抗变形的能力，产生显著的塑性变形。应力和应变不再呈线性关系，胡克定律不再适用。如果试件表面光滑，这时可看到试件表面出现与试件轴线大约呈 45°的斜线，称为**滑移线**，如图 7-17 所示。这是由于在 45°斜面上存在最大剪应力，造成材料内部晶粒之间相互滑移所致。

(3)强化阶段(图 7-16 中 cd 段)。经过屈服阶段后，材料又恢复了抵抗变形的能力，此时，增加荷载才会继续变形，这个阶段称为强化阶段。强化阶段最高点 d 对应的应力称为强度极限，用 σ_b 表示。它是材料所能承受的最大应力。

(4)颈缩阶段(图 7-16 中 de 段)。当应力达到强度极限后，试件在某一薄弱处横截面尺寸急剧减小，出现“颈缩”现象，如图 7-18 所示。此时，试件继续变形所需的拉力相应减小，达到 e 点，试件被拉断。

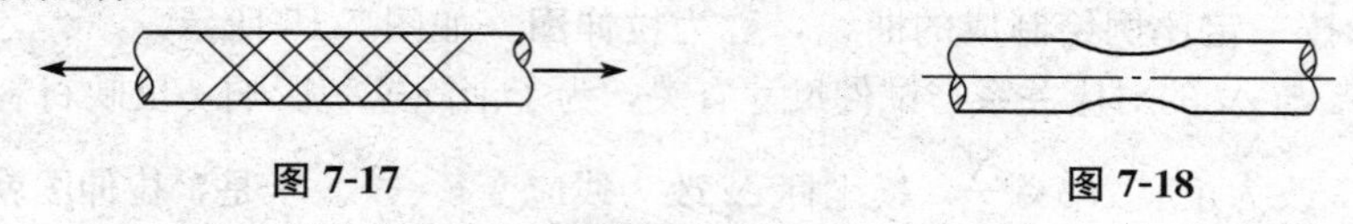

图 7-17　　图 7-18

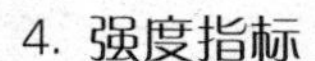

4. 强度指标

对于低碳钢来说，**屈服极限 σ_s 和强度极限 σ_b 是衡量材料强度的两个重要指标。**

(1)当材料的应力达到屈服极限 σ_s 时，杆件虽未断裂，但产生了显著的变形，影响到构件的正常使用，所以，屈服极限 σ_s 是衡量材料强度的一个重要指标。

(2)材料的应力达到强度指标 σ_b 时，出现“颈缩”现象并很快断裂，所以，强度极限 σ_b 也是衡量材料强度的一个重要指标。

5. 塑性指标

试件断裂后，弹性变形消失了，塑性变形保留了下来。试件断裂后所遗留下来的塑性变形的大小，常用来衡量材料的塑性性能。塑性性能指标有**延伸率**和**截面收缩率**。

(1)延伸率 δ。如图 7-19 所示，试件的工作段在拉断后的长度 l_1 与原长 l 之差(即在试件拉断后其工作段总的塑性变形)与 l 的比值，称为材料的延伸率。即

$$\delta=\frac{l_1-l}{l}\times 100\% \tag{7-24}$$

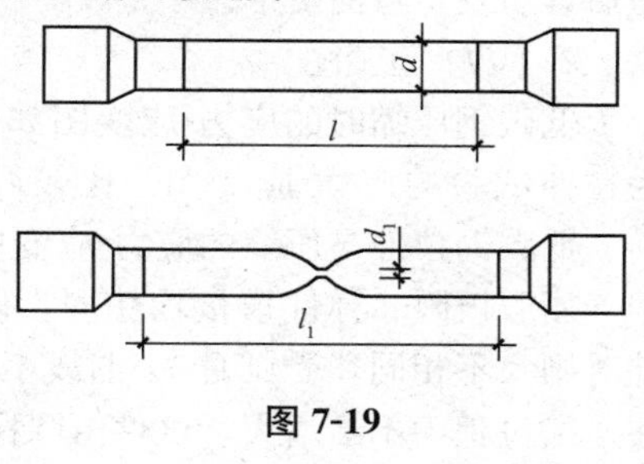

图 7-19

延伸率是衡量材料塑性的一个重要指标，一般可按延伸率的大小将材料分为两类，$\delta\geqslant 5\%$ 的材料称为塑性材料；$\delta<5\%$ 的材料称为脆性材料。低碳钢的延伸率为 20%～30%。

(2)截面收缩率 ψ。试件断裂处的最小横截面面积用 A_1 表示，原截面面积为 A，则比值

$$\psi=\frac{A-A_1}{A}\times 100\% \tag{7-25}$$

低碳钢的截面收缩率约为 60%。

6. 冷作硬化

在拉伸试验中，当应力达到强化阶段任一点 f 时，逐渐卸载至零，则可以看到，应力和应变仍保持直线关系，且卸载直线 fO_1 基本上与弹性阶段的 Oa 平行，如图 7-16 所示，f 点对应的总应变为 Og，回到 O_1 点后，弹性应变 O_1g 消失，余留部分 OO_1 为塑性应变。

如果卸载后重新加载，则应力与应变曲线将大致沿着卸载时的同一直线 O_1f 上升到 f 点，f 点以后的曲线与原来的 σ-ε 曲线相同。由此可见卸载后再加载，材料的比例极限与屈服极限都得到了提高，而塑性降低，这种现象称为**冷作硬化**。

在工程上，常利用钢筋的冷作硬化这一特性来提高钢筋的屈服极限。通过在常温下将钢筋预先拉长一定数值的方法来提高钢筋的屈服极限，这种方法称为冷拉。实践证明，按照规定来冷拉钢筋，一般可以节约钢材 10%～20%。钢筋经过冷拉后，虽然强度有所提高，但降低了塑性，从而增加了脆性。这对于承受冲击和振动荷载是非常不利的。所以，在实际工程中，凡是承受冲击和振动荷载作用的结构部位及结构的重要部位，不应使用冷拉钢筋。另外，钢筋在冷拉后并不能提高抗压强度。

(二)铸铁(脆性材料)的拉伸试验

铸铁的标准拉伸试件按低碳钢拉伸试验同样的方法进行测验，可得到铸铁拉伸的应力-应变曲线，如图 7-20 所示。图中没有明显的直线部分，没有屈服阶段和“颈缩”现象。拉断时应变很小，为 0.4%～0.5%，断裂时的应力就是强度极限，是衡量脆性材料强度的唯一指标。在工程计算中通常以产生 0.1%的总应变所对应的

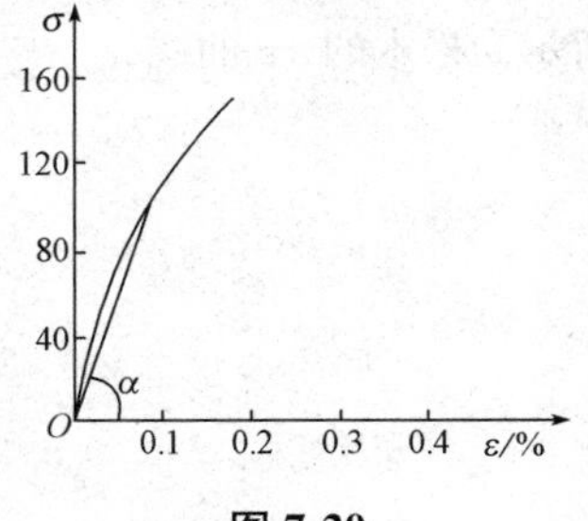

图 7-20

曲线的割线斜率来表示材料的弹性模量，即 $E=\tan\alpha$。

衡量脆性材料强度的唯一指标是强度极限 σ_b。

二、材料在压缩时的力学性能

(一)低碳钢(塑性材料)的压缩试验

1. 试件要求

金属材料(如低碳钢、铸铁等)压缩试验的试件为圆柱形，高为直径的 1.5～3 倍，如图 7-21(a)所示，高度不能太大，否则受压后容易发生弯曲变形。

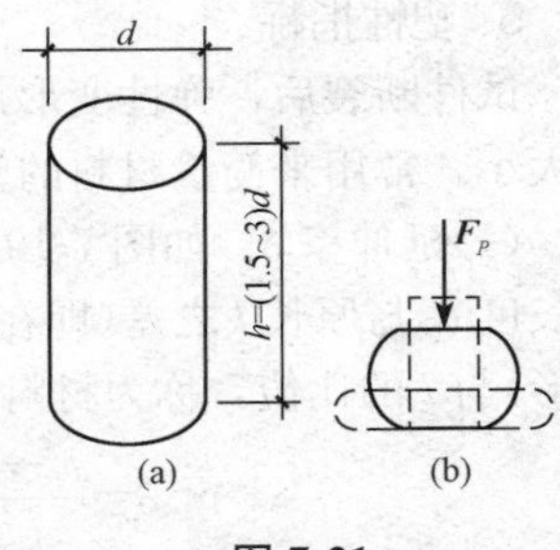

图 7-21

2. 应力-应变图

低碳钢压缩时的应力-应变图如图 7-16 中的点画线 mn，实线为拉伸试验的应力-应变图。比较两者可以看出，在屈服阶段以前，低碳钢拉伸与压缩的应力-应变曲线基本重合，两者的比例极限、屈服极限、弹性模量均相同。但在屈服极限以后，图形与拉伸时则大不相同，受压时 $\sigma\varepsilon$ 曲线不断上升，原因是试件的横截面在压缩过程中不断增大，试件由圆柱形变成鼓形，又渐变成饼形，越压越扁[图 7-21(b)]，但并不破坏，无法测出强度极限。因此，低碳钢压缩时的一些力学性能指标可通过拉伸试验测定，一般不须做压缩试验。

一般塑性材料都存在上述情况，但有些塑性材料压缩与拉伸时的屈服点的应力不同，如铬钢、硅合金钢。因此，对这些材料还要测定其压缩时的屈服应力。

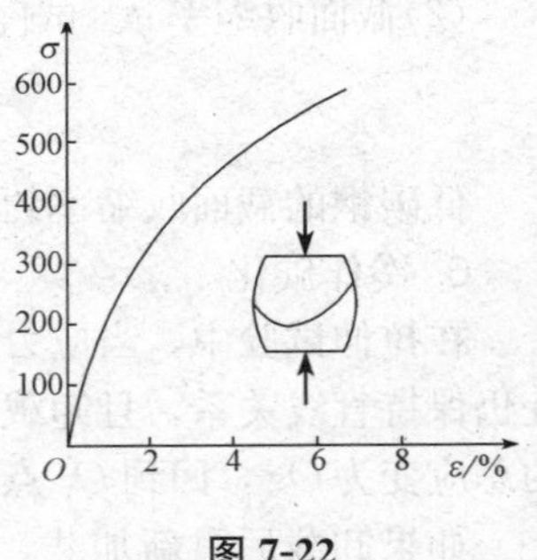

图 7-22

(二)铸铁(脆性材料)的压缩试验

图 7-22 所示为铸铁压缩时的应力-应变曲线。整个曲线与拉伸时相似，没有明显的屈服阶段。但压缩时塑性变形比较明显。铸铁压缩时的强度极限为拉伸时的 4～5 倍。破坏时不同于拉伸时沿横截面，而是沿与轴线大致为 45°～55°的斜截面破坏，如图 7-22 所示。这说明铸铁的压缩破坏是由于抗剪强度低而造成的。由于脆性材料的抗压能力比抗拉能力强，通常用作受压构件，如基础、墩台、柱、墙体等。

(三)其他脆性材料的压缩试验

其他脆性材料如混凝土、石料及非金属材料的抗压强度也远高于抗拉强度，试验时采用立方块试件，如图 7-23 所示。

木材是各向异性材料，其力学性能具有方向性，顺纹方向的强度要比横纹方向高得多，而且其抗拉强度高于抗压强度。如图 7-24 所示为松木的 $\sigma\varepsilon$ 曲线。

塑性材料和脆性材料的主要区别

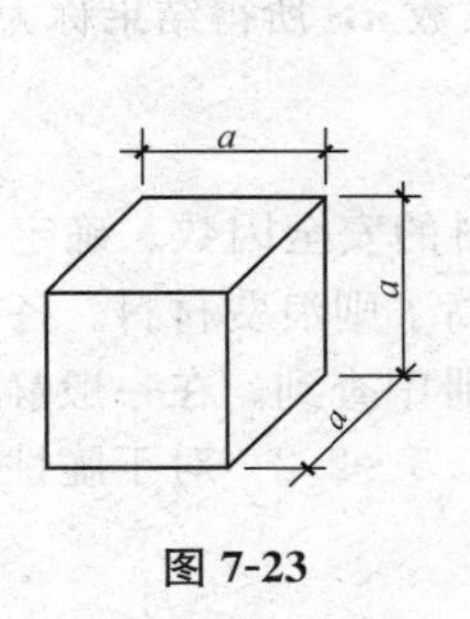

图 7-23

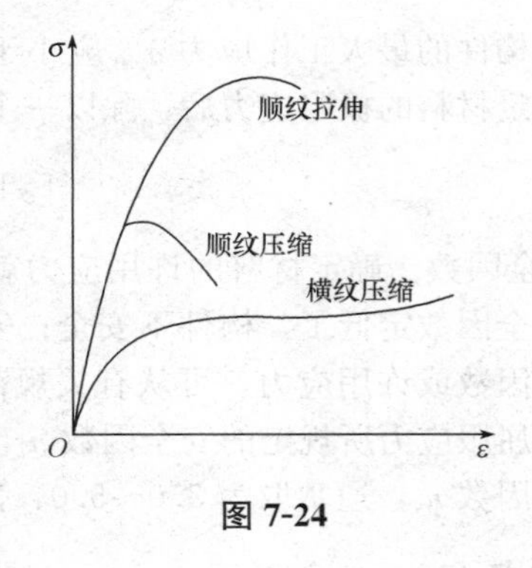

图 7-24

第五节　许用应力与强度条件

一、许用应力

前面已经介绍了构件在拉伸或压缩时最大工作应力的计算，以及材料在荷载作用下所表现的力学性能。但是，构件是否会因强度不够而发生破坏，只有将构件的最大工作应力与材料的强度指标联系起来，才有可能作出判断。

前述试验表明，当正应力达到强度极限 σ_b 时，会引起断裂；当正应力达到屈服极限 σ_s 时，将产生屈服或出现显著的塑性变形。构件工作时发生断裂是不容许的，构件工作时发生屈服或出现显著的塑性变形一般也是不容许的。所以，从强度方面考虑，断裂是构件破坏或失效的一种形式，同样，屈服也是构件失效的一种形式、一种广义的破坏。

根据上述情况，通常将强度极限与屈服极限统称为**极限应力**，并用 σ_u 表示。对于脆性材料，强度极限是唯一强度的指标，因此以强度极限作为极限应力；对于塑性材料，由于其屈服应力 σ_s 小于强度极限 σ_b，故通常以屈服应力作为极限应力。对于无明显屈服阶段的塑性材料，则用 $\sigma_{0.2}$ 作为 σ_u。

在理想情况下，为了充分利用材料的强度，应使材料的工作应力接近于材料的极限应力，但实际上这是不可能的，原因是有以下的一些不确定因素：

(1)用在构件上的外力常常估计不准确。

(2)计算简图往往不能精确地符合实际构件的工作情况。

(3)实际材料的组成与品质等难免存在差异，不能保证构件所用材料完全符合计算时所作的理想均匀假设。

(4)结构在使用过程中偶尔会遇到超载的情况，即受到的荷载超过设计时所规定的荷载。

(5)极限应力值是根据材料试验结果按统计方法得到的，材料产品的合格与否也只能凭抽样检查来确定，所以，实际使用材料的极限应力有可能低于给定值。

所有这些不确定的因素，都有可能使构件的实际工作条件比设想的更危险。除以上原因外，为了确保安全，构件还应具有适当的强度储备，特别是对于因破坏将带来严重后果的构件，更应给予较大的强度储备。

由此可见，构件的最大工作应力 σ_{max} 应小于材料的极限应力 σ_u，而且还要有一定的安全裕度。因此，在选定材料的极限应力后，除以一个大于 1 的系数 n，所得结果称为**许用应力**，即

$$[\sigma]=\frac{\sigma_u}{n} \tag{7-26}$$

式中，n 称为安全因数。确定材料的许用应力就是确定材料的安全因数。确定安全因数是一项严肃的工作，安全因数定低了，构件不安全；安全因数定高了则浪费材料。各种材料在不同工作条件下的安全因数或许用应力，可从有关规范或设计手册中查到。在一般静强度计算中，对于塑性材料，按屈服应力所规定的安全因数 n_s，通常取为 1.5～2.2；对于脆性材料，按强度极限所规定的安全因数 n_b，通常取为 3.0～5.0，甚至更大。

二、强度条件

根据以上分析，为了保证拉(压)杆在工作时不致因强度不够而破坏，杆内的最大工作应力 σ_{max} 不得超过材料的许用应力$[\sigma]$，即

$$\sigma_{max}=\left(\frac{N}{A}\right)_{max}\leqslant[\sigma] \tag{7-27}$$

式(7-27)即拉(压)杆的强度条件。对于等截面杆，式(7-27)即变为

$$\sigma_{max}=\frac{N_{max}}{A}\leqslant[\sigma] \tag{7-28}$$

利用上述强度条件，可以解决下列三种强度计算问题：

(1)强度校核。已知荷载、构件尺寸及材料的许用应力，根据强度条件校核是否满足强度要求。

(2)选择截面尺寸。已知荷载及材料的许用应力，确定构件所需的最小横截面面积。对于等截面拉(压)杆，其所需横截面面积为

$$A\geqslant\frac{N_{max}}{[\sigma]} \tag{7-29}$$

(3)确定承载能力。已知构件的横截面面积及材料的许用应力，根据强度条件可以确定杆能承受的最大轴力，即

$$N_{max}\leqslant A[\sigma] \tag{7-30}$$

从而即可求出承载力。

最后还需指出，如果最大工作应力 σ_{max} 超过了许用应力$[\sigma]$，但只要不超过许用应力的 5%，在工作计算中仍然是允许的。

在以上计算中，都要用到材料的许用应力。一般情况下，几种常用材料的许用应力值见表 7-2。

表 7-2　几种常用材料的许用应力的值　　MPa

材料名称	牌号	轴向拉伸	轴向压缩
低碳钢	Q235	140～170	140～170
低合金钢	16Mn	230	230
灰口铸铁		35～55	160～200
木材(顺纹)		5.5～10.0	8～16
混凝土	C20	0.44	7
混凝土	C30	0.6	10.3
注：适用于常温、静载和一般工作条件下的拉杆和压杆。			

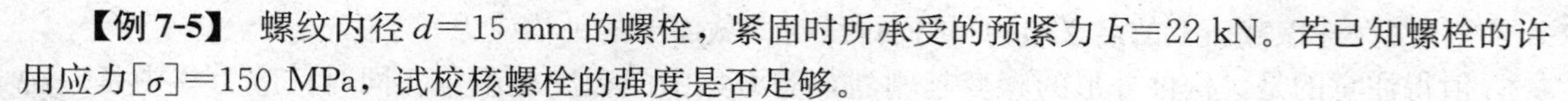

【例 7-5】 螺纹内径 $d=15$ mm 的螺栓，紧固时所承受的预紧力 $F=22$ kN。若已知螺栓的许用应力 $[\sigma]=150$ MPa，试校核螺栓的强度是否足够。

【解】 (1)确定螺栓所受轴力。应用截面法求得螺栓所受的轴力即预紧力为

$$N=F=22\ \text{kN}$$

(2)计算螺栓横截面上的正应力。根据拉伸与压缩构件横截面上正应力计算公式(7-1)，螺栓在预紧力作用下，横截面上的正应力为

$$\sigma=\frac{N}{A}=\frac{F}{\frac{\pi d^2}{4}}=\frac{4\times 22\times 10^3}{3.14\times 15^2}=124.6(\text{MPa})$$

(3)应用强度条件进行校核。已知许用应力为

$$[\sigma]=150\ \text{MPa}$$

螺栓横截面上的实际应力为

$$\sigma=124.6\ \text{MPa}<[\sigma]=150\ \text{MPa}$$

所以，螺栓的强度是足够的。

第六节　应力集中及其对构件强度的影响

一、应力集中

通过轴向拉(压)杆截面上应力的学习，可知，对于等截面直杆在轴向拉伸或压缩时，除两端受力的局部地区外，截面上的应力是均匀分布的。但在实际工程中，由于构造与使用等方面的需要，许多构件常常带有沟槽(如螺纹)、孔和圆角(构件由粗到细的过渡圆角)等，情况就不一样了。在外力作用下，构件在形状或截面尺寸有突然变化处，将出现局部的应力骤增现象。例如，如图 7-25(a)所示的含圆孔的受拉薄板，圆孔处截面 $A-A$ 上的应力分布如图 7-25(b)所示，在孔的附近处应力骤然增加，而离孔稍远处应力就迅速下降并趋于均匀。**这种由构件截面骤然变化而引起的局部应力骤增现象，称为应力集中。**

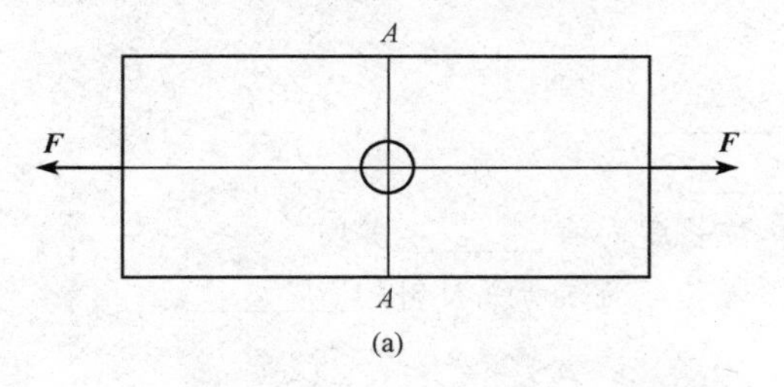

(a)

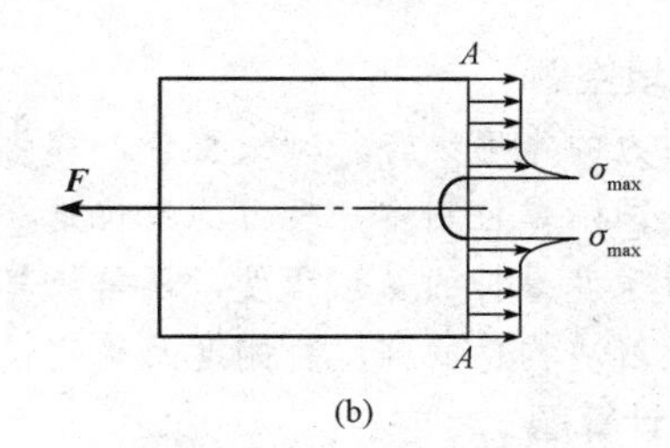

(b)

图 7-25

应力集中的程度用所谓理论应力集中因数 K 表示，其定义为

$$K=\frac{\sigma_{max}}{\sigma_{nom}} \tag{7-31}$$

式中　σ_{max}——最大局部应力；

σ_{nom}——该截面上的名义应力(轴向拉压时即截面上的平均应力)。

值得注意的是，构件外形的骤变越剧烈，应力集中的程度越严重。同时，应力集中是一种局部的应力骤增现象，如图 7-25(b)中具有小孔的均匀受拉平板，在孔边处的最大应力约为平均应力的 3 倍，而距孔稍远处，应力即趋于均匀。而且，应力集中处不仅最大应力急剧增加，其应力状态也与无应力集中时不同。

二、应力集中对构件强度的影响

对于由脆性材料制成的构件，当由应力集中所形成的最大局部应力到达强度极限时，构件即发生破坏。因此，在设计脆性材料构件时，应考虑应力集中的影响。

对于由塑性材料制成的构件，应力集中对其在静荷载作用下的强度则几乎无影响。因为当最大应力 σ_{max} 达到屈服应力 σ_s 后，如果继续增大荷载，则所增加的荷载将由同一截面的未屈服部分承担，以致屈服区域不断扩大，如图 7-26 所示，应力分布逐渐趋于均匀化。所以，在研究塑性材料构件的静强度问题时，通常可以不考虑应力集中的影响。但在动荷载作用下，则无论是塑性材料，还是脆性材料制成的构件，都应考虑应力集中的影响。

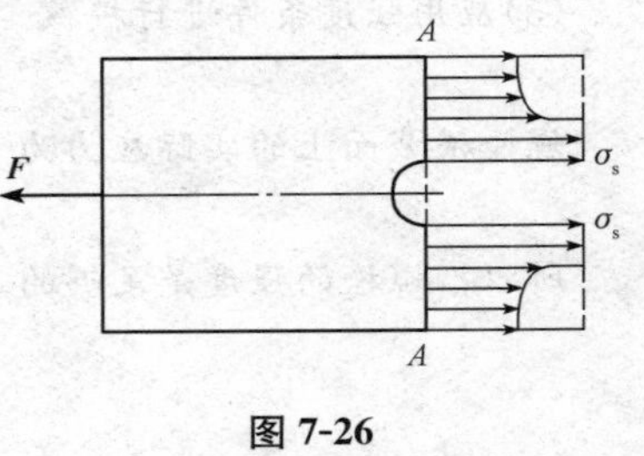

图 7-26

本章小结

在实际工程中，杆件以轴向伸长或缩短为主要变形形式，称为轴向拉伸或轴向压缩。以轴向拉压为主要变形的杆件，称为拉(压)杆。轴力是指作用线与杆轴线重合的内力。轴力图可以形象地表示轴力沿杆长的变化情况，明显地找到最大轴力所在的位置和数值。本章主要介绍轴力与轴力图，轴向拉(压)杆截面上的应力计算、变形，材料在拉伸和压缩时的力学性能等。

思考与练习

一、填空题

1. 内力的作用线与杆轴线重合，称为________。

2. 在国际单位制中，轴力的单位是________。

3. 为了度量杆的变形程度，还需计算单位长度内的________。

4. 在解决构件的强度、刚度及稳定性问题时，必须研究材料的________。

二、计算题

1. 试计算图 7-27 所示各杆截面 1—1 和 2—2 的轴力，并画出杆件轴力图。

2. 如图 7-28 所示，某中段开槽正方形杆件，已知 $a=200$ mm，$P=100$ kN，试求出各段横截面上的正应力。

3. 如图 7-29 所示，石砌桥墩的墩身高 $h=10$ m，若荷载 $F=1\ 000$ kN，材料的密度 $\gamma=23$ kN/m^3，求墩身底部横截面上的压应力。

4. 图 7-30 所示的结构中，AB 为刚性杆，CD 为圆形截面木杆，其直径 $d=120$ mm，已知

$P=8$ kN，试求 CD 杆横截面上的应力。

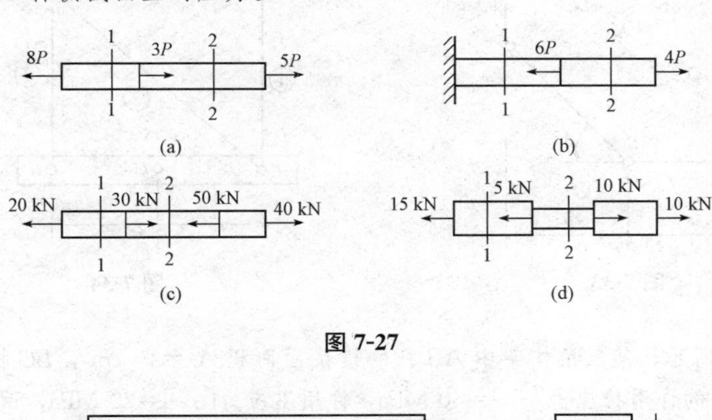

图 7-27

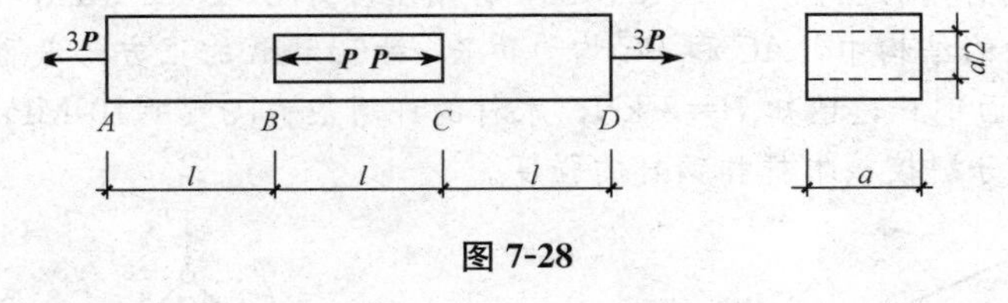

图 7-28

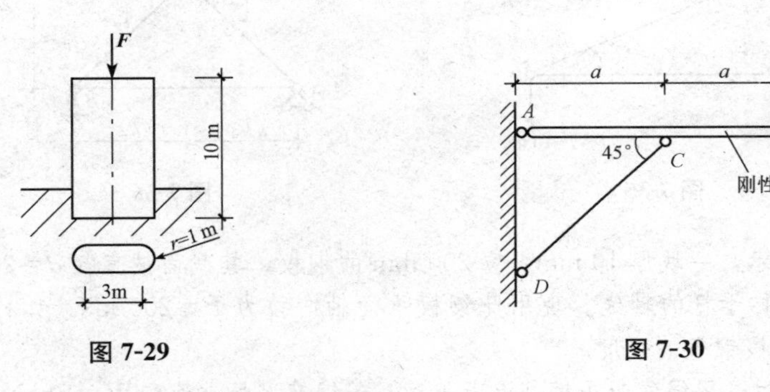

图 7-29　　图 7-30

5. 如图 7-31 所示，某承受轴向拉力 $P=10$ kN 的等直杆，已知杆的横截面面积 $A=100\ \text{mm}^2$，试求 $\alpha=0°$、$30°$、$60°$、$90°$的各斜截面上的正应力和剪应力。

6. 如图 7-32 所示，各杆的抗拉刚度 EA 和轴向外力 P 均为已知，试计算各杆的轴向伸长量。

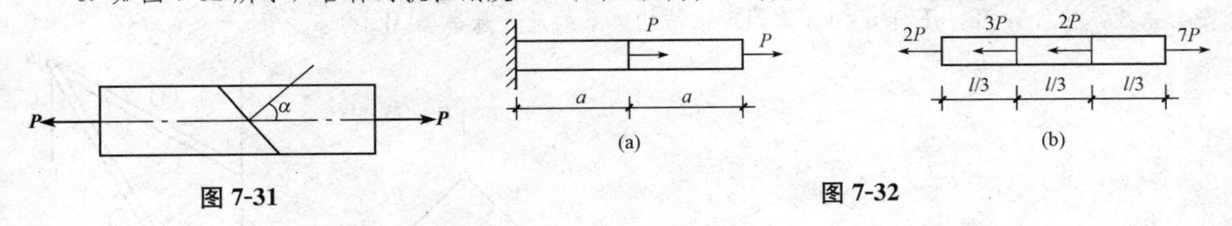

图 7-31　　图 7-32

7. 横截面面积 $A=100\ \text{mm}^2$ 的受拉杆，在轴向力 $P=2.4$ kN 作用下，测得其轴向线应变 $\varepsilon=0.000\,12$，横向线应变 $\varepsilon'=0.000\,03$，试计算材料的弹性模量和泊松比。

8. 图 7-33 所示的结构中，杆 AB 和杆 BC 的抗拉(压)刚度 EA 相同，在节点 B 处承受集中荷载 F，试计算节点 B 的水平位移 Δ_H 和铅垂位移 Δ_V。

9. 图 7-34 所示的结构中，杆 AB 为刚性杆，杆①、杆②和杆③的材料和横截面面积 A 相同，在杆 AB 的中点 C 作用有铅垂向下的荷载 F，试计算 C 点的水平位移 Δ_H 和铅垂位移 Δ_V。

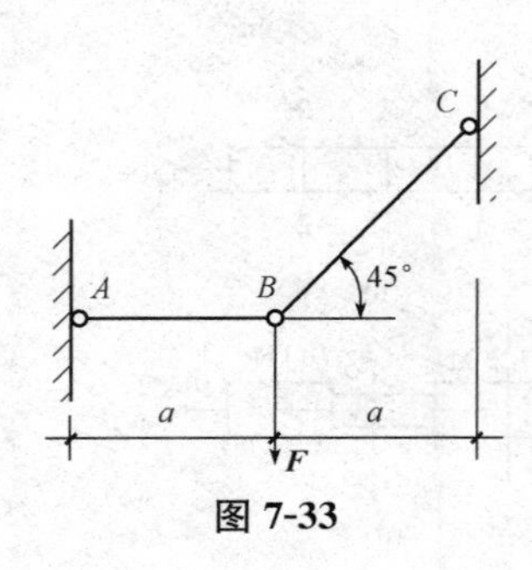

图 7-33

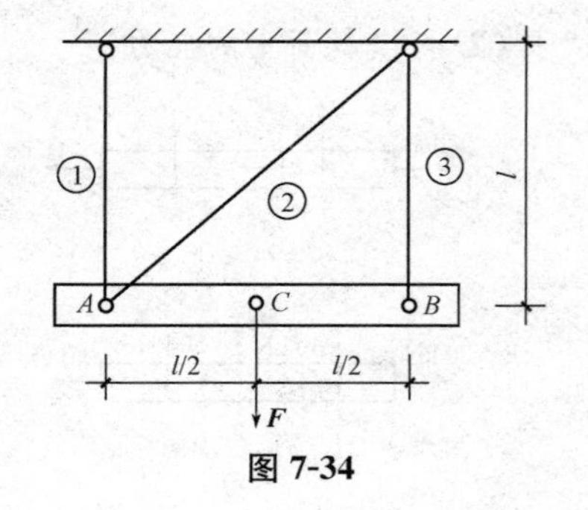

图 7-34

10. 如图 7-35 所示，某三角构架中 AB 杆的横截面面积 $A_1=10\ \text{cm}^2$，BC 杆的横截面面积为 $A_2=6\ \text{cm}^2$，若材料的许用拉应力$[\sigma^+]=40$ MPa，许用压应力$[\sigma^-]=20$ MPa，试校核其强度。

11. 图 7-36 所示的结构中，AC 和 BC 均为边长 $a=60$ mm 的正方形截面木杆，AB 为直径 $d=10$ mm 的圆形截面钢杆，已知 $P=8$ kN，木材的许用应力$[\sigma]_{木}=10$ MPa，钢材的许用应力$[\sigma]_{钢}=160$ MPa，试分别校核木杆和钢杆的强度。

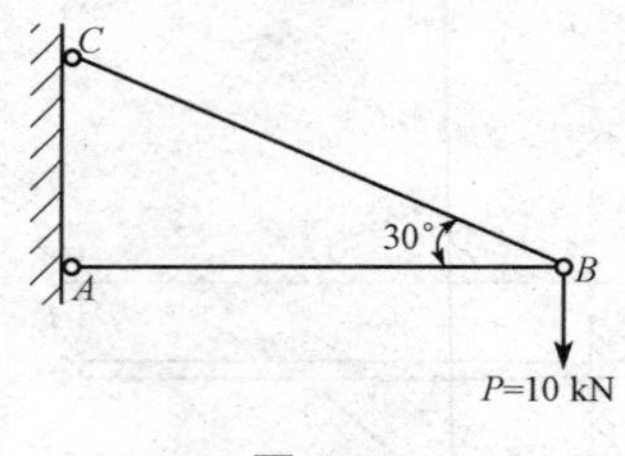

图 7-35

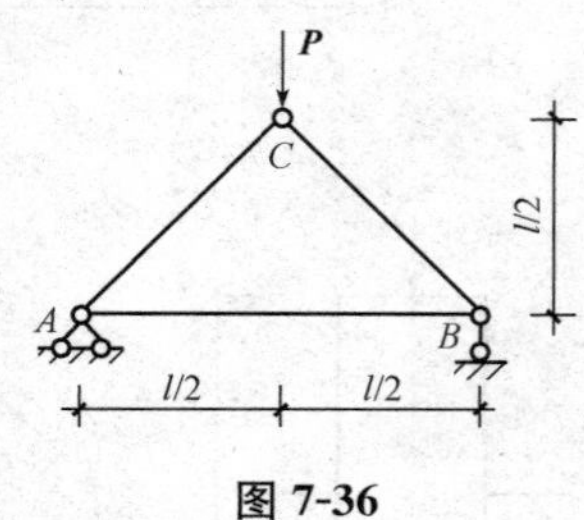

图 7-36

12. 如图 7-37 所示，一块厚 10 mm、宽 200 mm 的钢板，其截面被直径 $d=20$ mm 的圆孔所削弱，圆孔的排列对称于杆的轴线。现用此钢板承受轴向拉力 $F=200$ kN。如材料的许用应力$[\sigma]=170$ MPa，试校核钢板的强度。

13. 如图 7-38 所示，用绳索起吊钢筋混凝土管，若钢筋混凝土管重 $W=10$ kN，绳索直径 $d=40$ mm，许用应力$[\sigma]=10$ MPa，试校核绳索的强度。绳索的直径 d 为多大时更经济？

14. 如图 7-39 所示，某悬挂重物的结构体系，钢杆 AB 的直径 $d_1=30$ mm，材料的 $\sigma_p=200$ MPa，$\sigma_s=240$ MPa，$\sigma_b=400$ MPa；铸铁杆 BC 的直径 $d_2=40$ mm，材料的 $\sigma_{b压}=400$ MPa，$\sigma_{b拉}=100$ MPa。安全系数：拉杆 $n=2$，压杆 $n=4$。试确定该结构体系的最大悬吊重$[W]$为多少？

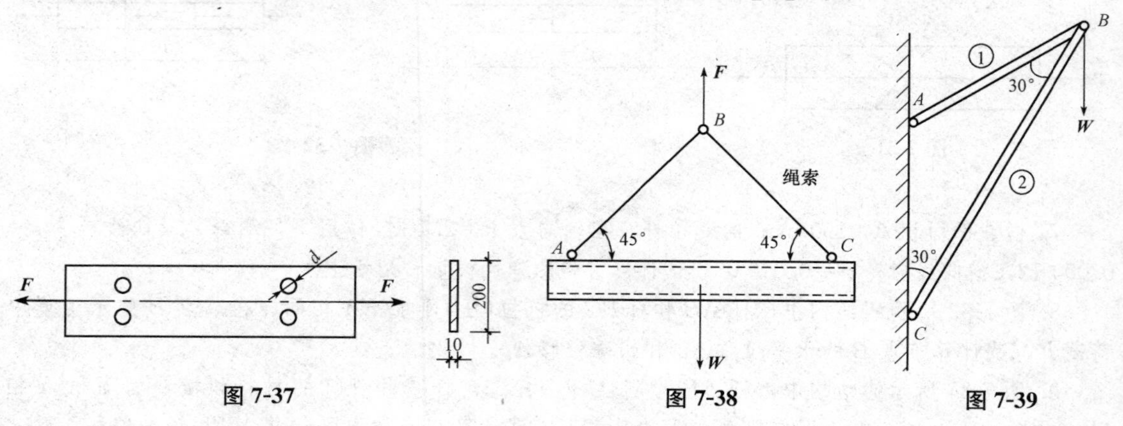

图 7-37　图 7-38　图 7-39

15. 图 7-40 所示为钢杆组成的桁架，已知 $P=20$ kN，钢材的许用应力$[\sigma]=160$ MPa，试求 CD 杆所需的横截面面积。

16. 如图 7-41 所示，某钢筋混凝土平面闸门，需要的最大启门力 $P=140$ kN。已知提升闸门的钢螺旋杆的直径 $d=40$ mm，许用应力$[\sigma]=170$ MPa，试校核钢螺旋杆的强度。

17. ACB 刚性梁如图 7-42 所示，用一圆钢杆 CD 悬挂着，B 端作用集中力 $P=25$ kN，已知 CD 杆的直径 $d=20$ mm，许用应力$[\sigma]=160$ MPa，试校核 CD 杆的强度，并求：

(1)结构的许用荷载$[P]$；

(2)$P=60$ kN，设计 CD 杆的直径。

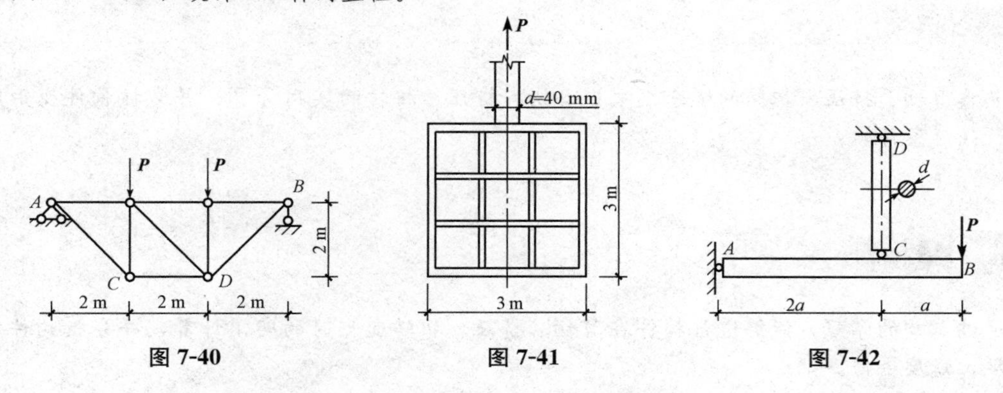

图 7-40　　图 7-41　　图 7-42

18. 如图 7-43 所示，若混凝土密度 $\gamma=22$ kN/m^3，许用压应力$[\sigma^-]=2$ MPa。试按强度条件确定混凝土柱所需的横截面面积 A_1 和 A_2。如混凝土的弹性模量 $E=210$ GPa，求柱顶 A 的位移。

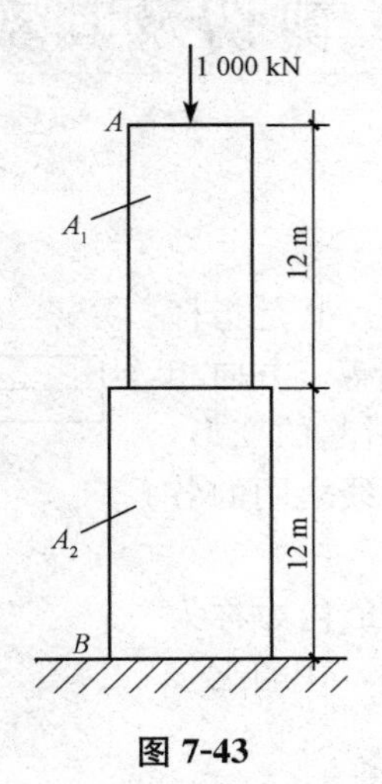

图 7-43

第八章　剪切与扭转

学习目标

熟悉剪切、挤压、扭转的概念，掌握剪切、挤压、扭转的实用计算，并掌握构件变形时的刚度、强度条件。

能力目标

通过本章的学习，能够进行构件在剪切、挤压、扭转变形时的实用计算，并分析构件变形的刚度、强度条件。

第一节　剪切及其实用计算

一、剪切的概念

剪切变形是杆件的基本变形之一。其是指杆件受到一对垂直于杆轴方向的大小相等、方向相反、作用线相距很近的外力作用所引起的变形，如图 8-1(a)所示。此时，两个力作用线之间的各横截面都发生相对错动[图 8-1(b)]。

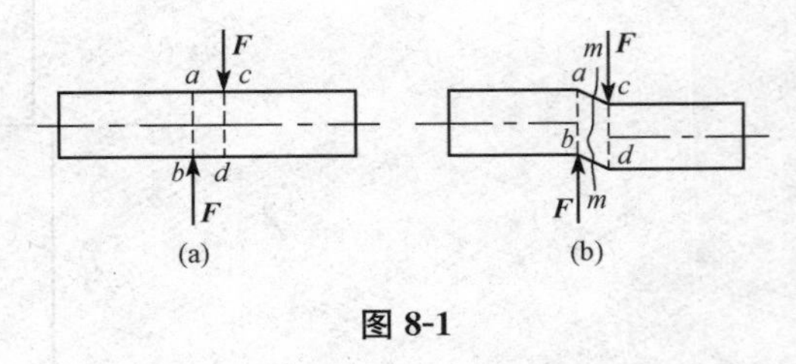

图 8-1

这些横截面称为**剪切面**，剪切面的内力称为**剪力**，与之相应的应力称为**剪应力**，用符号 τ 表示。

二、剪切的实用计算

剪切面上的内力可用截面法求得。用铆钉连接的两钢板如图 8-2 所示。拉力 P 通过板的孔壁作用在铆钉上，铆钉的受力如图 8-3(a)所示，图中 $a—a$ 为受剪面。在 $a—a$ 处截开并取下部分离体[图 8-3(b)]，由 $\sum F_x=0$ 可知，截面 $a—a$ 上一定存在沿截面的内力Q，且$Q=P$，Q称为剪力。截面 $a—a$ 上与内力Q 对应的应力为剪应力τ[图 8-3(c)]。

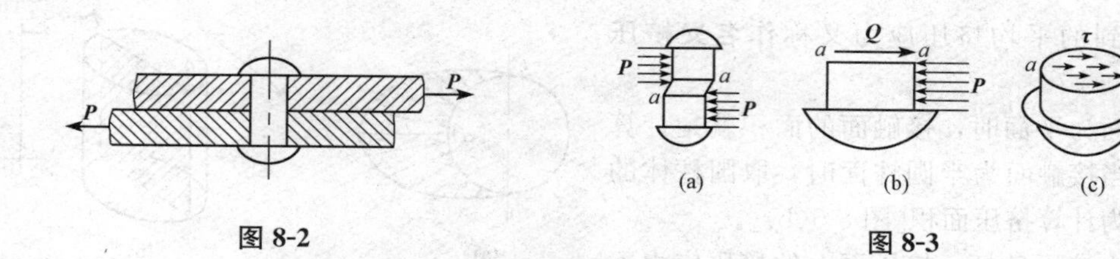

图 8-2　　图 8-3

当剪应力 τ 达到一定限度时，铆钉将被剪坏。截面 $a—a$ 上剪应力的分布情况非常复杂，在进行剪切强度计算时，工程中采用下述实用计算方法：

(1)假定截面 $a—a$ 上的剪应力为均匀分布，以平均剪应力

$$\tau=\frac{Q}{A} \tag{8-1}$$

(2)作为计算剪应力(A 为铆钉的横截面面积)；对铆钉进行剪切破坏试验，以剪断时截面 $a—a$ 上的平均剪应力值除以安全系数作为材料的许用剪应力，剪切强度条件为

$$\tau=\frac{G}{A}\leqslant[\tau] \tag{8-2}$$

考虑剪切变形对结构计算的影响

各种材料的许用剪应力可在有关手册中查得。

第二节　挤压及其实用计算

一、挤压的概念

构件在受剪切的同时，在两构件的接触面上，因互相压紧会产生局部受压，称为挤压。图 8-4 所示的铆钉连接中，作用在钢板上的拉力 P，通过钢板与铆钉的接触面传递给铆钉，接触面上就产生了挤压。两构件的接触面称为**挤压面**，作用于接触面的压力称为**挤压力**，挤压面上的压应力称为**挤压应力**，当挤压力过大时，孔壁边缘将受压起“皱”[图 8-4(a)]，铆钉局部压“扁”，使圆孔变成椭圆，连接松动[图 8-4(b)]，这就是挤压破坏。因此，连接件除剪切强度需计算外，还要进行挤压强度计算。

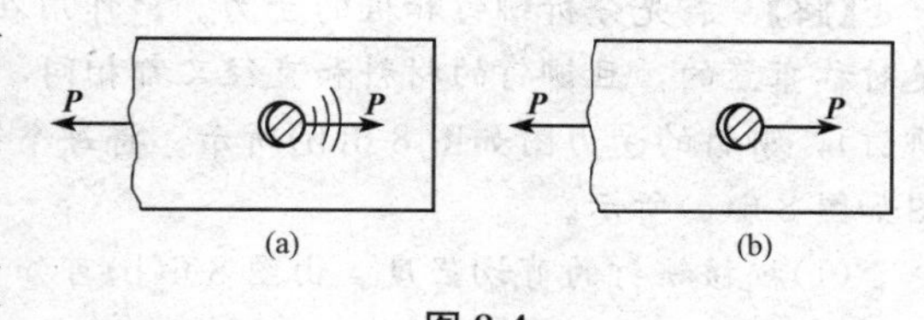

图 8-4

二、挤压的实用计算

挤压应力在挤压面上的分布也很复杂，如图 8-5(a)所示。所以，也采用实用计算法，假定在挤压面上的挤压应力 σ_c 是均匀分布的，因此

$$\sigma_c=\frac{P_c}{A_c} \tag{8-3}$$

式中　P_c——挤压面上的挤压力，$P_c=P$；

A_c——挤压面的计算面积，$A_c=d\cdot t$。

这样得到的平均挤压应力又称作**名义挤压应力**。

当接触面为平面时，接触面的面积就是计算挤压面积；当接触面为半圆柱面时，取圆柱体的直径平面作为计算挤压面积[图 8-5(b)]。

为了防止挤压破坏，挤压面上的挤压应力不得超过连接件材料的许用挤压应力$[\sigma_c]$，即要求

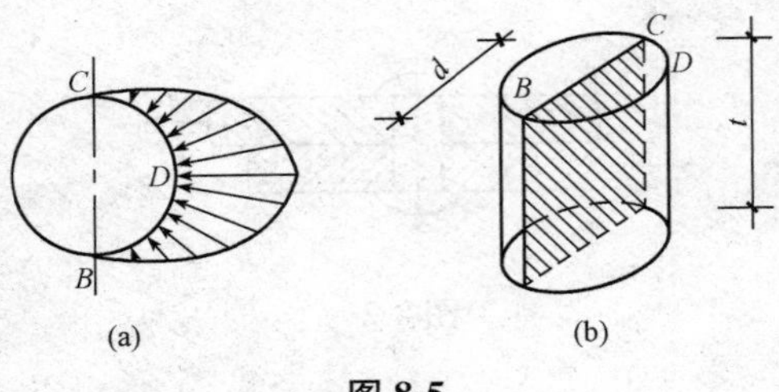

图 8-5

$$\sigma_c=\frac{P_c}{A_c}\leqslant[\sigma_c] \tag{8-4}$$

式(8-4)称为挤压强度条件。许用挤压应力$[\sigma_c]$等于连接件的挤压极限应力除以安全系数。实验表明，钢连接件的许用挤压应力$[\sigma_c]$与许用压应力$[\sigma]$之间有如下关系：

$$[\sigma_c]=(1.7\sim2.0)[\sigma] \tag{8-5}$$

【例 8-1】 在图 8-6(a)所示的铆接接头中(此种连接称为搭接)，已知 $P=80$ kN，$b=100$ mm，$t=12$ mm，铆钉的直径 $d=16$ mm，铆钉材料的许用剪应力$[\tau]=140$ MPa，许用挤压应力$[\sigma_c]=300$ MPa，杆件材料的许用拉应力$[\sigma]=160$ MPa，试分别校核铆钉和杆件的强度。

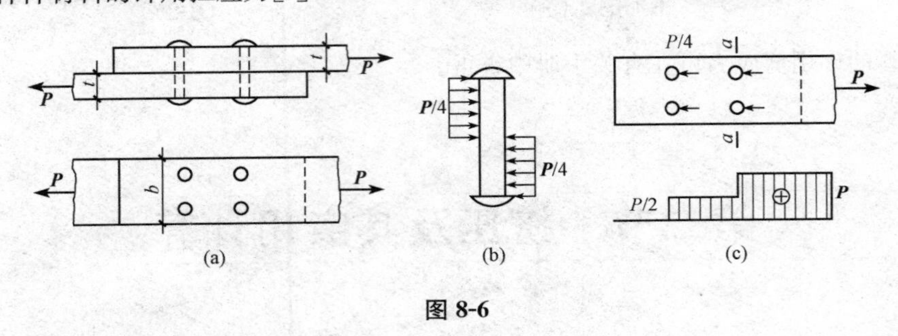

图 8-6

【解】 首先分析铆钉和板的受力。P 作用在板上，它通过板的孔壁作用在各铆钉上。铆钉是对称布置的，且铆钉的材料和直径又都相同，可认为各铆钉受相同的力，其值为 $P/4$(共四个铆钉)，铆钉的受力图如图 8-6(b)所示。将每个铆钉的反作用力作用在板的孔壁上，上板的受力图如图 8-6(c)所示。

(1)校核铆钉的剪切强度。由图 8-6(b)可知，铆钉受剪面上的剪力为 $P/4$，受剪面上的计算剪应力为

$$\tau=\frac{Q}{A}=\frac{P/4}{\pi d^2/4}=\frac{80\times10^3}{\pi\times0.016^2}=99.5\times10^6\,(\text{Pa})=99.5\text{ MPa}<[\tau]$$

满足剪切强度条件。

(2)校核铆钉的挤压强度。由图 8-6(b)可知，铆钉的计算挤压应力为

$$\sigma_c=\frac{P_c}{A_c}=\frac{P/4}{td}=\frac{80\times10^3}{4\times0.012\times0.016}=104\times10^6\,(\text{Pa})=104\text{ MPa}<[\sigma_c]$$

满足挤压强度条件。

(3)校核板的抗拉强度。上板的轴力图如图 8-6(c)所示，受削弱的截面 a—a 上的正应力为

$$\sigma=\frac{P}{t(b-2d)}=\frac{80\times10^3}{0.012\times(0.1-2\times0.016)}=98\times10^6\,(\text{Pa})=98\text{ MPa}<[\sigma]$$

满足抗拉强度条件。

第三节　剪切胡克定律与剪应力互等定理

一、剪切胡克定律

杆件发生剪切变形时，杆件内与外力平行的截面就会产生相对错动。若在杆件受剪区域内截取一微小的直角六面体[图 8-7(a)]，该直角六面体在剪切变形后，截面发生相对滑动，致使直角六面体变为斜平行六面体，原来的直角有了微小的变化，这个直角的改变量称为**剪应变**。

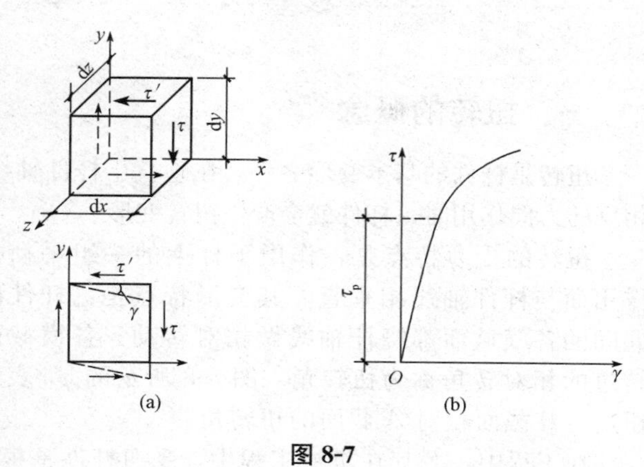

图 8-7

剪应力 τ 与剪应变 γ 的关系，如同前述正应力 σ 与线应变一样。试验证明：**当剪应力不超过材料的剪切比例极限 τ_p 或弹性极限 τ_e 时，剪应变与剪应力呈线性弹性关系**[图 8-7(b)]，即

$$\tau = G\gamma \tag{8-6}$$

式(8-6)称为剪切胡克定律。式中 G 称为材料的**剪变模量**，它是表示材料抵抗剪切变形能力的物理量，其单位与应力相同，常采用 GPa。各种材料的 G 值均由试验测定。钢材的 G 值约为 80 GPa。G 值越大，表示材料抵抗剪切变形的能力越强，它是材料的弹性指标之一。对于各向同性的材料，其弹性模量 E、剪变模量 G 和泊松比 μ 三者之间的关系为

$$G = \frac{E}{2(1+\mu)} \tag{8-7}$$

当知道 E、G、μ 三者中的任意两个，即可由式(8-7)计算出第三个弹性常数。

二、剪应力互等定理

现以图 8-7(a)所示的直角六面体为例，研究其受力情况。设该直角六面体的边长分别为 $\mathrm{d}x$、$\mathrm{d}y$、$\mathrm{d}z$，已知直角六面体左右两侧面上，无正应力，只有剪应力 τ，且这两个面上的剪应力数值相等，但方向相反。因而，这两个面上的剪力组成一个力偶，其力偶矩为$(\tau \mathrm{d}z\mathrm{d}y)\mathrm{d}x$。由于直角六面体的前后两个面上无任何应力，而该直角六面体处于平衡状态，为与左右两侧面上组成的力偶平衡，因而，其上下两个面上必存在大小相等、方向相反的剪应力 τ'，它们组成的力偶矩为$(\tau' \mathrm{d}z\mathrm{d}y)\mathrm{d}x$，且满足

$$(\tau \mathrm{d}z\mathrm{d}y)\mathrm{d}x = (\tau' \mathrm{d}z\mathrm{d}y)\mathrm{d}x$$

由此可得

$$\tau = \tau' \tag{8-8}$$

式(8-8)表明，**过一点相互垂直的两个平面上，若其中某一平面存在剪应力，则另一平面上必存在剪应力，两者数值相等，方向均垂直于两平面的交线，且共同指向或背离交线(即两者正**

负号相反)，这一规律称为**剪应力互等定理**。

上述直角六面体的两个侧面上只有剪应力，而无正应力，这种受力状态称为纯剪切应力状态。剪应力互等定理对于纯剪切应力状态或其他应力状态都是适用的。

第四节　扭转的概念与圆轴扭转计算

一、扭转的概念

扭转是杆件的基本变形之一。在垂直于杆件轴线的两个平面内，受到一对大小相等、方向相反的力偶作用时，杆件就会产生扭转变形。

扭转的受力特点是：作用于杆上的一组平衡力偶，其作用面与杆件轴线相垂直。其变形特点是：杆件内位于力偶间的各横截面都绕杆轴线做相对转动。各横截面绕轴线转过的相对转角称为**扭转角**。图 8-8 所示的 φ_{AB} 表示杆件受扭后，B 截面相对 A 截面的扭转角。

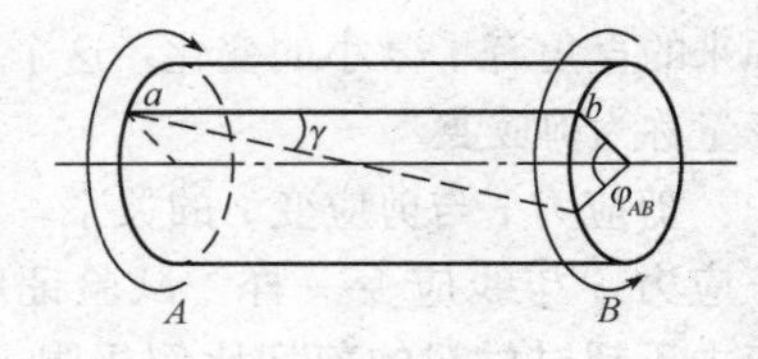

图 8-8

在工程中，尤其在机械工程中，受扭杆件是很多的，如汽车方向盘的操纵杆[图 8-9(a)]、各种机械的传动轴[图 8-9(b)]、钻杆[图 8-9(c)]等。又如房屋的雨篷梁、用旋具拧紧螺栓时的旋具杆(图 8-10)、用钥匙开锁时的钥匙等，这些状态下的物体都以扭转为主要变形，其他变形为次要变形。在工程中，常将以扭转变形为主要变形的圆形杆件称为轴。

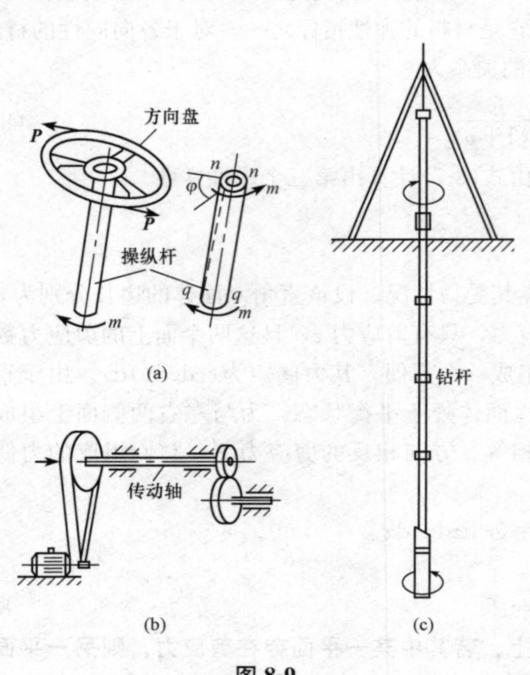

图 8-9

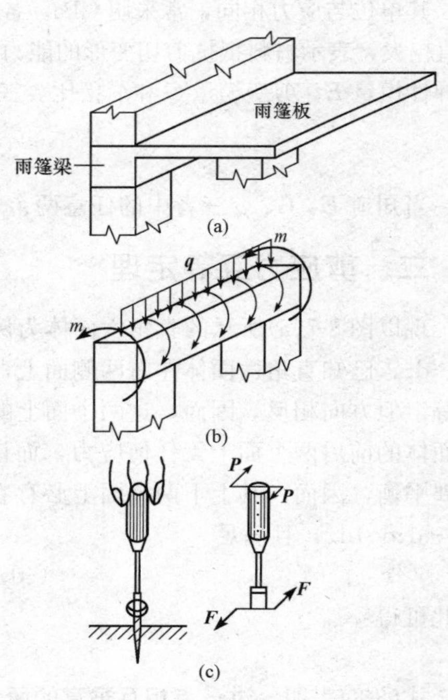

图 8-10

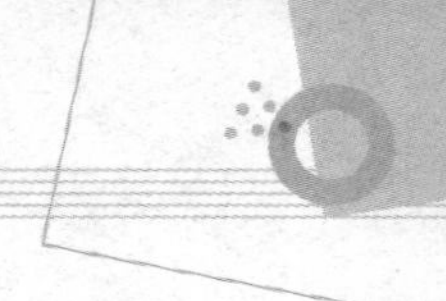

二、圆轴扭转时横截面上的内力——扭矩

在对圆轴进行强度计算之前先要计算出圆轴横截面上的内力——扭矩。

1. 扭矩计算

设有一圆轴如图 8-11(a)所示，在外力偶作用下处于平衡状态，仍用截面法求任意截面 C 上的内力。

将轴在 C 处截开，取其中一半，如取左半部为研究对象，如图 8-11(b)所示。根据平衡条件可知，C 截面上必存在一个内力偶矩 T，与外力偶矩 m 使左半部保持平衡。此内力偶矩称为**扭矩**，用 T 表示。由 $\sum m=0$ 得：

$$T-m=0$$

求得 $T=m$。

取右半部为研究对象，也可得相同的结果，如图 8-11(c)所示。但扭矩的转向相反，这是因为作用与反作用的关系。

扭矩的单位与力矩相同，常用 N·m 或 kN·m。

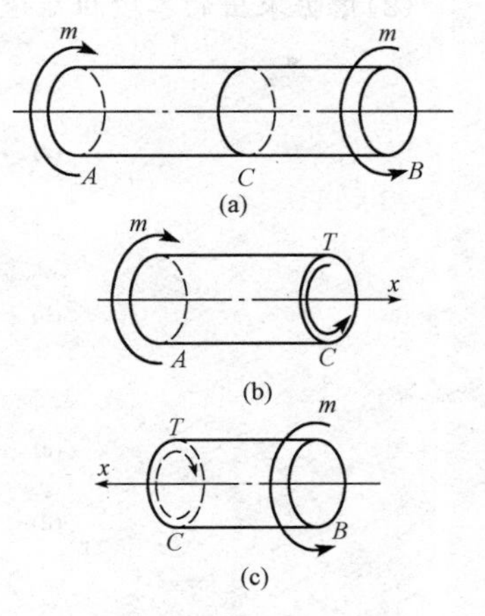

图 8-11

2. 扭矩正负号的规定

为了使由截面的左、右两段轴求得的扭矩具有相同的正负号，对扭矩的正、负做如下规定：采用右手螺旋法则，以右手四指表示扭矩的转向，当拇指的指向与截面外法线方向一致时，扭矩为正号；反之为负号，如图 8-12 所示。

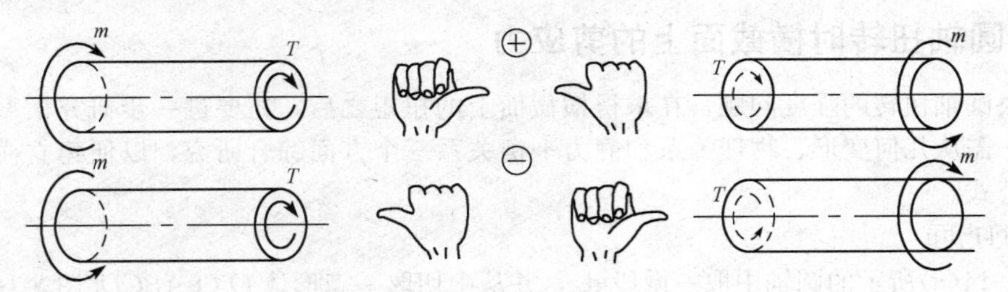

图 8-12

与计算轴力的方法类似，用截面法计算扭矩时，通常假定扭矩为正。

3. 扭矩图

为了清楚地表示出轴各个截面上扭矩的变化情况，通常将扭矩随截面位置的变化规律绘制成图，称为**扭矩图**。扭矩图的做法、规则及注意点与轴力图相同。下面以实例说明。

【例 8-2】 试作出图 8-13(a)所示圆轴的扭矩图。

【解】 (1)用截面法分别求出各段上的扭矩。

假想在截面Ⅰ—Ⅰ处将轴切开，取左段为分离体[图 8-13(b)]，根据平衡方程

$$\sum m=0 \qquad T_{\mathrm{I}}-6=0$$

求得 $T_{\mathrm{I}}=6$ kN·m。

假想在截面Ⅱ—Ⅱ处将轴切开，仍取左段为分离体[图 8-13(c)]，根据

$$\sum m=0 \qquad T_{\mathrm{II}}+8-6=0$$

求得 $T_{\mathrm{II}}=2$ kN·m。

假想在截面Ⅲ—Ⅲ处将轴切开，取右段为分离体[图 8-13(d)]。根据

$$\sum m=0 \qquad T_{Ⅲ}-3=0$$

求得 $T_{Ⅲ}=3\ \text{kN}\cdot\text{m}$。

(2)根据求出的各段扭矩值，绘出扭矩图如图 8-13(e)所示。

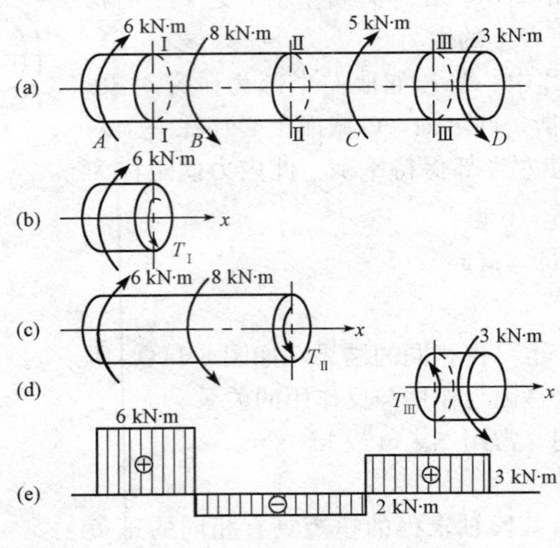

图 8-13

三、圆轴扭转时横截面上的剪应力

为解决圆轴扭转的强度问题，在求得横截面上的扭矩之后，还要进一步研究横截面上的应力。为此，需从几何变形、物理关系和静力平衡关系三个方面综合研究，以便建立横截面上的应力计算公式。

1. 几何方面

从图 8-14(a)所示的圆轴中取一微段 $\mathrm{d}x$，并从中切取一楔形体 O_1O_2ABCD[图 8-14(b)]，则其变形如图 8-14(c)所示。圆轴表层的矩形 $ABCD$ 变为平行四边形 $ABC'D'$；与轴线相距为 ρ 的矩形 $abcd$ 变为平行四边形 $abc'd'$，即产生剪切变形。

此楔形体左、右两端面之间的相对扭转角为 $\mathrm{d}\varphi$，矩形 $abcd$ 的剪应变用 γ_ρ 表示，则由图 8-14 中可以看出

$$\gamma_\rho \approx \tan\gamma_\rho=\frac{\overline{dd'}}{ad}=\frac{\rho\mathrm{d}\varphi}{\mathrm{d}x}$$

即

$$\gamma_\rho=\rho\frac{\mathrm{d}\varphi}{\mathrm{d}x} \tag{8-9}$$

式中，$\frac{\mathrm{d}\varphi}{\mathrm{d}x}$是扭转角 φ 沿杆长的变化率，即单位长度的**扭转角**，通常用 θ 表示，即 $\theta=\frac{\mathrm{d}\varphi}{\mathrm{d}x}$。于是

$$\gamma_\rho=\theta\rho \tag{8-10}$$

对于同一横截面，θ 为一常数，可见剪应变 γ_ρ 与 ρ 成正比，且沿圆轴的半径按直线规律变化。

2. 物理方面

由剪切胡克定律可知，在弹性范围内剪应力

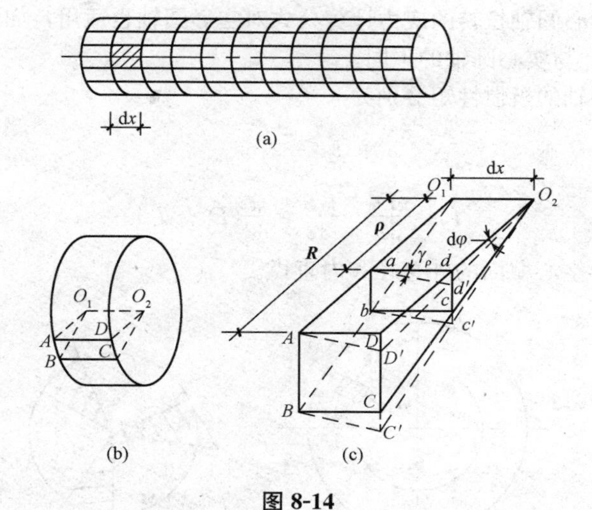

图 8-14

$$\tau=G\gamma$$

将式(8-10)代入上式，得到横截面上与轴线相距为 ρ 处的剪应力为

$$\tau_\rho=G\rho\theta \tag{8-11}$$

式(8-11)表明，**在横截面上任一点处的剪应力的大小，与该点到圆心的距离成正比。**在圆心处剪应力为零，距圆心越远剪应力越大，距圆心等距离的圆周上各点的剪应力相等，在周边上各点的剪应力最大。剪应力沿直径线的变化规律如图 8-15 所示。

3. 静力学方面

上面已解决了横截面上剪应力的变化规律，但还不能直接按式(8-10)来确定剪应力的大小，这是因为$\frac{d\varphi}{dx}$与扭矩 T 间的关系尚不清楚。这可从静力学方面来解决。

如图 8-16 所示，在与圆心相距为 ρ 的微面积 dA 上，作用有微剪力 $\tau_\rho dA$，它对圆心 O 的微力矩为 $\rho\tau_\rho dA$。在整个横截面上，所有这些微力矩之和应等于该截面的扭矩 T，因此

$$\int_A \rho\tau_\rho dA = T$$

将式(8-11)代入得

$$\int_A G\theta\rho^2 dA = G\theta\int_A \rho^2 dA = T \tag{8-12}$$

积分 $\int_A \rho^2 dA$ 即为横截面的**极惯性矩**，因而式(8-12)可改写为

$$\theta=\frac{T}{GI_P} \tag{8-13}$$

将式(8-13)代入式(8-11)得

$$\tau=\frac{T}{I_P}\cdot\rho \tag{8-14}$$

这就是**圆轴扭转时横截面上的剪应力计算公式**。式中，T 为横截面上的扭矩；I_P 为圆截面对圆心的极惯性矩；ρ 为所求应力点至圆心的距离。

由式(8-14)可知，τ 与 ρ 成正比，离圆心越远，τ 值越大，圆心处 $\tau=0$。剪应力在横截面上的分布规律如图 8-17(a)所示。

实践证明，以上**实心圆轴扭转的应力计算公式对空心圆轴也适用**，如图 8-17(b)所示。只是空心圆轴的极惯性矩 I_P 与实心圆轴的不同。

实心圆轴和空心圆轴的极惯性矩分别为

实心圆轴
$$I_P=\frac{\pi d^4}{32} \tag{8-15}$$

空心圆轴
$$I_P=\frac{\pi D^4}{32}-\frac{\pi d^4}{32}=\frac{\pi}{32}(D^4-d^4) \tag{8-16}$$

D 和 d 分别为圆形空心截面的外直径和内直径。

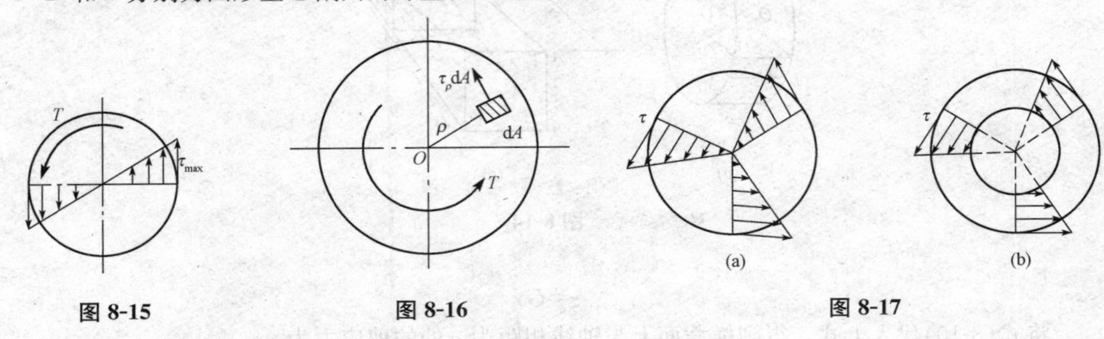

图 8-15　　图 8-16　　图 8-17

【例 8-3】 如图 8-18 所示，受扭圆杆的直径 $d=60$ mm，试求截面 1—1 上 K 点的剪应力。

【解】 截面 1—1 上的扭矩为 -2 kN·m，K 点的剪应力为

$$\tau=\frac{T}{I_P}\cdot\rho=\frac{T}{\pi d^4/32}\cdot\rho=\frac{32\times2\times10^3}{\pi\times0.06^4}\times0.02=31.4(\text{MPa})$$

计算 τ 时，扭矩 T 以绝对值代入。因这里的剪应力正、负无实用意义，一般只计算其绝对值。另外，应注意单位：T 的单位为 N·m，d 和 ρ 的单位为 m，算得的 τ 为 MPa。

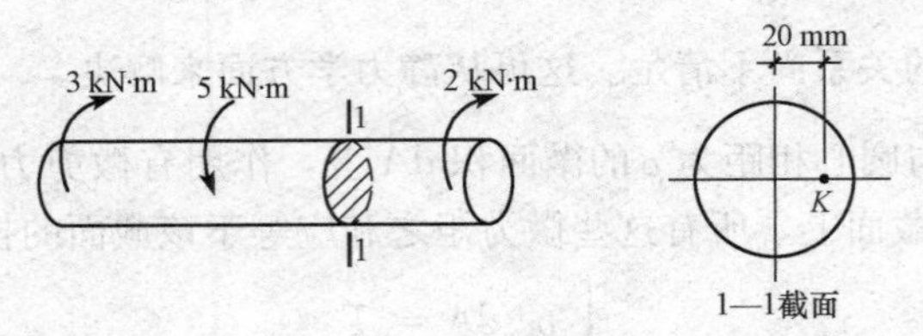

图 8-18

四、圆轴扭转时的强度条件与强度计算

为了保证圆轴的正常工作，**圆轴内最大剪应力不应超过材料的许用剪应力**，即 $\tau_{max}\leqslant[\tau]$。圆轴受扭时，圆轴内的最大剪应力发生在扭矩最大截面的边缘处，其值为

$$\tau_{max}=\frac{T_{max}}{I_P}\cdot\rho_{max}=\frac{T_{max}}{I_P/\rho_{max}}$$

令
$$W_P=I_P/\rho_{max}$$

则有
$$\tau_{max}=\frac{T_{max}}{W_P}\leqslant[\tau] \tag{8-17}$$

这就是**圆轴扭转时的剪应力强度条件**。式中，$[\tau]$为材料的许用剪应力，各种材料的许用剪

应力可查阅有关手册；W_P 称为**抗扭截面模量**，实心和空心圆截面的 W_P 值分别为

实心圆截面

$$W_P=\frac{I_P}{\rho_{\max}}=\frac{\pi d^4}{32}/\frac{d}{2}=\frac{\pi d^3}{16} \tag{8-18}$$

空心圆截面

$$W_P=\frac{I_P}{\rho_{\max}}=\left(\frac{\pi D^4}{32}-\frac{\pi d^4}{32}\right)/\frac{D}{2}=\frac{\pi D^3}{16}(1-\alpha^4) \tag{8-19}$$

式中，$\alpha=\frac{d}{D}$（d 为内直径，D 为外直径）。

与拉压杆类似，应用式(8-17)的强度条件，可解决工程中常见的校核强度、选择截面和求许用荷载三类典型问题。

【例 8-4】 受扭圆杆如图 8-19(a)所示，已知杆的直径 $d=80$ mm，材料的许用剪应力$[\tau]=40$ MPa，试校核该杆的强度。

【解】 首先画出杆的扭矩图[图 8-19(b)]，最大扭矩值为 4 kN·m，杆中的最大剪应力为

$$\tau_{\max}=\frac{T_{\max}}{W_P}=\frac{T_{\max}}{\pi d^3/16}=\frac{16\times4\times10^3}{\pi\times0.08^3}=39.8(\text{MPa})<[\tau]$$

满足强度条件。

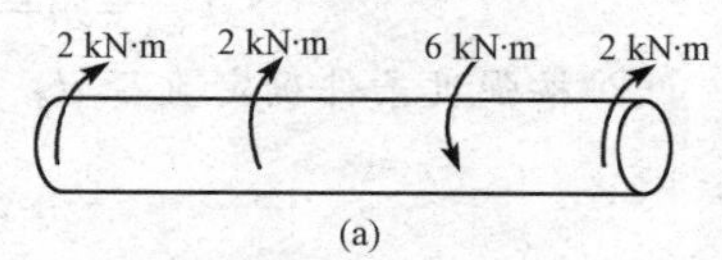

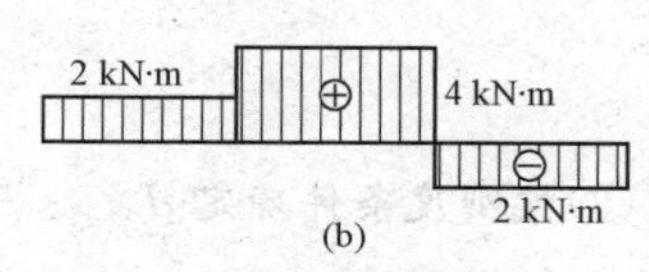

图 8-19

五、圆杆扭转时的变形和刚度条件

1. 圆杆扭转时的变形计算

由式(8-13)知道，单位长度的扭转角为

$$\theta=\frac{d\varphi}{dx}=\frac{T}{GI_P}$$

则

$$d\varphi=\frac{T}{GI_P}dx \tag{8-20}$$

式中，GI_P 为常量，若在杆长 l 范围内 T 保持不变(图 8-20)，将两边取积分

$$\int_0^{\varphi}d\varphi=\frac{T}{GI_P}\int_0^{l}dx$$

得

$$\varphi=\frac{Tl}{GI_P} \tag{8-21}$$

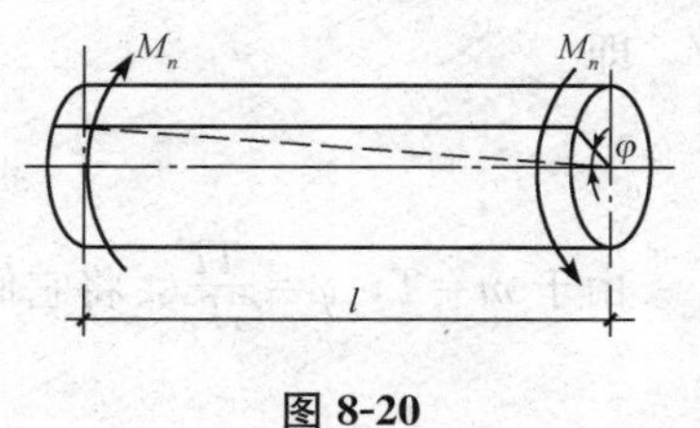

图 8-20

式(8-21)即**圆杆扭转时扭转角的计算公式**(扭转角 φ 的单位为弧度 rad)。由式(8-21)可以看出，扭转角 φ 与扭矩 T、轴长 l 成正比，与 GI_P 成反比。GI_P 称为杆件的**抗扭刚度**，它反映杆件抵抗扭转变形的能力。

2. 圆杆扭转时的刚度条件计算

工程中的受扭杆件，除需满足强度要求外，还要限制其变形。通常是规定单位长度杆的最大扭转角(即 $\theta_{\max}=\varphi/l$，rad/m)不能超过规定的许用值，若用$[\theta]$表示单位长度杆的许用扭转角，则有：

$$\theta_{\max}=\frac{T_{\max}}{GI_P}\leqslant[\theta] \tag{8-22}$$

式(8-22)即圆杆扭转时的**刚度条件**。

若$[\theta]$给定的单位为度/米(°/m)，则式(8-22)应改写为

$$\theta_{max}=\frac{T_{max}}{GI_P}\cdot\frac{180}{\pi}\leqslant[\theta] \tag{8-23}$$

即将弧度换算成度。

利用刚度条件可解决三类问题：刚度校核、设计截面尺寸、计算许可外力偶矩。

图 8-21

【例 8-5】 如图 8-21 所示，圆轴两端受 $m=1\ 000\ \text{N}\cdot\text{m}$ 的外力偶作用，产生扭转变形，圆轴材料的剪切弹性模量 $G=8\times10^4\ \text{MPa}$，$[\tau]=50\ \text{MPa}$，$[\theta]=1°/\text{m}$，试按强度和刚度确定轴的直径。

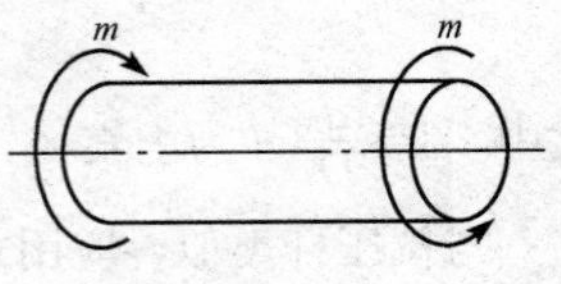

【解】 (1)计算扭矩。

$$T_{max}=m=1\ 000\ \text{N}\cdot\text{m}$$

(2)按强度条件确定直径 d。

由
$$\tau_{max}=\frac{T_{max}}{W_P}=\frac{16\times10^6}{\pi d^3}\leqslant50(\text{MPa})$$

得
$$d\geqslant\sqrt[3]{\frac{16\times10^6}{\pi\times50}}=46.71(\text{mm})$$

(3)按刚度条件确定 d。

$$\theta=\frac{T_{max}}{GI_P}=\frac{32\times10^6}{\pi d^4\times8\times10^4}\times\frac{180}{\pi}\leqslant1$$

$$d\geqslant\sqrt[4]{\frac{32\times180\times10^3}{\pi^2\times8\times10^{10}}}=51.98(\text{mm})$$

要使轴同时满足强度和刚度条件，需取轴的直径 $d=52$ mm。

六、等直圆杆扭转时的应变能

长度为 l、扭转刚度为 GI_P 的等直圆杆，承受外力偶矩 m 而扭转(图 8-22)。在静荷载作用下及线弹性范围内，储存在杆内的应变能 U 在数值上等于外力偶矩在扭转过程中所做的功 W，即

$$U=W=\frac{1}{2}m\varphi$$

由于 $m=T$，$\varphi=\frac{Tl}{GI_P}$，将它们代入上式可得

$$U=W=\frac{T^2l}{2GI_P} \tag{8-24}$$

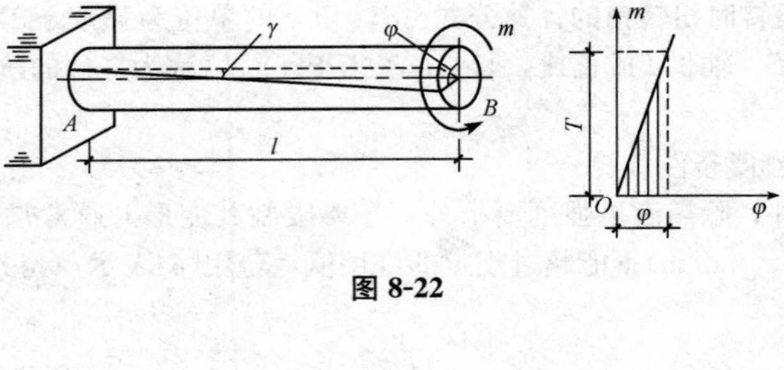

图 8-22

第五节　非圆截面杆的扭转

一、自由扭转与约束扭转

1. 自由扭转

非圆截面杆件扭转时，横截面除绕杆轴发生相对转动外，还将发生翘曲，而不再保持为平面。若杆件两端无约束，而可自由翘曲，称为**自由扭转**(或**纯扭转**)，如图 8-23(a)、(b)所示。非圆截面杆自由扭转时，各横截面的翘曲程度相同，则横截面上只有切应力，没有正应力。

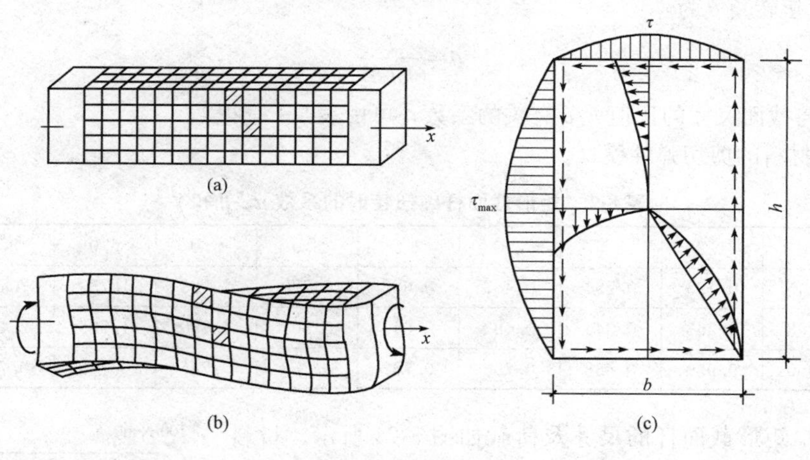

图 8-23

2. 约束扭转

若非圆截面杆两端受到约束，而不能自由翘曲，称为**约束扭转**。约束扭转时相邻横截面的翘曲程度不同，则横截面上除切应力外，还存在正应力。对于实心的非圆截面杆，由约束扭转引起的正应力很小，可忽略不计。

二、矩形截面杆的自由扭转

在建筑结构中，矩形截面受扭杆一般都处于约束扭转状态。但是，由于约束扭转所引起的正应力可忽略不计，所以可按自由扭转的情况进行计算。这里直接给出矩形截面扭转轴的弹性力学解释的结论：

(1)矩形截面扭转轴的横截面上仍然只有剪应力，虽有正应力，但只要 h/b 的值不太大，正应力的数值很小，可忽略不计。

(2)截面周边上各点处的剪应力的方向与周边平行(相切)，并形成与截面上扭矩相同转向的剪应力流，如图 8-23(c)所示，剪应力的大小均呈非线性变化，中点处的剪应力最大。

(3)截面两条对称轴上各点处剪应力的方向都垂直于对称轴，其他线上各点的剪应力则是程度不同的倾斜。

(4)截面中心和四个角点处的剪应力等于零。

(5)横截面上的最大剪应力发生在长边的中点处。其计算公式为

$$\tau_{\max}=\frac{T}{W_t}=\frac{T}{\beta hb^2} \tag{8-25}$$

式中 W_t——相当抗扭截面模量；

h——矩形截面长边的长度；

b——矩形截面短边的长度；

T——截面上的扭矩；

β——与截面尺寸的比值 h/b 有关的系数，可由表 8-1 查得。

短边中点处的剪应力也相当大，其计算公式为

$$\tau=\gamma\tau_{\max} \tag{8-26}$$

式中 γ——与截面尺寸的比值 h/b 有关的系数，可由表 8-1 查得。

单位长度扭转角 θ 为

$$\theta=\frac{T}{G\alpha hb^3} \tag{8-27}$$

式中 α——与截面尺寸的比值 h/b 有关的系数，可由表 8-1 查得；

G——材料的剪切弹性模量。

表 8-1 矩形截面杆纯扭转时的系数 α、β 和 γ

h/b	1.0	1.2	1.5	2.0	2.5	3.0	4.0	6.0	8.0	10
α	0.140	0.199	0.294	0.457	0.622	0.790	1.123	1.789	2.456	3.123
β	0.208	0.263	0.346	0.493	0.645	0.801	1.150	1.789	2.456	3.123
γ	1.000	0.930	0.858	0.796	0.767	0.753	0.745	0.743	0.743	0.743

【例 8-6】 矩形截面杆的尺寸及荷载如图 8-24 所示，材料的剪切弹性模量 $G=0.55\times10^3$ MPa，求：(1)横截面最大剪应力；(2)短边中点处的剪应力；(3)扭转角。

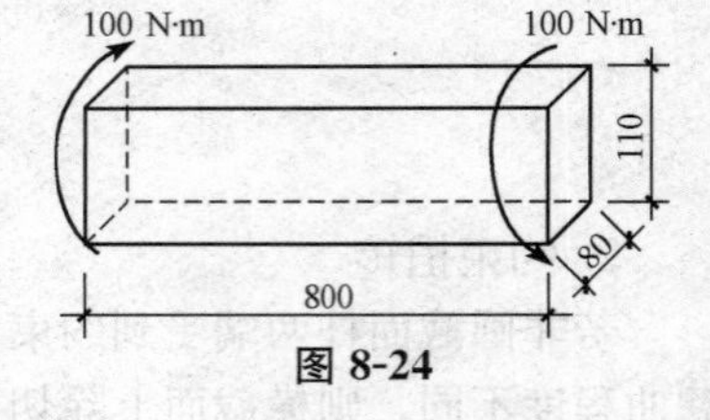

图 8-24

【解】 (1)轴内各横截面的扭矩相等，$T=100$ N·m。

由 $\frac{h}{b}=\frac{110}{80}=1.375$，查表 8-1(插值法)得

$$\alpha=0.294-(0.294-0.199)\times\frac{1.5-1.375}{1.5-1.2}=0.254\,4$$

$$\beta=0.346-(0.346-0.263)\times\frac{1.5-1.375}{1.5-1.2}=0.311\,4$$

$$\gamma=0.858-(0.858-0.930)\times\frac{1.5-1.375}{1.5-1.2}=0.888$$

因各横截面的剪应力分布相同，最大剪应力发生在长边中点。

$$\tau_{\max}=\frac{T}{\beta hb^2}=\frac{100\times10^3}{0.311\,4\times110\times80^2}=0.456(\text{MPa})$$

(2)短边中点处的剪应力。

$$\tau=\gamma\tau_{\max}=0.888\times0.456=0.405(\text{MPa})$$

(3)扭转角。

单位长度扭转角 $\theta=\frac{T}{G\alpha hb^3}=\frac{100\times10^3}{0.55\times10^3\times0.254\,4\times110\times80^3}=0.012\,7(\text{rad/m})$

全轴的扭转角 $\theta_{\max}=\frac{T}{G\alpha hb^3}l=\frac{100\times10^3}{0.55\times10^3\times0.2544\times110\times80^3}\times800=0.01(\text{rad})$

本章小结

剪切变形是杆件的基本变形之一。其是指杆件受到一对垂直于杆轴方向的大小相等、方向相反、作用线相距很近的外力作用所引起的变形。构件在受剪切的同时，在两构件的接触面上，因互相压紧会产生局部受压，称为挤压。在垂直于杆件轴线的两个平面内，受到一对大小相等、方向相反的力偶作用时，杆件就会产生扭转变形。构件在发生剪切、挤压、扭转变形时的应力计算和强度、刚度条件的分析是本章内容的重点。

思考与练习

1. 厚度 $\delta=6$ mm 的两块钢板用三个铆钉连接，如图 8-25 所示，已知 $P=50$ kN，连接件的许用剪应力 $[\tau]=100$ MPa，$[\sigma_c]=280$ MPa，试确定铆钉直径 d。

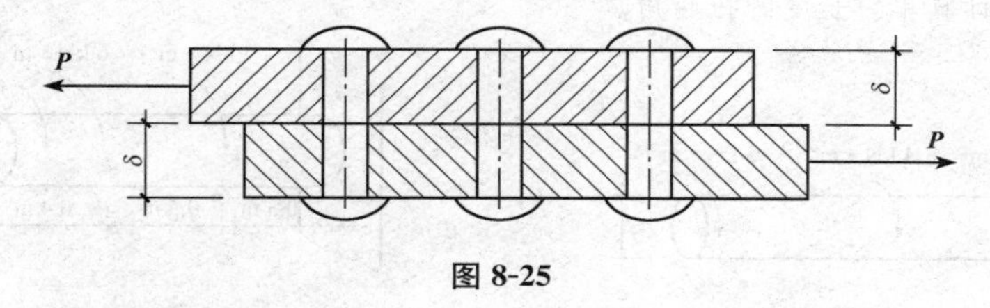

图 8-25

2. 图 8-26 所示的铆钉连接接头中，已知 $P=60$ kN，$t=12$ mm，$b=80$ mm，铆钉材料的许用剪应力 $[\tau]=140$ MPa，许用挤压应力 $[\sigma_c]=300$ MPa，板的许用拉应力 $[\sigma]=160$ MPa，试分别校核铆钉和板的强度。

3. 图 8-27 所示的铆接接头中，已知 $P=220$ kN，$t=22$ mm，$t_1=14$ mm，$b=140$ mm。已知铆钉直径 $d=16$ mm，铆钉材料的许用剪应力 $[\tau]=140$ MPa，许用挤压应力 $[\sigma_c]=300$ MPa，板的许用拉应力 $[\sigma]=160$ MPa，试校核该接头的强度。

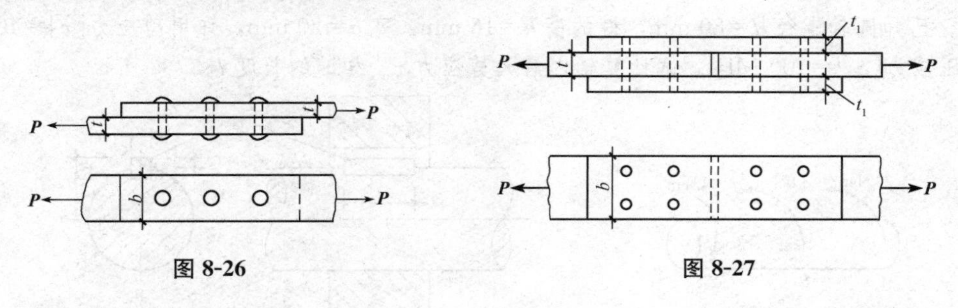

图 8-26　　图 8-27

4. 图 8-28 所示的销钉连接中，已知 $P=40$ kN，$t=20$ mm，$t_1=12$ mm，销钉材料的许用剪应力 $[\tau]=60$ MPa，许用挤压应力 $[\sigma_c]=120$ MPa，试计算销钉所需直径。

5. 如图 8-29 所示，某实心圆轴的直径 $d=50$ mm，其两端受到 1 kN·m 的外力偶作用，已知材料的剪切弹性模量 $G=8\times10^4$ MPa，试计算横截面上 A、B、C 三点的剪切应力的大小和方向。

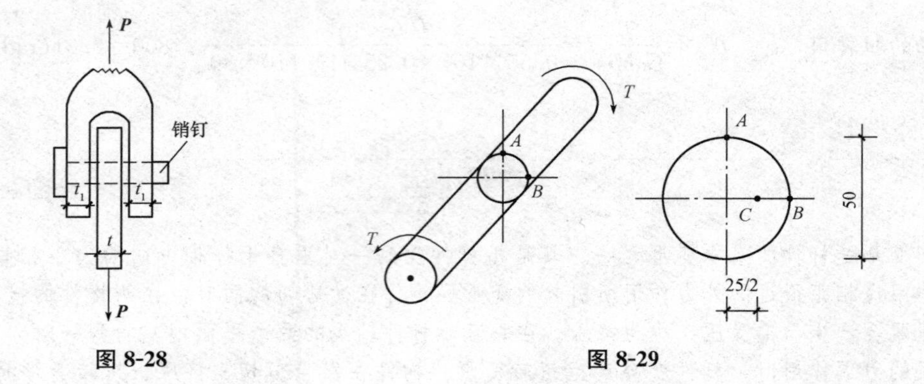

图 8-28

图 8-29

6. 为使空心圆轴的重量减轻 20%，现用外径为内径两倍的空心圆轴代替，若实心圆轴的最大剪切应力为 60 MPa，请问空心圆轴的最大切应力等于多少？

7. 如图 8-30 所示，某受扭圆杆的直径 d=60 mm，材料的许用剪应力$[\tau]$=40 MPa，试校核该圆杆的强度。

8. 图 8-31 所示的受扭圆杆，d=60 mm，材料的剪切弹性模量 $G=8\times10^4$ MPa，试计算 B、C 两截面的相对扭转角和 D 截面的扭转角。若将该实心圆轴制成空心圆轴，其外径 D=100 mm，内径 d=80 mm，试计算单位长度的扭转角。

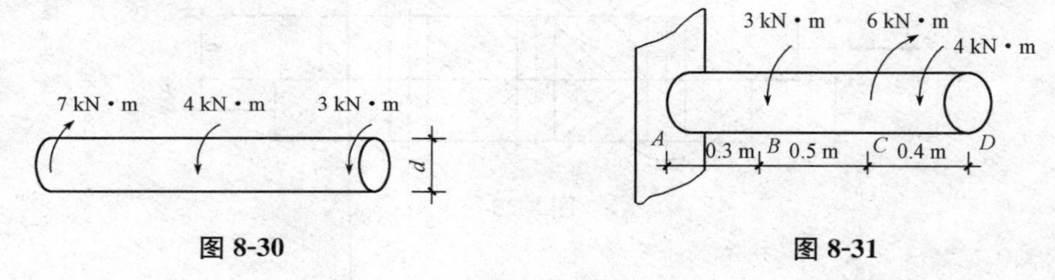

图 8-30

图 8-31

9. 如图 8-32 所示，某受扭圆杆，已知材料的许用剪应力$[\tau]$=40 MPa，剪切弹性模量 $G=8\times10^4$ MPa，许用扭转角$[\theta]$=0.8°/m。

(1)若圆杆为实心截面，试求杆所需的直径 d；

(2)若改用空心截面，其内、外直径比 d/D=0.8，试求杆所需的内、外直径 d 和 D。

10. 如图 8-33 所示，某齿轮通过键与圆轴连接。圆轴转动时传递功率为 70 kW，转速为 200 r/s。已知圆轴直径 d=80 mm，键的高 h=16 mm，宽 b=20 mm，许用剪应力$[\tau]$=40 MPa，许用挤压应力$[\sigma_c]$=100 MPa。试计算轴内最大剪应力 τ_{max} 和键的长度 l。

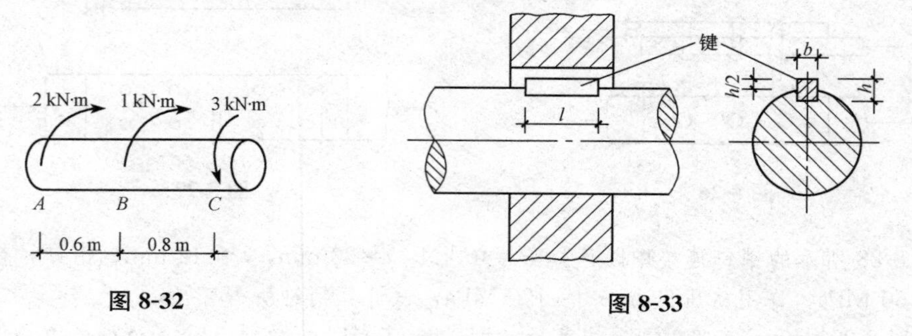

图 8-32

图 8-33

11. 图 8-34 所示的矩形截面钢杆，在两端受外力偶矩 T=4 kN · m 的作用，已知材料的许用剪应力$[\tau]=100$ MPa，剪切弹性模量$G=8\times10^4$ MPa，杆件的许用单位长度扭转角$[\theta]=1^\circ/\mathrm{m}$。试计算杆件内最大剪切应力的大小、位置，并校核杆件强度与刚度。

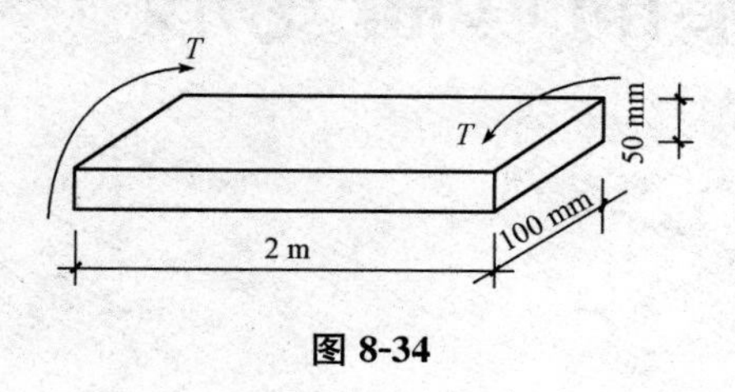

图 8-34

第九章　梁的弯曲变形

学习目标

熟悉梁弯曲变形的概念；掌握计算梁内力的方法，并掌握梁弯曲时强度、刚度条件及其计算方法。

能力目标

通过本章的学习，能够计算梁的内力，并能够对梁弯曲时的强度、刚度条件进行分析与计算。

第一节　梁弯曲变形的概念

当作用在直杆上的外力与杆轴线垂直时(通常称为横向力)，直杆的轴线将由原来的直线弯成曲线，这种变形称为**弯曲**。以弯曲变形为主的杆件通常称为梁。

在实际工程中产生弯曲变形的杆件很多。例如，房屋建筑中的楼面梁，如图 9-1(a)所示，受到楼面荷载的作用，将发生弯曲变形；阳台挑梁如图 9-1(b)所示，在阳台板重量等荷载作用下也将发生弯曲变形；其他如挡土墙、吊车梁、桥梁中的主梁，如图 9-1(c)所示；车轮辊轴等都是受弯构件。

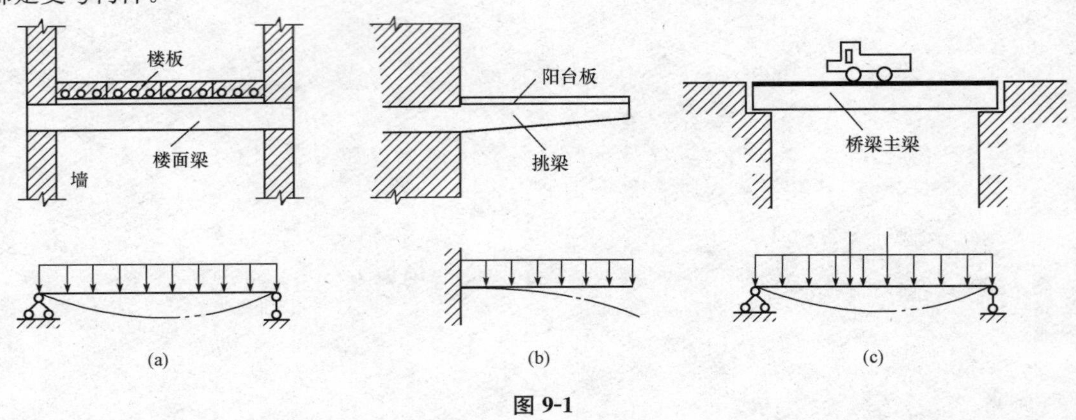

图 9-1

先来研究比较简单的情形，即梁的横截面具有对称轴，如图 9-2(a)所示，对称轴与梁的轴线所组成的平面称为**纵向对称面**，如图 9-2(b)所示。如果作用于梁上的外力(包括荷载和支座反力)都位于纵向对称面内，且垂直于轴线，梁变形后的轴线将变为纵向对称面内的一条平面曲线，这种弯曲变形称为**平面弯曲**。本部分只讨论平面弯曲时横截面上的内力。

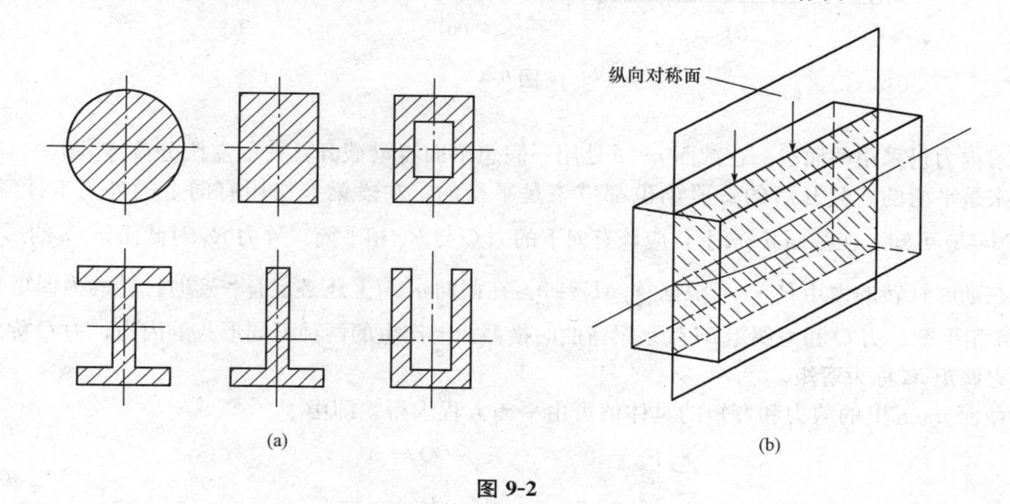

图 9-2

工程中常见的梁按支座情况分为下列三种典型形式：

(1)简支梁：一端铰支座，另一端为滚轴支座的梁，如图 9-3(a)所示。

(2)悬臂梁：一端为固定支座，另一端为自由的梁，如图 9-3(b)所示。

(3)外伸梁：梁身的一端或两端伸出支座的简支梁，如图 9-3(c)所示。

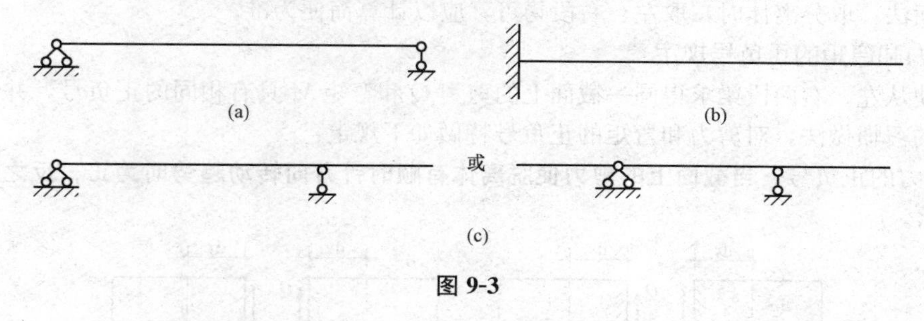

图 9-3

第二节 梁的内力——剪力和弯矩

一、截面法求内力

1. 剪力和弯矩的计算

图 9-4(a)所示为一简支梁，梁上作用有任意一组荷载，此梁在荷载和支反力共同作用下处于平衡状态，现讨论距左支座为 a 的横截面 $n—n$ 上的内力。

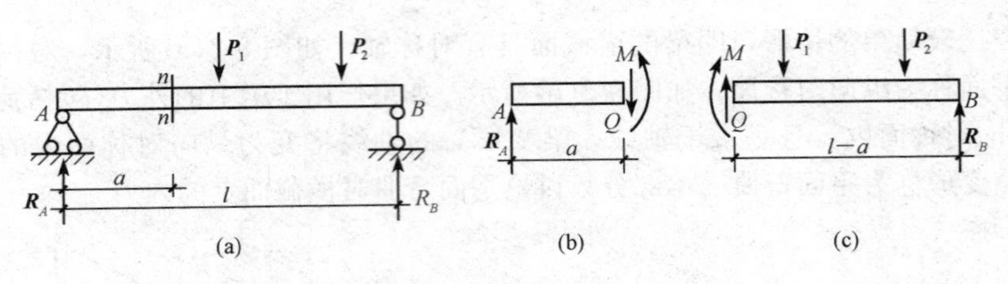

图 9-4

求内力仍采用截面法。在截面 $n—n$ 处用一假想平面将梁截开，并取左段分离体[图 9-4(b)]。梁原来是平衡的，截开后的每段梁也都应该是平衡的。左段梁上作用有向上的外力 R_A，根据 $\sum F_y = 0$ 可知，在截面 $n—n$ 上，应该有向下的力 Q 与 R_A 相平衡。外力 R_A 对截面 $n—n$ 的形心 O 又存在顺时针转的力矩 $R_A \cdot a$，根据 $\sum M_O = 0$，在截面 $n—n$ 上还必定有一逆时针转的力偶矩 M 与 $R_A \cdot a$ 相平衡。力 Q 和力偶矩 M 就是梁弯曲时横截面上产生的两种不同形式的内力，力 Q 称为**剪力**，力偶矩 M 称为**弯矩**。

截面 $n—n$ 上的剪力和弯矩的具体值可由平衡方程求得，即由

$$\begin{aligned} \sum F_y = 0 \qquad & R_A - Q = 0 \\ \sum M_O = 0 \qquad & M - R_A \cdot a = 0 \end{aligned} \tag{9-1}$$

分别得 $Q = R_A$；$M = R_A \cdot a$

截面 $n—n$ 上的内力值也可通过右段梁来求得，其结果与通过左段梁求得的完全相同，但方向与左段梁上的相反[图 9-4(c)]。

综上所述，梁横截面上一般产生两种形式的内力——剪力和弯矩，求剪力和弯矩的基本方法仍为截面法，取分离体时，取左、右段均可，应以计算简便为准。

2. 剪力和弯矩的正负号规定

为了使从左、右两段梁求得同一截面上的剪力 Q 和弯矩 M 具有相同的正负号，并考虑到土建工程上的习惯做法，对剪力和弯矩的正负号特做如下规定：

(1)剪力的正负号。**当截面上的剪力使脱离体有顺时针方向转动趋势时为正；反之为负**，如图 9-5 所示。

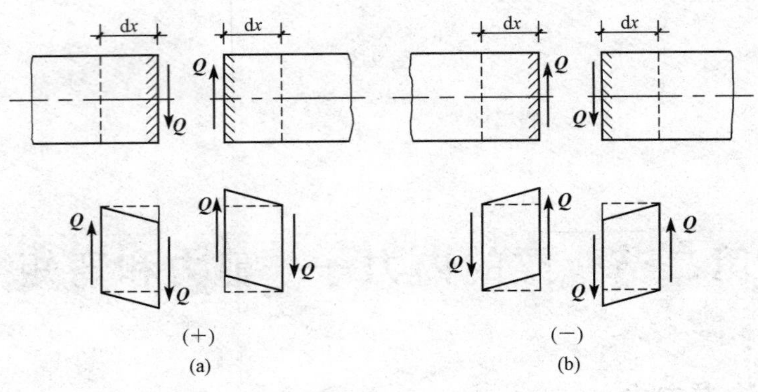

图 9-5

(2)弯矩的正负号。**当截面上的弯矩使脱离体凹面向上(使梁下部纤维受拉)时为正；反之为负**，如图 9-6 所示。

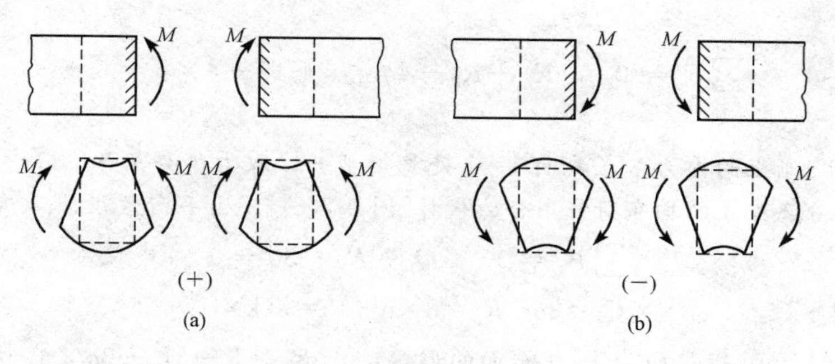

图 9-6

3. 用截面法计算指定截面上的剪力和弯矩

用截面法求指定截面上的剪力和弯矩的步骤如下：

(1)计算支座反力；

(2)用假想的截面在需求内力处将梁截成两段，取其中任一段为研究对象；

(3)画出研究对象的受力图(截面上的 Q 和 M 都先假设为正的方向)；

(4)建立平衡方程，解出内力。

【例 9-1】 简支梁受载如图 9-7(a)所示，试用截面法求截面 1—1 上的内力。

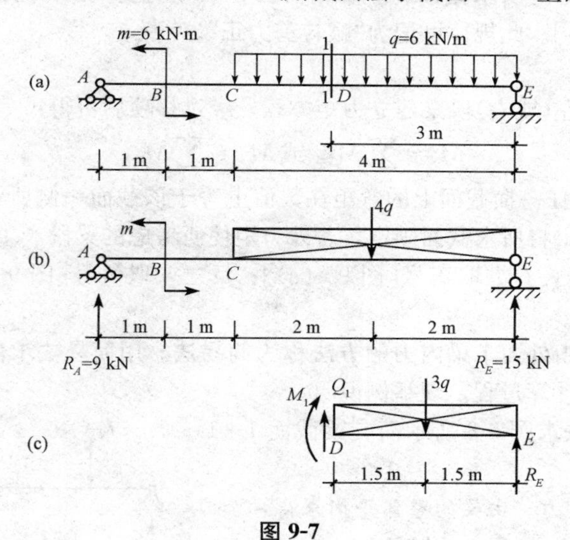

图 9-7

【解】 (1)求支反力。梁上无水平荷载，A 处水平反力为零。求竖向反力 R_A 和 R_B 时，将均布荷载用合力来代替，合力位于 CE 的中点处，其值为 $4q$[图 9-7(b)]。考虑梁的整体平衡，由平衡方程

$$\sum M_E = 0 \qquad 4q \times 2 + m - R_A \times 6 = 0$$

得

$$R_A = 9 \text{ kN}$$

$$\sum M_A = 0 \qquad R_E \times 6 + m - 4q \times 4 = 0$$

得

$$R_E = 15 \text{ kN}$$

校核：

$$\sum F_y = 0 \qquad R_A + R_B - 4q = 9 + 15 - 4 \times 6 = 0$$

反力计算无误。

(2)求截面1—1上的内力。在截面1—1处将梁截开，取右段分离体，Q_1、M_1的方向均按正号方向标出，分离体上的均布荷载用合力代替[图9-7(c)]。由平衡方程

$$\sum F_y = 0 \qquad Q_1 + R_E - 3q = 0$$

得
$$Q_1 = 3q - R_E = 3\times 6 - 15 = 3(\text{kN})$$

$$\sum M_O = 0(\text{矩心}O\text{为1—1截面的形心}) \qquad R_E \times 3 - M_1 - 3q \times 1.5 = 0$$

得
$$M_1 = R_E \times 3 - 3q \times 1.5 = 15 \times 3 - 3 \times 6 \times 1.5 = 18(\text{kN}\cdot\text{m})$$

二、简易法求内力

1. 计算剪力的规律

计算剪力是对截面左(或右)段梁建立投影方程，经过移项后可得：

$$Q = \sum F_{y\text{左}} \text{ 或 } Q = \sum F_{y\text{右}} \tag{9-2}$$

式(9-2)说明，**梁内任一横截面上的剪力在数值上等于该截面一侧所有外力在垂直于轴线方向投影的代数和。**若外力对所求截面产生顺时针方向转动趋势时，其投影取正号[图9-5(a)]；反之，取负号[图9-5(b)]。此规律可记为**"顺转剪力正"**。

2. 计算弯矩的规律

计算弯矩是对截面左(或右)段梁建立力矩方程，经过移项后可得：

$$M = \sum M_{C\text{左}} \text{ 或 } M = \sum M_{C\text{右}} \tag{9-3}$$

式(9-3)说明，梁内任一横截面上的弯矩在数值上等于该截面一侧所有外力(包括力偶)对该截面形心力矩的代数和。将所求截面固定，若外力矩使所考虑的梁段产生下凸弯曲变形时(即上部受压，下部受拉)，等式右方取正号[图9-6(a)]；反之，取负号[图9-6(b)]。此规律可记为**"下凸弯矩正"**。

利用上述规律直接由外力求梁内力的方法称为**简易法**。用简易法求内力可以省去画受力图和列平衡方程从而简化计算过程。现举例说明。

【例9-2】 用简易法求图9-8所示简支梁截面1—1上的剪力和弯矩。

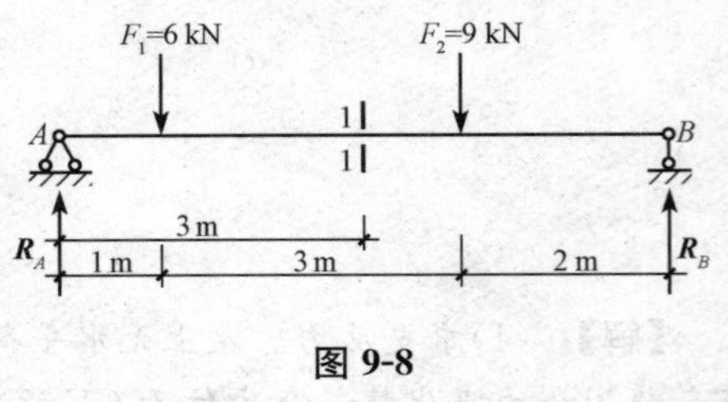

图9-8

【解】 (1)求支座反力。由梁的整体平衡求得：

$R_A = 8\ \text{kN}(\uparrow)$，$R_B = 7\ \text{kN}(\uparrow)$

(2)计算截面1—1上的内力。由截面1—1以左部分的外力来计算内力，根据"顺转剪力正"和"下凸弯矩正"得：

$$Q_1 = R_A - F_1 = 8 - 6 = 2(\text{kN})$$

$$M_1 = R_A \times 3 - F_1 \times 2 = 8 \times 3 - 6 \times 2 = 12(\text{kN}\cdot\text{m})$$

三、列方程作梁的内力图

为了计算梁的强度和刚度，除要计算指定截面的剪力和弯矩外，还必须知道剪力和弯矩沿梁轴线的变化规律，从而找到梁内剪力和弯矩的最大值及它们所在的截面位置。

为了形象地表示内力变化规律，通常将剪力和弯矩沿梁轴的变化规律用图形来表示，如以 x 为横坐标轴，以 Q 或 M 为纵坐标轴，可分别绘制 $Q=Q(x)$ 和 $M=M(x)$ 的图形。这种图形分别称为梁的剪力图和弯矩图。在土建工程中，习惯上将正剪力画在 x 轴上方，负剪力画在 x 轴下方；而将弯矩图画在梁受拉的一侧，即正弯矩画在 x 轴下方，负弯矩画在 x 轴上方，如图 9-9 所示。

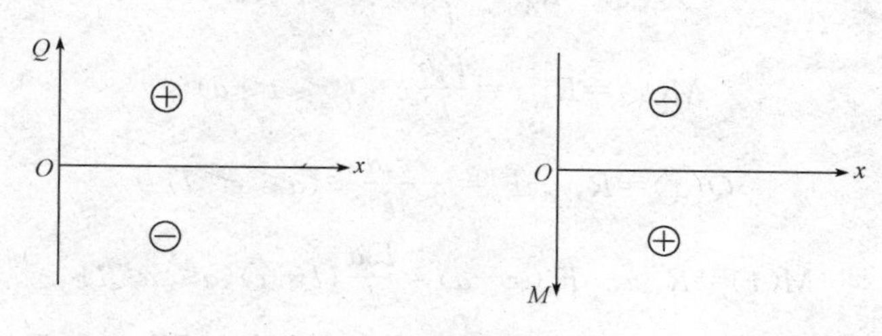

图 9-9

通常，将 $Q=Q(x)$ 和 $M=M(x)$ 分别称为梁的剪力方程和弯矩方程。

下面举例说明列剪力方程、弯矩方程及绘制剪力图、弯矩图的方法。

【例 9-3】 图 9-10(a)所示的简支梁，试作梁的剪力图和弯矩图。

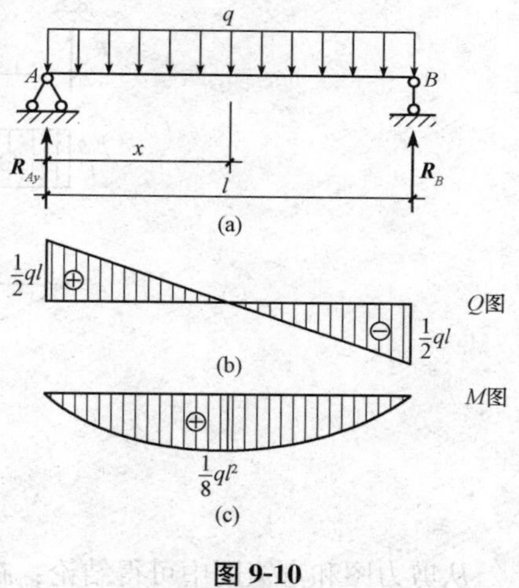

图 9-10

【解】 (1)求支座反力。由对称性可知：

$$R_{Ay}=R_B=\frac{1}{2}ql(\uparrow)$$

(2)列剪力方程和弯矩方程。取梁的左端为坐标原点，则

$$Q(x)=\frac{1}{2}ql-qx \qquad (0\leqslant x\leqslant l)$$

$$M(x)=\frac{1}{2}qlx-\frac{1}{2}qx^2 \qquad (0\leqslant x\leqslant l)$$

(3)画剪力图和弯矩图。由剪力方程可知，剪力图为一斜直线，此直线可通过两点画出：

当 $x=0$ 时，$Q=\frac{1}{2}ql$；当 $x=l$ 时，$Q=-\frac{1}{2}ql$

作剪力图如图 9-10(b)所示。

由弯矩方程可知，弯矩图为一抛物线，此抛物线至少需要知道三点的值才能确定。

当 $x=0$ 时，$M(x)=0$；当 $x=l$ 时，$M(x)=0$

当 $x=l/2$ 时，$M(x)=\frac{1}{2}ql\cdot\left(\frac{l}{2}\right)-\frac{1}{2}q\left(\frac{l}{2}\right)^2=\frac{1}{8}ql^2$

所作弯矩图如图 9-10(c)所示。

从剪力图和弯矩图中可得结论：**在均布荷载作用的梁段，剪力图为斜直线，弯矩图为二次抛物线。在剪力等于零的截面上弯矩有极值。**

【例 9-4】 图 9-11(a)所示的简支梁在 C 处受集中力 F_P 作用，试绘制梁的剪力图和弯矩图。

【解】 (1)求支座反力。

由 $\sum M_A=0$ 和 $\sum M_B=0$ 分别求得：

$$R_B=\frac{F_pa}{l}(\uparrow)\qquad R_{Ay}=\frac{F_pb}{l}(\uparrow)$$

(2)列剪力方程和弯矩方程。由于在截面 C 处作用集中力 F_p，故将梁分成 AC 和 CB 两段，则：

AC 段
$$Q(x)=R_{Ay}=\frac{F_pb}{l}\quad(0\leqslant x\leqslant a)$$

$$M(x)=R_{Ay}x=\frac{F_pb}{l}x\quad(0\leqslant x\leqslant a)$$

CB 段
$$Q(x)=R_{Ay}-F_p=-\frac{F_pa}{l}\quad(a\leqslant x\leqslant l)$$

$$M(x)=R_{Ay}x-F_p(x-a)=\frac{F_pa}{l}(l-x)(a\leqslant x\leqslant l)$$

(3)画剪力图和弯矩图。由剪力方程和弯矩方程作梁的剪力图和弯矩图，分别如图 9-11(b)、(c)所示。从图中可以看出，在集中力作用处，剪力图发生突变，突变量等于该集中力的大小。

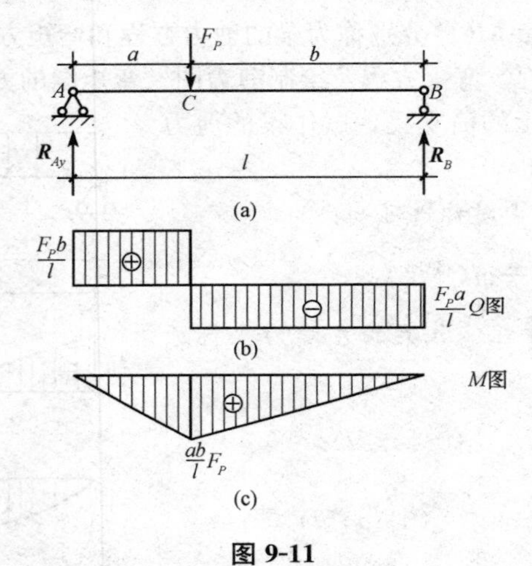

图 9-11

从剪力图和弯矩图中可得结论：**在无荷载梁段剪力图为平行线，弯矩图为斜直线。在集中力作用处，左右截面上的剪力图发生突变，其突变值等于该集中力的大小，突变方向与该集中力的方向一致；而弯矩图出现转折，即出现尖点，尖点方向与该集中力方向一致。**

【例 9-5】 图 9-12(a)所示的简支梁在截面 C 处受集中力偶作用，试作梁的剪力图和弯矩图。

【解】 (1)求支座反力。由 $\sum M_A=0$ 和 $\sum M_B=0$ 求得结果为

$$R_A=R_B=\frac{m}{l}$$

方向如图 9-12(a)中所示。

剪力表达式为

$$Q(x)=-R_A=-\frac{m}{l}$$

该式适用于全梁，剪力图如图 9-12(b)所示。

(2)列弯矩方程，画弯矩图。由于 C 处有集中力偶，弯矩表达式应分段列出。

AC 段 $$M(x_1)=-R_A x_1=-\frac{m}{l}x_1$$

CB 段 $$M(x_2)=R_B(l-x_2)=\frac{m}{l}(l-x_2)$$

两表达式均为 x 的一次函数，弯矩图为两段斜直线，通过

$$\begin{cases}x_1=0,\ M_A=0\\ x_1'=a,\ M_{C左}=-\dfrac{a}{l}m\end{cases}\qquad \begin{cases}x_2=a,\ M_{C右}=\dfrac{b}{l}m\\ x_2'=l,\ M_B=0\end{cases}$$

画出梁的弯矩图，如图 9-12(c)所示。

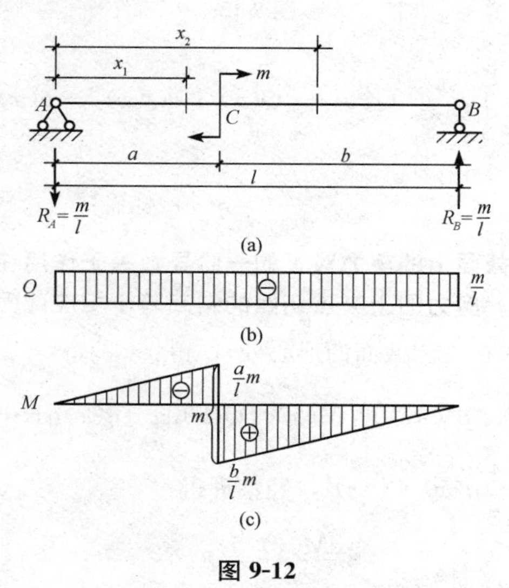

图 9-12

由图 9-12(c)看到，在集中力偶作用处(C 处)，弯矩图不连续，C 左侧截面的弯矩值为 $-\frac{a}{l}m$，C 右侧截面的弯矩值为 $\frac{b}{l}m$，弯矩图在 C 点发生了“突变”，且突变的绝对值为 $\frac{a}{l}m+\frac{b}{l}m=m$。此现象也是普遍情况，由此可得结论：**在集中力偶作用处，弯矩图发生突变，突变值等于该力偶的力偶矩。**因此，当说明集中力偶作用处的弯矩时，必须指明是集中力偶的左侧截面还是右侧截面，两者是不同的。

四、简易法作梁的内力图

1. 荷载集度 q、剪力 Q 与弯矩 M 之间的微分关系

由于内力是由梁上的荷载引起的，而荷载集度、剪力和弯矩又都是 x 的函数，因此，三者之间一定存在着某种联系，下面具体推导三者之间的关系。

如图 9-13(a)所示，梁上作用有任意的分布荷载 $q(x)$；设 $q(x)$ 以向上为正，向下为负，取梁中的微段来研究。在距左端为 x 处，截取长为 dx 的微段梁，该微段梁左侧横截面上的剪力和弯矩分别为 $Q(x)$ 和 $M(x)$，右侧横截面上的剪力和弯矩则分别为 $Q(x)+dQ(x)$ 和 $M(x)+dM(x)$。此微段梁除两侧面存在剪力、弯矩外，在上面还作用有分布荷载。由于 dx 很微小，可不考虑 $q(x)$ 沿 dx 的变化而在微段上将其看成均布荷载。

梁处于平衡状态，截取的微段梁也应该是平衡的。由平衡方程

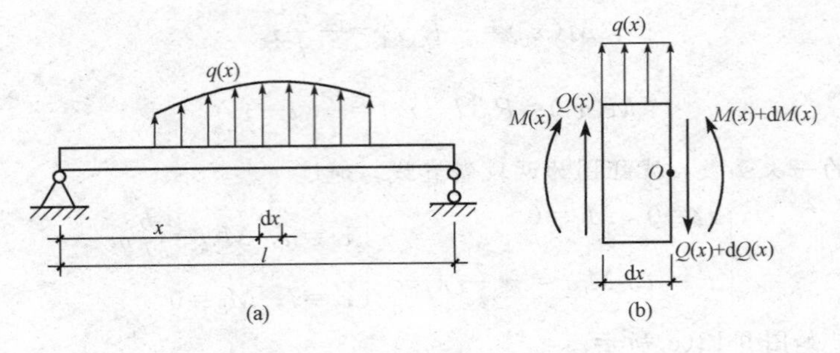

图 9-13

$$\sum F_y = 0 \qquad Q(x) - [Q(x) + \mathrm{d}Q(x)] + q(x)\mathrm{d}x = 0$$

经整理得：

$$\frac{\mathrm{d}Q(x)}{\mathrm{d}x} = q(x) \tag{9-4}$$

结论一：梁上任意一横截面上的剪力对 x 的一阶导数等于作用在该截面处的分布荷载集度。这一微分关系的几何意义是，剪力图上某点切线的斜率等于相应截面处的分布荷载集度。

由 $\sum M_O = 0$(矩心 O 取在右侧截面的形心处)，得：

$$[M(x) + \mathrm{d}M(x)] - M(x) - Q(x)\mathrm{d}x - q(x)\mathrm{d}x \cdot \frac{\mathrm{d}x}{2} = 0$$

略去式中的二次微量项 $\frac{1}{2}q(x)\cdot(\mathrm{d}x)^2$，经整理得：

$$\frac{\mathrm{d}M(x)}{\mathrm{d}x} = Q(x) \tag{9-5}$$

结论二：梁上任一横截面上的弯矩对 x 的一阶导数等于该截面上的剪力。这一微分关系的几何意义是弯矩图上某点切线的斜率等于相应截面上的剪力。

由式(9-5)和式(9-4)又可得

$$\frac{\mathrm{d}^2 M(x)}{\mathrm{d}x^2} = q(x) \tag{9-6}$$

结论三：梁上任一横截面上的弯矩对 x 的二阶导数等于该截面处的分布荷载集度。这一微分关系的几何意义是，弯矩图上某点的曲率等于相应截面处的荷载集度，即由分布荷载集度的正负可以确定弯矩图的凹凸方向。

2. 用微分关系法绘制剪力图和弯矩图

利用弯矩、剪力与荷载集度之间的微分关系及其几何意义，可总结出下列一些规律，以用来校核或绘制梁的剪力图和弯矩图。

(1)梁上无分布荷载，即 $q(x)=0$ 的情况：剪力图为一平直线，弯矩图为一斜直线。

由式(9-4)可知，$Q(x)$是常数，即剪力图是一条平行于 x 轴的直线；又由式(9-5)可知该段弯矩图上各点切线的斜率为常数，因此，弯矩图是一条斜直线。

(2)梁上有均布荷载，即 $q(x)=q_0$(常数)的情况：剪力图为一斜直线，弯矩图为二次抛物线。当均布荷载向下时，弯矩图为向下凸的曲线；当均布荷载向上时，弯矩图为向上凸的曲线，如图 9-14 所示。

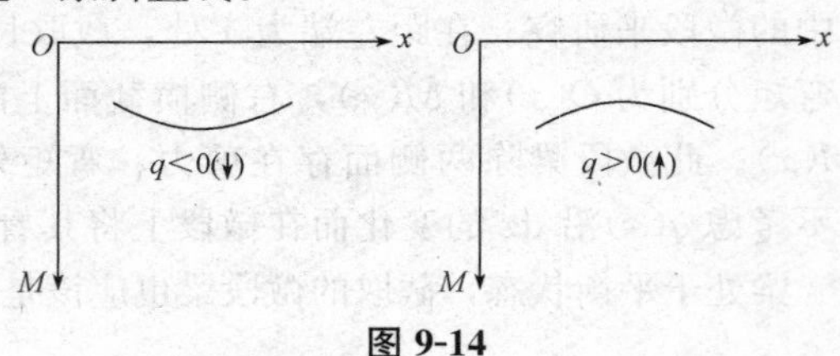

图 9-14

(3)在梁的某段上，若剪力为正值，弯矩曲线下降；若剪力为负值，弯矩曲线上升；若剪力图下降，弯矩图向下凸；若剪力图上升，弯矩图向上凸。

(4)在弯矩图上对应于截面剪力为零的点，存在弯矩极值。

(5)在集中力作用处，剪力图发生突变，突变量等于集中力的大小；弯矩图发生转折，并出现尖角。在集中力偶作用处，剪力图无变化；弯矩图有突变，其突变值等于该集中力偶的大小。

(6)最大弯矩的绝对值，可能在 $Q(x)=0$ 的截面上，也可能在集中力或集中力偶作用处。

根据以上规律，如果已知梁上的外力情况，则可知道内力图的形状，并可用控制截面将梁分成几段，只要计算出各控制截面的剪力和弯矩值，就可以画出梁的内力图，而不必列出内力方程。这种方法一般称为**控制截面法**，或称**简易法**。

用简易法绘制梁内力图的步骤如下：

(1)分段，即根据梁上外力及支承等情况将梁分成若干段；

(2)根据各段梁上的荷载情况，判断其剪力图和弯矩图的大致形状；

(3)利用计算内力的简便方法，直接求出若干控制截面上的 Q 值和 M 值；

(4)逐段直接绘出梁的 Q 图和 M 图。

【例 9-6】 某外伸梁如图 9-15(a)所示，已知 $l=4$ m，试用简易法绘制此梁的剪力图和弯矩图。

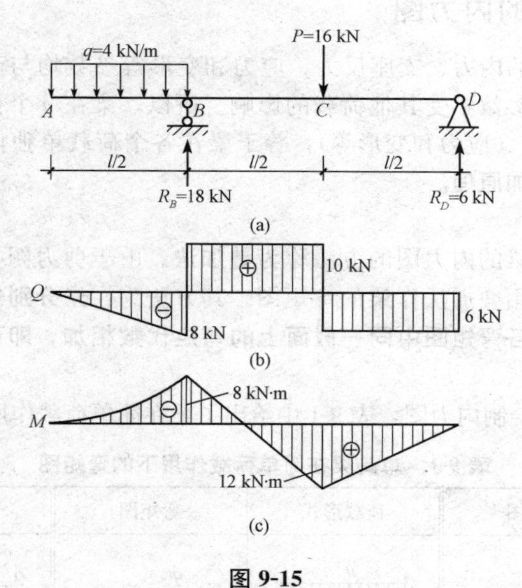

图 9-15

【解】 首先，求出支反力。其结果为

$$R_B=18\ \text{kN},\ R_D=6\ \text{kN}$$

画剪力图和弯矩图时，需根据梁上的外力情况将梁分段，逐段画出。此题应将梁分为 AB、BC 和 CD 三段。

(1)剪力图。AB 段梁上有均布荷载，该段梁的剪力图为斜直线，通过

$$Q_A=0,\ Q_{B左}=-\frac{1}{2}ql=-8\ \text{kN}$$

画出该斜直线。

BC 段和 CD 段均为无外力段，两段的剪力图均为水平线，通过

$$Q_{BC}=-\frac{1}{2}ql+R_B=10\ \text{kN},\ Q_{CD}=-R_D=-6\ \text{kN}$$

分别画出两段水平线。梁的剪力图如图 9-15(b)所示。

(2)弯矩图。AB 段梁上有均布荷载。该段梁的弯矩图为二次曲线。因 q 向下($q<0$)，所以曲线凹向上，通过

$$M_A=0,\ M_B=-\frac{1}{2}ql\cdot\frac{l}{4}=-8\ \text{kN}\cdot\text{m}$$

画出此曲线的大致图形。

BC 段和 CD 段均为无外力段，两段的弯矩图均为斜直线，通过

$$\begin{cases}M_B=-8\ \text{kN}\cdot\text{m}\\ M_C=R_D\cdot\dfrac{l}{2}=12\ \text{kN}\cdot\text{m}\end{cases}\qquad\begin{cases}M_C=12\ \text{kN}\cdot\text{m}\\ M_D=0\end{cases}$$

分别画出两条斜直线。

梁的弯矩图如图 9-15(c)所示。

从以上过程看到，对于本题，只需计算出 $Q_{B左}$、Q_{BC}、Q_{CD} 和 M_B、M_C 就可画出梁的剪力图和弯矩图。此种方法远比列剪力方程、弯矩方程再作图的方法简便。

五、叠加法作梁的内力图

在小变形条件下，梁的内力、支座反力、应力和变形等参数均与荷载呈线性关系，每一荷载单独作用时引起的某一参数不受其他荷载的影响。所以，梁在 n 个荷载共同作用时所引起的某一参数(内力、支座反力、应力和变形等)，等于梁在各个荷载单独作用时所引起同一参数的代数和，这种关系称为**叠加原理。**

1. 叠加法画弯矩图

根据叠加原理来绘制梁的内力图的方法称为**叠加法**。由于剪力图一般比较简单，因此不用叠加法绘制。下面只讨论用叠加法作梁的弯矩图。其方法为：**先分别做出梁在每一个荷载单独作用下的弯矩图，然后将各弯矩图中同一截面上的弯矩代数相加，即可得到梁在所有荷载共同作用下的弯矩图。**

为了便于应用叠加法绘制内力图，表 9-1 中给出了梁在简单荷载作用下的弯矩图，可供查用。

表 9-1　单跨梁在简单荷载作用下的弯矩图

荷载形式	弯矩图	荷载形式	弯矩图	荷载形式	弯矩图
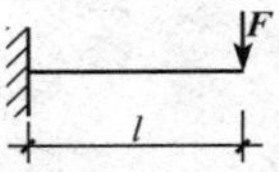 F, l	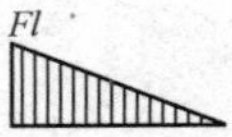 Fl	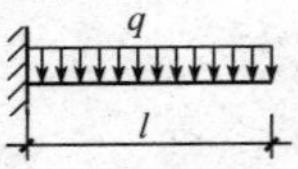 q, l	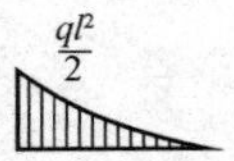 $\frac{ql^2}{2}$	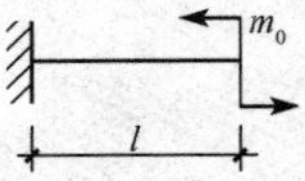 m_0, l	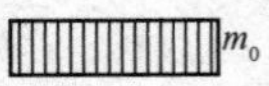 m_0
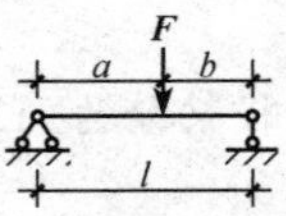 F, a, b, l	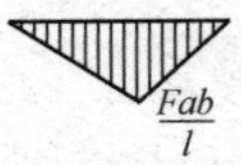 $\frac{Fab}{l}$	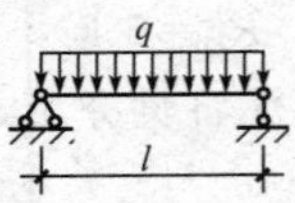 q, l	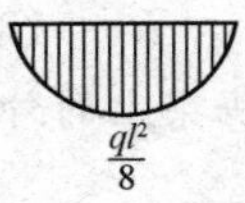 $\frac{ql^2}{8}$	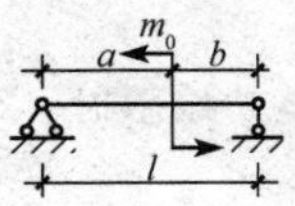 m_0, a, b, l	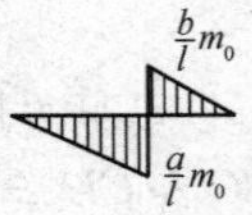 $\frac{b}{l}m_0$, $\frac{a}{l}m_0$
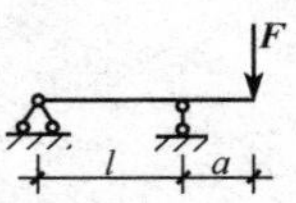 F, l, a	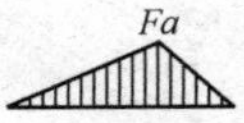 Fa	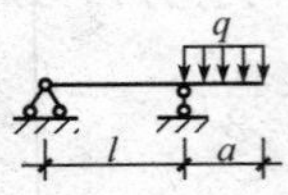 q, l, a	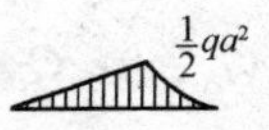 $\frac{1}{2}qa^2$	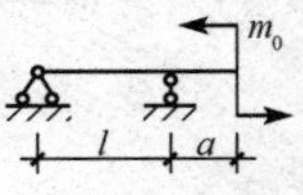 m_0, l, a	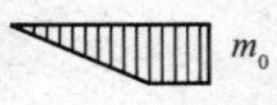 m_0

【例 9-7】 试用叠加法绘制简支梁的弯矩图。

【解】 如图 9-16(a)所示，简支梁 AB 上的荷载是由均布荷载 q 和跨中的集中荷载 F 组合而成，根据表 9-1 所示简支梁在均布荷载 q 和跨中的集中荷载 F 单独作用下的弯矩图，将对应图形叠加便可得到简支梁的弯矩图，如图 9-16(b)所示。

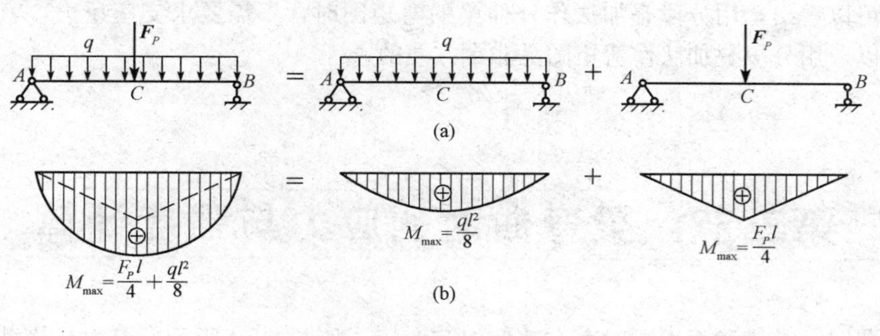

图 9-16

注意：当遇到叠加两个异号图形时，可在基线的同一侧相加，这样可使图形重叠部分互相抵消，而剩下的便是所求得的图形，如图 9-17 所示。

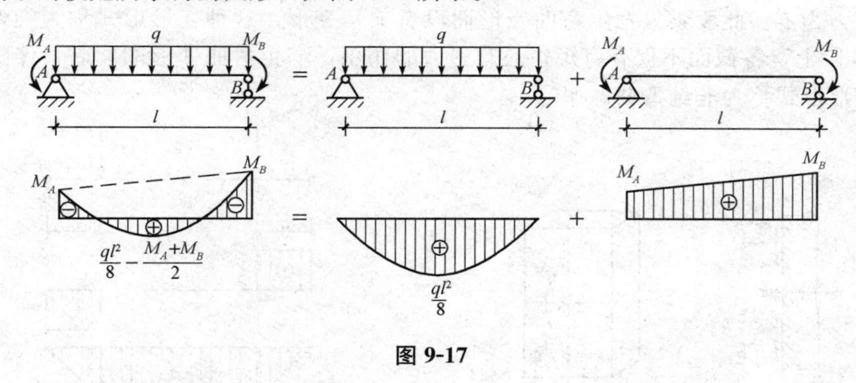

图 9-17

2. 分段叠加法求梁段的弯矩图

当梁上的荷载分布比较复杂时，可以采用分段叠加法求梁的弯矩图，方法是：**用控制截面将梁分成几段，先求得各控制截面的弯矩值，在弯矩图上将各控制截面弯矩值以虚直线相连；然后以虚直线为基线，叠加以对应长度为跨度的相应简支梁在跨间荷载作用下的弯矩图。**

【例 9-8】 试作图 9-18 所示外伸梁的弯矩图。

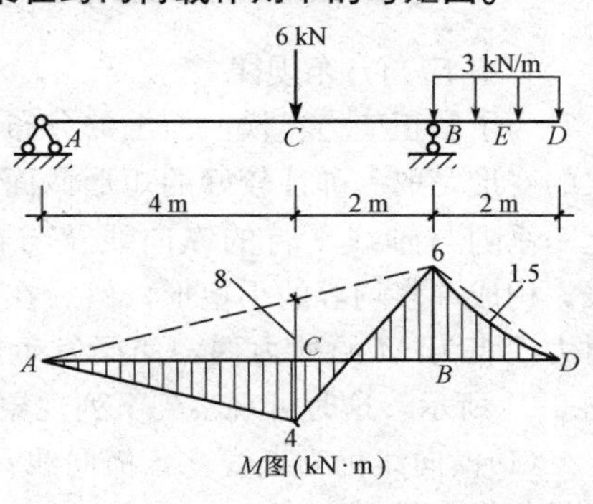

图 9-18

【解】 (1)分段。将梁分为 AB、BD 两个区段。

(2)计算控制截面弯矩。

$$M_A=0$$

$$M_B=-3\times2\times1=-6(\text{kN}\cdot\text{m})$$

$$M_D=0$$

AB 区段 C 点处的弯矩叠加值为

$$\frac{Fab}{l}=\frac{6\times4\times2}{6}=8(\text{kN}\cdot\text{m})$$

$$M_C=\frac{Fab}{l}-\frac{2}{3}M_B=8-\frac{2}{3}\times6=4(\text{kN}\cdot\text{m})$$

BD 区段中点 *E* 的弯矩叠加值为

$$M_E=\frac{M_B}{2}-\frac{ql^2}{8}=\frac{6}{2}-\frac{3\times2^2}{8}=1.5(\mathrm{kN\cdot m})$$

(3)作 *M* 图，如图 9-18 所示。

由上例可以看出，用分段叠加法作外伸梁的弯矩图时，不需要求支座反力，就可以画出其弯矩图。所以，用分段叠加法作弯矩图是非常方便的。

第三节　梁弯曲时的应力与强度计算

当梁弯曲时，其横截面上同时存在着剪力和弯矩，如图 9-19 所示。剪力是横截面切向内力元素 $\tau\mathrm{d}A$ 的合力；弯矩是横截面切向内力元素 $\sigma\mathrm{d}A$ 的合力偶矩。所以，梁横截面上同时存在着正应力 σ 和剪应力(切应力)τ。

图 9-20 所示为一矩形截面简支梁。在给定荷载作用下，在梁的 *CD* 段上，各截面的弯矩为一常数，剪力为零。此段梁只发生弯曲变形而没有剪切变形，这种变形形式称为**纯弯曲**。在梁的 *AC*、*DB* 段上，各截面不仅有弯矩，还有剪力的作用，产生弯曲变形的同时，伴随有剪切变形，这种变形形式称为**非纯弯曲**。

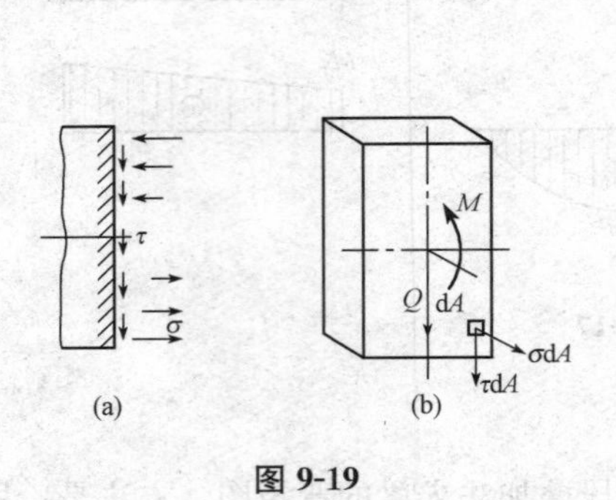

图 9-19

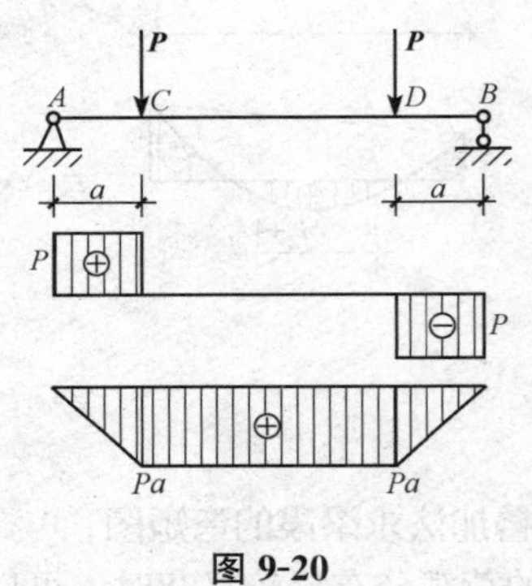

图 9-20

一、弯曲正应力及强度计算

1. 正应力分布规律

为了解正应力在横截面上的分布情况，可先观察梁的变形，取一弹性较好的矩形截面梁，在其表面画上一系列与轴线平行的纵向线及与轴线垂直的横向线，构成许多均等的小矩形，然后在梁的两端施加一对力偶矩为 *M* 的外力偶，使梁发生纯弯曲变形，如图 9-21 所示，这时可观察到下列现象：

(1)横向线仍为直线，各横向线只是作相对转动，但仍与纵向线正交。

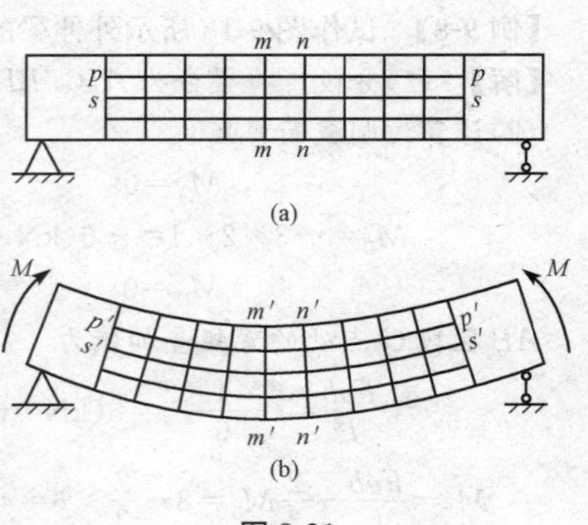

图 9-21

(2)纵向线变为曲线，靠顶面的纵向线缩短，靠

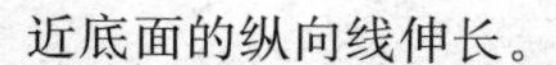

近底面的纵向线伸长。

(3)在纵向线伸长区，梁的宽度减小；在纵向线缩短区，梁的宽度增大。

根据以上变形现象，可对梁的变形和受力做如下分析和假设：

(1)**平面假设**：梁的横截面在变形后，仍保持为平面，且仍与梁的轴线正交，只是转了一个角度。横截面上各点均无剪应变，故纯弯曲时，横截面上无剪应力。

(2)**单向受力假设**：各纵向"纤维"之间无积压或拉伸作用。上部各层纵向纤维缩短，下部各层纵向纤维伸长。由于变形的连续性，中间必有一层既不缩短也不伸长，这一过渡层称为**中性层**。中性层与横截面的交线称为**中性轴**。梁弯曲时横截面就是绕中性轴转动的。

2. 正应力计算公式

如图 9-22 所示，根据理论推导(推导从略)，梁弯曲时横截面上任一点正应力的计算公式为

$$\sigma=\frac{M}{I_z}y \tag{9-7}$$

式中 M——横截面上的弯矩；

I_z——截面对中性轴的惯性矩；

y——所求应力点至中性轴的距离。

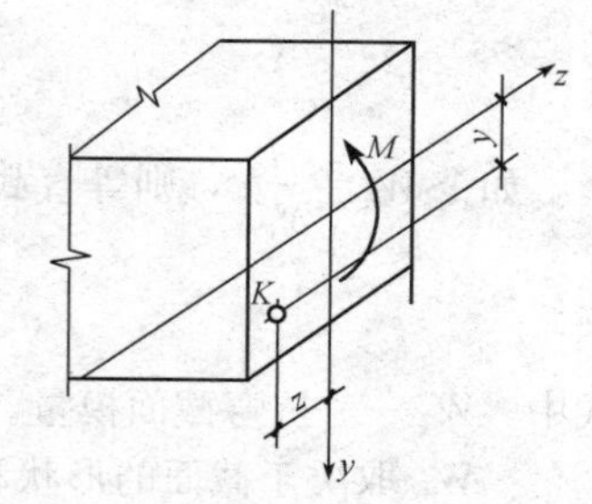

图 9-22

当弯矩为正时，梁下部纤维伸长，故产生拉应力；上部纤维缩短而产生压应力。弯矩为负时，则相反。在用式(9-7)计算正应力时，可不考虑式中 M 和 y 的正负号，均以绝对值代入；正应力是拉应力还是压应力可由观察梁的变形来判断。

这里需要说明的是：

(1)式(9-7)除适用于矩形截面梁外，也适用于所有横截面形状对称于 y 轴的梁，如I形、T形、圆形截面梁等。

(2)式(9-7)是根据纯弯曲的情况导出的，而在实际工程中的梁，大多受横向力作用，截面上剪力、弯矩均存在。进一步的研究表明，剪力的存在对正应力分布规律的影响很小。因此，对非纯弯曲的情况，式(9-7)也是适用的。

【例 9-9】 长为 l 的矩形截面悬臂梁，在自由端处作用一集中力 F，如图 9-23 所示。已知 $F=3$ kN，$h=180$ mm，$b=120$ mm，$y=60$ mm，$l=3$ m，$a=2$ m，求 C 截面上 K 点的正应力。

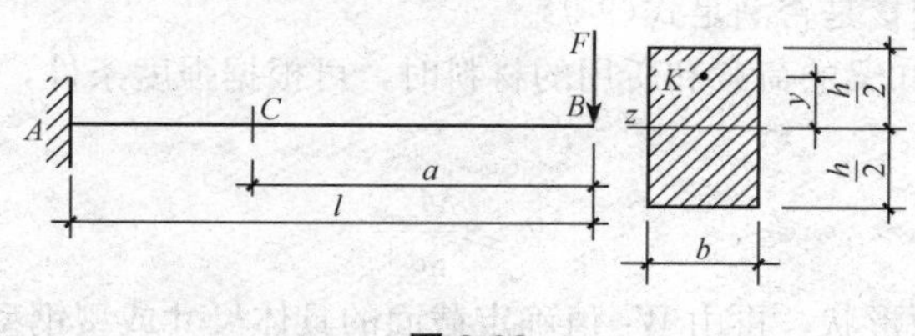

图 9-23

【解】 (1)计算截面 C 的弯矩。

$$M_C=-Fa=-3\times2=-6(\text{kN}\cdot\text{m})$$

(2)计算截面对中性轴的惯性矩。

$$I_z=\frac{bh^3}{12}=\frac{120\times180^3}{12}=58.32\times10^6(\text{mm}^4)$$

(3)计算 C 截面上 K 点的正应力。将 M_C、y(均取绝对值)及 I_z 代入正应力式(9-7)，得

$$\sigma_K=\frac{M_C y}{I_z}=\frac{6\times10^6\times60}{58.32\times10^6}=6.17(\text{MPa})$$

由于 C 截面的弯矩为负，K 点位于中性轴上方，所以 K 点的应力为拉应力。

3. 弯曲正应力强度条件

通过以上分析，梁的最大弯曲正应力发生在横截面上离中性轴最远的各点处，而该处的剪应力或为零，或很小，因而可看作是处于单向应力状态，所以，梁的弯曲正应力强度条件为

$$\sigma_{max}\leqslant[\sigma] \tag{9-8}$$

式中 $[\sigma]$——单向受力时的许用应力。

对于等截面直梁，则：

$$\sigma_{max}=\frac{M_{max}\cdot y_{max}}{I_z}$$

如令 $W_z=\dfrac{I_z}{y_{max}}$，则等直截面梁的弯曲正应力强度条件为

$$\sigma_{max}=\frac{M_{max}}{W_z}\leqslant[\sigma] \tag{9-9}$$

式中 W_z——抗弯截面模量。

W_z 取决于截面的形状和尺寸，其值越大，梁的强度就越好。

对矩形截面[图 9-24(a)]：

$$W_z=\frac{I_z}{y_{max}}=\frac{\frac{bh^3}{12}}{\frac{h}{2}}=\frac{bh^2}{6}$$

对圆形截面[图 9-24(b)]：

$$W_z=\frac{I_z}{y_{max}}=\frac{\pi d^4/64}{d/2}=\frac{\pi d^3}{32}$$

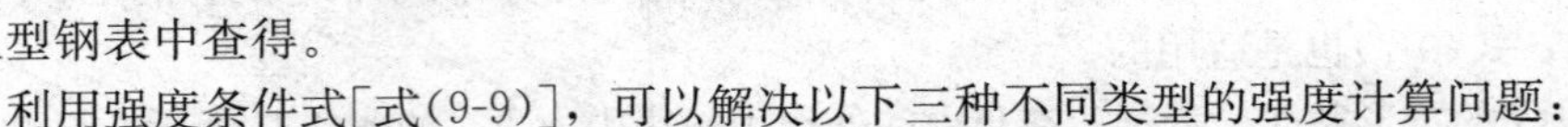

图 9-24

对于工字钢、槽钢、角钢等截面的抗弯截面模量可从型钢表中查得。

利用强度条件式[式(9-9)]，可以解决以下三种不同类型的强度计算问题：

(1)强度校核。在已知梁的横截面形状和尺寸、材料及所受荷载的情况下，可校核梁是否满足正应力强度条件，即校核是否满足式(9-9)。

(2)设计截面。当已知梁的荷载和所用的材料时，可根据强度条件，先计算出所需的最小抗弯截面模量：

$$W_z\geqslant\frac{M_{max}}{[\sigma]} \tag{9-10}$$

然后，根据梁的截面形状，再由 W_z 值确定截面的具体尺寸或型钢型号。

(3)确定许用荷载。已知梁的材料、横截面形状和尺寸，根据强度条件先计算出梁所能承受的最大弯矩，即

$$M_{max}\leqslant W_z[\sigma] \tag{9-11}$$

然后，由 M_{max} 与荷载的关系，计算出梁所能承受的最大荷载。

【例 9-10】 矩形截面外伸梁，如图 9-25 所示。已知：$h/b=1.5$，$[\sigma]=10$ MPa。试选择截面尺寸。

【解】 (1)作梁的弯矩图。由弯矩图知 $|M|_{max}=20$ kN·m，B 为危险截面。

(2)弯曲正应力强度条件。

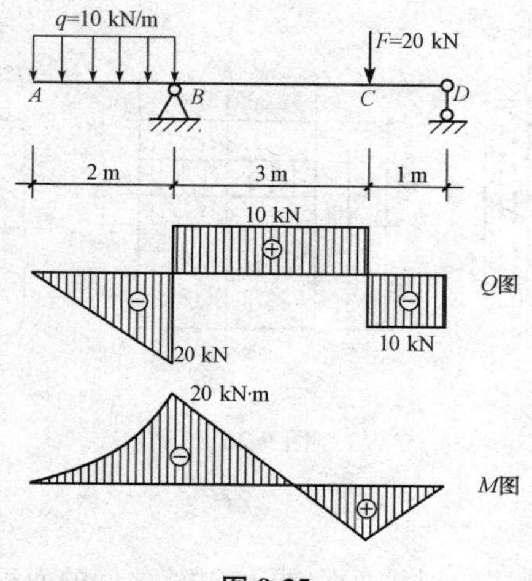

图 9-25

$$\sigma_{max}=\frac{M_{max}}{W_z}\leqslant[\sigma]$$

所以
$$W_z\geqslant\frac{M_{max}}{[\sigma]}=\frac{20\times10^3}{10\times10^6}=2\ 000\times10^{-6}(m^3)$$

又
$$W_z=\frac{bh^2}{6}=\frac{b\times(3/2\times b)^2}{6}=\frac{3}{8}b^3$$

即
$$\frac{3}{8}b^3\geqslant2\ 000$$

$$b\geqslant\sqrt[3]{\frac{8\times2\ 000}{3}}=17.47(cm)=174.7\ mm$$

取 $b=180$ mm，$h=300$ mm。

二、弯曲剪应力及强度计算

在工程中，大多数梁是在横向力作用下发生弯曲，横截面上的内力不仅有弯矩，而且还有剪力。因此，横截面上除具有正应力外，还具有剪应力。

一般情况下，梁的弯曲正应力是梁强度计算的主要依据，但在某些特殊情况下，如梁的跨度较小(短粗梁)或截面高而窄(薄壁梁)，弯矩较小而剪力较大的梁，其剪应力可能达到相当大的数值，就要求进行剪应力的强度计算。下面研究等直截面梁上的剪应力。

1. 矩形截面梁的剪应力

对于高度 h 大于宽度 b 的矩形截面梁，其横截面上的剪力 Q 沿 y 轴方向，如图 9-26(a)所示，现假设剪应力的分布规律如下：

(1)横截面上各点处的剪应力 τ 都与剪力 Q 方向一致；

(2)横截面上距中性轴等距离各点处剪应力大小相等，即沿截面宽度为均匀分布。

根据以上假设，可以推导出矩形截面梁横截面上任意一点处剪应力的计算公式为

$$\tau=\frac{QS_z^*}{I_zb} \tag{9-12}$$

式中　Q——横截面上的剪力；

I_z——横截面对中性轴的惯性矩；

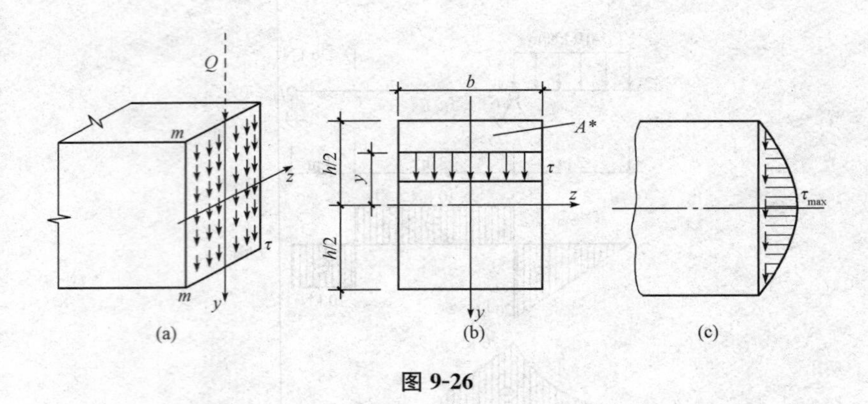

图 9-26

b——横截面的宽度；

S_z^*——所求应力点的水平线到截面下(或上)边缘之间的面积 A^* 对 z 轴的静矩。

如图 9-26(b)所示的截面，y_0 是面积为 A^* 的材料的形心纵坐标，则面积为 A^* 的材料对 z 轴的静矩为

$$S_z^* = A^* y_0 = b\left(\frac{h}{2}-y\right)\left[y+\left(\frac{h}{2}-y\right)/2\right] = \frac{b}{2}\left(\frac{h^2}{4}-y^2\right)$$

将上式及 $I_z = bh^3/12$ 代入式(9-12)，得：

$$\tau = \frac{6Q}{bh^3}\left(\frac{h^2}{4}-y^2\right) \tag{9-13}$$

式(9-13)表明，剪应力沿截面高度按二次抛物线规律变化[图 9-26(c)]。在截面的上、下边缘$\left(y=\pm\frac{h}{2}\right)$处的剪应力为零；在中性轴处($y=0$)的剪应力最大，其值为

$$\tau_{max} = \frac{3Q}{2bh} = \frac{3Q}{2A} \tag{9-14}$$

即矩形截面上的最大剪应力为截面上平均剪应力(Q/A)的 1.5 倍，发生在中性轴上。

【例 9-11】 一矩形截面简支梁如图 9-27 所示。已知 $l=3$ m，$h=160$ mm，$b=100$ mm，$h_1=40$ mm，$P=3$ kN，求截面 $m—m$ 上 K 点的剪应力。

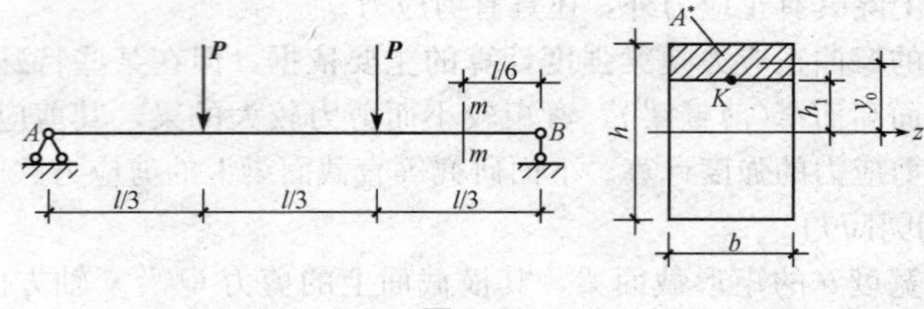

图 9-27

【解】 (1)求支座反力及截面 $m—m$ 上的剪力。

$$R_A = R_B = P = 3\ \text{kN}(\uparrow)$$

$$Q = -R_B = -3\ \text{kN}$$

(2)计算截面的惯性矩及面积 A^* 对中性轴的静矩分别为

$$I_z = \frac{bh^3}{12} = \frac{100\times160^3}{12} = 34.1\times10^6(\text{mm}^4)$$

$$S_z^* = A^* y_0 = 100 \times 40 \times 60 = 24 \times 10^4 (\mathrm{mm}^3)$$

(3)计算截面 m—m 上 K 点的剪应力。

$$\tau_K = \frac{QS_z^*}{I_z b} = \frac{3 \times 10^3 \times 24 \times 10^4}{34.1 \times 10^6 \times 100} = 0.21(\mathrm{MPa})$$

【例 9-12】 矩形截面梁($b \times h$)受均布荷载 q 作用，如图 9-28(a)所示，试求 $\sigma_{\max}$ 和 $\tau_{\max}$，并比较。

【解】 作剪力图和弯矩图，如图 9-28(b)、(c)所示。

$$Q_{\max} = \frac{1}{2}ql \qquad M_{\max} = \frac{1}{8}ql^2$$

则梁的最大正应力和最大剪应力分别为

$$\sigma_{\max} = \frac{M_{\max} \cdot y_{\max}}{I_z} = \frac{\dfrac{ql^2}{8} \cdot \dfrac{h}{2}}{\dfrac{bh^3}{12}} = \frac{3ql^2}{4bh^2}$$

$$\tau_{\max} = \frac{3Q_{\max}}{2A} = \frac{3 \times \dfrac{ql}{2}}{2bh} = \frac{3ql}{4bh}$$

两者比值为

$$\frac{\sigma_{\max}}{\tau_{\max}} = \frac{l}{h}$$

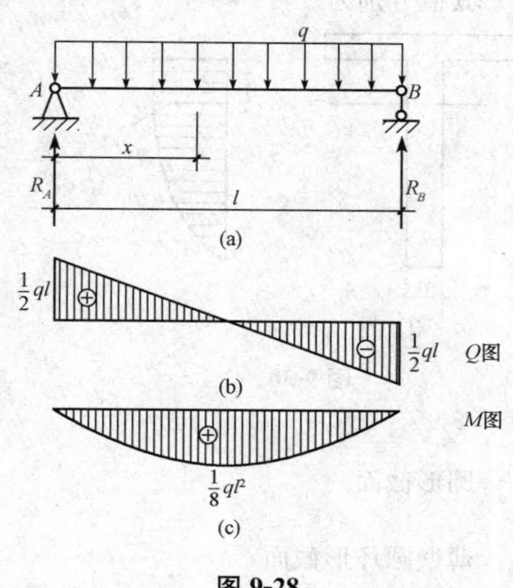

图 9-28

2. I形及T形截面梁的剪应力

I形截面梁由上、下翼缘和腹板组成，如图 9-29(a)所示。由于腹板为狭长矩形，仍可采用与矩形截面梁相同的假设。经过与矩形截面梁类似的推导，可得腹板上距中性轴 y 处点的剪应力为

$$\tau = \frac{QS_z^*}{I_z d} \tag{9-15}$$

式中 I_z——整个I形截面对中性轴的惯性矩；

S_z^*——横截面上所求剪应力处的水平线以下(或以上)至边缘部分面积 A^* 对中性轴的静矩；

d——腹板的厚度。

剪应力沿腹板高度的分布，仍按抛物线分布，如图 9-29(a)所示，最大剪应力 $\tau_{\max}$ 仍在截面的中性轴上。至于翼缘上的剪应力，其值则远小于腹板上的剪应力，在计算时可以不考虑，如图 9-29(b)、(c)所示。

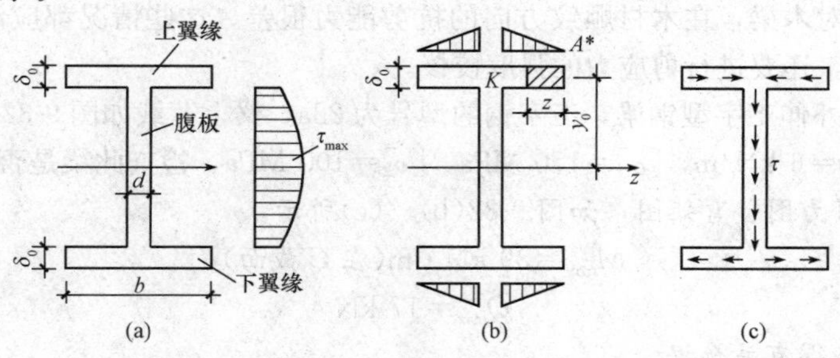

图 9-29

T 形截面也是工程中常用的截面形式，它是由两个矩形截面组成[图 9-30(a)]。下面的狭长矩形与 I 形截面的腹板类似，这部分的剪应力仍用式(9-15)计算。剪应力的分布仍按抛物线规律变化，最大剪应力仍发生在中性轴上，如图 9-30(b)所示。

3. 圆形和圆环形截面梁的剪应力

圆形和圆环形截面的最大剪应力均发生在中性轴上，并沿中性轴均匀分布，如图 9-31 所示。其值分别为

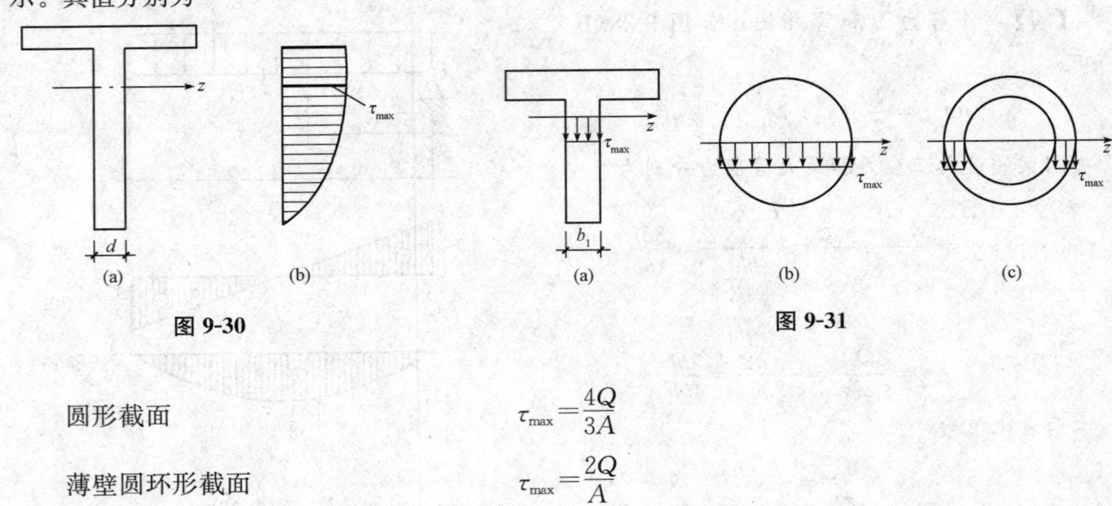

图 9-30　　　　图 9-31

圆形截面

$$\tau_{max}=\frac{4Q}{3A}$$

薄壁圆环形截面

$$\tau_{max}=\frac{2Q}{A}$$

另外，对箱形截面梁和 T 形截面梁都可采用式(9-15)计算其腹板上的剪应力，最大剪应力仍发生在截面的中性轴上。

4. 梁的剪应力强度条件

为保证梁的剪应力强度，梁的最大剪应力不应超过材料的许用剪应力$[\tau]$，即

$$\tau_{max}=\frac{Q_{max}S_{zmax}^{*}}{I_z b}\leqslant[\tau] \tag{9-16}$$

式(9-16)称为**梁的剪应力强度条件**。

在梁的强度计算中，必须同时满足正应力和剪应力两个强度条件。但在一般情况下，正应力强度条件往往起主导作用。在选择梁的截面时，通常是先按正应力强度条件选择截面尺寸，然后再进行剪应力强度校核。对于细长梁，按正应力强度条件设计的梁一般都能满足剪应力强度要求，就不必做剪应力校核。对于某些特殊情况，梁的剪应力强度条件也可能起到控制作用。例如，梁的跨度很小，或在支座附近有较大的集中力作用，这时梁可能出现弯矩较小，而剪力却很大的情况，这就必须注意剪应力强度条件是否满足。又如，对组合工字钢梁，其腹板上的剪应力可能较大；对木梁，在木材顺纹方向的抗剪能力很差。这些情况都应注意，在进行正应力强度校核的同时，还要进行剪应力的强度校核。

【例 9-13】 一外伸工字型钢梁，工字钢的型号为 22a，梁上荷载如图 9-32(a)所示。已知 $l=6$ m，$p=30$ kN，$q=6$ kN/m，$[\sigma]=170$ MPa，$[\tau]=100$ MPa，检查此梁是否安全。

【解】 (1)绘剪力图、弯矩图，如图 9-32(b)、(c)所示。

$$M_{max}=39\ \text{kN}\cdot\text{m}(\text{在}\ C\ \text{截面})$$

$$Q_{max}=17\ \text{kN}$$

(2)由型钢表查得有关数据。

$$b=0.75\ \text{cm}$$

$$\frac{I_z}{S_{max}^*}=18.9\ \text{cm}$$

$$W_z=309\ \text{cm}^3$$

(3)校核正应力强度及剪应力强度。

$$\sigma_{max}=\frac{M_{max}}{W_z}=\frac{39\times10^6}{309\times10^3}=126(\text{MPa})<[\sigma]=170\ \text{MPa}$$

$$\tau_{max}=\frac{Q_{max}S_{max}^*}{I_z b}=\frac{17\times10^3}{18.9\times10\times7.5}=12(\text{MPa})<[\tau]=100\ \text{MPa}$$

所以，梁是安全的。

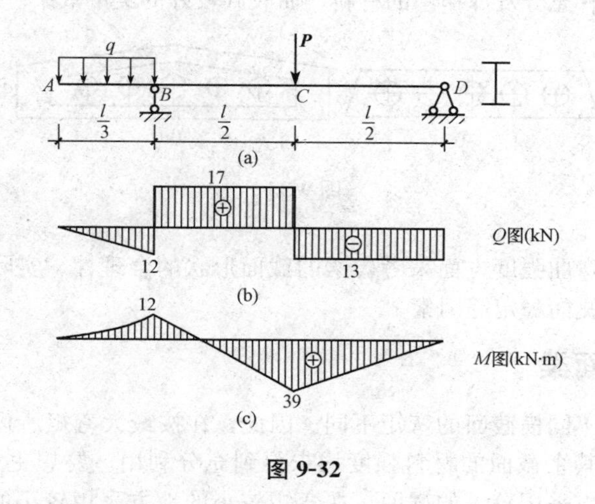

图 9-32

第四节　提高梁弯曲强度的主要措施

前面讨论梁的强度计算时曾经指出，梁的弯曲强度主要是由正应力强度条件控制的，所以，要提高梁弯曲强度的主要措施就是要提高梁的弯曲正应力强度。

从弯曲正应力的强度条件 $\sigma_{max}=\frac{M_{max}}{W_z}\leqslant[\sigma]$来看，最大正应力与弯矩 M 成正比，与抗弯截面模量 W_z 成反比，所以要提高梁的弯曲强度应从提高 W_z 值和降低 M 值入手，具体可从以下三个方面考虑。

一、选择合理的截面形状

从弯曲强度方面考虑，**最合理的截面形状是用最少的材料获得最大的抗弯截面模量。**

梁的强度一般由横截面上的最大正应力控制。当弯矩一定时，横截面上的最大正应力 σ_{max}与抗弯截面模量 W_z 成反比，W_z 越大就越有利。而 W_z 的大小与截面的面积及形状有关，合理的截面形状是指在截面面积 A 相同的条件下，有较大的抗弯截面模量 W_z。也就是说，W_z/A 大的截面形状合理。由于在一般截面中，W_z 与其高度的平方成正比，所以，尽可能地使横截面面积分布在距中性轴较远的地方，这样在截面面积一定的情况下可以得到尽可能大的抗弯截面模量W_z，而使最大正应力σ_{max}减少；或者，在抗弯截面模量W_z一定的情况下，减少截面面积，以节省材料和减轻自重。所以，I形、槽形截面比矩形截面合理，矩形截面立放比平放合理，正方形截面比圆形截面合理。工程中，常用的空心板、薄腹梁等就是根据这个原理设计的。

梁的截面形状的合理性，也可从应力的角度来分析。由弯曲正应力的分布规律可知，在中性轴附近处的正应力很小，材料没有充分发挥作用。所以，为使材料更好地发挥效益，就应尽量减小中性轴附近的面积，而使更多的面积分布在离中性轴较远的位置。

工程中，常用的空心板[图 9-33(a)]及挖孔的薄腹梁[图 9-33(b)]等，其孔洞都是开在中性轴附近，这就减少了没有充分发挥作用的材料，而收到较好的经济效果。

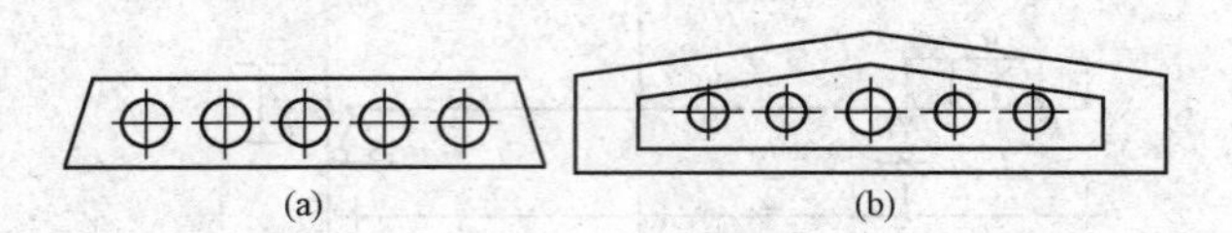

图 9-33

以上的讨论只是从弯曲强度方面来考虑梁的截面形状的合理性。实际上，在许多情况下还必须考虑使用、加工及侧向稳定等因素。

二、采用变截面梁

一般情况下，梁内不同横截面的弯矩不同。因此，在按最大弯矩所设计的等截面梁中，除最大弯矩所在截面外，其余截面的材料强度均未得到充分利用。要想更好地发挥材料的作用，应该在弯矩比较大的地方采用较大的截面，在弯矩较小的地方采用较小的截面。这种截面沿梁轴变化的梁称为**变截面梁**。如图 9-34 所示，简支的I形组合钢梁(向跨中逐渐增加翼缘板)、鱼腹式起重机梁和变截面悬臂梁等。

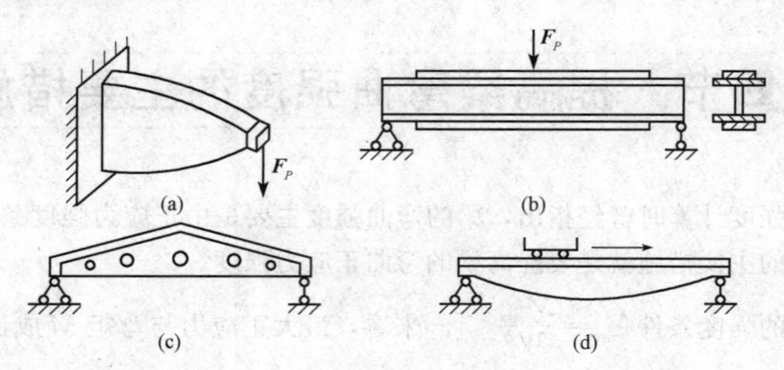

图 9-34

最理想的变截面梁，是使梁的各个截面上的最大应力同时达到材料的容许应力。由

$$\sigma_{max}=\frac{M(x)}{W_z(x)}=[\sigma]$$

得

$$W_z(x)=\frac{M(x)}{[\sigma]} \tag{9-17}$$

式中，$M(x)$为任一横截面上的弯矩；$W_z(x)$为该截面的抗弯截面模量。这样，各个截面的大小将随截面上的弯矩而变化。截面按式(9-17)而变化的梁，称为**等强度梁**。

从强度及材料的利用上看，等强度梁是很理想，但这种梁加工制造比较困难。而在实际工程中，构件往往只能设计成近似等强度的变截面梁。

三、合理安排梁的受力

1. 合理布置梁的支座

当荷载一定时，梁的最大弯矩 M_{max} 与梁的跨度有关。因此，首先应合理布置梁的支座。例如，受均布荷载 q 作用的简支梁如图 9-35(a)所示。其最大弯矩为 $0.125ql^2$，若将梁两端支座向跨中方向移动 $0.2l$，如图 9-35(b)所示，则最大弯矩变为 $0.025ql^2$，仅为前者的 1/5。也就是说，按图 9-35(b)布置支座，荷载还可提高四倍。

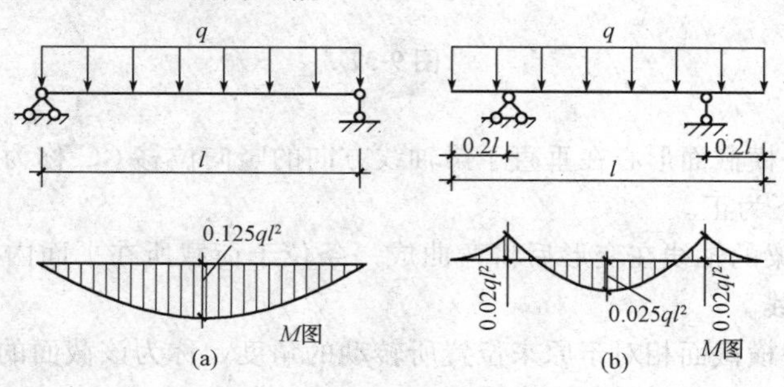

图 9-35

2. 合理布置荷载

若将梁上的荷载尽量分散，也可降低梁内的最大弯矩值，提高梁的弯曲强度。例如，在跨中作用集中荷载 P 的简梁如图 9-36(a)所示。其最大弯矩为 $Pl/4$，若在梁的中间安置一根长为 $l/2$ 的辅助梁，如图 9-36(b)所示，则最大弯矩变为 $Pl/8$，即前者的一半。

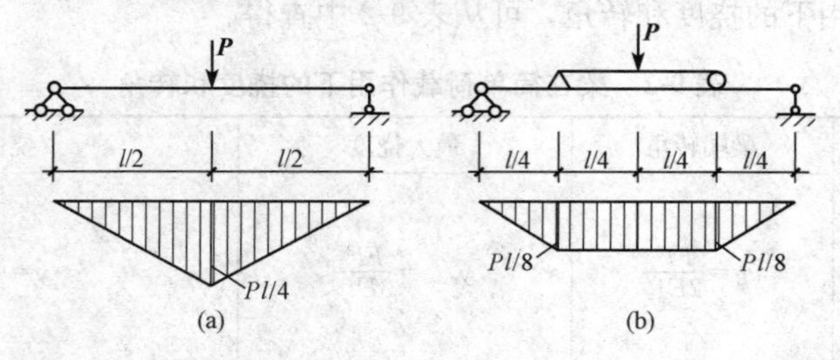

图 9-36

第五节　梁的变形与刚度计算

为了保证梁在荷载作用下的正常工作，除满足强度要求外，还需要满足刚度要求。刚度要求就是要求控制梁在荷载作用下产生的变形在一定限度内，否则会影响结构的正常使用。例如，楼面梁变形过大时，会使下面的抹灰层开裂、脱落；起重机梁的变形过大时，将影响起重机的正常运行等。

一、梁的变形(挠度和转角)

在外荷载作用下，梁的横截面将发生位移，轴线由直线变为曲线，这就是弯曲变形。如图 9-37 所示，设梁在外力作用下发生平面弯曲。在小变形条件下，其上任意横截面将发生以下两种位移：

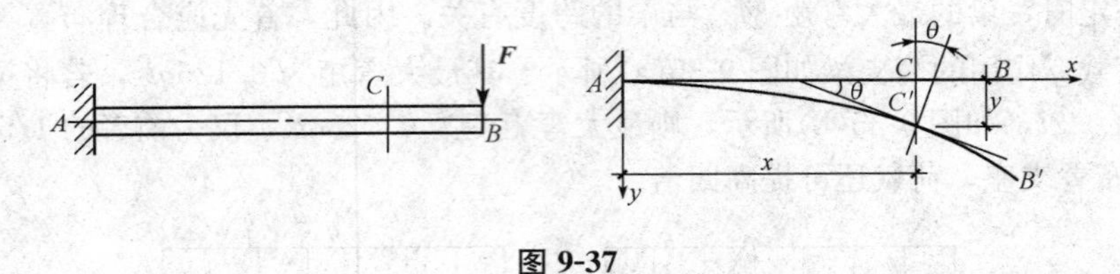

图 9-37

(1)挠度。梁任一横截面形心在垂直于梁轴线方向的竖向位移 CC' 称为**挠度**，用 y 表示，单位为 mm，并规定向下为正。

在弹性范围内，梁的轴线在变形后将弯曲成一条位于荷载所在平面内的光滑、连续的平面曲线，称为**梁的挠曲线**。

(2)转角。梁任一横截面相对于原来位置所转动的角度，称为该截面的**转角**，用 θ 表示，单位为 rad(弧度)，并规定顺时针转时方向为正。

二、叠加法求梁的变形(挠度和转角)

在小变形条件下，当梁内的应力不超过材料的比例极限时，梁的挠曲线近似微分方程是一个线性微分方程，因此可用叠加法求梁的变形，即梁在几个简单荷载共同作用下某截面的挠度和转角等于各个简单荷载单独作用时该截面挠度或转角的代数和。

梁在简单荷载作用下的挠度和转角，可从表 9-2 中查得。

表 9-2　梁在简单荷载作用下的挠度和转角

支承和荷载情况	梁端转角	最大挠度	挠曲线方程式
A, F, θ_B, B, x, y_{max}, l, y	$\theta_B=\dfrac{Fl^2}{2EI_z}$	$y_{max}=\dfrac{Fl^3}{3EI_z}$	$y=\dfrac{Fx^2}{6EI_z}(3l-x)$
a, F, b, θ_B, A, B, x, y_{max}, l, y	$\theta_B=\dfrac{Fa^2}{2EI_z}$	$y_{max}=\dfrac{Fa^3}{6EI_z}(3l-a)$	$y=\dfrac{Fx^2}{6EI_z}(3a-x)$，$0\leqslant x\leqslant a$ $y=\dfrac{Fa^2}{6EI_z}(3x-a)$，$a\leqslant x\leqslant l$
q, A, B, x, θ_B, y_{max}, l, y	$\theta_B=\dfrac{ql^3}{6EI_z}$	$y_{max}=\dfrac{ql^4}{8EI_z}$	$y=\dfrac{qx^2}{24EI_z}(x^2+6l^2-4lx)$
M_c, A, θ_B, B, x, y_{max}, l, y	$\theta_B=\dfrac{M_cl}{EI_z}$	$y_{max}=\dfrac{M_cx^2}{2EI_z}$	$y=\dfrac{M_cx^2}{2EI_z}$

续表

支承和荷载情况	梁端转角	最大挠度	挠曲线方程式
	$\theta_A=-\theta_B=\dfrac{Fl^2}{16EI_z}$	$y_{\max}=\dfrac{Fl^3}{48EI_z}$	$y=\dfrac{Fx}{48EI_z}(3l^2-4x^2)$，$0\leqslant x\leqslant\dfrac{l}{2}$
	$\theta_A=-\theta_B=\dfrac{ql^3}{24EI_z}$	$y_{\max}=\dfrac{5ql^4}{384EI_z}$	$y=\dfrac{qx}{24EI_z}(l^2-2lx^2+x^3)$
	$\theta_A=\dfrac{Fab(l+b)}{6lEI_z}$ $\theta_B=\dfrac{-Fab(l+a)}{6lEI_z}$	$y_{\max}=\dfrac{Fb}{9\sqrt{3}lEI}(l^2-b^2)^{3/2}$ 在 $x=\dfrac{\sqrt{l^2-b^2}}{3}$ 处	$y=\dfrac{Fbx}{6lEI_z}(l^2-b^2-x^2)x$，$0\leqslant x\leqslant a$ $y=\dfrac{F}{EI_z}\left[\dfrac{b}{6l}(l^2-b^2-x^2)x+\dfrac{1}{6}(x-a)^3\right]$， $a\leqslant x\leqslant l$
	$\theta_A=\dfrac{M_cl}{6EI_z}$ $\theta_B=\dfrac{M_cl}{3EI_z}$	$y_{\max}=\dfrac{M_cl^2}{9\sqrt{3}EI_z}$ 在 $x=\dfrac{l}{\sqrt{3}}$ 处	$y=\dfrac{M_cx}{6lEI_z}(l^2-x^2)$

【例 9-14】 试用叠加法计算图 9-38 所示简支梁的跨中挠度 y_C 及 A 截面的转角 θ_A。

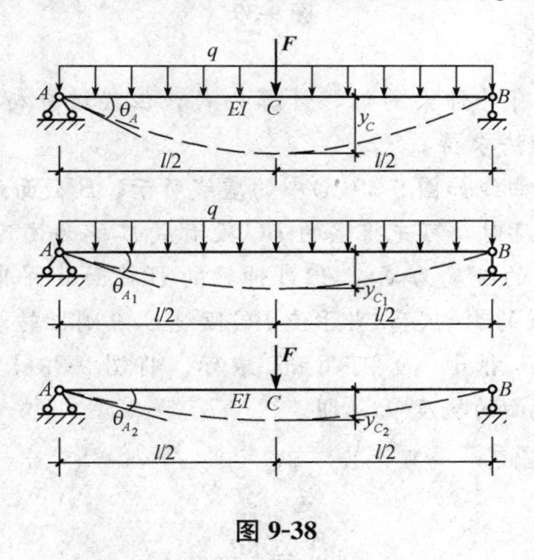

图 9-38

【解】 可先分别计算 q 与 F 单独作用下的跨中挠度 y_{C_1} 和 y_{C_2}，由表 9-2 查得：

$$y_{C_1}=\frac{5ql^4}{384EI}$$

$$y_{C_2}=\frac{Fl^3}{48EI}$$

q、F 共同作用下的跨中挠度则为

$$y_C=y_{C_1}+y_{C_2}=\frac{5ql^4}{384EI}+\frac{Fl^3}{48EI}(\downarrow)$$

同样，也可求得 A 截面的转角为

$$\theta_A=\theta_{A_1}+\theta_{A_2}=\frac{ql^3}{24EI}+\frac{Fl^2}{16EI}(\downarrow)$$

【例 9-15】 某外伸梁，受力如图 9-39(a)所示，已知梁的抗弯刚度为 EI，试用叠加法求 C 截面的挠度。

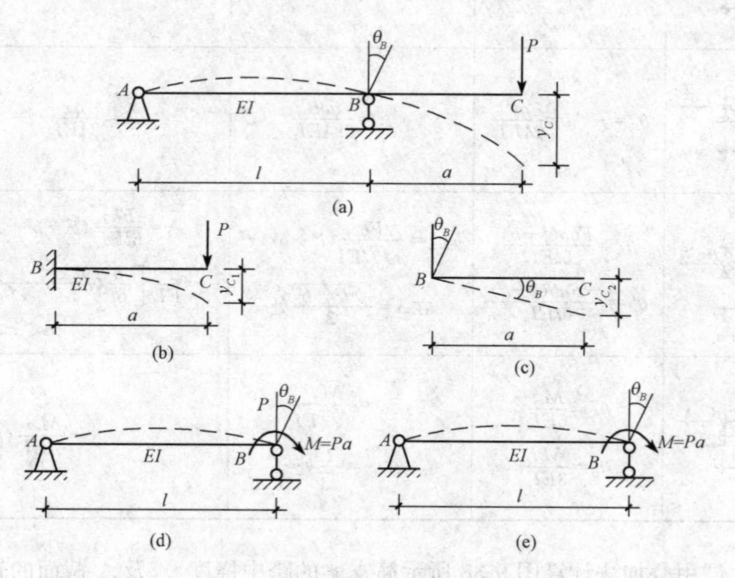

图 9-39

【解】 表 9-2 中虽然没有外伸梁的位移计算公式，但经过分析和处理后，此题仍可利用表 9-2 中的有关公式用叠加法求得。

外伸梁在 P 作用下的挠曲线如图 9-39(a)中的虚线所示，B 截面处的挠度等于零，但转角不等于零。在计算 C 截面的挠度时，可先将梁的 BC 段看成 B 端为固定端的悬臂梁[图 9-39(b)]，此悬臂梁在 P 作用下 C 截面的挠度为 y_{C_1}。但外伸梁的 B 截面处并非固定不动，而要产生转角 θ_B，B 截面的转动对 BC 段梁的影响，相当于使 BC 段绕 B 点刚性转动，此时 C 截面的竖向位移用 y_{C_2} 表示[图 9-39(c)]。因 θ_B 很小，y_{C_2} 可用 $a\theta_B$ 表示。将图 9-39(b)中的 y_{C_1} 与图 9-39(c)中的 y_{C_2} 相叠加，就是外伸梁 C 截面的挠度 y_C，即

$$y_C=y_{C_1}+y_{C_2}=y_{C_1}+a\theta_B$$

由表 9-2 查得：

$$y_{C_1}=\frac{Pa^3}{3EI}$$

这样，如能求出 θ_B，便可求得 y_{C_2}，从而进一步求得 y_C。

θ_B 是图 9-39(a)所示外伸梁在 P 作用下 B 截面的转角。求 θ_B 时，可用图 9-39(d)所示的等效力系，即将外力 P 平移到 B 点并附加一力矩 $M=Pa$，通过图 9-39(d)所示简图求出的 B 截面的转角，就是图 9-39(a)所示外伸梁 B 截面的转角。在图 9-39(d)中，集中力 P 作用在梁的支座上，它不引起梁的变形，仅 M 使梁变形。简支梁在 M 作用下 B 截面的转角[图 9-39(e)]可从表 9-2 中查得：

$$\theta_B=\frac{ml}{3EI}=\frac{Pal}{3EI}$$

所以

$$y_{C_2}=a\theta_B=\frac{Pa^2l}{3EI}$$

外伸梁 C 截面的挠度为

$$y_C=y_{C_1}+y_{C_2}=\frac{Pa^3}{3EI}+\frac{Pa^2l}{3EI}=\frac{Pa^2}{3EI}(l+a)$$

三、梁的刚度条件

为了保证梁能正常工作，梁除满足强度条件外，还应满足刚度条件，即应控制梁的变形，使梁的挠度和转角不超过许用值。即满足

$$\frac{y_{\max}}{l}\leqslant\left[\frac{f}{l}\right] \tag{9-18}$$

式(9-18)称为**梁的刚度条件**，其中 $\left[\frac{f}{l}\right]$ 为梁单位长度允许的最大挠度。

$\left[\frac{f}{l}\right]$ 值随梁的工程用途不同而不同，在有关规范中均有具体规定。

一般钢筋混凝土梁的 $\left[\frac{f}{l}\right]=\frac{1}{300}\sim\frac{1}{200}$。

钢筋混凝土起重机梁的 $\left[\frac{f}{l}\right]=\frac{1}{600}\sim\frac{1}{500}$。

大多数构件的设计过程，一般都是首先进行强度计算，确定截面形状和尺寸，然后再进行刚度校核。

【例 9-16】 承受均布荷载的工字形钢梁如图 9-40 所示，已知 $l=5$ m，$q=8$ kN/m。钢材的容许应力 $[\sigma]=160$ MPa，弹性模量 $E=2\times10^5$ MPa，$\left[\frac{f}{l}\right]=\frac{1}{250}$，试选择工字钢的型号。

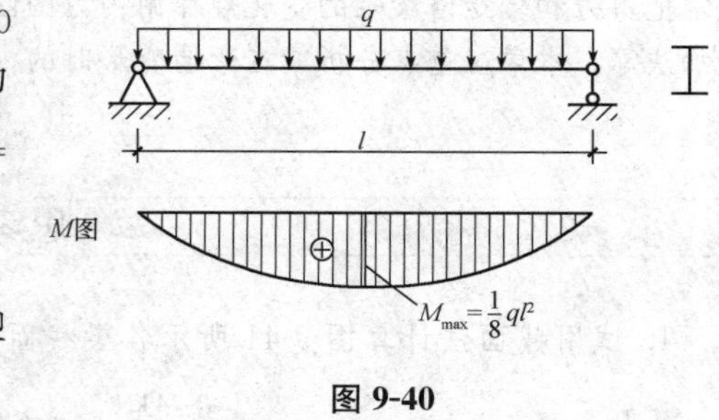

图 9-40

【解】 先由梁的正应力强度条件选择工字钢型号，然后再按刚度条件校核梁的刚度。

依正应力强度条件，梁所需的抗弯截面模量为

$$W_z\geqslant\frac{M_{\max}}{[\sigma]}=\frac{\frac{1}{8}ql^2}{[\sigma]}=\frac{\frac{1}{8}\times8\times10^3\times5^2}{160\times10^6}=0.156\times10^{-3}(\mathrm{m}^3)=156\ \mathrm{cm}^3$$

可选 18 号工字钢，其 $W_z=185\ \mathrm{cm}^3$，$I_z=1\ 660\ \mathrm{cm}^4$。

校核刚度：

梁跨中最大挠度为

$$y_{\max}=\frac{5ql^4}{384EI}=\frac{5\times8\times10^3\times5^4}{384\times2\times10^{11}\times1\ 660\times10^{-8}}=0.019\ 2(\mathrm{m})$$

$$\frac{y_{\max}}{l}=\frac{0.019\ 2}{5}=\frac{1}{260}<\left[\frac{f}{l}\right]$$

满足刚度条件。

四、提高梁刚度的措施

从表 9-2 中可知，梁的最大挠度与梁的荷载、跨度 l、抗弯刚度 EI 等情况有关，因此，要

提高梁的刚度，需要从以下几个方面考虑。

1. 提高梁的抗弯刚度 EI

梁的变形与 EI 成反比，增大梁的 EI 将使梁的变形减小。由于同类材料的 E 值不变，因而只能设法增大梁横截面的惯性矩 I。在面积不变的情况下，采用合理的截面形状，例如，采用I形、箱形及圆环形等截面可提高惯性矩 I，从而也就提高了 EI。

2. 减小梁的跨度

钢筋混凝土结构中的受弯构件

梁的变形与梁的跨长 l 的 n 次幂成正比。设法减小梁的跨度，将会有效地减小梁的变形。例如，将简支梁的支座向中间适当移动变成外伸梁，或在梁的中间增加支座等，都是减小梁的变形的有效措施。

3. 改善荷载的分布情况

在结构允许的条件下，合理地调整荷载的作用位置及分布情况，以降低最大弯矩，从而减小梁的变形。例如，将集中力分散作用或改为分布荷载，都可起到降低弯矩、减小变形的作用。

本章小结

在实际工程中，以弯曲变形为主的杆件通常称为梁，常见的梁按支座情况分为简支梁、悬臂梁和外伸梁。梁在指定截面上内力的计算方法包括截面法、简易法。为了形象地表示内力变化规律，通常把剪力和弯矩沿梁轴的变化规律用内力图图形来表示，梁内力图的做法包括列方程法、简易法、叠加法等。本章应重点分析梁在弯曲变形时的内力和强度、刚度的关系及其相关分析与计算。

思考与练习

1. 试用截面法计算图 9-41 所示各梁截面 $n—n$ 上的剪力和弯矩。

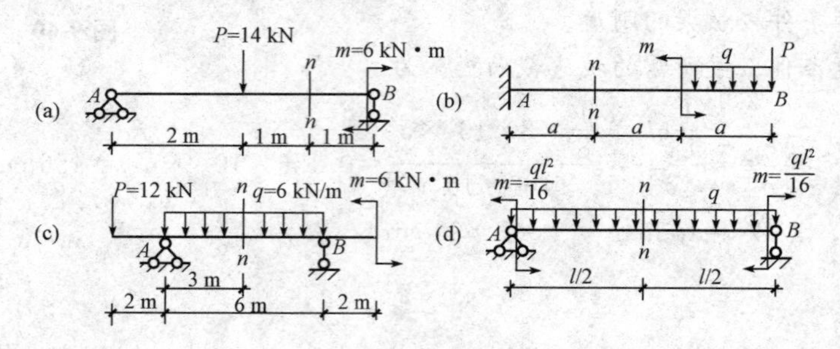

图 9-41

2. 试用简易法计算图 9-42 所示各梁指定截面上的剪力和弯矩。
3. 列出图 9-43 所示各梁的剪力方程和弯矩方程，画出剪力图和弯矩图。
4. 利用微分关系计算图 9-44 所示各梁的剪力和弯矩。
5. 试用叠加法绘制出图 9-45 所示各梁的弯矩图。

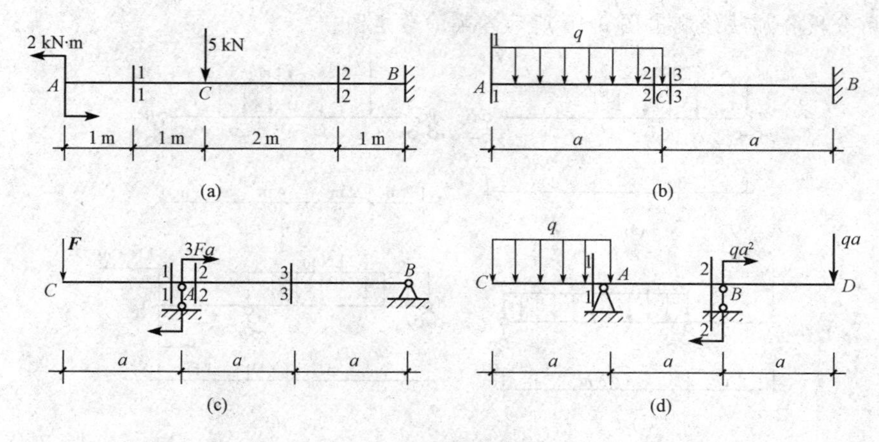

图 9-42

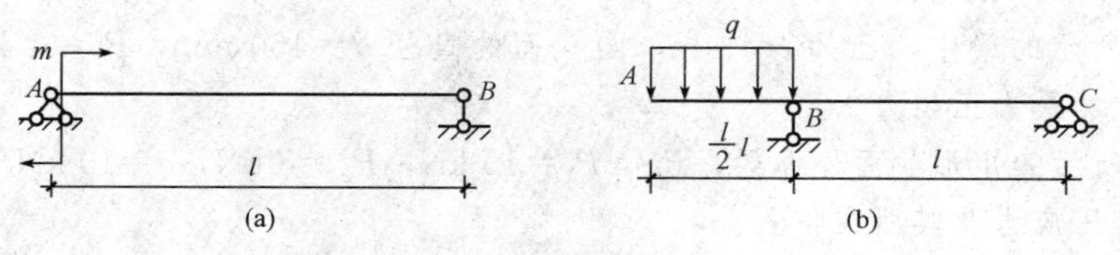

图 9-43

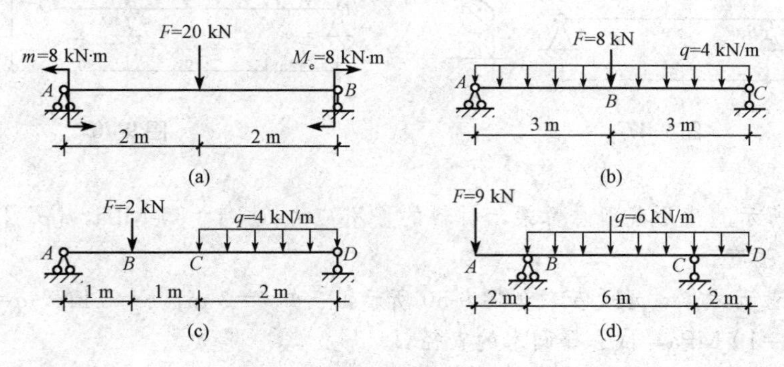

图 9-44

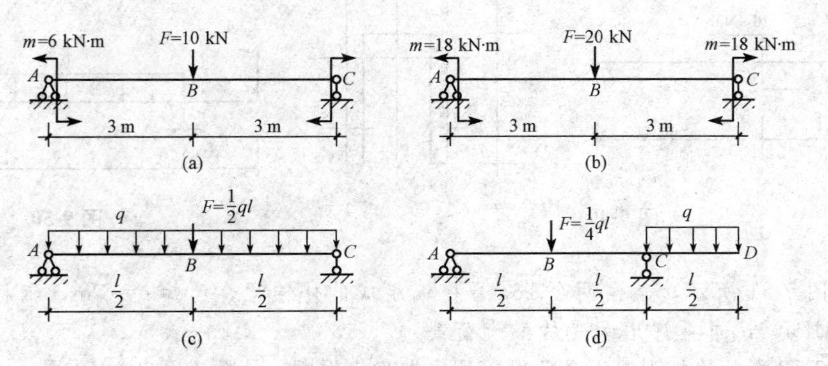

图 9-45

6. 试用分段叠加法绘制出图 9-46 所示各梁的弯矩图。

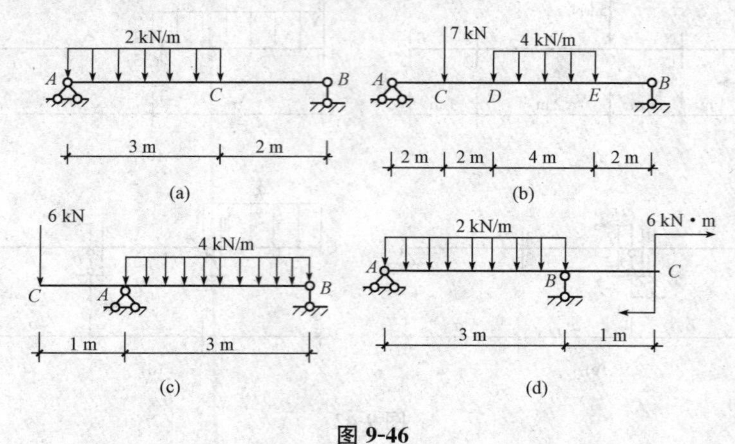

图 9-46

7. 图 9-47 所示的梁中，已知 $l=3$ m，圆截面的直径 $d=150$ mm，$P_1=4$ kN，$P_2=2$ kN，试求梁横截面上的最大正应力。

8. 图 9-48 所示的矩形截面外伸梁，已知 $P_1=10$ kN，$P_2=8$ kN，$q=10$ kN/m，试求梁的最大拉应力和最大压应力及其所在位置。

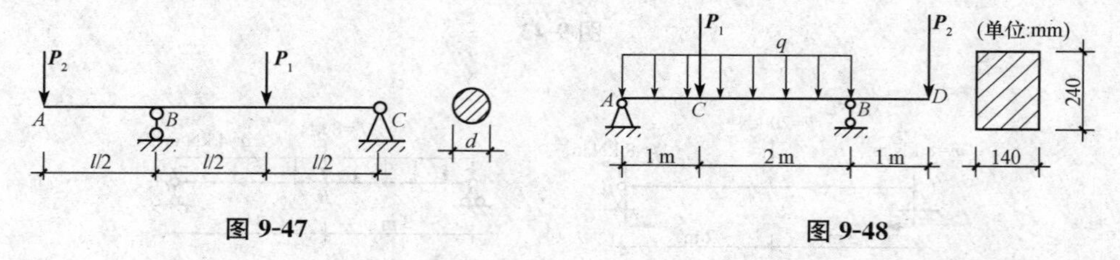

图 9-47　　　　图 9-48

9. 图 9-49 所示的槽形截面悬臂梁，材料的许用应力$[\sigma^+]=35$ MPa，$[\sigma^-]=120$ MPa，试校核梁的正应力强度。

10. 某圆形截面木梁，承受荷载如图 9-50 所示，已知 $l=3$ m，$F=3$ kN，$q=3$ kN/m，木材的许用应力$[\sigma]=10$ MPa，试选择圆木的直径 d。

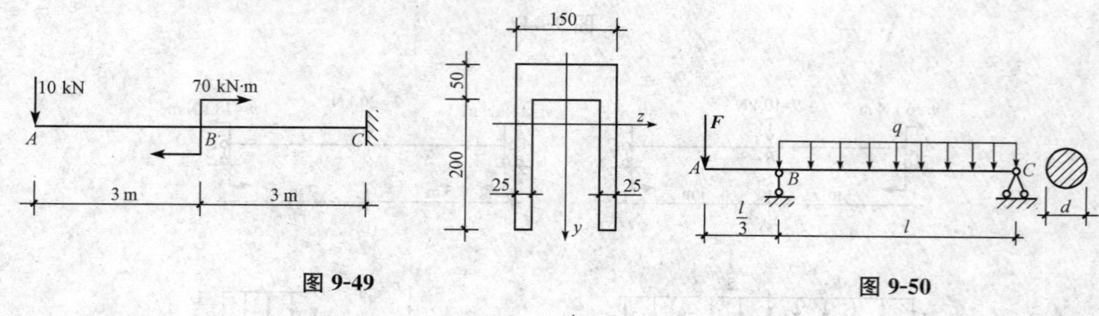

图 9-49　　　　图 9-50

11. 如图 9-51 所示，某由两个 16a 号槽钢组成的外伸梁，已知 $l=6$ m，钢材的许用应力$[\sigma]=160$ MPa，试求梁许用承受的最大荷载。

12. 图 9-52 所示的矩形截面悬臂梁，受均布荷载作用，材料的许用应力$[\sigma]=10$ MPa，若采用高宽比为 $h:b=3:2$，试确定此梁横截面的尺寸。

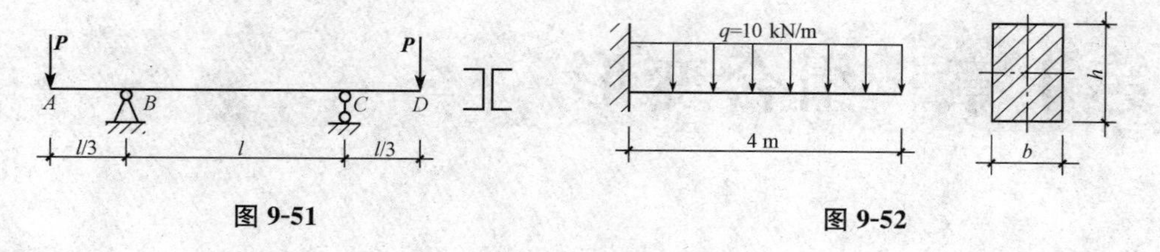

图 9-51　　图 9-52

13. 某T形截面铸铁悬臂梁，尺寸及荷载如图 9-53 所示。已知材料的许用拉应力$[\sigma^+]=40$ MPa，许用压应力$[\sigma^-]=80$ MPa，截面对形心轴的惯性矩 $I_z=101.8\times10^6\,\text{mm}^4$，$h_1=96.4$ mm。试求此梁的许用荷载。

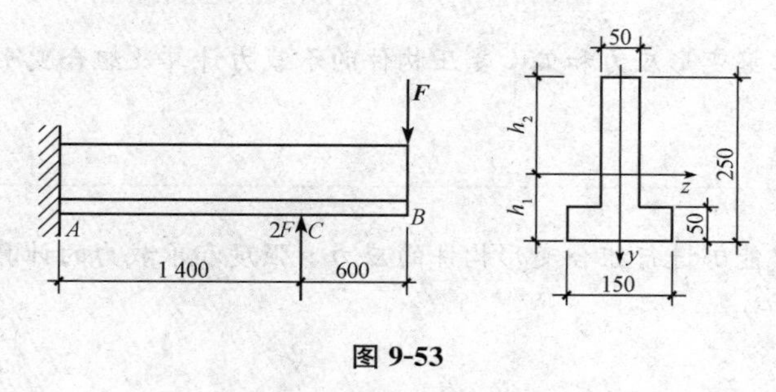

图 9-53

14. 某简支梁用型号为 20b 的工字钢制成，承受荷载如图 9-54 所示，已知 $l=6$ m，$q=4$ kN/m，$F=10$ kN，$\left[\frac{f}{l}\right]=\frac{1}{400}$，钢材的弹性模量 $E=200$ GPa，试校核梁的刚度。

15. 试用叠加法计算图 9-55 所示梁中 C 截面的转角和挠度。

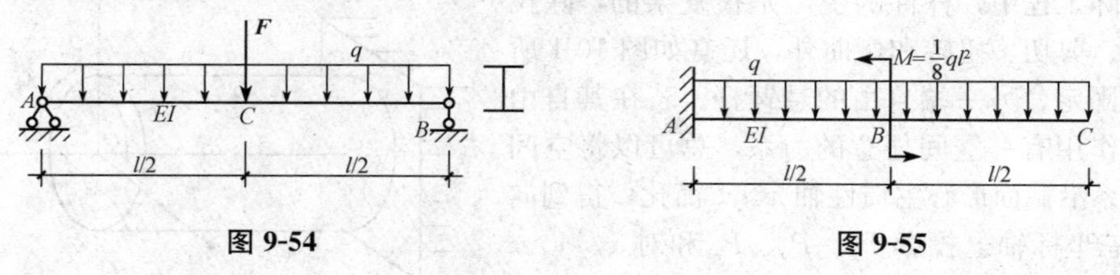

图 9-54　　图 9-55

16. 某工字形钢梁受力如图 9-56 所示，已知 $l=4$ m，$P=14$ kN，钢材许用应力$[\sigma]=160$ MPa，弹性模量 $E=2\times10^5$ MPa，$\left[\frac{f}{l}\right]=\frac{1}{250}$，试选择工字钢的型号。

17. 工字形钢制成的简支梁如图 9-57 所示，已知 $l=6$ m，$P=60$ kN，$q=8$ kN/m，材料的许用应力$[\sigma]=160$ MPa，$[\tau]=90$ MPa，试选择工字钢的型号。

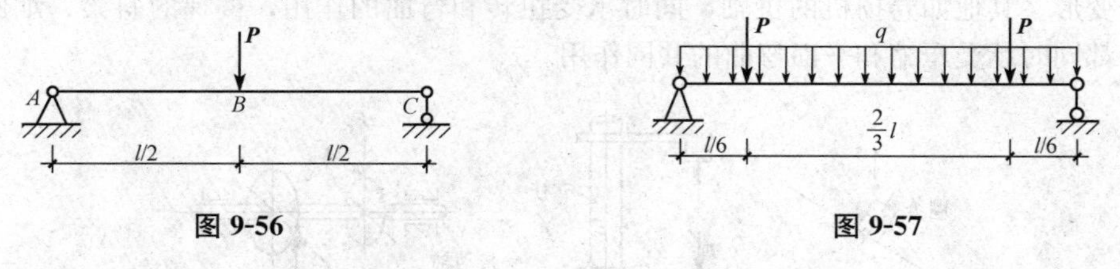

图 9-56　　图 9-57

第十章 组合变形

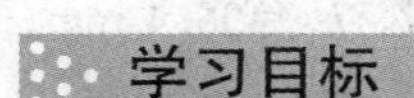

学习目标

认识组合变形；掌握变形应力和偏心受压构件的承载力计算及组合变形时的强度计算。

能力目标

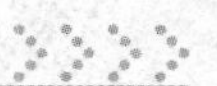

通过本章的学习，能够进行组合变形构件的应力、强度和承载力的计算。

第一节 认识组合变形

在实际工程中，杆件的受力是很复杂的，除拉伸(压缩)、剪切、扭转和弯曲外，还有如图 10-1 所示的一端固定、另一端自由的悬臂杆。若在其自由端截面上作用有一空间任意的力系，总可以将空间的任意力系沿截面形心主惯性轴 $xOyz$ 简化，得到向 x、y、z 三坐标轴上投影 P_x、P_y、P_z 和对 x、y、z 三坐标轴的力矩 M_x、M_y、M_z。当这六种力(或力矩)中只有某一个作用时，杆件就会产生基本变形。

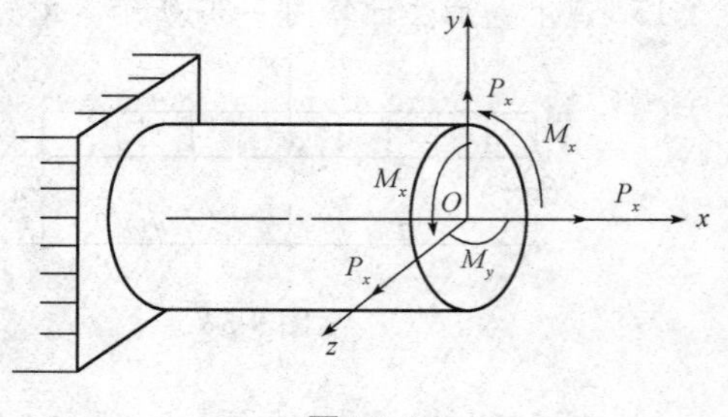

图 10-1

杆件同时有两种或两种以上的基本变形的组合时，称为**组合变形**。图 10-2(a)所示的屋架檩条，将产生相互垂直的两个平面弯曲的组合变形；图 10-2(b)所示的钻床立柱，将产生轴向拉伸与平面弯曲的组合变形；图 10-2(c)所示的机床传动轴，将产生扭转与两相互垂直平面内平面弯曲的组合变形。其他如卷扬机的机轴，同时承受扭转和弯曲的作用，楼梯的斜梁、烟囱、挡土墙等构件都同时承受压缩和平面弯曲的共同作用。

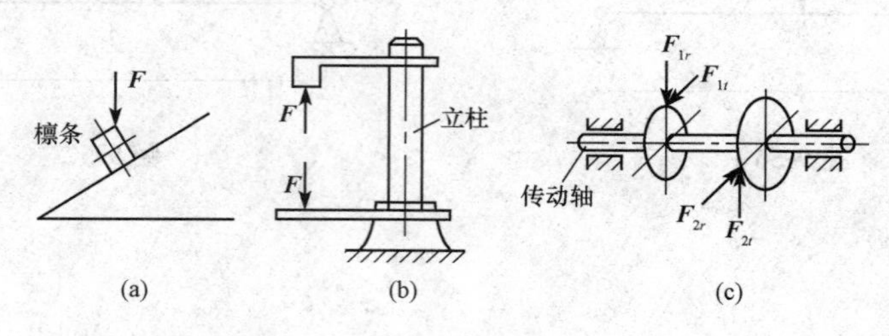

图 10-2

对发生组合变形的杆件计算应力和变形时，可先将荷载进行简化或分解，使简化或分解后的静力等效荷载，各自只引起一种简单变形，分别计算，再进行叠加，就得到原来的荷载引起的组合变形时应力和变形。当然，必须满足小变形假设及力与位移之间呈线性关系这两个条件才能应用叠加原理。

第二节　变形应力与强度计算

一、斜弯曲变形的应力与强度计算

如前所述，对于横截面具有对称轴的梁，当外力作用在纵向对称平面内时，梁的轴线在变形后将变成一条位于纵向对称面内的平面曲线。这种变形形式称为**平面弯曲**。

试验及理论研究表明，当外力不作用在纵向对称平面内时，如图 10-3 所示。此时，梁的挠曲线并不在梁的纵向对称平面内，即不属于平面弯曲，这种弯曲称为**斜弯曲**。

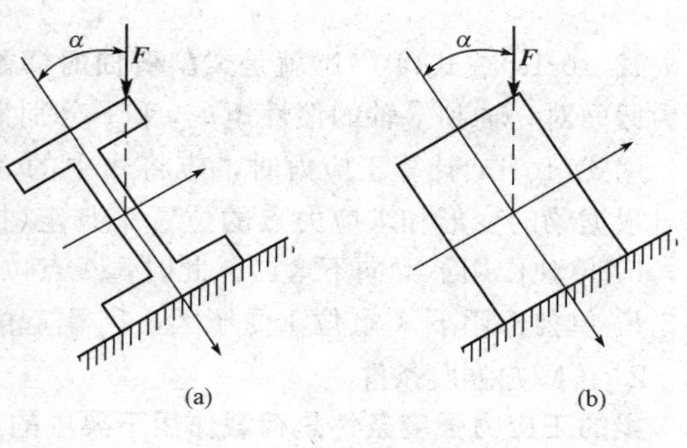

图 10-3

斜弯曲是两个平面弯曲的组合变形，这里将讨论斜弯曲时的正应力和正应力强度计算。

1. 正应力计算

斜弯曲时，梁的横截面上一般是同时存在正应力和剪应力，因剪应力值很小，一般不予考虑。下面结合图 10-4(a)所示的矩形截面梁，说明正应力的计算方法。

计算某点的正应力时，将外力 F 沿横截面的两个对称轴方向分解为 F_y 和 F_z，分别计算 F_y 和 F_z 单独作用下该点的正应力，再代数相加。F_y 和 F_z 单独作用下梁的变形分别为在 xy 平面内和在 xz 平面内发生的平面弯曲。也就是说，计算弯曲时的正应力，是将斜弯曲分解为两个平面弯曲，分别计算每个平面弯曲下的正应力，再进行叠加。

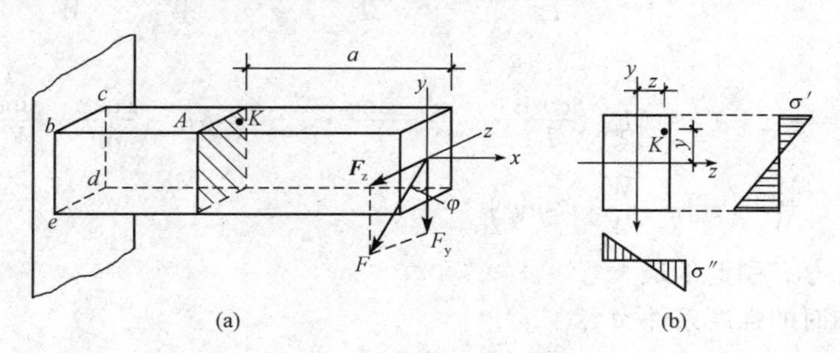

图 10-4

由图 10-4(a)可知，F_y、F_z 分别为

$$F_y = F \cdot \cos\varphi \qquad F_z = F \cdot \sin\varphi$$

距右端为 a 的任一横截面上由 F_z 和 F_y 引起的弯矩分别为

$$M_z = F_y \cdot a = Fa \cdot \cos\varphi = M \cdot \cos\varphi$$
$$M_y = F_z \cdot a = Fa \cdot \sin\varphi = M \cdot \sin\varphi$$

式中，$M = Fa$ 是外力 $\boldsymbol{F}$ 引起的该截面上的弯矩。由 M_z 和 M_y（即 F_z 和 F_y）引起的该截面上一点 K 的正应力分别为

$$\sigma' = \frac{M_z}{I_z} y \qquad \sigma'' = \frac{M_y}{I_y} z$$

F_y 和 F_z 共同作用下 K 点的正应力为

$$\sigma = \sigma' + \sigma'' = \frac{M_z}{I_z} y + \frac{M_y}{I_y} z \tag{10-1a}$$

或

$$\sigma = \sigma' + \sigma'' = M\left(\frac{\cos\varphi}{I_z} y + \frac{\sin\varphi}{I_y} z\right) \tag{10-1b}$$

式(10-1a)或式(10-1b)就是**梁斜弯曲时横截面任一点的正应力计算公式**。式中，I_z 和 I_y 分别为截面对 z 轴和 y 轴的惯性矩；y 和 z 分别为所求应力点到 z 轴和 y 轴的距离[图 10-4(b)]。

用式(10-1a)计算正应力时，应将式中的 M_z、M_y、y、z 等均以绝对值代入，σ' 和 σ'' 的正、负可根据梁的变形和求应力点的位置来判定（拉为正、压为负）。例如，图 10-4(a)中 A 点的应力，F_y 单独作用下梁向下弯曲。此时，A 点位于受拉区，F_y 引起的该点的正应力 σ' 为正值。同理，F_z 单独作用下 A 点位于受压区，F_z 引起的该点的正应力 σ'' 为负值。

2. 正应力强度条件

梁的正应力强度条件是荷载作用下梁中的最大正应力不能超过材料的许用应力，即

$$\sigma_{max} \leqslant [\sigma]$$

在做强度计算时，须先确定危险截面，然后在危险截面上确定危险点。对斜弯曲来说，与平面弯曲一样，通常也由最大正应力控制。当将斜弯曲分解为两个平面弯曲后，很容易找到最大正应力的所在位置。例如，图 10-4(a)所示的矩形截面梁，其左侧固端截面的弯矩最大，该截面为危险截面，危险截面上应力最大的点称为**危险点**。M_z 引起的最大拉应力（σ'_{max}）位于该截面上边缘 bc 线各点，M_y 引起的最大拉应力（σ''_{max}）位于 cd 线上各点。叠加后，bc 与 cd 交点 c 处的拉应力最大。同理，最大压应力发生在 e 点。此时，依式(10-1a)或式(10-1b)，最大正应力为

$$\sigma_{max} = \sigma'_{max} + \sigma''_{max} = \frac{M_{z,max}}{I_z} \cdot y_{max} + \frac{M_{y,max}}{I_y} \cdot z_{max} = \frac{M_{z,max}}{W_z} + \frac{M_{y,max}}{W_y}$$

或

$$\sigma_{max} = \sigma'_{max} + \sigma''_{max} = M_{max}\left(\frac{\cos\varphi}{I_z} \cdot y_{max} + \frac{\sin\varphi}{I_y} \cdot z_{max}\right) = M_{max}\left(\frac{\cos\varphi}{W_z} + \frac{\sin\varphi}{W_y}\right)$$
$$= \frac{M_{max}}{W_z}\left(\cos\varphi + \frac{W_z}{W_y} \cdot \sin\varphi\right)$$

式中　M_{max}——由力 F 引起的最大弯矩。

所以，斜弯曲时的强度条件为

$$\sigma_{max} = \frac{M_{z,max}}{W_z} + \frac{M_{y,max}}{W_y} \leqslant [\sigma] \tag{10-2a}$$

或

$$\sigma_{max} = \frac{M_{z,max}}{W_z}\left(\cos\varphi + \frac{W_z}{W_y} \cdot \sin\varphi\right) \leqslant [\sigma] \tag{10-2b}$$

与平面弯曲类似，利用式(10-2a)或式(10-2b)所示的强度条件，可解决工程中常见的三类典型问题，即校核强度、选择截面和确定许用荷载。在选择截面(即设计截面)时应注意：因式中存在两个未知的抗弯截面模量 W_z 和 W_y，所以，在选择截面时，需先确定一个 W_z/W_y 的比值 $\left[\text{对矩形截面，} W_z/W_y=\frac{1}{6}bh^2/\left(\frac{1}{6}hb^2\right)=h/b\right]$，然后由式(10-2b)计算出 W_z 值，再确定截面的具体尺寸。

【例 10-1】 矩形截面简支梁受力如图 10-5 所示，F 的作用线通过截面形心且与 y 轴成 φ 角。已知 $F=3.2\ \text{kN}$，$\varphi=14°$，$l=3\ \text{m}$，$b=100\ \text{mm}$，$h=140\ \text{mm}$，材料的许用正应力 $[\sigma]=160\ \text{MPa}$，试校核该梁的强度。

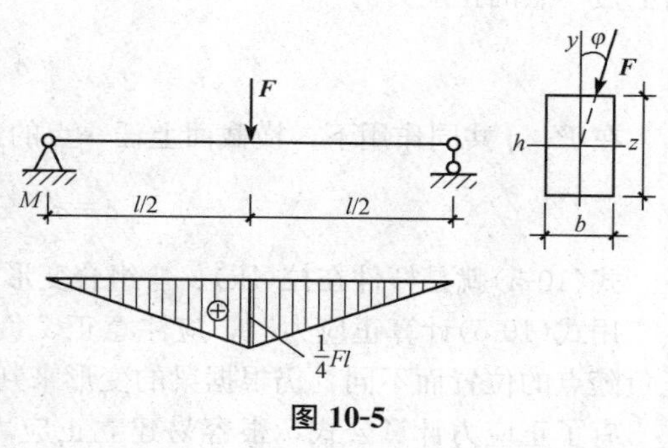

图 10-5

【解】 梁的弯矩图如图 10-5 所示，梁中的最大正应力发生在跨中截面的角点处。将荷载 F 沿截面两对称轴方向分解为 F_y 和 F_z，它们引起的跨中截面上的弯矩分别为

$$M_{z,\max}=\frac{1}{4}F_yl=\frac{1}{4}Fl\cos\varphi=\frac{1}{4}\times3.2\times3\times0.97=2.33(\text{kN}\cdot\text{m})$$

$$M_{y,\max}=\frac{1}{4}F_zl=\frac{1}{4}Fl\sin\varphi=\frac{1}{4}\times3.2\times3\times0.242=0.58(\text{kN}\cdot\text{m})$$

梁中的最大正应力为

$$\sigma_{\max}=\frac{M_{z,\max}}{W_z}+\frac{M_{y,\max}}{W_y}=\frac{M_{z,\max}}{\frac{1}{6}bh^2}+\frac{M_{y,\max}}{\frac{1}{6}hb^2}$$

$$=\frac{2.33\times10^3}{\frac{1}{6}\times0.1\times0.14^2}+\frac{0.58\times10^3}{\frac{1}{6}\times0.14\times0.1^2}=9.61(\text{MPa})<[\sigma]$$

满足正应力强度条件。

二、轴向拉伸(压缩)与弯曲组合变形的强度计算

杆件上同时作用有轴向力和横向力时，轴向力使杆件拉伸(压缩)，横向力使杆件弯曲，此时杆件的变形为拉伸(压缩)与弯曲的组合变形。图 10-6 所示的烟囱在自重作用下引起轴向压缩，在风力作用下引起弯曲，所以是轴向压缩与弯曲的组合变形。

下面结合图 10-7(a)所示的受力杆件，说明拉(压)、弯组合变形时的正应力及其强度计算。

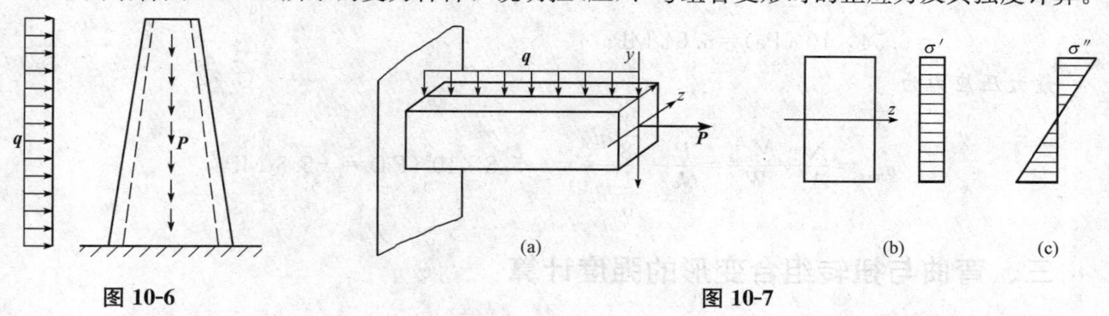

图 10-6　　图 10-7

计算杆件在拉(压)、弯组合变形下的正应力时，与斜弯曲类似，仍采用叠加的方法，即分

别计算杆件在轴向拉伸(压缩)和弯曲变形下的应力，再代数相加。轴向外力 P 单独作用时，横截面上的正应力均匀分布[图 10-7(b)]，其值为

$$\sigma'=\frac{N}{A} \tag{10-3}$$

在横向力 q 作用下梁发生平面弯曲，正应力沿截面高度呈直线规律分布[图 10-7(c)]，横截面上任一点的正应力为

$$\sigma''=\frac{M_z}{I_z}y \tag{10-4}$$

在 P、q 共同作用下，横截面上任一点的正应力为

$$\sigma=\sigma'+\sigma''=\frac{N}{A}+\frac{M_z}{I_z}y \tag{10-5}$$

式(10-5)就是杆件在拉(压)、弯组合变形时横截面上任一点的正应力计算公式。

用式(10-5)计算正应力时，应注意正、负号：轴向拉伸时，σ' 为正；压缩时，σ' 为负。σ'' 的正负随点的位置而不同，仍根据梁的变形来判定(拉为正，压为负)。

有了正应力计算公式，很容易建立正应力强度条件。对图 10-7(a)所示的拉、弯组合变形杆，最大正应力发生在弯矩最大截面的边缘处，其值为

$$\sigma_{\max}=\frac{N}{A}+\frac{M_{\max}}{W_z}$$

正应力强度条件则为

$$\sigma_{\max}=\frac{N}{A}+\frac{M_{\max}}{W_z}\leqslant[\sigma] \tag{10-6}$$

【例 10-2】 承受横向均布荷载和轴向拉力的矩形截面简支梁如图 10-8 所示。已知 $q=2$ kN/m，$P=8$ kN，$l=4$ m，$b=12$ cm，$h=18$ cm，试求梁中的最大拉应力和最大压应力。

【解】 梁在 q 作用下的弯矩图如图 10-8 所示，最大拉应力和最大压应力分别发生在跨中截面的下边缘和上边缘处。最大拉应力为

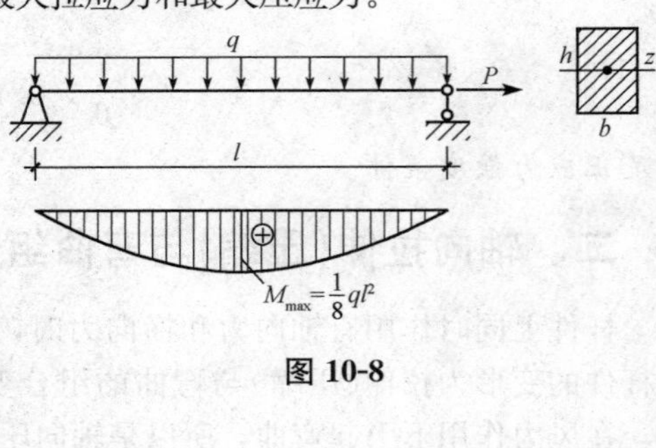

图 10-8

$$\sigma_{\max}=\frac{N}{A}+\frac{M_{\max}}{W_z}=\frac{P}{bh}+\frac{\frac{1}{8}ql^2}{\frac{1}{6}bh^2}$$

$$=\frac{8\times10^3}{0.12\times0.18}+\frac{\frac{1}{8}\times2\times10^3\times4^2}{\frac{1}{6}\times0.12\times0.18^2}$$

$$=6.54\times10^6\,(\text{Pa})=6.54\ \text{MPa}$$

最大压应力为

$$\sigma_{\max}=\frac{N}{A}-\frac{M_{\max}}{W_z}=\frac{P}{bh}-\frac{\frac{1}{8}ql^2}{\frac{1}{6}bh^2}=-5.8\times10^6\,(\text{Pa})=-5.8\ \text{MPa}$$

三、弯曲与扭转组合变形的强度计算

弯曲、扭转组合变形的强度计算与前面讨论过的几类组合变形不同。在斜弯曲、拉(压)弯组合及偏心拉伸(压缩)时，杆中最容易破坏的危险点均位于截面的角点(或边缘)处，该处只存

在正应力 σ 而无剪应力 τ。因而，在进行强度计算时，按 $\sigma_{\max}\leqslant[\sigma]$ 建立强度条件。而在弯曲、扭转组合变形时，杆中最容易破坏的危险点处，既存在正应力 σ，又存在剪应力 τ。该点是否破坏与 σ 和 τ 同时有关，此时的强度问题远比前面讨论过的一些组合变形复杂。在进行强度计算时，必须运用有关的强度理论。强度理论比较复杂，这里不详细讨论，下面直接给出按强度理论建立起的强度条件。

弯曲、扭转组合变形的强度条件为

$$\sqrt{\sigma^2+4\tau^2}\leqslant[\sigma] \tag{10-7a}$$

或

$$\sqrt{\sigma^2+3\tau^2}\leqslant[\sigma] \tag{10-7b}$$

式中　σ——杆件危险点处横截面上的正应力；

τ——杆件危险点处横截面上的剪应力；

$[\sigma]$——材料的许用正应力。

对于圆形截面杆，式(10-7a)和式(10-7b)还可改写为另外的形式。将 $\sigma=\dfrac{M}{W_z}$、$\tau=\dfrac{M_n}{W_P}$ 及 $W_P=2W_z$ $\left(\text{圆形截面：}W_P=\dfrac{\pi d^3}{16}\text{、}W_z=\dfrac{\pi d^3}{3z}\right)$ 代入式(10-7a)和式(10-7b)，则得：

$$\sqrt{\left(\frac{M}{W_z}\right)^2+4\left(\frac{M_n}{2W_z}\right)^2}\leqslant[\sigma]$$

$$\sqrt{\left(\frac{M}{W_z}\right)^2+3\left(\frac{M_n}{2W_z}\right)^2}\leqslant[\sigma]$$

即

$$\frac{1}{W_z}\cdot\sqrt{M^2+}\leqslant[\sigma] \tag{10-8}$$

$$\frac{1}{W_z}\cdot\sqrt{M^2+0.75}\leqslant[\sigma] \tag{10-9}$$

使用式(10-8)和式(10-9)时应注意，该两式是从圆形截面条件导出的，故它只适用于圆形截面的弯、扭组合变形杆件。

最后，对式(10-7a)和式(10-7b)表达的强度条件作下列两点说明：

(1)式(10-7a)和式(10-7b)只适用于塑性材料(如低碳钢等)，即弯曲、扭转组合杆是由塑性材料制成时，才能按该两式进行强度计算，否则不适用(即脆性材料不能用)。

(2)式(10-7a)和式(10-7b)是分别按不同的强度理论建立的强度条件，对弯曲、扭转组合变形杆进行强度计算时，可任选其一。

【例 10-3】 钢制圆形截面悬臂杆受力如图 10-9 所示，已知 $P=3$ kN，$M=4$ kN·m，$l=1.2$ m，$d=8$ cm，钢材的容许正应力 $[\sigma]=160$ MPa，试校核该杆的强度。

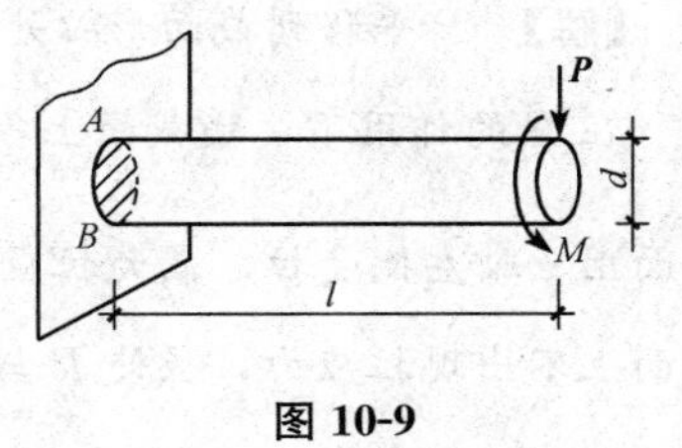

图 10-9

【解】 圆杆在 P 和 M 作用下，杆的变形为弯曲、扭转组合变形，应按式(10-7a)或式(10-7b)校核强度(钢材为塑性材料)。这里选用式(10-7a)，即

$$\sqrt{\sigma^2+4\tau^2}\leqslant[\sigma]$$

由前面的分析已经知道，固端截面上的 A 点为危险点(B 点也是危险点，A、B 两点的 τ 值相同，σ 的绝对值也相同)。A 点横截面上的正应力 σ 和剪应力 τ 分别为

$$\sigma=\frac{M_{max}}{W_z}=\frac{Pl}{\frac{\pi}{32}d^3}=\frac{3\times10^3\times1.2}{\frac{\pi}{32}\times0.08^3}=71.6\times10^6(\text{Pa})=71.6\text{ MPa}$$

$$\tau=\frac{M_n}{W_P}=\frac{M}{\frac{\pi}{16}d^3}=\frac{4\times10^3}{\frac{\pi}{16}\times0.08^3}=39.8\times10^6(\text{Pa})=39.8\text{ MPa}$$

$\sqrt{\sigma^2+4\tau^2}$ 值为

$$\sqrt{\sigma^2+4\tau^2}=\sqrt{71.6^2+4\times39.8^2}=107.1(\text{MPa})<[\sigma]$$

该杆满足强度要求。

四、偏心拉伸(压缩)的强度计算与截面核心

偏心拉伸(压缩)是相对于轴向拉伸(压缩)而言的。轴向拉伸(压缩)时外力 P 的作用线与杆件轴线重合，当外力 P 的作用线只平行于杆件轴线而不与轴线重合时，则称为**偏心拉伸(压缩)**。偏心拉伸(压缩)可分解为轴向拉伸(压缩)和弯曲两种基本变形，也是一种组合变形。

偏心拉伸(压缩)可分为单向偏心拉伸(压缩)和双向偏心拉伸(压缩)。本节将分别讨论这两种情况下的应力计算。

1. 单向偏心拉伸(压缩)

图 10-10(a)所示的矩形截面偏心受拉杆件，外力 P 的作用点位于截面的一个形心主轴(对称轴 y)上，这类偏心拉伸称为**单向偏心拉伸**；当 P 为压力时，称为**单向偏心压缩**。

计算单向偏心拉伸(压缩)杆件的正应力时，是将外力 P 平移到截面形心处，使其作用线与杆件轴线重合，同时附加一个 $M_z=Pe$ 的力偶[图 10-10(b)]。此时，P 使杆件发生轴向拉伸，而 M_z 使杆件发生平面弯曲，即单向偏心拉伸(压缩)为轴向拉伸(压缩)与平面弯曲的组合变形。与前一节类似，此时横截面上任一点的正应力计算公式为

$$\sigma=\sigma'+\sigma''=\frac{P}{A}+\frac{M_z}{I_z}y \tag{10-10}$$

式中，$M_z=Pe$，e 为偏心距(正应力仍是以拉为正，压为负)。

单向偏心拉伸(压缩)时，杆件横截面上最大正应力的位置很容易判断。例如，图 10-10(b)所示的情况，最大拉应力显然位于截面的右边缘处，其值为

$$\sigma_{max}=\frac{P}{A}+\frac{M_z}{W_z} \tag{10-11}$$

【例 10-4】 图 10-11(a)所示的矩形截面偏心受压柱中，外力 P 的作用点位于 y 轴上，偏心距为 e，P、b、h 均为已知，试求柱的横截面上不出现拉应力时的最大偏心距。

【解】 P 平移到截面形心处后，附加的对 z 轴的力偶矩为 $M_z=Pe$[图 10-11(b)]。

在 P 的作用下，横截面上各点均产生压应力[图 10-11(c)]，其值 $\sigma_N=-\frac{P}{A}$。在 M_z 作用下，截面上 z 轴左侧受拉，最大拉应力发生在截面的左边缘处[图 10-11(d)]，其值为$\frac{M_z}{W_z}$。若要使横截面上不出现拉应力，应使 P 与 M_z 共同作用下截面左边缘处的正应力等于零，即

$$\sigma=-\frac{P}{A}+\frac{M_z}{W_z}=0$$

也即

$$-\frac{P}{bh}+\frac{Pe_{max}}{\frac{1}{6}bh^2}=0$$

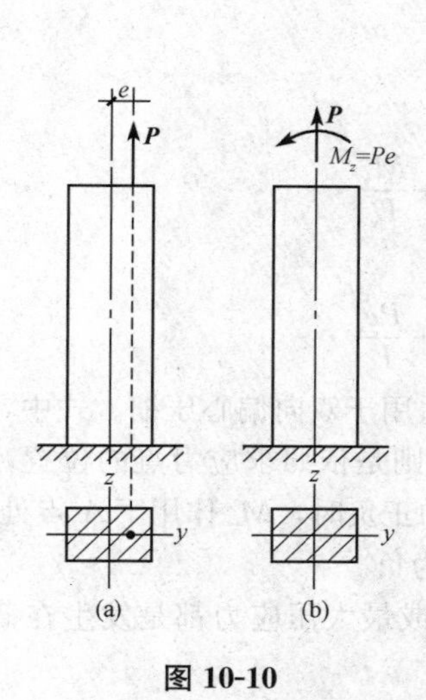

图 10-10

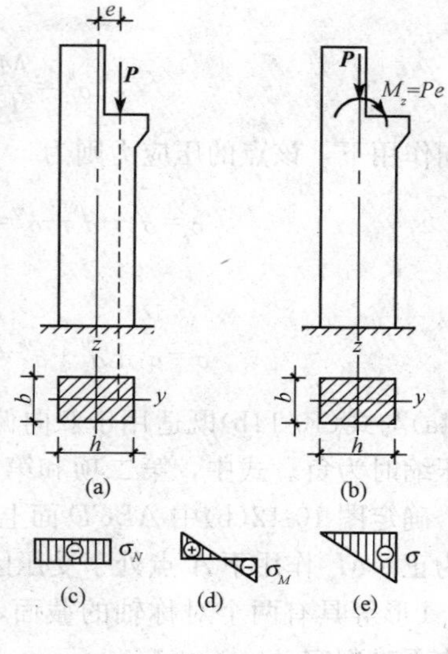

图 10-11

从而解得

$$e_{\max}=\frac{h}{6}$$

由此结果可知，当压力 $\boldsymbol{P}$ 作用在 y 轴上时，只要偏心距 $e\leqslant\frac{h}{6}$，截面上就不会出现拉应力。当 $e=\frac{h}{6}$ 时，正应力(均为压应力)沿截面 h 方向的分布规律如图 10-11(e)所示。

2. 双向偏心拉伸(压缩)

图 10-12(a)所示的偏心受拉杆，平行于杆件轴线的拉力 P 的作用点不在截面的任何一个对称轴上，与 z、y 轴的距离分别为 e_y 和 e_z，此类偏心拉伸称为**双向偏心拉伸**，当 P 为压力时，称为**双向偏心压缩**。

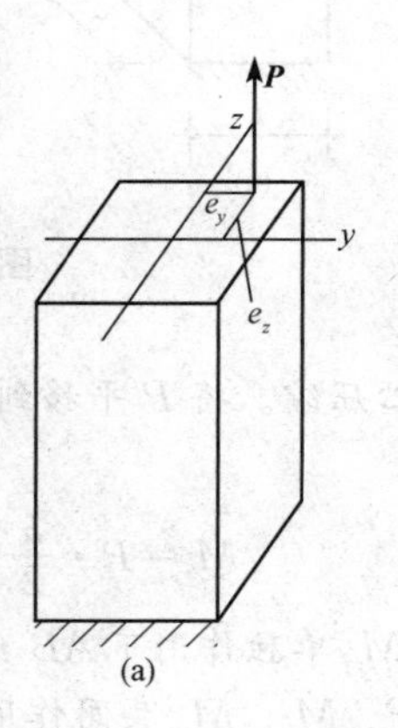

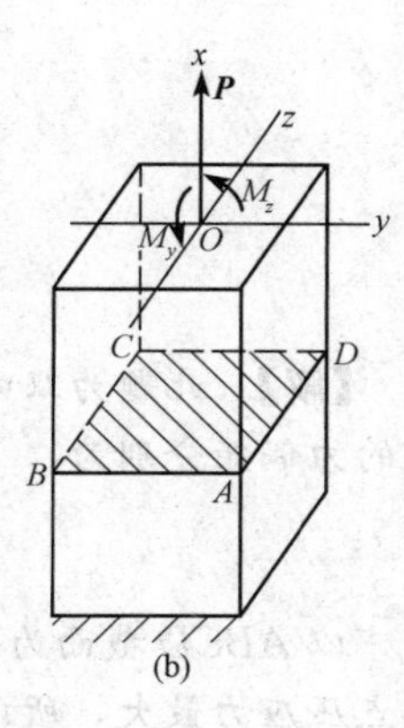

图 10-12

计算此类杆件任一点正应力的方法，与单向偏心拉伸(压缩)类似。仍是将外力 P 平移到截面的形心处，使其作用线与杆件的轴线重合，但平移后附加的力偶不是一个，而是两个。两个力偶的力偶矩分别是 P 对 z 轴的力矩 $M_z=Pe_y$ 和 P 对 y 轴的力矩 $M_y=Pe_z$[图 10-12(b)]。此时，P 使杆件发生轴向拉伸，M_z 使杆件在 xOy 平面内发生平面弯曲，M_y 使杆件在 xOz 平面内发生平面弯曲。所以，双向偏心拉伸(压缩)实际上是轴向拉伸(压缩)与两个平面弯曲的组合变形。

在轴向外力 P 作用下，横截面上任一点的正应力为

$$\sigma'=\frac{N}{A}=\frac{P}{A}$$

M_z 和 M_y 单独作用下，同一点的正应力分别为

$$\sigma''=\frac{M_z}{I_z}\cdot y=\frac{Pe_y}{I_z}\cdot y \tag{10-12}$$

和

$$\sigma'''=\frac{M_y}{I_y}\cdot z=\frac{Pe_z}{I_y}\cdot z \tag{10-13}$$

三者共同作用下，该点的压应力则为

$$\sigma=\sigma'+\sigma''+\sigma'''=\frac{P}{A}+\frac{M_z}{I_z}\cdot y+\frac{M_y}{I_y}\cdot z \tag{10-14a}$$

或

$$\sigma=\sigma'+\sigma''+\sigma'''=\frac{P}{A}+\frac{Pe_y}{I_z}\cdot y+\frac{Pe_z}{I_y}\cdot z \tag{10-14b}$$

式(10-14a)与式(10-14b)既适用于双向偏心拉伸，又适用于双向偏心压缩。式中，第一项拉伸时为正，压缩时为负。式中，第二项和第三项的正负，则是依照求应力点的位置，由变形来确定。例如，确定图 10-12(b)中 $ABCD$ 面上 A 点正应力的正负时，M_z 作用下 A 点处于受拉区，所以第二项为正。M_y 作用下 A 点处于受压区，则第三项为负。

对矩形、I形等具有两个对称轴的截面，最大拉应力或最大压应力都是发生在截面的角点处，其位置均不难判定。

【例 10-5】 矩形截面偏心受压杆如图 10-13(a)所示，P、b、h 均为已知，试求杆中的最大压应力。

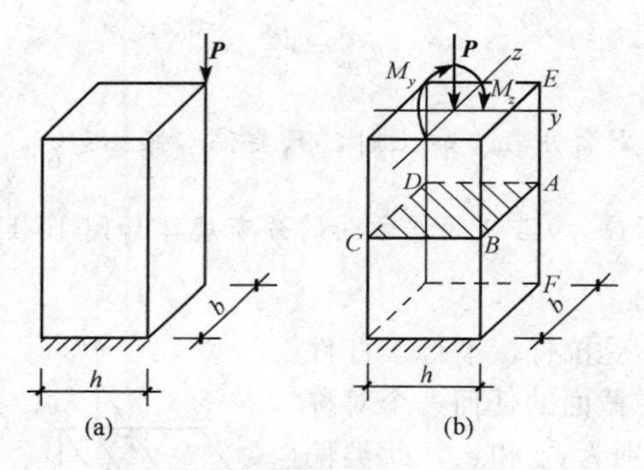

图 10-13

【解】 此题为双向偏心压缩。将 P 平移到截面的形心处并附两个力偶[图 10-13(b)]，两力偶的力偶矩分别为

$$M_z=P\cdot\frac{h}{2}\qquad M_y=P\cdot\frac{b}{2}$$

以 $ABCD$ 截面为例，M_z 单独作用下 AB 线上各点的压应力最大，M_y 单独作用下 AD 线上各点压应力最大，所以，P、M_z、M_y 共同作用下最大压应力发生在 A 点。因杆件各截面上的内力(N、M_z、M_y)情况相同，故 EF 线上各点的压应力值相同，杆中的最大压应力为

$$\sigma_{\max}=-\frac{P}{A}-\frac{M_z}{I_z}\cdot\frac{h}{2}-\frac{M_y}{I_y}\cdot\frac{b}{2}=-\frac{P}{bh}-\frac{P\cdot\frac{h}{2}}{\frac{1}{12}bh^2}\cdot\frac{h}{2}-\frac{P\cdot\frac{b}{2}}{\frac{1}{12}hb^2}\cdot\frac{b}{2}=-\frac{P+3Ph+3Pb}{bh}$$

3. 截面核心

从前面的分析可知，当构件受偏心压缩时，横截面上的应力由轴向压力引起的应力和偏心弯矩引起的应力组成。当偏心压力的偏心距较小时，则相应产生的偏心弯矩较小，从而使由偏心弯矩引起的应力不大于轴向压力引起的应力，即横截面上就只会有压应力而无拉应力。

在工程上，有不少材料的抗拉性能较差而抗压性能较好且价格便宜，如砖、石材、混凝土、铸铁等。用这些材料制造的构件，适用于承压，在使用时要求在整个横截面上没有拉应力。这就要求将偏心压力控制在某一区域范围内，从而使截面上只有压应力而无拉应力。这一范围即截面核心。因此，**截面核心是指截面形心附近的一个区域，当纵向偏心力的作用点位于该区域内时，整个截面上只产生同一种正负号的应力(拉应力或压应力)。**

截面核心是截面的一种几何特征，它只与截面的形状和尺寸有关，而与外力的大小无关。

下面举例说明截面核心的简单求法。

【例 10-6】 图 10-14 所示为一矩形截面，已知边长分别为 b 和 h，求此截面核心。

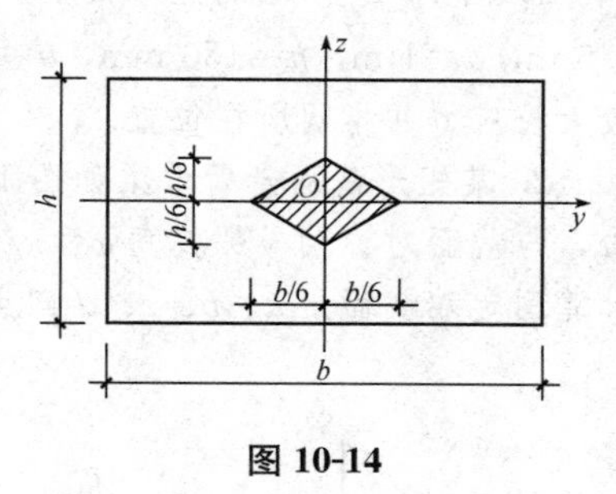

图 10-14

【解】 (1)先设偏心压力作用于 y 轴上距离原点 O 偏心距为 e_1 处，根据截面核心的概念，应有：

$$\frac{M_z}{W_z} \leqslant \frac{N}{A}$$

式中，$M_z = N \cdot e_1$；$W_z = \frac{1}{6}hb^2$；$A = bh$。

整理后，得

$$e_1 \leqslant \frac{b}{6}$$

(2)若将偏心压力作用于 z 轴上距原点的偏心距为 e_2 处，则同样得到

$$e_2 \leqslant \frac{h}{6}$$

(3)将偏心压力作用于截面上任一点，则根据式(10-14a)或式(10-14b)及偏心压力的概念推出，当偏心压力作用位置位于如图 10-14 所示矩形中的菱形阴影部分时，截面上的应力全部为压应力。故矩形截面的截面核心即是图 10-14 所示的菱形阴影部分。

同理，可以证明圆形截面的截面核心仍为圆形，其直径为原直径的 $\frac{1}{4}$，如图 10-15 所示；I形、槽形截面的截面核心为菱形，如图 10-16 所示。

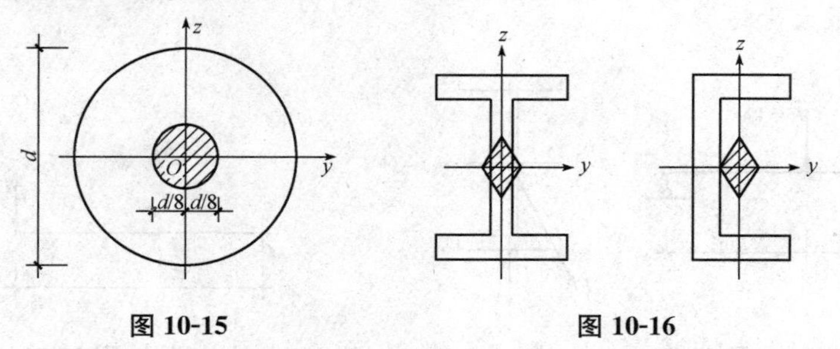

图 10-15　　图 10-16

本章小结

在实际工程中，杆件的受力是很复杂的，同时有两种或两种以上的基本变形的组合时，称为组合变形。对发生组合变形的杆件计算应力和变形时，可先将荷载进行简化或分解，使简化或分解后的静力等效荷载，各自只引起一种简单变形，分别计算后，再进行叠加，就可得到原

来的荷载引起组合变形时的应力和变形。本章主要介绍变形应力与强度计算、偏心受压构件承载力计算。

思考与练习

1. 图 10-17 所示的矩形梁中，P_1 与 P_2 分别作用于在梁的竖向和水平对称面内，已知 $l=1.5$ m，$a=1$ m，$h=150$ mm，$b=100$ mm，$P_1=1.2$ kN，$P_2=0.8$ kN，试计算该梁横截面上的最大拉应力并指明所在位置。

2. 某矩形截面悬臂木梁如图 10-18 所示，在自由端平面内作用集中力 F，此力通过截面形心，与截面对称轴 y 的夹角 $\varphi=\pi/6$，已知：$F=2.4$ kN，$l=2$ m，$h=200$ mm，$b=120$ mm，试计算固定端截面上 a、b、c、d 四点的正应力。

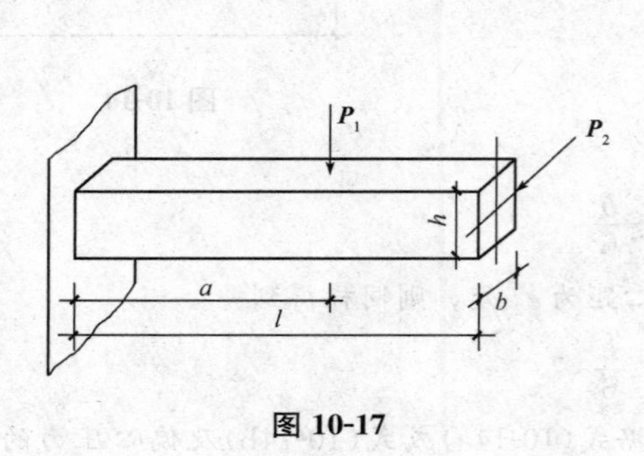

图 10-17

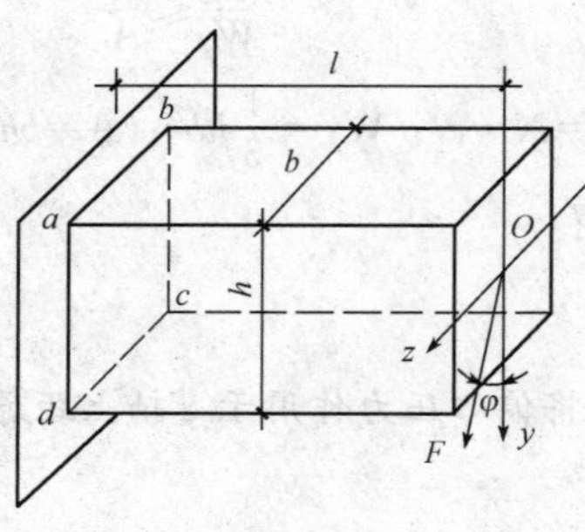

图 10-18

3. 某简支梁选用 25a 工字钢，如图 10-19 所示。已知荷载 $F=5$ kN，力 F 的作用线与截面的形心主轴 y 的夹角 $\alpha=30°$，钢材的许用应力$[\sigma]=160$ MPa，试校核此梁的强度。

4. 某承受均布荷载的矩形截面简支梁，如图 10-20 所示，均布荷载 q 的作用线通过截面形心且与 y 轴成 15°，已知 $l=4$ m，$b=80$ mm，$h=120$ mm，材料的许用应力$[\sigma]=10$ MPa，试计算该梁能承受的最大荷载。

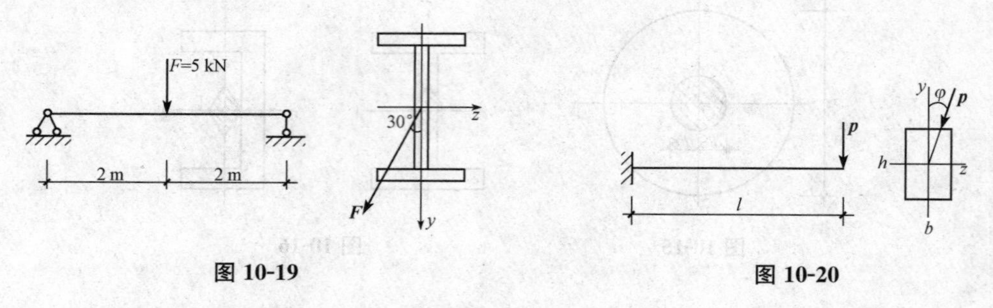

图 10-19

图 10-20

5. 某矩形截面悬臂梁如图 10-21 所示，力 P 通过截面形心且与 y 轴成 φ 角，已知 $P=1.2$ kN，$\varphi=12°$，$l=2$ m，$\dfrac{h}{b}=1.5$，材料的许用正应力$[\sigma]=10$ MPa，试确定 b 和 h 的尺寸。

6. 某木制楼梯斜梁受竖直荷载作用，如图 10-22 所示。已知：$l=4$ m，$b=120$ mm，$h=200$ mm，$q=3.0$ kN/m，试计算危险截面上的最大拉应力和最大压应力。

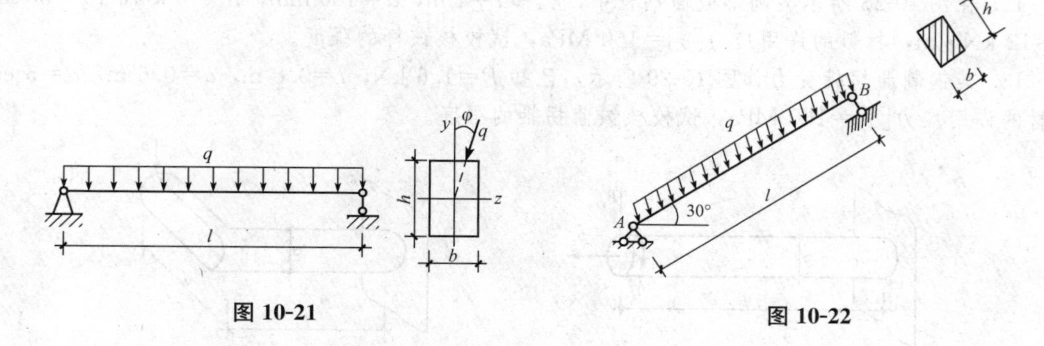

图 10-21

图 10-22

7. 图 10-23 所示的结构中，BC 为矩形截面杆，已知 $a=1$ m，$b=120$ mm，$h=160$ mm，$P=4$ kN，试计算 BC 杆截面上的最大拉应力和最大压应力。

8. 某简支梁同时受竖直均布荷载和轴向拉力的作用，如图 10-24 所示，已知 $q=4$ kN/m，$F=40$ kN，$l=4$ m，$d=200$ mm，$E=10$ GPa，$[\sigma]=12$ MPa，试校核其强度。

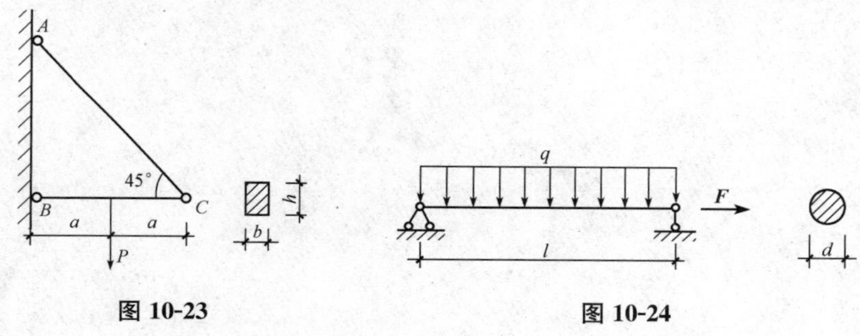

图 10-23

图 10-24

9. 如图 10-25 所示，某矩形截面轴向受压杆，其中间某处挖有一槽口，已知 $P=20$ kN，$b=160$ mm，$h=240$ mm，槽口深 $h_1=60$ mm，试计算槽口处横截面 $m—m$ 上的最大压应力。

10. 如图 10-26 所示，某水塔盛满水时连同基础总重 $G=2\ 000$ kN，在离地面 $H=15$ m 处受水平风荷载的合力 $F=60$ kN 作用。圆形基础的直径 $d=6\ 112$ mm，埋置深度 $h=3$ m，若地基土的许用承载力$[\sigma]=0.2$ MPa，试校核地基土的强度。

11. 某矩形截面杆如图 10-27 所示，P_1 的作用线与杆的轴线重合，P_2 的作用点位于截面的 y 轴上，已知 $P_1=20$ kN，$P_2=10$ kN，$b=12$ cm，$h=20$ cm，$e=4$ cm，试计算杆中的最大压应力。

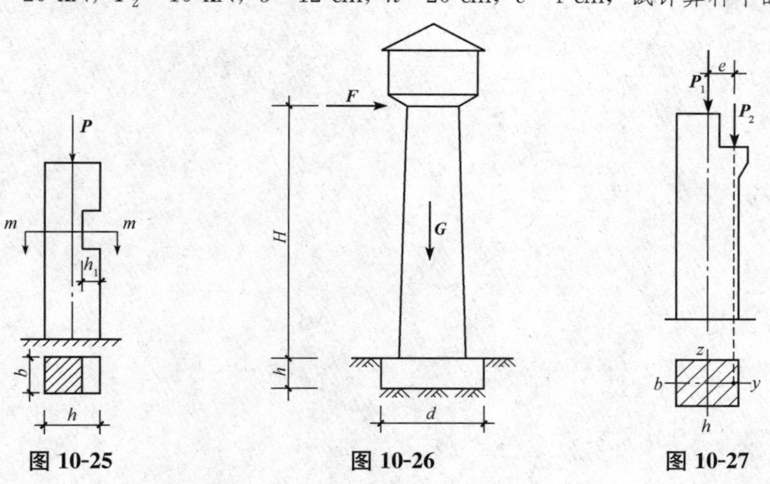

图 10-25

图 10-26

图 10-27

12. 在图 10-28 所示某圆形截面钢杆中，已知 $l=1$ m，$d=100$ mm，$P_1=6$ kN，$P_2=50$ kN，$m=12$ kN·m，材料的许用应力$[\sigma]=160$ MPa，试校核该杆的强度。

13. 某钢制曲拐轴受力如图 10-29 所示，已知 $P=1.6$ kN，$l=0.8$ m，$a=0.6$ m，$d=5$ cm，钢材的许用应力$[\sigma]=160$ MPa，试校核该曲拐轴的强度。

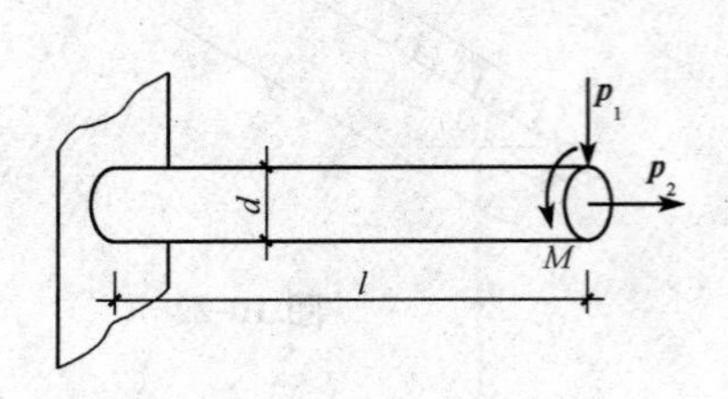

图 10-28

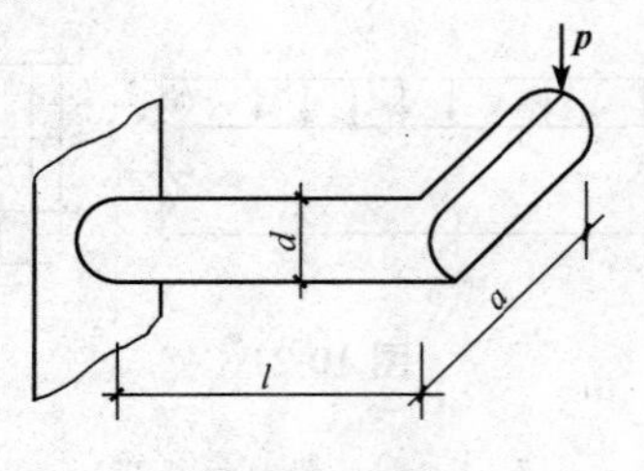

图 10-29

第十一章　压杆稳定

学习目标

了解压杆变形、临界力、临界应力的概念及柔度的物理意义；掌握欧拉公式及柔度在压杆稳定计算中的应用。

能力目标

通过本章的学习，能够利用欧拉公式计算压杆临界力和临界压力，能够运用稳定条件对压杆进行稳定计算。

第一节　压杆稳定与压杆失稳破坏

一、工程中的压杆稳定问题

工程中将承受轴向压力的直杆称为**压杆**。在以前讨论压杆时，只是从强度角度出发，认为只要压杆横截面上的正应力不超过材料的许用应力，就能保证杆件正常工作，这种观点对于短粗杆来说是正确的，但是，细长的杆件在受力时，有可能发生突然弯曲而破坏。

例如，一根长为 300 mm 的钢制直杆，其横截面的宽度和厚度分别为 20 mm 和 1 mm，材料的抗压许用应力等于 140 MPa，如果按照抗压强度计算，其抗压承载力应为 2 800 N。但是实际上，在压力还不到 40 N 时，杆件就发生了明显的弯曲变形，丧失了其在直线形状下保持平衡的能力从而导致破坏。显然，这不属于强度性质的问题，而属于压杆稳定的范畴。在工程实践中，1907 年北美的魁北克圣劳伦斯河上一座长为 548 m 的钢桥在施工中突然倒塌，就是由于桁架中的压杆失稳造成的。

近年来，随着高强度材料的普遍应用，杆件的截面面积越来越小，稳定性问题越发显得重要。压杆稳定的研究已成为工程中日益受到重视的课题，稳定条件与强度条件、刚度条件一样成为结构设计与检验的必要条件。

二、压杆的稳定平衡与不稳定平衡

为了说明压杆稳定性的概念，取细长的受压杆来研究。图 11-1(a)所示的等直细长杆，在其两端施加轴向压力 F，使杆在直线状态下处于平衡。此时，如果给杆以微小的侧向干扰力，使杆发生微小的弯曲，然后撤去干扰力，则当杆承受的轴向压力数值不同时，其结果也截然不同。

(1)当杆承受的轴向压力数值 F 小于某一数值 F_{cr} 时，在撤去干扰力以后，杆能自动恢复到原有的直线平衡状态而保持平衡，如图 11-1(a)、(b)所示，这种原有的直线平衡状态称为**稳定的平衡**。

(2)当杆承受的轴向压力数值 F 逐渐增大到某一数值 F_{cr} 时，即使撤去干扰力，杆仍然处于微弯形状，不能自动恢复到原有的直线平衡状态，如图 11-1(c)、(d)所示，则原有的直线平衡状态称为**不稳定的平衡**。如果力 F 继续增大，则杆继续弯曲，产生显著的变形，甚至发生突然破坏。

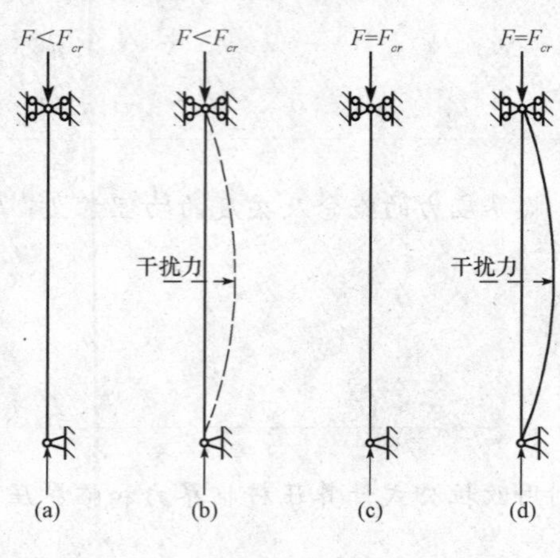

图 11-1

上述现象表明，在轴向压力 F 由小逐渐增大的过程中，压杆由稳定的平衡转变为不稳定的平衡，这种现象称为**压杆丧失稳定性**或者**压杆失稳**。显然压杆是否失稳取决于轴向压力的数值，压杆由直线状态的稳定的平衡过渡到不稳定的平衡时所对应的轴向压力，称为**压杆的临界压力**或**临界力**，用 F_{cr} 表示。当压杆所受的轴向压力 F 小于 F_{cr} 时，杆件就能够保持稳定的平衡，这种性能称为压杆具有稳定性；而当压杆所受的轴向压力 F 等于或者大于 F_{cr} 时，杆件就不能保持稳定的平衡而失稳。

三、压杆的失稳破坏

压杆经常被应用于各种工程实践中，如内燃机的连杆(图 11-2)，当处于如图 11-2 所示的位置时，均承受压力，此时必须考虑其稳定性，以免引起压杆失稳破坏。

应该指出的是，不仅压杆会出现失稳现象，其他类型的构件，如图 11-3 所示的梁、拱、薄壁筒、圆环等也存在稳定问题。在荷载作用下，它们失稳的变形形式如图 11-3 中的虚线所示。这些构件的稳定问题都比较复杂，这里将不予研究，本章仅讨论常见的压杆稳定性问题。

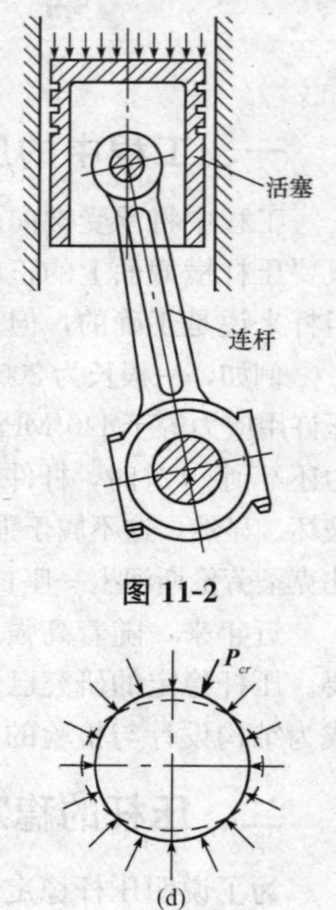

图 11-2

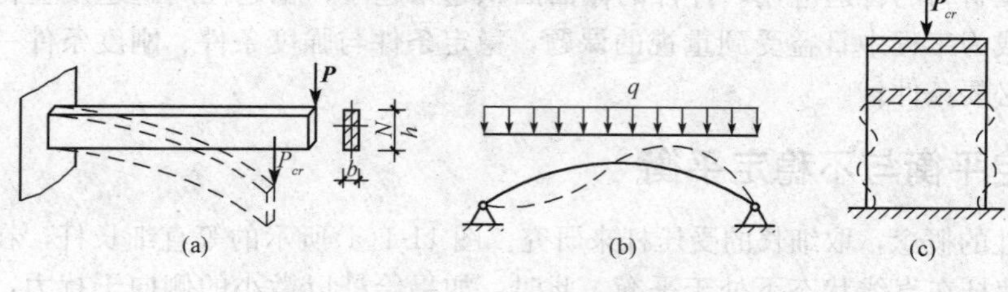

图 11-3

第二节　细长压杆的临界力计算

从第一节的讨论可知，压杆在临界力作用下，其直线状态的平衡将由稳定的平衡转变为不稳定的平衡，此时，即使撤去侧向干扰力，压杆仍然保持在微弯状态下的平衡。当然，如果压力超过这个临界力，弯曲变形将明显增大。因此，使压杆在微弯状态下保持平衡的最小的轴向压力，即为**压杆的临界压力**。

一、两端铰支细长杆的临界力计算

设两端铰支长度为 l 的细长杆，在轴向压力 F_{cr} 的作用下保持微弯平衡状态，如图 11-4 所示。杆在小变形时其挠曲线近似微分方程为

$$EI\frac{d^2y}{dx^2}=-M(x) \qquad (11\text{-}1)$$

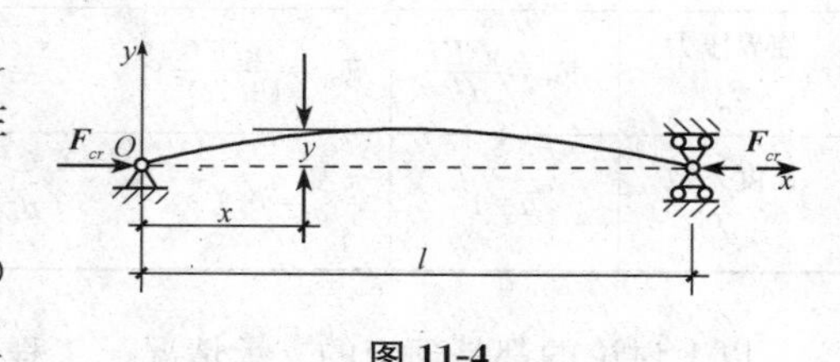

图 11-4

在图 11-4 所示的坐标系中，坐标 x 处横截面上的弯矩为

$$M(x)=F_{cr}y \qquad (11\text{-}2)$$

将式(11-2)代入式(11-1)，得

$$EI\frac{d^2y}{dx^2}=-F_{cr}y \qquad (11\text{-}3)$$

进一步推导(过程略)，可得临界力为

$$F_{cr}=\frac{\pi^2EI}{l^2} \qquad (11\text{-}4)$$

式(11-4)即两端铰支细长杆的临界压力计算公式，称为欧拉公式。

从欧拉公式可以看出，**细长压杆的临界力 F_{cr} 与压杆的弯曲刚度成正比，而与杆长 l 的平方成反比。**

二、其他支承形式细长压杆的临界力计算

以上讨论的是两端铰支的细长压杆的临界力计算。对于其他支承形式的压杆，也可用同样方法导出其临界力的计算公式。经验表明，具有相同挠曲线形状的压杆，其临界力计算公式也相同。因此，可将两端铰支约束压杆的挠曲线形状取为基本情况，而将其他杆端约束条件下压杆的挠曲线形状与之进行对比，从而得到相应杆端约束条件下压杆临界力的计算公式。为此，可将欧拉公式写成统一的形式，即

$$F_{cr}=\frac{\pi^2EI}{(\mu l)^2} \qquad (11\text{-}5)$$

式中　E——材料的弹性模量；

I——压杆横截面对形心轴的与 μ 对应的最小惯性矩；

μ——长度系数，它反映了不同杆端约束对临界力的影响，其值可按表 11-1 确定；

l——压杆长度；

μl——压杆计算长度。

表 11-1　各种支承约束条件下等截面压杆临界力的欧拉公式

杆端情况	两端铰支	一端固定 另端铰支	下端固定 上端竖向滑动	一端固定 另端自由	下端固定 上端水平滑动	两端弹簧支座
失稳时挠曲线形状		C—挠曲线拐点	C、D—挠曲线拐点		C—挠曲线拐点	C、D—挠曲线拐点
临界压力 F_{cr}	$F_{cr}=\frac{\pi^2 EI}{l^2}$	$F_{cr}=\frac{\pi^2 EI}{(0.7l)^2}$	$F_{cr}=\frac{\pi^2 EI}{(0.5l)^2}$	$F_{cr}=\frac{\pi^2 EI}{(2l)^2}$	$F_{cr}=\frac{\pi^2 EI}{l^2}$	$F_{cr}=\frac{\pi^2 EI}{(\mu_1 l)^2}$
长度系数 μ	$\mu=1$	$\mu=0.7$	$\mu=0.5$	$\mu=2$	$\mu=1$	$\mu=\mu_1$ $0.5<\mu_1<1.0$

以上讨论的都是理想的支承情况。工程中压杆的实际支承情况比较复杂，有时很难简单地将其归结为哪一种理想情况，需要做具体分析。下面通过几个实例来说明杆端支承情况的简化。

(1)柱形铰支承。图 11-5 所示的连杆，两端为柱形铰支承。若连杆在较大刚度平面(水平面 xy 平面)内弯曲时，两端可简化为铰支，如图 11-5(a)所示；若在较小刚度平面(铅垂面 xz 平面)内弯曲时，如图 11-5(b)所示，则应根据两端的实际固结程度而定。如接头的刚性较好，使其不能转动，就可简化为固定端；如果有可能发生微小转动，则应简化为铰支，这样处理比较安全。

(2)焊接或铆接。对于杆端与支承处焊接或铆接的压杆，如图 11-6 所示，桁架的 AC 杆受力后，两端连接处仍可能产生微小转动，故不能认为是固定端，而应按铰支端考虑。

(3)固定端。例如，与坚实基础固结成一体的柱脚可简化为固定端。

总之，理想的固定端和铰支端是不多见的，实际杆端的支承情况往往介于固定端和铰支端之间。一般来说，只要杆端截面稍有转动的可能，就不应当作理想的固定端处理。

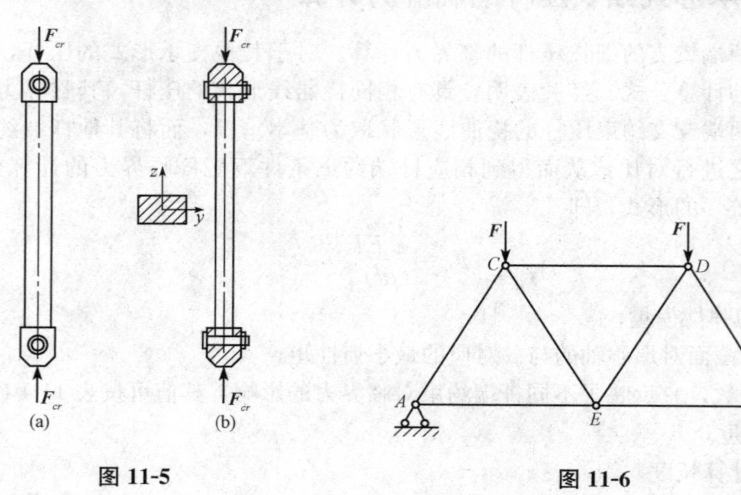

图 11-5　　图 11-6

【例 11-1】 图 11-7 所示细长压杆的两端为球形铰，弹性模量 $E=200$ GPa，截面形状为：(1)圆形截面，$d=5$ cm；(2)16 号工字钢。杆长均为 $l=2$ m，试用欧拉公式计算其临界荷载。

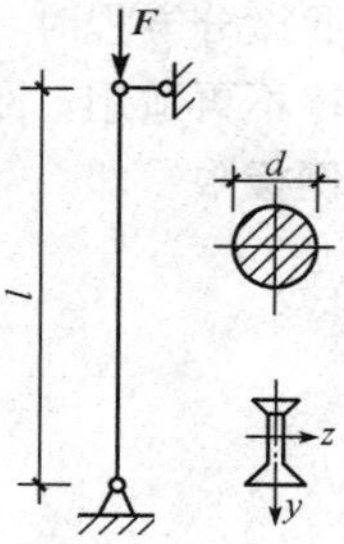

图 11-7

【解】 因压杆两端为球形铰，故 $\mu=1$。现分别计算两种截面杆的临界力。

(1)圆形截面杆：

$$F_{cr}=\frac{\pi^2 EI}{(\mu l)^2}=\frac{\pi^3 Ed^4}{64l^2}=\frac{\pi^3\times 200\times 10^9\times 5^4\times 10^{-8}}{64\times 4}$$

$$=151.4\times 10^3(\text{N})=151.4\text{ kN}$$

(2)I 形截面杆：

对压杆为球形铰支承的情况，应取 $I=I_{\min}=I_y$。由型钢表查得

$$I_y=93.1\text{ cm}=93.1\times 10^{-8}\text{m}^4$$

$$F_{cr}=\frac{\pi^2 EI_y}{(\mu l)^2}=\frac{\pi^2\times 200\times 10^9\times 93.1\times 10^{-8}}{4}=459\times 10^3(\text{N})=459\text{ kN}$$

第三节 临界应力计算

一、压杆临界应力的计算

当压杆在临界力 F_{cr} 作用下处于直线状态的平衡时，将临界力 F_{cr} 除以压杆的横截面面积 A，即可求得压杆的临界应力，即

$$\sigma_{cr}=\frac{F_{cr}}{A}=\frac{\pi^2 EI}{(\mu l)^2 A} \tag{11-6}$$

把截面的惯性半径 $i=\sqrt{I/A}$ 代入式(11-6)，得

$$\sigma_{cr}=\frac{\pi^2 EI}{\left(\frac{\mu l}{i}\right)^2} \tag{11-7}$$

再令

$$\lambda=\frac{\mu l}{i}=\frac{\mu l}{\sqrt{\frac{I}{A}}} \tag{11-8}$$

则细长杆的临界应力可表达为

$$\sigma_{cr}=\frac{\pi^2 E}{\lambda^2} \tag{11-9}$$

式(11-9)称为**欧拉临界应力公式**，式中的 λ 称为**长细比**或**柔度**，λ 是一个无量纲量，它综合地反映了压杆的长度、截面的形状与尺寸以及杆件的支承情况对临界应力的影响，式(11-9)表明，λ 值越大，压杆就越容易失稳。

二、欧拉公式的适用范围

由于欧拉公式是假设材料在线弹性范围内的条件下，根据挠曲线近似微分方程导出的，而

应用此微分方程时，材料必须适用胡克定律。当压杆的临界应力 σ_{cr} 超过材料的比例极限时，胡克定律不再适用，欧拉公式也就不适用了。故欧拉公式的适用范围是：**临界应力 σ_{cr} 不超过材料的比例极限**。即

$$\sigma_{cr}=\frac{\pi^2 E}{\lambda^2}\leqslant\sigma_P \tag{11-10}$$

有

$$\lambda\geqslant\pi\sqrt{\frac{E}{\sigma_P}} \tag{11-11}$$

若设 λ_P 为压杆的临界应力达到材料的比例极限 σ_P 时的柔度值，则

$$\lambda_P=\pi\sqrt{\frac{E}{\sigma_P}} \tag{11-12}$$

故欧拉公式的适用范围为

$$\lambda\geqslant\lambda_P \tag{11-13}$$

式(11-13)表明，当压杆的柔度不小于 λ_P 时，才可以应用欧拉公式计算临界力或临界应力。这类压杆称为**大柔度杆**或**细长杆**，欧拉公式只适用于大柔度杆。从式(11-12)中可知，λ_P 的值取决于材料性质，不同的材料都有自己的 E 值和 σ_P 值，所以不同材料制成的压杆，其 λ_P 值不同，欧拉公式的适用范围也不同。

对于用 Q235 钢制成的压杆，$E=200$ GPa，$\sigma_P=200$ MPa，其判别柔度 λ_P 为

$$\lambda_P=\pi\times\sqrt{\frac{200\times10^3}{200}}\approx100$$

若压杆的柔度 λ 小于 λ_P，则这类杆称为**小柔度杆**或**非细长杆**。小柔度杆的临界应力大于材料的比例极限，这时的压杆将产生塑性变形，称为弹塑性稳定问题。

【例 11-2】 图 11-8 所示的矩形截面压杆，其支承情况为：在平面(纸面平面)内，两端固定；出平面(与纸面垂直的平面)内，下端固定，上端自由。已知 $l=3$ m，$b=0.1$ m，材料的弹性模量 $E=200$ GPa，比例极限 $\sigma_P=200$ MPa，试计算该压杆的临界力。

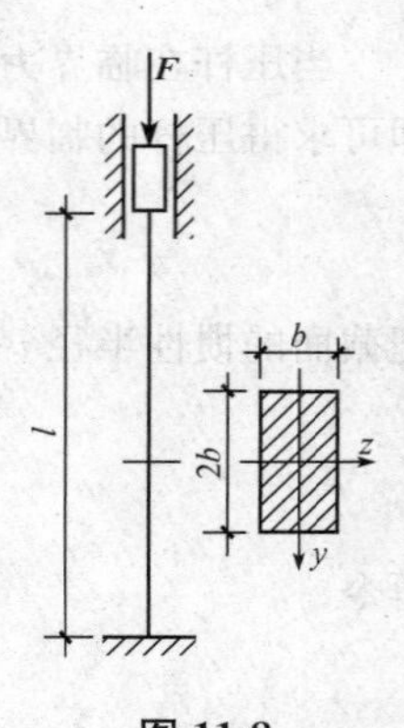

图 11-8

【解】 (1)判断失稳方向。由于杆的上端在两个平面(在平面与出平面)内的支承情况不同，因此压杆在两个平面内的长细比也不同，压杆将首先在 λ 值大的平面内失稳。两种情况下的 λ 值分别为

平面内：

$$\lambda_y=\frac{\mu_1 l}{i_y}=\frac{\mu_1 l}{\sqrt{\frac{I_y}{A}}}=\frac{\mu_1 l}{b/\sqrt{12}}=\frac{0.5\times3}{0.1/\sqrt{12}}=51.96$$

平面外：

$$\lambda_z=\frac{\mu_2 l}{i_z}=\frac{\mu_2 l}{\sqrt{\frac{I_z}{A}}}=\frac{\mu_2 l}{2b/\sqrt{12}}=\frac{2\times3}{2\times0.1/\sqrt{12}}=103.92$$

因 $\lambda_z>\lambda_y$，所以杆若失稳，将发生在出平面内。

(2)判定该压杆是否可用欧拉公式求临界力。

$$\lambda_P=\pi\sqrt{\frac{E}{\sigma_P}}=\pi\times\sqrt{\frac{200\times10^3}{200}}=99.35$$

因 $\lambda_z>\lambda_P$，故可用欧拉公式求临界力，其值为

$$F_{\sigma}=\frac{\pi^2 EI_z}{(\mu_2 l)^2}=\frac{\pi^2\times200\times10^9\times\frac{0.1\times0.2^3}{12}}{(2\times3)^2}=3\,655.4\times10^3(\text{N})=3\,655.4\text{ kN}$$

三、中长杆的临界应力计算

上面指出，欧拉公式只适用于大柔度杆，即临界应力不超过材料的比例极限(处于弹性稳定状态)。当临界应力超过比例极限时，材料处于弹塑性阶段，此类压杆的稳定属于弹塑性稳定(非弹性稳定)，此时，欧拉公式不再适用。

工程中有许多压杆，它们的柔度往往小于λ_P，对于$\lambda<\lambda_P$但大于某个数值λ_s的压杆，称为中长杆。这类压杆属于临界应力超过比例极限的压杆稳定问题，其临界应力一般用由试验所得到的经验公式来计算，常用的有直线形经验公式和抛物线形经验公式。

1. 直线形经验公式

直线形经验公式将压杆的临界应力σ_{cr}与压杆的柔度λ表示为下列线性关系：

$$\sigma_{cr}=a-b\lambda \tag{11-14}$$

式中，a和b为与材料有关的常数，其单位为 MPa。一些常用材料的a、b值可见表 11-2。

表 11-2 几种常用材料的 a、b 值

材料	a/MPa	b/MPa	λ_P	λ'_P
Q235 钢 $\sigma_s=235$ MPa	304	1.12	100	62
硅钢 $\sigma_s=353$ MPa $\sigma_b\geqslant510$ MPa	577	3.74	100	60
铬钼钢	980	5.29	55	0
硬铝	372	2.14	50	0
铸铁	331.9	1.453		
松木	39.2	0.199	59	0

应当指出，经验公式(11-14)也有其适用范围，它要求临界应力不超过材料的受压极限应力。这是因为当临界应力达到材料的受压极限应力时，压杆已因为强度不足而破坏。因此，对于由塑性材料制成的压杆，其临界应力不允许超过材料的屈服应力σ_s，即

$$\sigma_{cr}=a-b\lambda\leqslant\sigma_s$$

或

$$\lambda\geqslant\frac{a-\sigma_s}{b}$$

令

$$\lambda_s=\frac{a-\sigma_s}{b} \tag{11-15}$$

得

$$\lambda\geqslant\lambda_s$$

式中，λ_s为临界应力等于材料的屈服点应力时压杆的柔度值。与λ_P一样，它也是一个与材料的性质有关的常数。因此，直线经验公式的适用范围为

$$\lambda_s<\lambda<\lambda_P \tag{11-16}$$

计算时，一般将柔度值介于λ_s与λ_P之间的压杆称为**中长杆**或**中柔度杆**；而将柔度小于λ_s的

压杆称为短粗杆或小柔度杆。对于柔度小于 λ_s 的短粗杆或小柔度杆，其破坏则是因为材料的抗压强度不足，如果将这类压杆也按照稳定问题进行处理，则对塑性材料制成的压杆来说，可取临界应力 $\sigma_{cr}=\sigma_s$。

2. 抛物线形经验公式

对于钢压杆，我国根据试验资料分析，提出下列抛物线形经验公式：

$$\sigma_{cr}=a-b\lambda^2 \tag{11-17}$$

式中 λ——压杆的柔度；

a，b——与材料的力学性能有关的两个常数，可以通过试验加以测定。

应注意式(11-17)中的 a、b 值与式(11-14)中的 a、b 是不同的。表 11-3 给出 Q235 钢及 16 Mn 钢的 a、b 值，以供参考。

表 11-3 抛物线形经验公式适用范围及常用材料的 *a*、*b* 值

材料	a/MPa	b/MPa	范围
Q235 钢 $\begin{cases}\sigma_s=235\ \text{MPa}\\ E=2.00\times10^5\ \text{MPa}\end{cases}$	235	0.006 68	$\lambda=0\sim123$
16 Mn $\begin{cases}\sigma_s=343\ \text{MPa}\\ E=2.06\times10^5\ \text{MPa}\end{cases}$	343	0.014 2	$\lambda=0\sim102$

四、临界应力总图

综上所述，压杆按照其柔度的不同，可以分为三类，并分别由不同的计算公式计算其临界应力。当 $\lambda\geqslant\lambda_P$ 时，压杆为细长杆(大柔度杆)，其临界应力用欧拉临界应力公式(11-9)来计算；当 $\lambda_s<\lambda<\lambda_P$ 时，压杆为中长杆(中柔度杆)，其临界应力用经验公式(11-14)或式(11-17)来计算；当 $\lambda\leqslant\lambda_s$ 时，压杆为短粗杆(小柔度杆)，其临界应力等于杆受压时的极限应力。

如果将压杆的临界应力根据其柔度不同而分别计算的情况用一个简图来表示，该图形就称为**压杆的临界应力总图**。图 11-9 与图 11-10 即某塑性材料的临界应力总图。其中，图 11-10 中曲线 ACB 是按欧拉临界应力公式(11-9)绘制的，曲线 EC 是按抛物线形经验公式(11-17)绘制的，两曲线交于 C 点，C 点的坐标可由式(11-9)和式(11-17)联立解得。如对 Q235 钢，其 $E=200$ GPa，$a=235$ MPa，$b=0.006\ 68$ MPa，此时

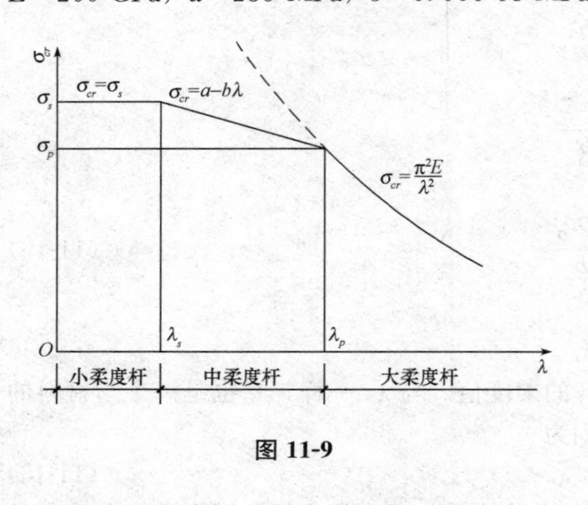

图 11-9

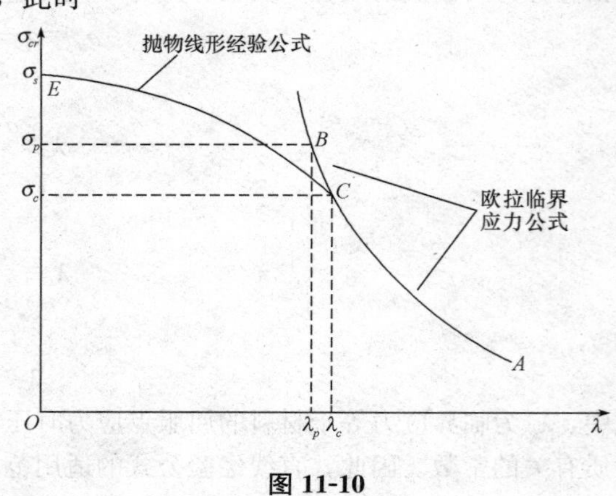

图 11-10

抛物线形经验公式为

$$\sigma_{cr}=235-0.006\ 68\lambda^2$$

欧拉临界应力公式为

$$\sigma_{cr}=\frac{\pi^2\times200\times10^3}{\lambda^2}$$

由上述两方程解得 C 点的横坐标 $\lambda_c=123$，纵坐标 $\sigma_c=132$ MPa。由临界应力总图可以看出，Q235 钢应在 $\lambda=0\sim123$ 时用抛物线形经验公式计算临界应力，在 $\lambda>123$ 时用欧拉公式计算临界应力。

从理论上讲，图 11-10 中临界应力总图应以 λ_P 作为两段曲线的分界点，但由于材质变异、截面公差及试件质量方面的影响，试验结果与理论公式常有差别，考虑到实际工程中轴心受压构件不可能处于理想状态，因而，由试验得出的曲线 EC 就更能反映压杆的实际工作情况，所以用 λ_c 作为两类公式的分界点比较合适。这就是钢结构相关规范规定对于 Q235 钢当 $\lambda>123$ 时才用欧拉公式的原因。

由图 11-9 和图 11-10 还可知临界应力均随柔度 λ 的增大而逐渐衰减，也就是说压杆越细越长就越容易失去稳定。

第四节　压杆的稳定计算

一、压杆的稳定条件

工程中，为使受压杆件不失去稳定，并具有必要的安全储备，需建立压杆的稳定条件，对压杆做稳定计算。

1. 安全系数法

临界力 F_{cr} 是压杆能承受的极限荷载，F_{cr} 与工作压力 F 之比即压杆的工作安全系数 n，它应大于规定的稳定安全系数 n_{st}，故有：

$$n=\frac{F_{cr}}{F}\geqslant n_{st} \tag{11-18}$$

用这种方法进行压杆稳定计算时，必须计算压杆的临界荷载，而为了计算 F_{cr}，应首先计算压杆的柔度，再按不同的范围选用合适的公式计算。其中，稳定安全系数 n_{st} 可在设计手册或规范中查到。

稳定安全系数 n_{st} 一般都大于强度计算时的安全系数，这是因为在确定稳定安全系数时，除应遵循确定安全系数的一般原则外，还必须考虑实际压杆并非理想的轴向压杆、外力的作用线也不可能绝对准确地与杆件的轴线相重合(即存在初偏心)等情况，这些因素都应在稳定安全系数中加以考虑。

2. 折减系数法

对于轴向受压杆，当横截面的应力达到临界应力时，杆件就将失稳。为了保证压杆的稳定性，这就要求横截面上的应力，不能超过压杆的临界应力的许用值 $[\sigma_{cr}]$，即

$$\sigma=\frac{F}{A}\leqslant[\sigma_{cr}] \tag{11-19}$$

在工程中进行压杆稳定计算时，常将临界应力的许用值$[\sigma_{cr}]$改用强度许用应力$[\sigma]$来表达：

$$[\sigma_{cr}]=\frac{\sigma_{cr}}{n_{st}}，[\sigma]=\frac{\sigma^0}{n}$$

$$[\sigma_{cr}]=\frac{\sigma_{cr}}{n_{st}}\cdot\frac{n}{\sigma^0}\cdot[\sigma]=\varphi[\sigma] \tag{11-20}$$

式中

$$\varphi=\frac{[\sigma_{cr}]}{[\sigma]}=\frac{\sigma_{cr}}{n_{st}}\cdot\frac{n}{\sigma^0}$$

式中，σ^0为强度极限应力，n为强度安全系数。由于$\sigma_{cr}<\sigma^0$，$n_{st}>n$，因此φ值总是小于1，且随柔度而变化，几种常用材料的λ-φ变化关系见表11-4，计算时可查用。

表 11-4　压杆折减系数

λ	φ值				
	Q215、Q235钢	16Mn钢	铸　铁	木　材	混凝土
0	1.000	1.000	1.00	1.000	1.00
20	0.981	0.937	0.91	0.932	0.96
40	0.927	0.895	0.69	0.822	0.83
60	0.842	0.776	0.44	0.658	0.70
70	0.789	0.705	0.34	0.575	0.63
80	0.731	0.627	0.26	0.460	0.57
90	0.669	0.546	0.20	0.371	0.46
100	0.604	0.462	0.16	0.300	
110	0.536	0.384		0.248	
120	0.466	0.325		0.209	
130	0.401	0.279		0.178	
140	0.349	0.242		0.153	
150	0.306	0.213		0.134	
160	0.272	0.188		0.117	
170	0.243	0.168		0.102	
180	0.218	0.151		0.093	
190	0.197	0.136		0.083	
200	0.180	0.124		0.075	

需要注意的是，$[\sigma_{cr}]$与$[\sigma]$虽然都是“许用应力”，但两者却有很大的不同。$[\sigma]$只与材料有关，当材料一定时，其值为定值；而$[\sigma_{cr}]$除与材料有关外，还与压杆的长细比有关，所以，相同材料制成的不同(长细比)的压杆，其$[\sigma_{cr}]$值是不同的。

将式(11-20)代入式(11-19)，可得

$$\sigma=\frac{F}{A}\leqslant\varphi[\sigma]或\frac{F}{\varphi A}\leqslant[\sigma] \tag{11-21}$$

式(11-21)类似于压杆强度条件表达式，从形式上可以理解为：压杆因在强度破坏之前便丧

失稳定，故由降低强度许用应力$[\sigma]$来保证杆件的安全。

应用折减系数法做稳定计算时，首先要计算出压杆的长细比λ，再按其材料，由表11-4查出φ值，然后按式(11-21)进行计算。当计算出的λ值不是表中的整数值时，可用线性内插的近似方法得出相应的φ值。

二、压杆稳定条件的应用

应用压杆的稳定条件，可以对以下三个方面的问题进行计算：

(1)稳定校核。即已知压杆的几何尺寸、所用材料、支承条件及承受的压力，验算其是否满足式(11-21)的稳定条件。

这类问题，一般应首先计算出压杆的长细比λ，根据λ查出相应的折减系数φ，再按照式(11-21)进行校核。

(2)计算稳定时的许用荷载。即已知压杆的几何尺寸、所用材料及支承条件，按稳定条件计算其能够承受的许用荷载值F。

这类问题，一般也要首先计算出压杆的长细比λ，根据λ查出相应的折减系数φ，再按照下式进行计算：

$$F\leqslant A\varphi[\sigma]$$

(3)进行截面设计。即已知压杆的长度、所用材料、支承条件及承受的压力F，按照稳定条件计算压杆所需的截面尺寸。

选择(设计)截面时，通常是采用试算法。在稳定条件式(11-21)中，已知φ后才能标出A值，但在杆件尺寸未确定之前，无法确定λ值，因而也就无法确定φ值，故可采用试算的方法。试算法是先假定一个φ值(φ在0～1变化)，由稳定条件计算出面积A，从而确定截面的尺寸。然后，根据截面尺寸及杆长计算出柔度λ，由λ查出φ，再以算得的面积A和查得的φ值验算其是否满足稳定条件。如不满足，需在第一次假定的φ值与查得的φ值之间重新选取φ值，重复上述过程，直到满足稳定条件为止。

最后指明一点：在进行稳定计算时，压杆的横截面面积均采用所谓毛面积，即当压杆的横截面有局部削弱(如铆钉孔等)时，可不予考虑，仍采用未削弱的面积。因为压杆的稳定性取决于杆的整体抗弯刚度，截面的局部削弱对整体刚度的影响甚微。但对削弱处的横截面应进行强度验算。

【例11-3】 一圆木柱高$l=6$ m，直径$d=20$ cm，两端铰支，承受轴向荷载$F=50$ kN，试校核其稳定性，已知木材的容许应力$[\sigma]=10$ MPa。

【解】 求圆截面的惯性半径和长细比：

$$i=\frac{d}{4}=\frac{20}{4}=5(\text{cm})$$

$$\lambda=\frac{\mu l}{i}=\frac{1\times6}{5\times10^{-2}}=120$$

查表11-4得，折减系数$\varphi=0.209$。

稳定校核

$$\frac{F}{A\varphi}=\frac{50\times10^{3}}{\frac{\pi}{4}\times(20\times10^{-2})^{2}\times0.209}=7.62\times10^{6}(\text{Pa})=7.62\text{ MPa}<[\sigma]$$

所以，柱满足稳定性要求。

第五节　提高压杆稳定性的措施

提高压杆稳定性的措施应从决定压杆临界应力的各种因素去考虑。从前面的讨论中可以看出，影响压杆临界应力的主要因素是柔度$\left(\text{即 } \lambda=\frac{\mu l}{i}\right)$。临界应力与柔度的平方成反比，柔度越小，临界应力越大，稳定性越好。柔度取决于压杆的长度、截面的形状、尺寸和支承情况。因此，要提高压杆的稳定性，必须从以下几个方面入手。

一、减少压杆的长度

由临界应力的欧拉公式和抛物线经验公式可以看出，减少杆长，可以减小柔度，提高压杆的临界应力，从而提高压杆的稳定性。如图 11-11 所示，两端铰支压杆，若在中点增加一个横向支撑，则计算长度减为原来的一半，加支撑后压杆的临界应力是原来的 4 倍。

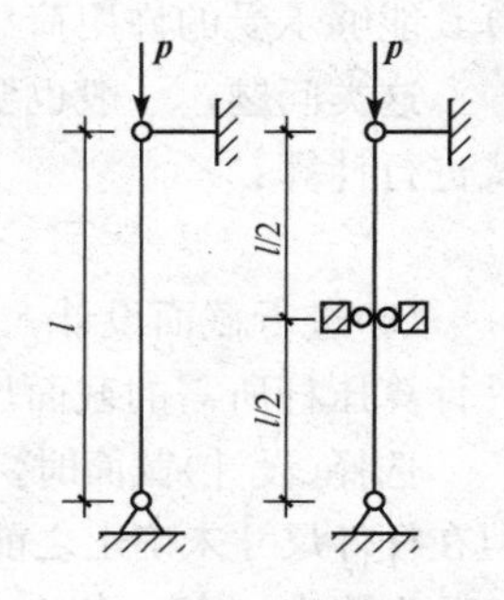

图 11-11

二、选择合理的截面形状

增大截面的惯性矩，可以增大截面的惯性半径，降低压杆的柔度，从而可以提高压杆的稳定性。在压杆的横截面面积相同的条件下，应尽可能使材料远离截面形心轴，以取得较大的惯性矩，从这个角度出发，空心截面要比实心截面合理，如图 11-12 所示。在实际工程中，若压杆的截面是用两根槽钢组成的，则应采用图 11-13 所示的布置方式，以取得较大的惯性矩或惯性半径。

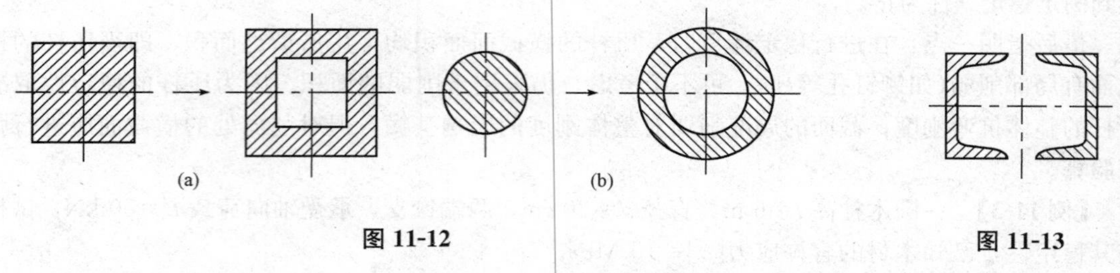

图 11-12　　图 11-13

另外，由于压杆总是在柔度较大(临界力较小)的纵向平面内首先失稳，所以，应注意尽可能使压杆在各个纵向平面内的柔度都相同，以充分发挥压杆的稳定承载力。

三、改善支承情况，减小长度系数 μ

对于一定材料制成的压杆，临界应力与柔度的平方成反比。为了减小柔度，可以改善支座情况。因为压杆的两端固定得越牢，长度系数 μ 就越小，λ 值越小，而临界应力 σ_{cr} 值就越大，故宜采用 μ 值小的支承方式(如两端固定)或加固端部的支承，如图 11-14 所示。

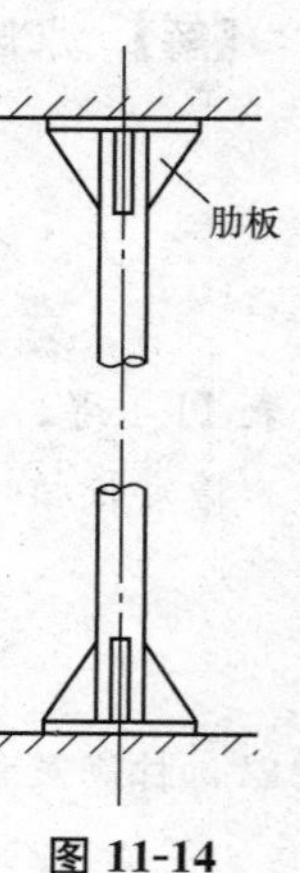

图 11-14

四、选用适当的材料

对大柔度压杆，临界力与材料的弹性模量成正比，E 值越大，压杆的稳定性越好。对钢材来说，各类钢材的 E 值基本相同，例如，合金钢与普通钢的 E 值都在 200 GPa 左右，所以，对大柔度杆，从稳定角度看，选用合金钢并不比普通钢优越。

本章小结

工程中将承受轴向压力的直杆称为压杆，随着高强度材料的普遍应用，对压杆稳定的研究已成为工程中日益受到重视的课题。稳定条件与强度条件、刚度条件一样成为结构设计与检验的必要条件。本章主要介绍压杆稳定与压杆失稳破坏、细长压杆的临界力计算、临界应力计算、压杆的稳定计算及提高压杆稳定的措施。

"压杆稳定"问题的生活实例

思考与练习

1. 如图 11-15 所示，某两端铰支的 22a 号工字形钢压杆(Q235 钢)。已知 $l=5$ m，材料的弹性模量 $E=2\times10^5$ MPa。试计算此压杆的临界力 F_{cr}。

2. 如图 11-16 所示，某大柔度杆，杆的两端均为铰支(球形铰)，已知 $l=4$ m，$b=120$ mm，$h=150$ mm，材料的弹性模量 $E=10\times10^3$ MPa。试计算该压杆的临界力 F_{cr}。

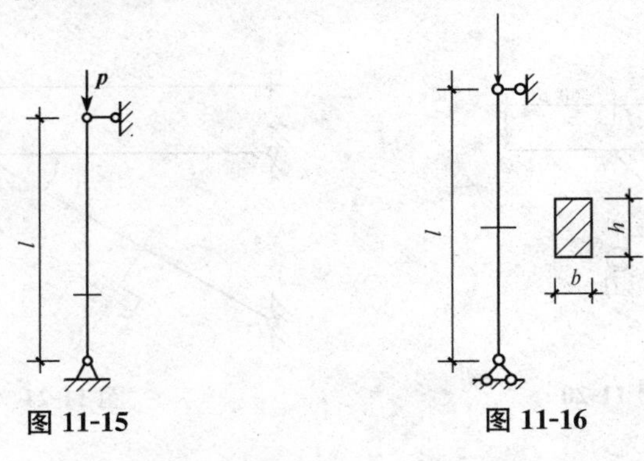

图 11-15　　图 11-16

3. 某细长压杆，两端为铰支，材料用 Q235 钢，弹性模量 $E=200$ GPa，试用欧拉公式分别计算下列三种情况的临界力：

(1)圆形截面，直径 $d=25$ mm，$l=1$ m；

(2)矩形截面，$h=2b=40$ mm，$l=1$ m；

(3)16 号工字钢，$l=2$ m。

4. 如图 11-17 所示，某压杆为下端固定，上端自由。材料为 Q235 钢，弹性模量 $E=200$ GPa，已知：$l=2.5$ m，$b=100$ mm，$h=200$ mm。试计算该压杆的临界力 F_{cr}。

5. 某连杆如图 11-18 所示，材料为 Q235 钢，弹性模量 $E=200$ GPa，横截面面积 $A=44$ cm^2，

惯性矩 $I_y=120\times10^4\ mm^4$，$I_z=797\times10^4\ mm^4$，在 xy 平面内，长度系数 $\mu_z=1$；在 xz 平面内，长度系数 $\mu_y=0.5$。试计算其临界力和临界应力。

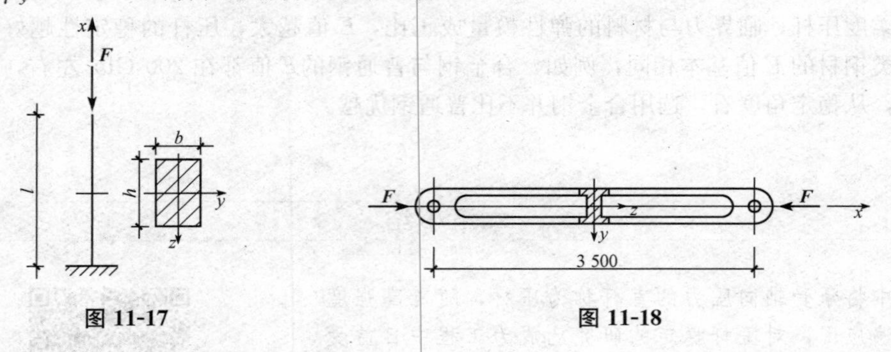

图 11-17　　图 11-18

6. 如图 11-19 所示，某受力结构中，BC 为 $d=26$ mm 的圆截面杆，已知材料的弹性模量 $E=2\times10^5$ MPa，比例极限 $\sigma_p=200$ MPa，$l=1$ m，稳定安全系数 $n_{st}=2$，试从 BC 杆的稳定考虑，计算该结构的许用荷载[F]。

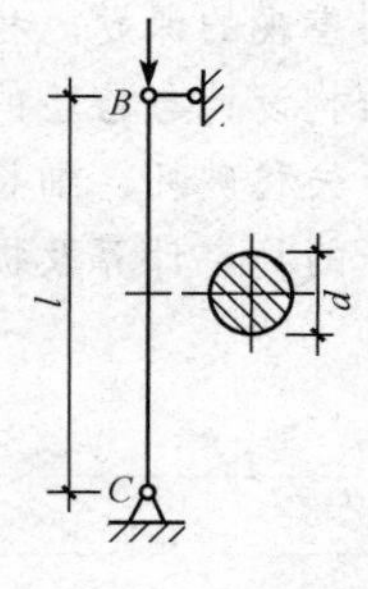

图 11-19

7. 某千斤顶，已知丝杆长度 $l=375$ mm，内径 $d=40$ mm，材料为 Q235 钢（$a=589$ MPa，$b=3.82$ MPa，$\lambda_p=100$，$\lambda_p'=60$），最大起顶重量 $F=80$ kN，稳定安全系数 $n_{st}=4$。试校核其稳定性。

8. 如图 11-20 所示，某托架中，BD 杆为两端铰支的圆截面压杆，材料为 Q235 钢，许用应力[σ]$=160$ MPa。试选择 BD 杆的截面直径 d。

9. 如图 11-21 所示，某简易起重机的压杆 BD 为 20 号槽钢，材料为 Q235，起重机的最大起重量 $F=40$ kN，若稳定安全系数 $n_{st}=4$，试校核 BD 杆的稳定性。

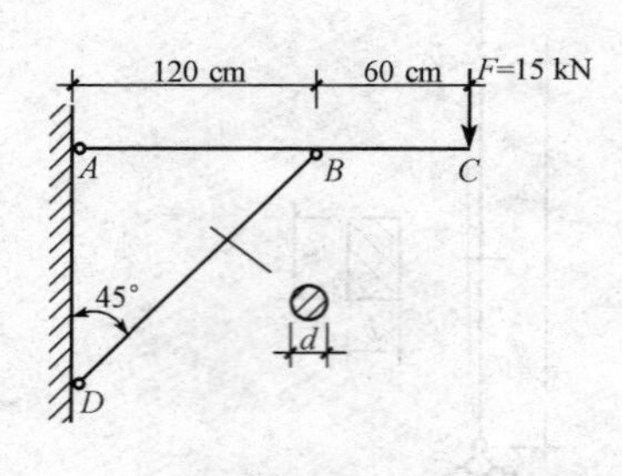

图 11-20

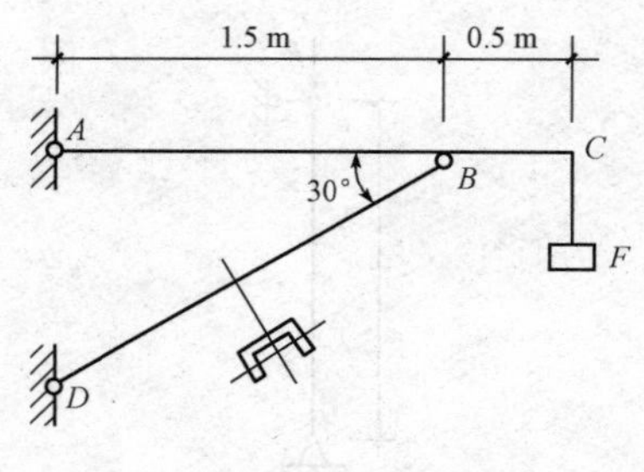

图 11-21

10. 如图 11-22 所示，某两端铰支格构式压杆，由四根 Q235 钢的 70 mm×70 mm×6 mm 的角钢组成，按设计规范属 b 类截面。杆长 $l=5$ m，受轴向压力 $F=400$ kN，材料的强度设计值 $f=215$ MPa。试计算压杆横截面的边长 a 值。

11. 如图 11-23 所示，某铰支压杆由两个 10 号槽钢组成，若要使该压杆在 xOy 和 xOz 两个平面内具有相同的稳定性，则 a 值应为多少？

12. 如图 11-24 所示，某松木矩形截面柱，高为 5 m，承受轴向压力 $F=40$ kN，材料的许用应力[σ]$=8$ MPa，截面的边长比为 $h/b=1.2$，两端铰支。试计算柱的截面尺寸 b 和 h。

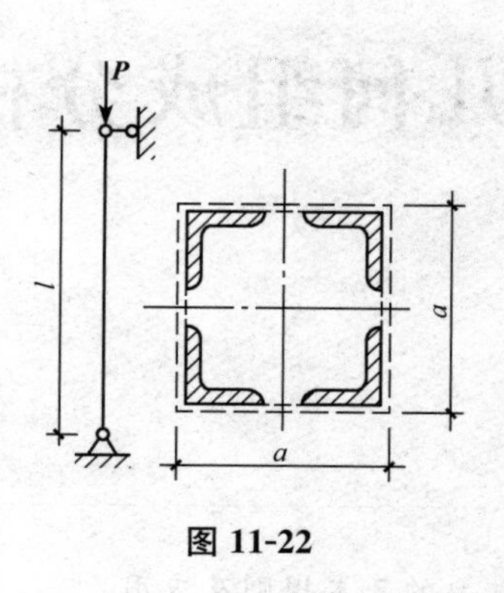

图 11-22

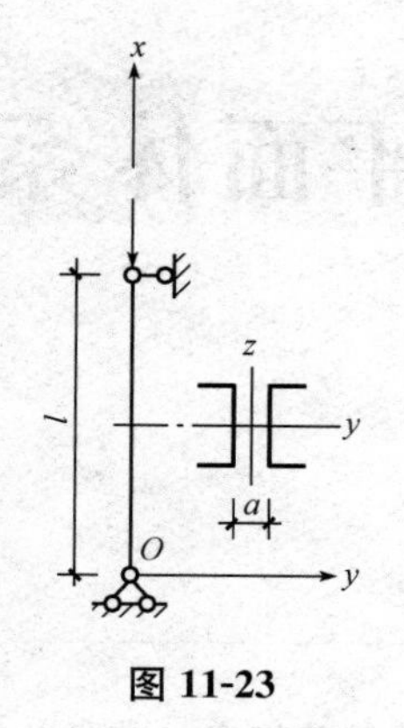

图 11-23

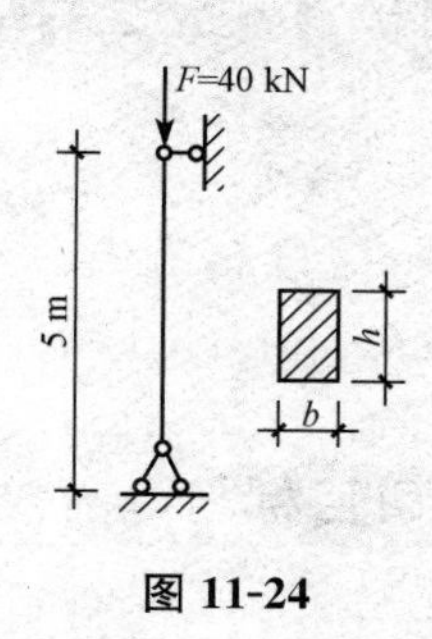

图 11-24

第十二章　平面体系的几何组成分析

学习目标

了解平面体系几何组成分析的相关概念；掌握几何不变体系的基本规则及应用。

能力目标

通过本章的学习，能够进行平面体系的几何组成分析，并能够充分运用。

第一节　平面体系几何组成分析相关概念

工程结构在使用过程中应能使自身的几何形状和位置保持不变，因而必须是几何不变体系。只有几何不变体系才能承受荷载而作为结构使用。所以，对结构进行分析计算时，必须首先分析判断它是否为几何不变体系。这种分析判断体系是否为几何不变体系的过程称为**体系的几何组成分析**。其目的如下：

(1)判断某一体系是否是几何不变的，从而确定它能否作为结构，以保证结构的几何不变性。

(2)根据体系的几何组成，可以确定结构是静定的还是超静定的，从而选择相应的计算方法。

(3)通过几何组成分析，明确结构各部分在几何组成上的相互关系，从而选择简便合理的计算顺序。

结构受荷载作用时，产生的变形一般是微小的。在几何组成分析中，不考虑这种由于材料的应变所产生的变形。杆件体系可以分为几何不变体系和几何可变体系两类，如图 12-1 所示。

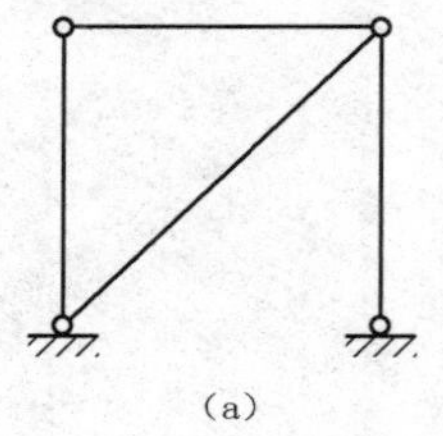

(a)

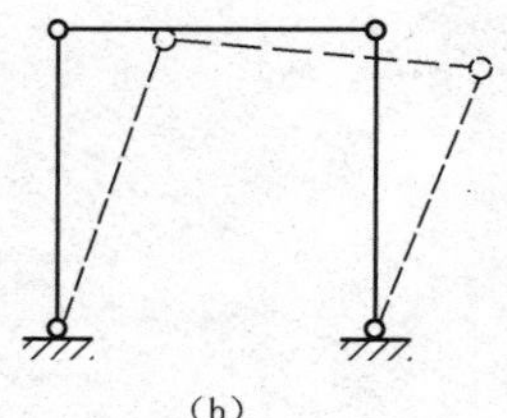

(b)

图 12-1

一、几何不变体系

几何不变体系是指在不考虑材料应变的条件下，能保持其几何形状和位置不变的体系[图 12-1(a)]。只有几何不变体系才能够作为结构。在平面体系中，由于不考虑材料的应变，因此可认为各构件没有变形。故可将体系中已确定的几何不变的部分看作一个平面刚体，简称为刚片。

几何不变体系可分为无多余联系和有多余联系。无多余联系的几何不变体系称为**静定结构**；有多余联系的几何不变体系称为**超静定结构**。

1. 静定结构

静定结构的静力特性为：**在任意荷载作用下，支座反力和所有内力均可由平衡条件求出，且其值是唯一的和有限的。**

图 12-2 所示的简支梁是无多余约束的几何不变体系，其支座反力和杆件内力均可由平衡方程全部求解出来，因此简支梁是静定的。

2. 超静定结构

结构的超静定次数等于几何不变体系的多余约束个数。其静力特性是：**仅由平衡条件不能求出其全部内力及支座反力。即部分支座反力或内力可能由平衡条件求出，但仅由平衡条件求不出其全部。**

图 12-3 所示的连续梁是有一个多余约束的几何不变体系。其四个支座反力不能利用三个平衡方程全部求解出来，更无法计算全部内力，所以是超静定结构。

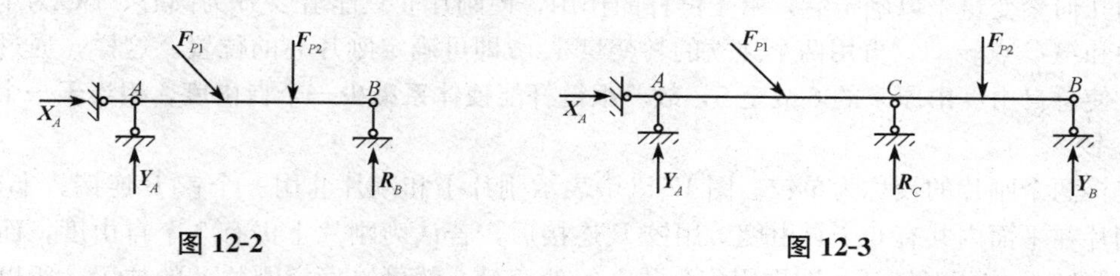

图 12-2　　　　图 12-3

二、几何可变体系

几何可变体系是指在不考虑材料应变的条件下，其几何形状和位置可以改变的体系[图 12-1(b)]。几何可变体系又可分为以下两种：

(1)几何常变体系：位置和形状总是可以改变的体系。

(2)几何瞬变体系：位置和形状稍微改变后能成为几何不变体系的体系。

三、自由度

平面内的一个点，要确定它的位置，需要有 x、y 两个独立的坐标[图 12-4(a)]，因此，一个点在平面内有两个自由度。

确定一个刚片在平面内的位置则需要有三个独立的几何参变量。如图 12-4(b)所示，在刚片上先用 x、y 两个独立坐标确定 A 点的位置，再用倾角 φ 确定通过 A 点的任一直线 AB 的位置，这样，刚片的位置便完全确定了。因此，一个刚片在平面内有三个自由度。地基也可以看作是一个刚片，但这种刚片是不动刚片，它的自由度为零。

一般来说，如果确定一个体系的位置需要 n 个独立坐标，或者该体系有 n 个独立的运动方

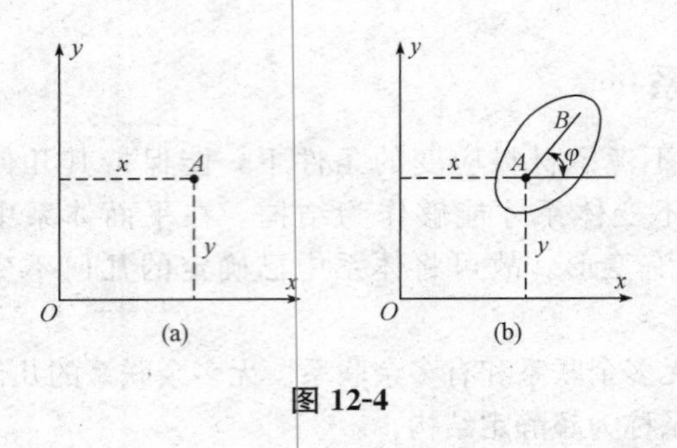

图 12-4

式，就称这个体系有 n 个自由度。

一般工程结构都是几何不变体系，其自由度为零。凡是自由度大于零的体系都是几何可变体系。

四、约束(联系)

在刚片之间加入某些连接装置，它们的自由度将减少。**能使体系自由度减少的装置称为约束(或称联系)。**减少一个自由度的装置，称为一个约束，减少 n 个自由度的装置，称为 n 个约束。在体系几何组成中，常用的有链杆、铰和刚性连接这三类约束。

1. 链杆

图 12-5(a)表示用一根链杆 BC 连接两个刚片Ⅰ和刚片Ⅱ。此时，当刚片Ⅰ的位置仍用三个独立的几何参变量予以确定后，由于链杆的作用，使刚片Ⅱ只能沿以 B 为圆心、BC 为半径的圆弧移动和绕 C 点转动，再用两个独立的参变量 α、β 即可确定刚片Ⅱ的位置。这样，通过链杆的连接，使总自由度由原来的 6 减至 5，**故一根链杆能使体系减少一个自由度，相当于一个约束。**

2. 铰

连接两个刚片的铰称为单铰。图 12-5(b)表示刚片Ⅰ和刚片Ⅱ用一个铰 B 连接。未连接前，两个刚片在平面内共有 6 个自由度。用铰 B 连接后，若认为刚片Ⅰ仍有 3 个自由度，而刚片Ⅱ则只能绕铰 B 作相对转动，即再用一个独立的参变量 α 就可以确定刚片Ⅱ的位置。所以减少了两个自由度。因此，两刚片用一个铰连接后的自由度总数为 $6-2=4$。故**单铰的作用相当于两个约束，或相当于两根链杆的作用。**

同理，连接 3 个刚片的铰能减少 4 个自由度，因而可以把它看作两个单铰。当 n 个刚片用一个铰连在一起时，从减少自由度的观点来看，**连接 n 个刚片的铰可以当作 $n-1$ 个单铰。**

3. 刚性连接

刚性连接如图 12-5(c)所示。其作用是使两个刚片不能有相对的移动及转动。未连接前，刚片Ⅰ和刚片Ⅱ在平面内共有 6 个自由度。刚性连接后，刚片Ⅰ仍有 3 个自由度，而刚片Ⅱ相对于刚片Ⅰ既无移动也不能转动。可见，**刚性连接能减少 3 个自由度，相当于 3 个约束。**

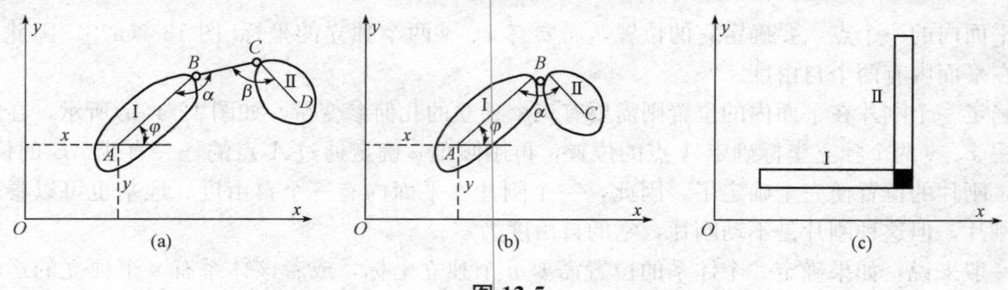

图 12-5

五、必要约束与多余约束

必要约束：为保持体系几何不变必须具有的约束；**多余约束**：撤去之后体系仍能保持几何不变的约束。

如图 12-6(a)所示，平面内有一自由点 A，A 点通过两根链杆与基础相连，这时两根链杆分别使 A 点减少一个自由度而使 A 点固定不动，因而，两根链杆都非多余约束，因而两者皆为必要约束；在图 12-6(b)中，A 点通过三根链杆与基础相连，这时 A 虽然固定不动，但减少的自由度仍然为 2，显然三根链杆中有一根没有起到减少自由度的作用，因而是多余约束(可把其中任意一根作为多余约束)。

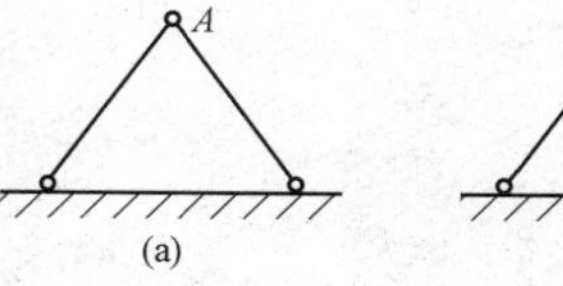

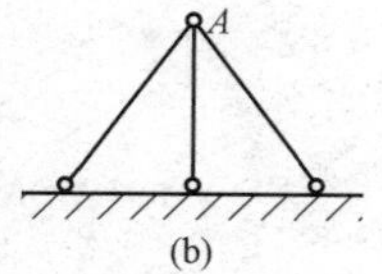

图 12-6

应当指出，多余约束只说明为保持体系几何不变是多余的，但在几何体系中增设多余约束，往往可以改善结构的受力状况，并非真的多余。

六、虚铰与瞬变体系

1. 虚铰

虚铰是一类特殊的约束。图 12-7 所示的体系中，刚片Ⅰ在平面上本来有 3 个自由度，用两根不共线链杆 1 和 2 将它与基础相连接，则此体系仍有 1 个自由度。现对它的运动特性加以分析。由于链杆的约束作用，A 点的微小位移应与链杆 1 垂直；C 点的微小位移应与链杆 2 垂直。以 O 表示两根链杆轴线的交点，显然，刚片Ⅰ可以发生以 O 为中心的微小转动。O 点称为**瞬时转动中心**。这时刚片Ⅰ的瞬时运动情况与它在 O 点用铰与基础相连接时的运动情况完全相同。因此，从瞬时微小运动来看，两根链杆所起的约束作用相当于在链杆交点 O 处的一个铰所起的约束作用。这个铰称为**虚铰**。在体系运动过程中，虚铰的位置也在不断变化。

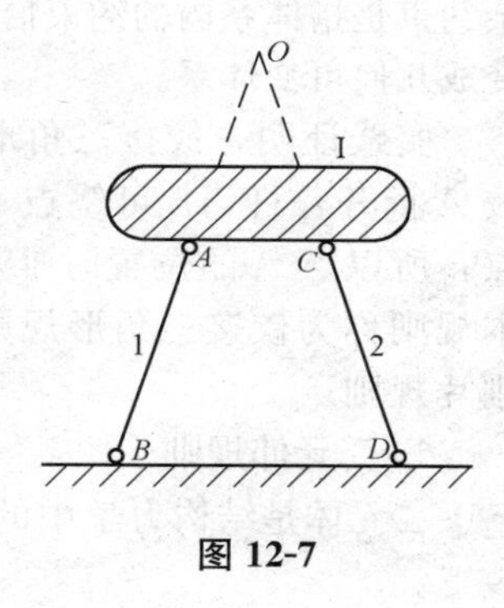

图 12-7

2. 瞬变体系

如图 12-8(a)所示，在点 A 加一根水平的支座链杆 1 后，A 点还可以移动，是几何可变体系。

图 12-8(b)是用两根不在一条直线上的支座链杆 1 和 2 将 A 点连接在基础上，A 点上下、左右移动的自由度全被限制住了，不能发生移动。故图 12-8(b)是约束数目恰好够用的几何不变体系，称为**无多余约束的几何不变体系**。

图 12-8(c)是在图 12-8(b)上又增加一根水平的支座链杆 3，这第三根链杆，就保持几何不变而言，是多余的。故图 12-8(c)是有一个多余约束的几何不变体系。

图 12-8(d)是用在一条水平直线上的两根链杆 1 和 2 将 A 点连接在基础上，保持几何不变的约束数目是够用的。但是这两根水平链杆只能限制 A 点的水平位移，不能限制 A 点的竖向位移。在图 12-8(d)中，两根链杆处于水平线上的瞬时，A 点可以发生很微小的竖向位移到 A' 点处，这时，链杆 1 和 2 不再在一直线上，A' 点就不继续向下移动了。这种本来是几何可变的，经微小位移后又成为几何不变的体系，称为**瞬变体系**。瞬变体系是约束数目够用，但由于约束的布置不恰当而形成的体系。瞬变体系在工程中不能采用。

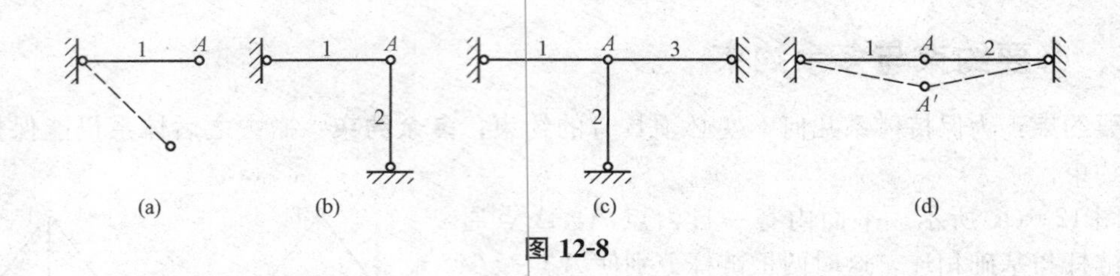

图 12-8

第二节　几何不变体系的基本规则及应用

一、几何不变体系的基本规则

工程结构必须采用几何不变体系，本节讨论无多余的几何不变体系的基本组成规则。无多余约束是指体系内的约束恰好使该体系称为几何不变体系。只要去掉任何一个约束就会使体系变成几何可变体系。

实践证明，铰接三角形是几何不变体系。如果将图 12-9(a)所示铰接三角形 ABC 中的铰 A 拆开：杆 AB 可绕点 B 转动，杆 AB 上点 A 的轨迹是弧线①；这两个弧线只有一个交点，所以点 A 的位置时唯一的，三角形 ABC 的位置是不可改变的。这个几何不变体系的基本规则称为铰接三角形规则。铰接三角形规则的表达方式有二元体规则、两刚片规则和三刚片规则。

1. 二元体规则

二元体是结构力学中的一个模型，是指由两根不在同一直线上的链杆连接一个新节点的装置。

二元体规则：**一个点与一个刚片用两根不共线的链杆相连，则组成无多余约束的几何不变体系。**

二元体规则是分析一个点与一个刚片之间应当怎样连接才能组成无多余约束的几何不变体系。铰接三角形是最基本的几何不变体系。如图 12-9(a)所示，在铰接三角形中，将 BC 看作刚片Ⅰ，AB、AC 看作连接 A 点和刚片Ⅰ的两根链杆，体系仍然是几何不变体系。由此得规律：一个点和一个刚片用两根不共线的链杆相连，组成几何不变体系，且无多余约束。

为了叙述方便，将刚片Ⅰ上的 AB、AC 链杆组成的结点 A 称为二元体，用 $B—A—C$ 表示。**在原体系上增加或减少若干个二元体不改变原体系的几何组成性质。**

图 12-9(b)中，A 点通过两根不共线的链杆与刚片Ⅰ相连，组成几何不变体系，其中的第三根链杆是多余约束。图 12-9(c)中①、②两根链杆共线，体系为瞬变体系，它是可变体系中的一种特殊情况。

2. 两刚片规则

两刚片规则：**两刚片用不在一条直线上的一个铰（B 铰）和一根链杆（AC 链杆）连接，则组成无多余约束的几何不变体系。**

两刚片规则是分析两个刚片如何连接才能组成几何不变体系，且没有多余约束。此规则也可由铰接三角形推得。如图 12-10(a)所示，将 AB、BC 分别看作刚片Ⅰ、刚片Ⅱ，将 AC 看作

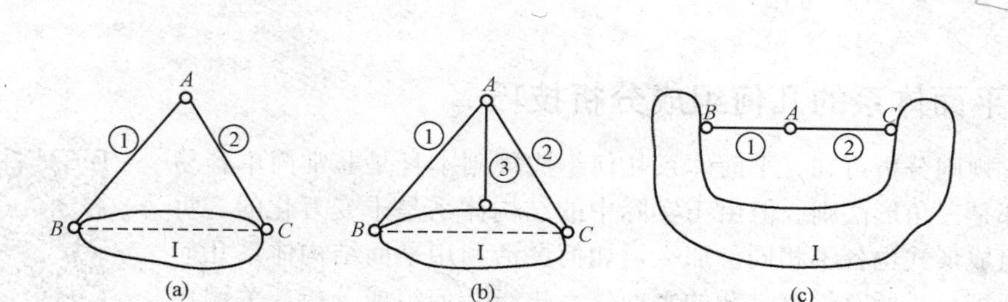

图 12-9

链杆①，体系仍然为几何不变体系。由此可见，两刚片用一个铰和一根链杆相连，且链杆与此铰不共线，组成几何不变体系，且无多余约束。

一个单铰相当于两根链杆约束，所以两根链杆可以代替一个铰。因此又得到图 12-10(b)所示的图形是几何不变的，分析此图又得出两刚片规则的第二个规则：**两刚片用 3 根既不全平行又不全交于一点的链杆相连，组成几何不变体系，且无多余约束。**

在图 12-10(c)中，链杆①、②、③平行，体系为几何可变体系。在图 12-10(d)、(e)中，连接两刚片的三根链杆相交于一点，均为几何可变体系。

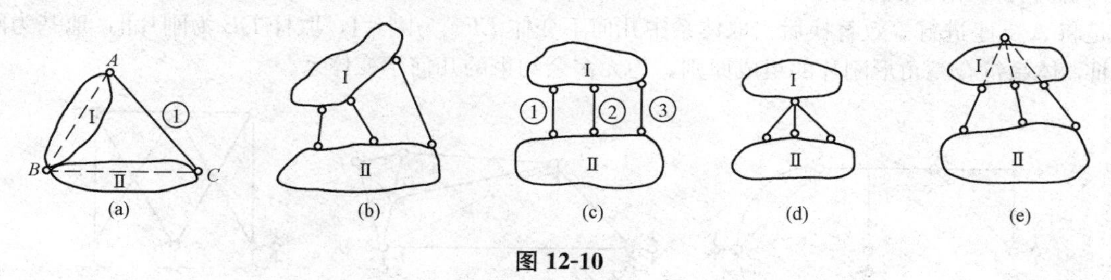

图 12-10

3. 三刚片规则

三刚片规则：**三刚片用不在一条直线上的三个铰两两连接，则组成无多余约束的几何不变体系。**

三刚片规则是分析三个刚片的连接方式。图 12-11(a)中，将铰接三角形中的 AB、BC、AC 分别看作刚片Ⅰ、刚片Ⅱ、刚片Ⅲ，由此得三刚片规则：**三个刚片用三个不在同一直线上的铰两两相连，则组成的体系为几何不变体系，且无多余约束。**

在图 12-11(b)所示的体系中，两根链杆中的交点称为**实铰**；两链杆的延长线的交点称为虚铰。虚铰和实铰的作用是一样的。因此，图 12-9(b)中体系是几何不变体系，且无多余约束。

综上所述，这三个规则及其推论，实际上都是三角形规律的不同表达方式，即三个不共线的铰，可以组成无多余约束的铰接三角形体系。

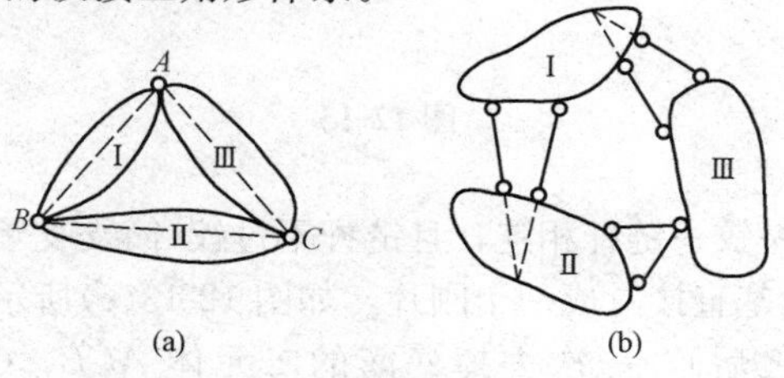

图 12-11

二、平面体系的几何组成分析技巧

由基本规则分析可知，平面体系几何组成规则本身是非常简单容易理解的，都是三角形法则。但由于实际中的结构体系是千变万化的，每个体系的组成形式也各不相同。那么，如何灵活利用平面结构体系几何组成基本规则，对所有纷繁复杂的平面体系进行几何组成分析，关键在于要掌握分析技巧。

几何不变体系判定规则的缺陷探讨

(一)对平面杆件体系进行简化分析

简化体系，可使体系简单明了，为进一步分析排除干扰，但不改变体系的几何性质，对平面杆件体系进行简化分析，常用以下三种简化方法：

(1)结构的等效替换，其包括折杆、曲杆等效替换成直杆，内部没有多余约束的几何不变体等效成直杆，支座等效替换。在图 12-12(a)所示平面体系中，折杆 *AB* 可用直杆 *AB* 等效替代，曲杆 *CD* 可以用直杆 *CD* 来等效替代。图 12-12(b)所示体系内部没有多余约束的几何不变体 *BCDEF* 部分，等效替换成直杆 *BC*，很容易利用平面体系几何组成规则判断图 12-12(a)和图 12-12(b)所示体系都为无多余约束的几何不变体。图 12-12(c)所示体系几何组成分析时很不容易分析出结果，但是将 *A* 支座进行等效替换后，取体系中几何不变体 *EFC* 为刚片Ⅰ，取杆 *DB* 为刚片Ⅱ，地基为刚片Ⅲ，体系符合三角形刚片的组成原则，为无多余约束的几何不变体系。

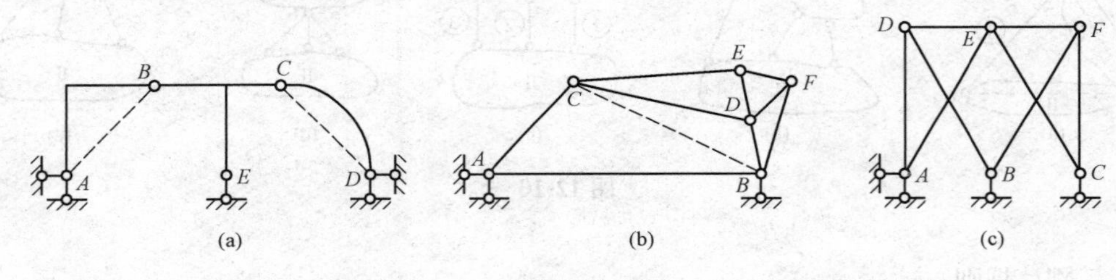

图 12-12

(2)拆除体系中的独立二元体或连续拆除体系中的二元体。如图 12-13(a)所示，将暴露的二元体 *GHE*，*FGE*，*DFE*，*DEC*，*ADC*，*ACB* 依次去掉后，就剩余梁 *AB*(杆 *AB* 和地基)，很容易判断平面体系为有一个多余约束的几何不变体系，同理可以判定图 12-13(b)所示为无多余约束的几何不变体系。

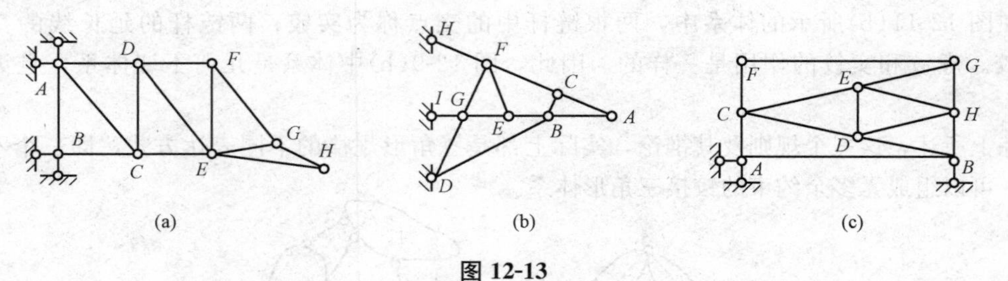

图 12-13

(3)若地基与体系只由一铰一链杆相连，且链杆不过铰(简支支承)，则可将地基拆除掉；若地基约束超过 3 个，可将地基直接看成一个刚片，如图 12-13(c)所示，去掉地基约束(由一铰一链杆相连，且链杆不过铰之后)，一次去掉暴露的二元体 *ACB*，*CFG*，*CDE*，*DBH*，*EDH*，*EHG* 后，很容易判断其无多余约束的几何不变体系。

(二)合理选择和扩大平面杆件体系中的刚片

对简化后杆件体系进行几何组成分析时，刚片的选择尤为重要，一般应遵循以下原则：

(1)首先要看简化后体系是否还存在地基(大于 3 个约束)，若存在直接将地基看成一个刚片，依次根据规则扩大刚片。

(2)对体系中的杆件或几何不变体看作一个刚片，依次扩大刚片。如图 12-14(a)所示，去掉基础，将几何不变体 *ADC* 作为刚片Ⅰ，几何不变体 *CEB* 当作刚片Ⅱ，刚片Ⅱ和刚片Ⅲ通过杆 *DE* 和铰 *C* 连接。因此，体系为无多余约束的几何不变体系。图 12-14(b)中，将地基看成刚片Ⅰ，*ACD* 当作刚片Ⅱ，*DEB* 当作刚片Ⅲ，三刚片用三个铰 *A*、*B*、*D* 连接，符合三角形规则，组成无多余约束的几何不变体Ⅰ，继续依次加二元体 *CFG*、*GHD*、*HIE*、*IJK*，因此，体系为无多余约束的几何不变体。

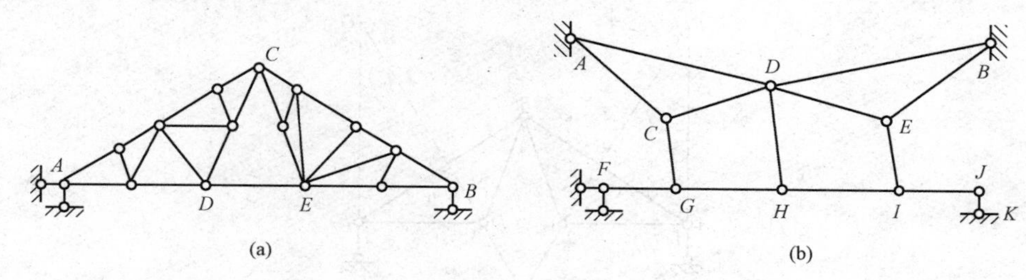

图 12-14

(3)对称结构(含有部分对称结构)分散选择刚片，图 12-15(a)所示为对称结构，去掉地基后，分散选取刚片，取杆 *AE* 为刚片Ⅰ，杆 *DF* 为刚片Ⅱ，杆 *CB* 为刚片 Ⅲ，刚片Ⅰ和刚片Ⅱ通过杆 *ED* 和杆 *AF* 连接交于 *G* 点，刚片Ⅱ和刚片 Ⅲ 通过杆 *CD* 和杆 *FB* 连接交于 *K* 点，刚片Ⅰ和刚片 Ⅲ 通过杆 *AC* 和杆 *EB* 连接交于 *L* 点，可以判定该体系为无多余约束的几何不变体。图 12-15(b)体系去掉二元体 *CED*，先分析体系中对称结构 *FGHKIJ* 部分，依据上述分散取干片法可以判定为无多余约束的几何不变体——刚片Ⅰ，地基为刚片Ⅱ，几何不变体 *AECD* 为刚片 Ⅲ，刚片Ⅰ和刚片Ⅱ通过杆 *CD* 和杆 *EF* 连接交于无穷远处一点为 *M*，刚片Ⅰ和刚片Ⅲ通过杆 1 和杆 2 连接交于 *J* 点，刚片Ⅱ和刚片 Ⅲ 通过铰 *A* 连接，可以判定体系为无多余约束的几何不变体。

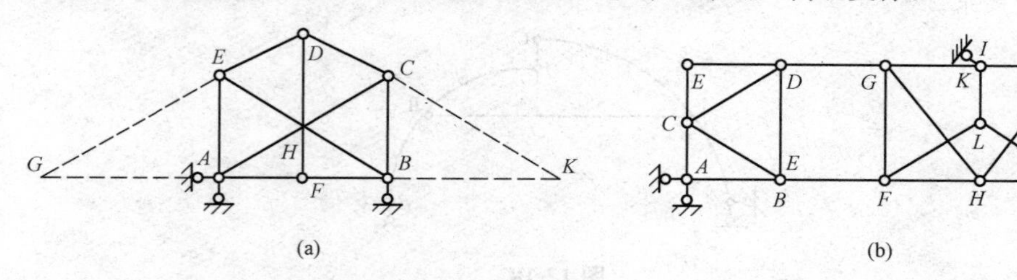

图 12-15

三、平面体系几何组成分析的应用

根据组成几何不变体系的基本规则对体系进行几何组成分析。作几何组成分析时，为了使分析过程简化，应注意以下两点：

(1)可将体系中的几何不变部分当作一个刚片来处理。

(2)逐步拆去二杆结点，这样做并不影响原体系的几何组成性质。

下面举例说明如何应用组成几何不变体系的基本规则对体系进行几何组成分析。

【例 12-1】 试对图 12-16 所示的体系进行几何组成分析。

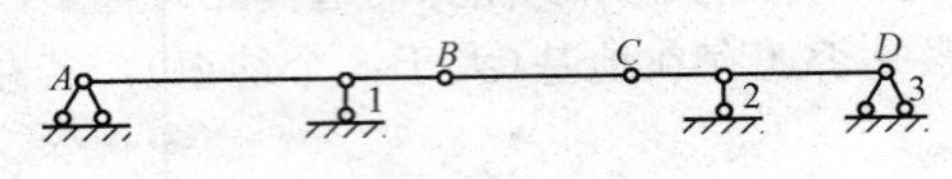

图 12-16

【解】 AB 杆与基础之间用铰 A 和链杆 1 相连，组成几何不变体系，可看作是一个扩大了的刚片。将 BC 杆看作链杆，则 CD 杆用不交于一点的三根链杆 BC、2、3 和扩大刚片相连，组成无多余约束的几何不变体系。

【例 12-2】 对图 12-17 所示的体系进行几何组成分析。

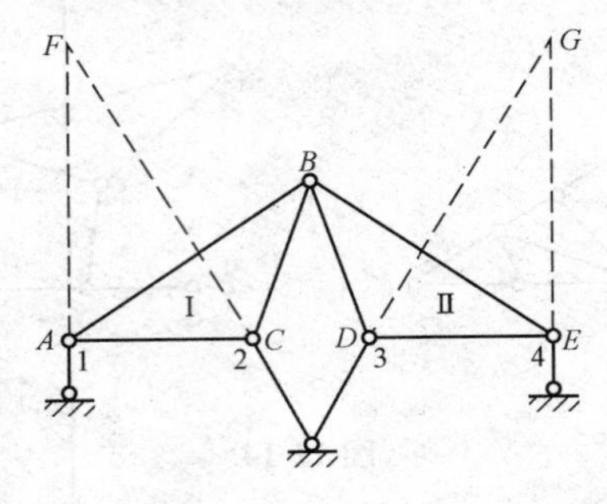

图 12-17

【解】 以三角形 ABC 和 BDE 分别为大刚片Ⅰ和刚片Ⅱ，链杆 1 与链杆 2 相当于瞬铰 F，链杆 3 与链杆 4 相当于瞬铰 G，如果 F、B、G 三铰不共线，则体系为无多余约束的几何不变体系。

【例 12-3】 对图 12-18 所示的体系进行几何组成分析。

【解】 将图 12-18 中的 AC、BD、基础分别视为刚片Ⅰ、刚片Ⅱ、刚片Ⅲ，刚片Ⅰ和刚片Ⅲ以铰 A 相连，刚片Ⅱ和刚片Ⅲ用铰 B 连接，刚片Ⅰ和刚片Ⅱ是用 CD、EF 两链杆相连，相当于一个虚铰 O。则连接三刚片的三个铰 A、B、O 不在一直线上，符合三刚片规则，故体系为几何不变且无多余约束。

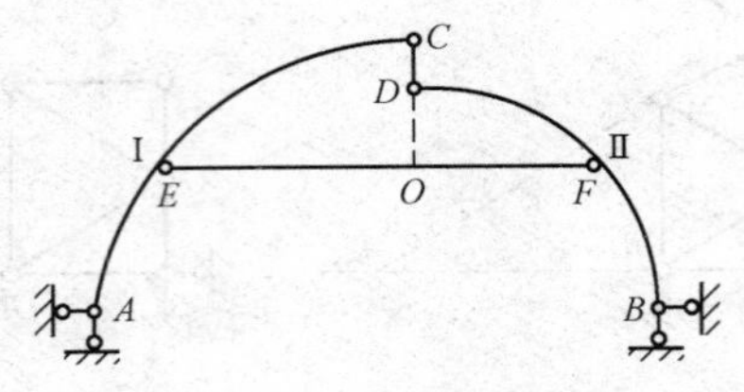

图 12-18

【例 12-4】 分析图 12-19 所示体系的几何组成。

【解】 将折杆 AC 和 BD 分别用虚线表示的链杆 2、链杆 3 来替换。CDE 和基础视为两刚片，两刚片用三根链杆 1、链杆 2、链杆 3 相连，此三根链杆汇交于同一点，所以体系为几何可变体系。

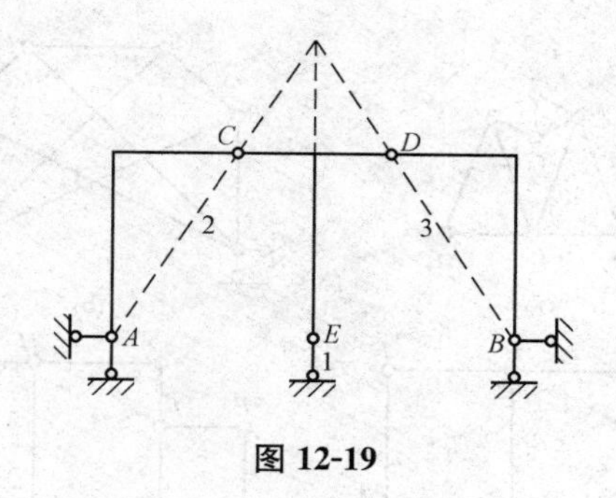

图 12-19

本章小结

平面几何组成分析的相关概念主要包括几何不变体系、几何可变体系、自由度、约束（联系）、必要约束与多余约束等。工程结构在使用过程中应能使自身的几何形状和位置保持不变，因而必须是几何不变体系。本章主要介绍平面体系几何组成分析的相关概念、几何不变体系的基本规则及应用等。

思考与练习

一、填空题

1. 杆件体系可以分为________和________两类。

2. 将体系中已确定的几何不变的部分看作一个平面刚体，简称为________。

3. ________是指由两根不在同一直线上的链杆连接一个新节点的装置。

二、简答题

1. 几何组成分析的目的是什么？

2. 简述静定结构和超静定结构的静力特性。

三、分析题

1. 图 12-20 中哪些体系是无多余约束的几何不变体系？哪些体系是有多余约束的几何不变体系？哪些体系是可变体系？

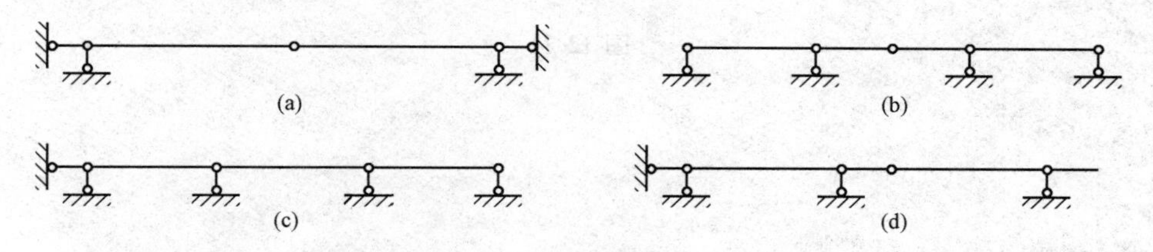

图 12-20

2. 试对图 12-21 所示的体系进行几何组成分析。

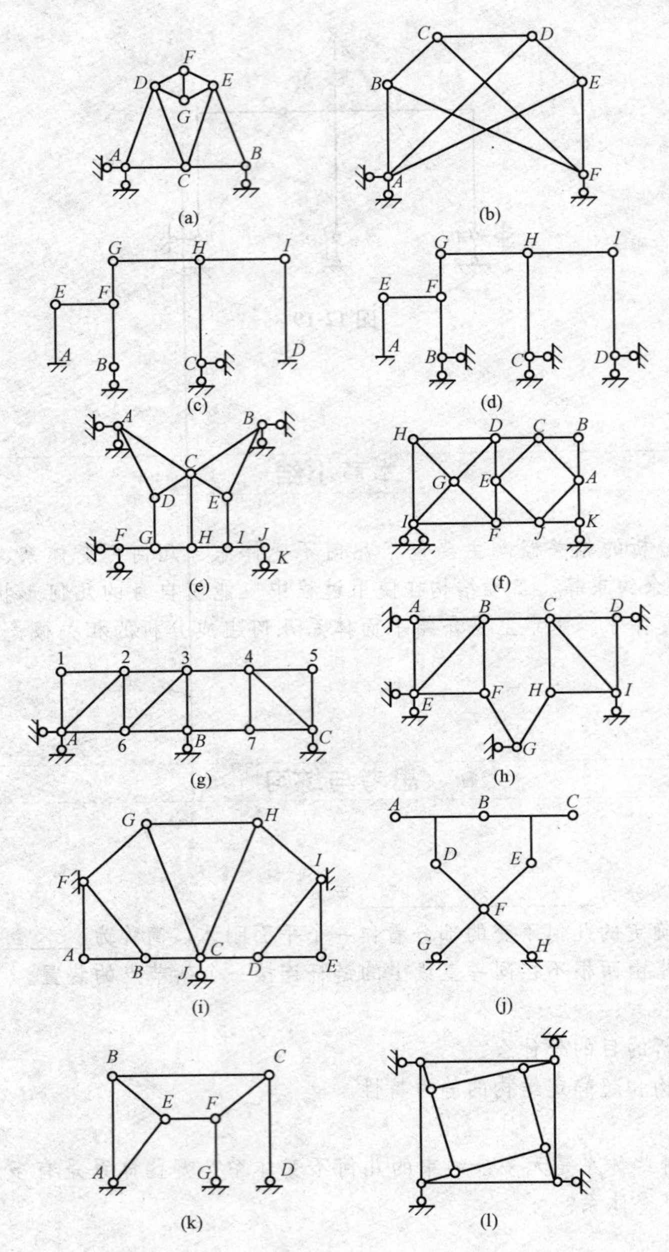
F
D
E
G
A
B
C
(a)
C
D
B
E
A
F
(b)
G
H
I
E
F
A
B
C
D
(c)
G
H
I
E
F
A
B
C
D
(d)
A
B
C
D
E
F
G
H
I
J
K
(e)
H
D
C
B
G
E
A
I
F
J
K
(f)
1
2
3
4
5
A
6
B
7
C
(g)
A
B
C
D
E
F
H
I
G
(h)
G
H
F
I
A
B
J
C
D
E
(i)
A
B
C
D
E
F
G
H
(j)
B
C
E
F
A
G
D
(k)
(l)

图 12-21

第十三章　静定结构的内力计算

学习目标

了解组合结构的概念，桁架的概念、特点及其分类及三铰拱的受力特点；熟悉多跨静定梁与静定平面刚架的组成及受力特点；掌握多跨静定梁、斜梁与静定平面刚架的内力计算及节点法、截面法、联合法在桁架内力计算过程中的应用。

能力目标

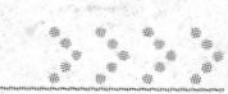

通过本章的学习，能够进行多跨静定梁、斜梁及静定平面刚架、三铰拱的内力计算，并能够熟练画出其内力图，能够运用节点法、截面法、联合法计算桁架的内力。

第一节　静定结构的特性

静定结构是指仅用平衡方程可以确定全部内力和约束力的几何不变结构。其包括静定梁、静定刚架、静定桁架、三铰拱和静定组合结构等。虽然这些结构形式各异，但都具有共同的特性。

一、静定结构解的唯一性

静定结构是无多余约束的几何不变体系。由于没有多余约束，其所有的支座反力和内力都可以由静力平衡方程完全确定，并且解只与荷载及结构的几何形状、尺寸有关，而与构件所用的材料及构件截面的形状、尺寸无关。另外，当静定结构受到支座移动、温度改变和制造误差等非荷载因素作用时，只能使静定结构产生位移，不产生支座反力和内力。因此，当静定结构和荷载一定时，其反力和内力的解是唯一的确定值。

二、静定结构的局部平衡性

静定结构在平衡力系作用下，其影响的范围只限于受该力系作用的最小几何不变部分，而不致影响到此范围以外。即仅在该部分产生内力，在其余部分均不产生内力和反力。

三、静定结构的荷载等效性

若两组荷载的合力相同，则称为**等效荷载**。将一组荷载变换成另一组与之等效的荷载，称为**荷载的等效变换**。

当用一等效力系对静定结构上某一几何不变部分上的外力进行替换时，仅等效替换作用区段的内力发生变化，其余部分内力不变。

用其他几何不变的结构去替换静定结构某一几何不变部分时，仅被替换部分内力发生变化，其他部分内力不变。

除上述特性外，静定结构的内力与结构的材料性质和构件的截面尺寸无关。因为静定结构内力由静力平衡方程唯一确定，未使用结构材料性质及截面尺寸。

第二节　多跨静定梁与斜梁

一、多跨静定梁

1. 多跨静定梁的几何组成

多跨静定梁是由若干根伸臂梁和简支梁用铰连接而成的，并用来跨越几个相连跨度的静定梁。在实际的建筑工程中，多跨静定梁常用来跨越几个相连的跨度。图 13-1(a)所示为在公路或城市桥梁中常采用的多跨静定梁结构形式之一。其计算简图如图 13-1(b)所示。

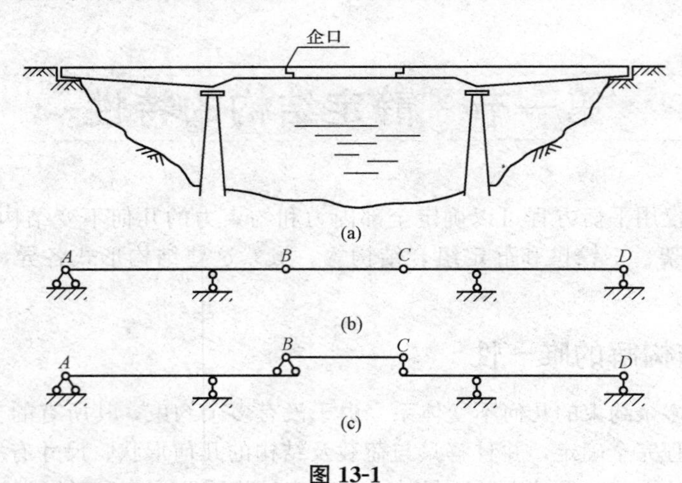

图 13-1

在房屋建筑结构中的木檩条，也是多跨静定梁的结构形式。连接单跨梁的一些中间铰，在钢筋混凝土结构中，其主要形式常采用企口结合[图 13-1(a)]，而在木结构中常采用斜搭接并用螺栓连接。

从几何组成分析可知，图 13-1(b)中 *AB* 梁直接由链杆支座与地基相连，是几何不变的，且梁 *AB* 本身不依赖梁 *BC* 和 *CD* 就可以独立承受荷载，称为**基本部分**。如果仅受竖向荷载作用，*CD* 梁也能独立承受荷载维持平衡，同样可视为基本部分。短梁 *BC* 依靠基本部分的支承才能承受荷载并保持平衡，所以称为**附属部分**。为了更清楚地表示各部分之间的支承关系，将基本部分画在下层，将附属部分画在上层，如图 13-1(c)所示，称为**关系图**或**层次图**。

多跨静定梁按其几何组成特点可分为两种基本形式，第一种基本形式如图 13-2(b)所示，其中第一、三、五跨为基本部分，第二、四等跨为附属部分，它通过铰与两侧相邻的基本部分相连；第二种基本形式如图 13-2(c)所示，第一跨为基本部分，而第二、三、四等跨分别为其左边各跨的附属部分，即各附属部分的附属程度由左至右逐渐增高。其层次图如图 13-2(d)所示。

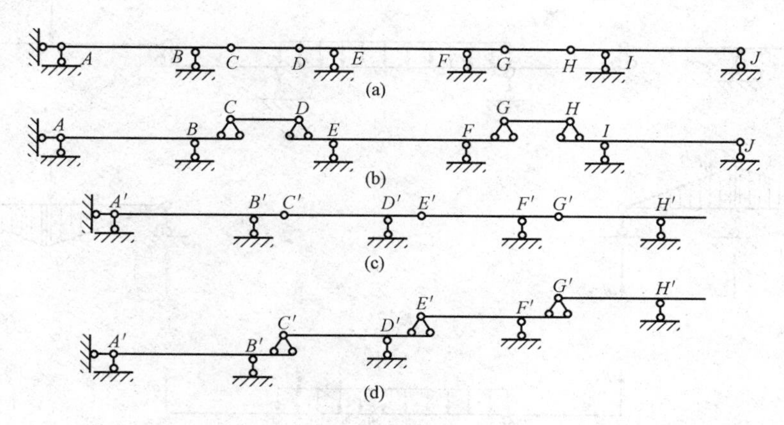

图 13-2

2. 多跨静定梁的内力计算

由层次图可见，作用于基本部分上的荷载，并不影响附属部分，而作用于附属部分上的荷载，会以支座反力的形式影响基本部分，因此，在多跨静定梁的内力计算时，应先计算高层次的附属部分，后计算低层次的附属部分；然后，将附属部分的支座反力反向作用于基本部分，计算其内力；最后，将各单跨梁的内力图连成一体，即为多跨静定梁的内力图。

【例 13-1】 作图 13-3(a)所示梁的弯矩图。

【解】 切断铰 C、F 即可以看出中间部分 $CDEF$ 是基本部分，两侧部分是附属部分，层次图如图 13-3(b)所示。

先计算附属梁[图 13-3(c)]。这是一个单跨梁计算问题，求得支座反力及弯矩图如图 13-3(c)所示。

将附属梁的相应支座反力反其方向作用于基本梁上[图 13-3(d)]，算得基本梁的支座反力如图 13-3(d)所示。绘得弯矩图如图 13-3(e)所示。弯矩图是用叠加法绘制的：先计算出 $M_{DC}=ql\cdot\frac{l}{2}=\frac{1}{2}ql^2$，下拉；$M_{EF}=\frac{ql}{2}\cdot\frac{l}{2}=\frac{ql^2}{4}$，上拉。引基线，再叠加上分布荷载在简支梁上引起的弯矩图。

将各梁的弯矩图合并，即得全梁的弯矩图[图 13-3(f)]；铰 C、F 处弯矩应为零。BCD 段上弯矩图应为一条直线，因为在此段上无外载作用。同理，EFH 段上弯矩图也应为一条直线。

同样，可先绘制各梁的剪力图，然后合并成全梁的剪力图[图 13-3(g)]。在 BCD 段上剪力图为一常数，因为在此段上无外载作用。铰 C 处有剪力。EFH 段也类似。

在图 13-3(c)上未画出水平支杆，是为了表明轴力是静定的，而且等于零。

3. 多跨静定梁的受力特征

图 13-4 是多跨静定梁及其在均布荷载 q 的作用下的弯矩图，图 13-5 是一相同支座间距、相

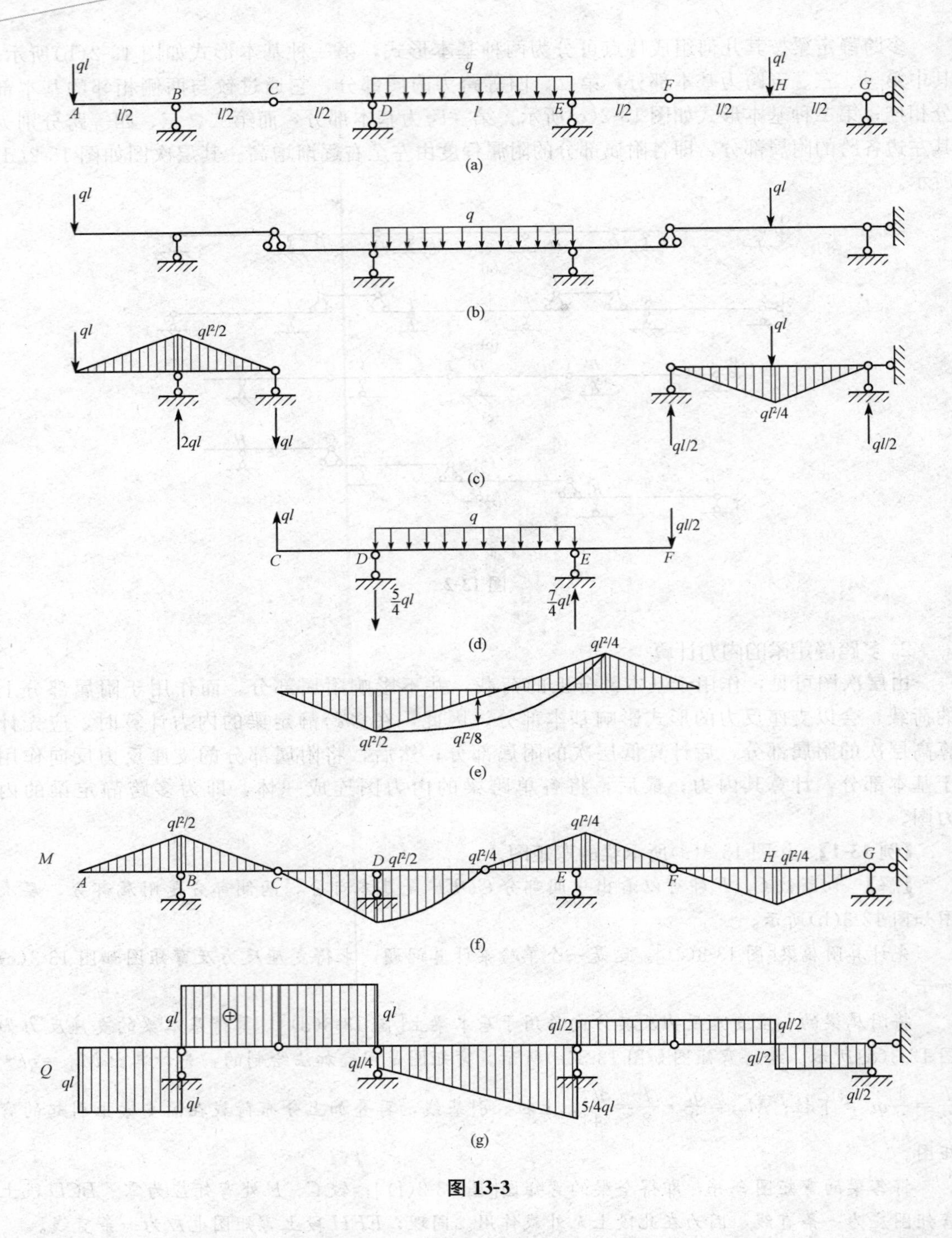

图 13-3

同荷载作用下的系列简支梁及其弯矩图。比较两个弯矩图可以看出，系列简支梁的最大弯矩大于多跨静定梁的最大弯矩，多跨静定梁的弯矩分布比较均匀，中间支座处有负弯矩，由于支座负弯矩的存在，减少了跨中的正弯矩。因而，系列简支梁虽然结构较简单，但多跨静定梁的承载能力大于系列简支梁，在同样荷载的情况下可节省材料，但其构造要复杂些。

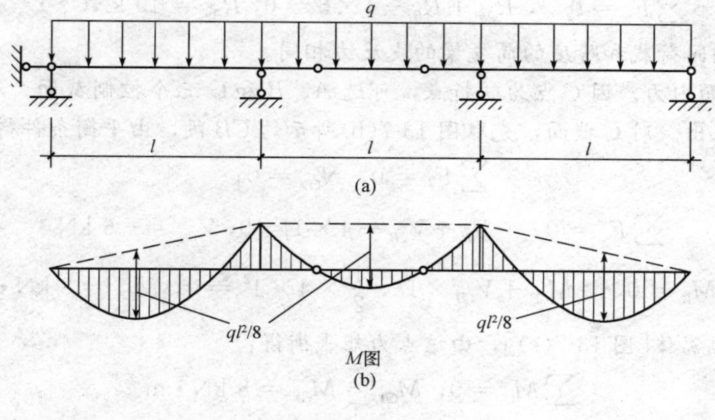

图 13-4

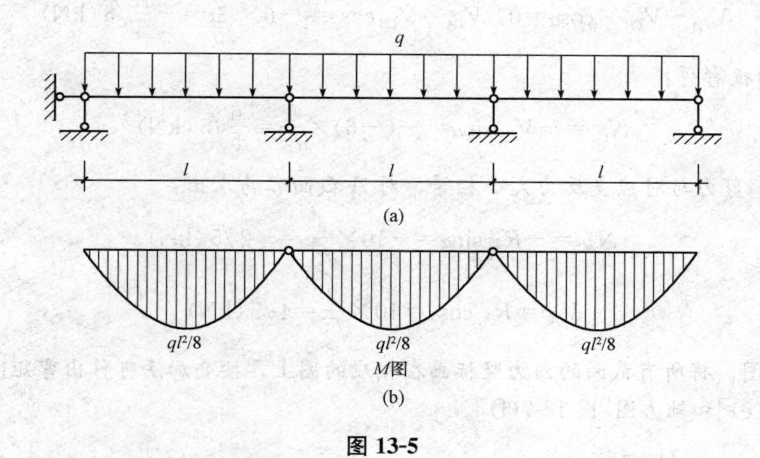

图 13-5

二、斜梁

在建筑工程中常遇到杆轴倾斜的斜梁，如图 13-6 所示的楼梯梁就是其中一种。斜梁通常承受以下两种形式的均布荷载：

(1)沿水平方向分布的荷载(楼梯斜梁承受的人群荷载就是沿水平方向均匀分布的荷载)。

(2)沿斜梁轴线均匀分布的荷载(等截面斜梁的自重就是沿梁轴线均匀分布的荷载)。

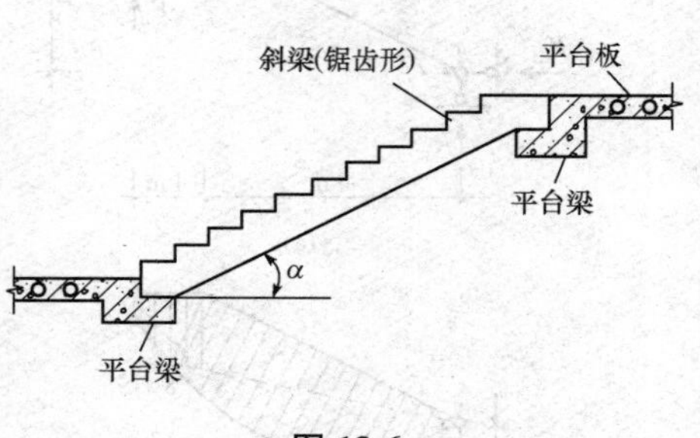

图 13-6

单跨斜梁的内力除弯矩和剪力外，还有轴向力。斜梁的计算过程可用如下例题来说明。

【例 13-2】 试作图 13-7(a)所示梁的内力图。

【解】 (1)求支反力。取整体为隔离体，易知 $R_{Ax}=0$，同时：

$$\sum M_A = 0 \qquad R_B \times 5 - \frac{1}{2} \times 4 \times 5^2 = 0,\ R_B = 10\ \text{kN}(\uparrow)$$

$$\sum F_y = 0 \qquad R_{Ay} + R_B - 4 \times 5 = 0,\ R_{Ay} = 10\ \text{kN}(\uparrow)$$

其支反力与相同荷载和跨度的简支梁的支反力相同。

(2)求控制截面内力。因 C 点为转折点，可选 A、B 和 C 三个控制截面。A、B 两点的支反力在第一步中已求出。对 C 截面，先取图 13-7(b)所示的 CB 段，由平衡条件得

$$\sum F_x = 0,\ N_{CB} = 0,$$

$$\sum F_y = 0 \qquad R_B + V_{CB} - 4 \times 1 = 0,\ V_{CB} = -6\ \text{kN}$$

$$\sum M_B = 0 \qquad M_{CB} + V_{CB} \times 1 - \frac{1}{2} \times 4 \times 1^2 = 0,\ M_{CB} = 8\ \text{kN} \cdot \text{m}$$

取 C 节点为隔离体[图 13-7(c)]，由该点力矩平衡得：

$$\sum M_C = 0,\ M_{CB} = M_{CA} = 8\ \text{kN} \cdot \text{m}$$

在证明转折点无集中外力偶时，两边弯矩值应相等，且受拉侧也相同。沿 V_{CA} 方向投影得：

$$V_{CA} - V_{CB} \times \cos\alpha = 0,\ V_{CA} = V_{CB}\cos\alpha = -6 \times \frac{2}{\sqrt{5}} = -\frac{12}{5}\sqrt{5}\,(\text{kN})$$

沿 N_{CA} 方向投影得：

$$N_{CA} = -V_{CB}\sin\alpha = -(-6) \times \frac{1}{\sqrt{5}} = \frac{6}{5}\sqrt{5}\,(\text{kN})$$

对 B 截面，剪力与对应支反力大小相等。对 A 截面容易求出：

$$N_{AC} = -R_{Ay}\sin\alpha = -10 \times \frac{1}{\sqrt{5}} = -2\sqrt{5}\,(\text{kN})$$

$$V_{AC} = R_{Ay}\cos\alpha = 10 \times \frac{2}{\sqrt{5}} = 4\sqrt{5}\,(\text{kN})$$

(3)作内力图。将所有截面的内力竖标画在相应的图上，按叠加法可作出弯矩图[图 13-7(d)]、剪力图[图 13-7(e)]和轴力图[图 13-7(f)]。

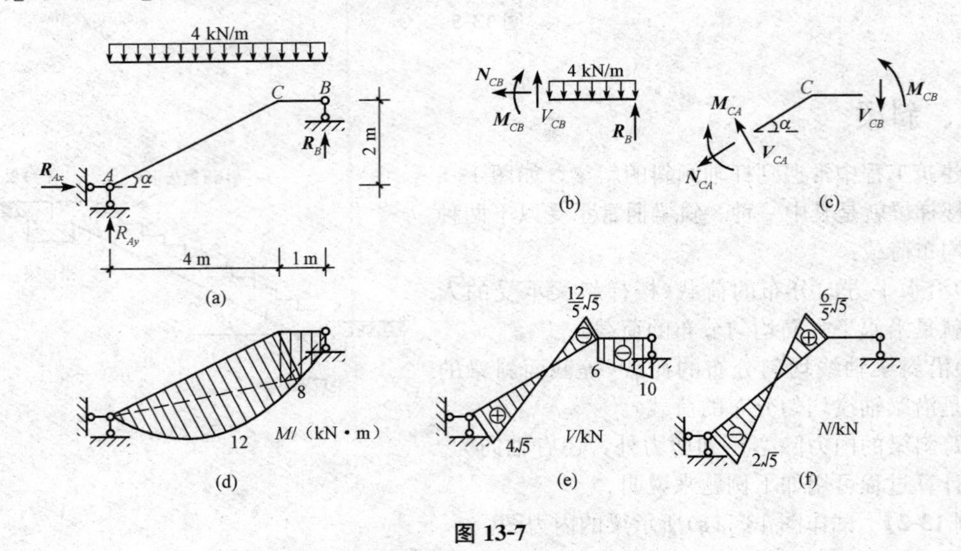

图 13-7

由此可见，斜梁与水平梁相比多了轴力图，计算要复杂一些。注意绘制内力图时，以斜梁轴线为基线，内力竖标应垂直于杆轴线。

第三节　静定平面刚架

一、刚架与平面刚架

1. 刚架的概念及特点

由若干根杆件主要通过刚节点连接的结构就是刚架。刚架在工程中应用较广泛，主要是因为它具有三个方面的优点：第一，刚架整体刚度大，在荷载作用下，变形较小；第二，刚架在受力后，刚节点所连的各杆件之间的角度保持不变，即节点对各杆端的转动有约束作用，因此，刚节点可以承受和传递弯矩，刚架中各杆内力分布较均匀，且比一般铰节点的梁、柱体系小，故可以节省材料；第三，由于刚架中杆件数量较少，内部空间较大，所以刚架结构便于利用。

2. 平面刚架的概念及形式

若组成刚架的直杆在同一平面内，并且荷载的作用线也在这一平面内，则称为平面刚架。根据支座的情况，刚架可分为静定刚架和超静定刚架。在工程中，静定刚架应用不多，大多数为超静定刚架，如房屋建筑结构中的多层多跨刚架(习惯上称为框架结构)。但静定刚架的内力计算是计算超静定刚架内力的基础，所以必须熟练掌握。

静定平面刚架通常可分为悬臂刚架、简支刚架、三铰刚架和组合刚架等形式，如图 13-8 所示。

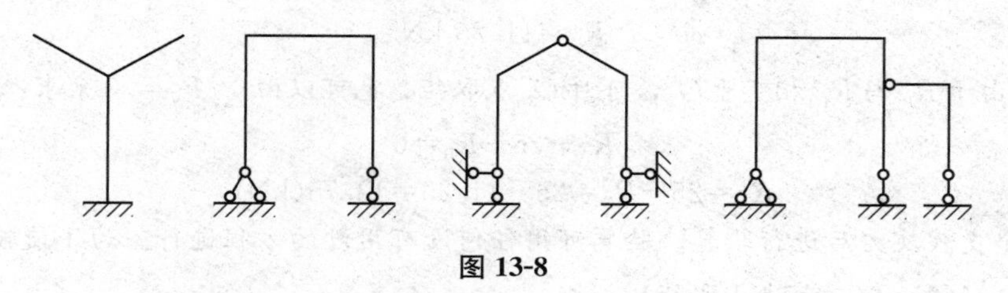

图 13-8

二、静定平面刚架的内力计算

静定平面刚架的内力包括弯矩、剪力与轴力。内力计算过程为：先计算支座反力和铰节点处的约束力，然后以刚节点为分界点分成若干个杆件，再逐杆考虑。根据前述内力图绘制法逐杆绘制刚架的内力图，并进行校核。

(一)支座反力的计算

简单刚架有三个支座反力。求支座反力时要根据支座的性质定出支座反力未知量的个数，然后假定反力方向，由平衡方程确定其数值。

求支座反力时要尽量写出这样的方程：方程中只含所求的未知量，而另外两个反力不出现。若另外两个反力相交，则取其交点为矩心，写力矩方程；若另外两个反力平行，则写投影方程(投影轴垂直于另外两个力)。

计算时要注意：力偶在任何一个轴上的投影等于零。力偶对任何一点的矩都相等，等于力偶矩。

求出支座反力后要用没有用过的平衡方程校核。

【例 13-3】 求图 13-9 所示刚架的支座反力。

【解】 假定支座反力 R_A、R_B、R_C 方向如图 13-9 所示。求支座反力时分布荷载可用其合力代替(合力在图中以虚线表示)。

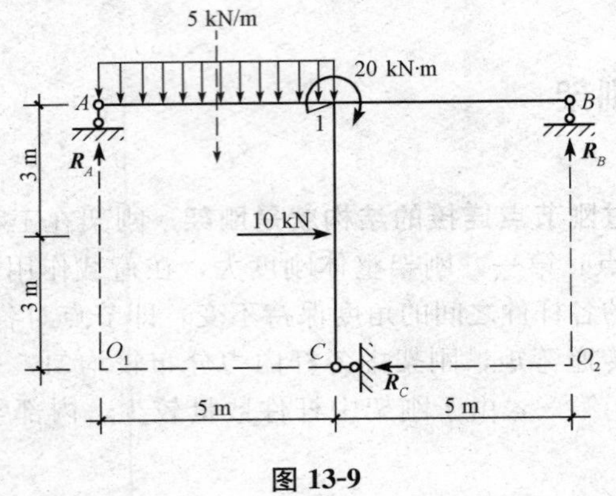

图 13-9

求水平支杆反力 R_C。由于另外两个反力 R_A、R_B 平行，求 R_C 时由方程 $\sum F_x = 0$ 得

$$10 - R_C = 0$$

由此得

$$R_C = 10\ \text{kN}$$

求 R_B。由于另外两个反力 R_A、R_C 相交，对其交点 O_1 取矩，由 $\sum M_{O_1} = 0$(以顺时针方向为正)得

$$-R_B \times 10 + 20 + 25 \times 2.5 + 10 \times 3 = 0$$

由此得

$$R_B = 11.25\ \text{kN}$$

求 R_A。由于 R_B 与 R_C 相交于 O_2，可对 O_2 点取矩。也可以由 $\sum F_y = 0$ 来求：

$$R_A - 25 + R_B = 0$$

由此得

$$R_A = 25 - R_B = 25 - 11.25 = 13.75(\text{kN})$$

求出三个支座反力后进行验算。验算可用任何没有用过的方程进行。为了使较多个力进入方程，采用 $\sum M_1 = 0$(对节点 1 取矩)：

$$5R_A - 25 \times 2.5 + 20 - 5R_B - 10 \times 3 + 6R_C = 0$$

将 R_A、R_B、R_C 的值代入，可知方程得到满足。

(二)刚架杆截面内力的计算

1. 刚架内力正负号的规定

刚架的内力有弯矩、剪力和轴力。弯矩一般不做正负号规定，但弯矩图要画在杆件受拉纤维的一侧；剪力与轴力的正负号规定与前相同，即剪力绕截面顺时针旋转为正，轴力以拉力为正。

2. 刚节点处的杆端截面及杆端截面内力的表示

由于刚架在刚节点处有不同方向的杆端截面，如图 13-10 所示，节点 C 有 C_1 和 C_2 两个杆端截面。杆端截面的内力用两个下标表示：第一个下标为截面所在端的标号；第二个下标为杆远端的标号。如杆端截面 C_1、C_2 的弯矩分别用 M_{CA}、M_{CD} 表示，剪力和轴力分别用 Q_{CA}、Q_{CD} 和 N_{CA}、N_{CD} 表示。

3. 杆端内力的计算

求刚架杆截面内力的方法与求梁内力的方法一样，用截面法。

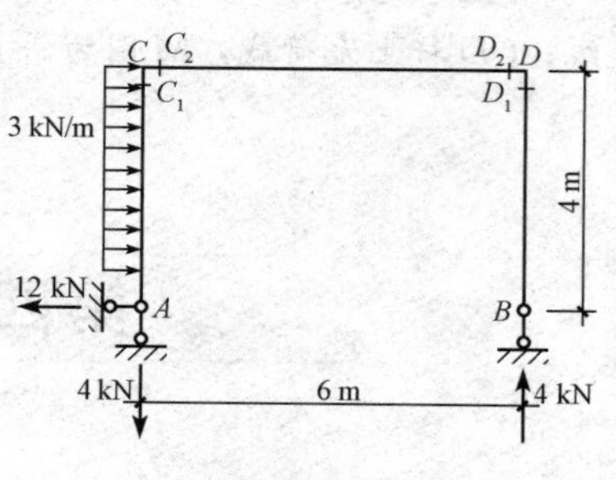

图 13-10

【例 13-4】 试计算图 13-10 所示刚架节点 C、D 处杆端截面的内力。

【解】 (1)利用整体平衡，求出支座反力，如图 13-10 所示。

(2)计算刚节点 C 处的杆端内力。

沿 C_1 作截面，用 AC_1 杆上作用的外力，自 A 向 C_1 求得：

$$Q_{CA}=12-4\times3=0$$

$$N_{CA}=4\ \text{kN(拉)}$$

$$M_{CA}=12\times4-3\times4\times2=24(\text{kN}\cdot\text{m})(\text{右侧受拉})$$

这里列 M_{CA} 算式时，是以右边受拉为正列出的，结果为正，故右边受拉。沿 C_2 作截面，用 AC_2 杆上作用的外力，自 A 向 C_2 求得：

$$N_{CD}=12-3\times4=0$$

$$Q_{CD}=-4\ \text{kN}$$

$$M_{CD}=12\times4-3\times4\times2=24(\text{kN}\cdot\text{m})(\text{下边受拉})$$

(3)计算刚节点 D 处的杆端内力。沿 D_1 作截面，用 BD_1 杆上作用的外力，自 B 向 D_1 求得：

$$Q_{DB}=0$$

$$N_{DB}=-4\ \text{kN(压)}$$

$$M_{DB}=0$$

沿 D_2 作截面，用 BD_2 杆上作用的外力，自 B 向 D_2 求得：

$$Q_{DC}=-4\ \text{kN}$$

$$N_{DC}=0$$

$$M_{DC}=0$$

静定刚架的内力计算同梁的内力计算一样，用截面法截取隔离体，然后用平衡条件求解。通常是先用整体或某些部分的平衡条件求得各支座反力和各铰接处的约束力，然后逐杆求出其杆端内力(或分段求其内力)，最后绘制内力图。

(三)静定刚架内力图的绘制

静定刚架内力图包括弯矩图、剪力图和轴力图。刚架的内力图是由各杆的内力图组合而成的，而各杆的内力图需先求出杆端截面的内力值，然后按照绘制梁内力图的方法绘制。

【例 13-5】 试绘制图 13-10 所示刚架的内力图。

【解】 (1)作刚架的内力图，如图 13-11 所示。

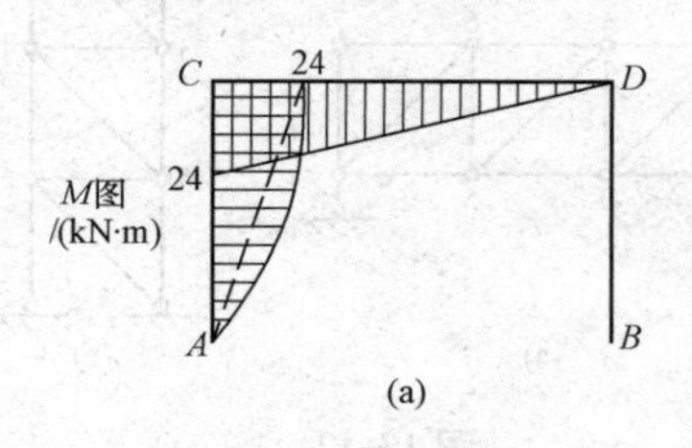

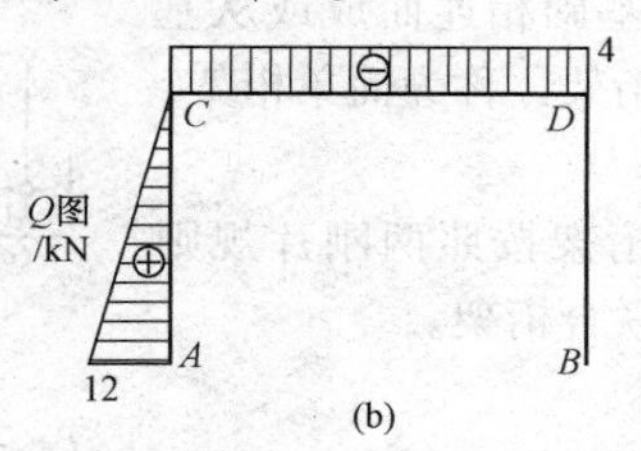

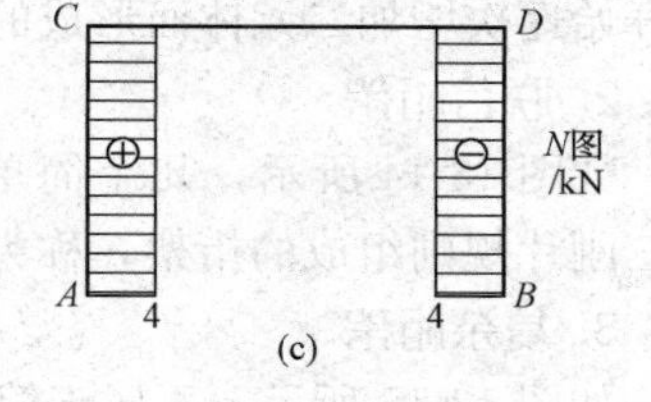

图 13-11

(2)微分关系校核。AC杆上有均布荷载，M图为抛物线，凸向与荷载指向相同，Q图为斜直线；CD杆上无荷载，M图为斜直线，Q图为平行于杆轴的平行线；BD杆上只有轴力。

第四节　静定平面桁架

一、桁架的概念及特点

桁架是由若干根直杆在杆端用铰连接而成的结构。若组成桁架的各杆不在同一平面内，则称为空间桁架；若组成桁架的各杆在同一平面内，则称为**平面桁架**。例如，工程中广泛采用的屋架、桁架桥、高压输电塔等，均为桁架结构。

在实际结构中，桁架的受力情况较为复杂，为简化计算，同时又不与实际结构产生较大的误差，桁架的计算简图常采用下列假定：

(1)连接杆件的各节点是无任何摩擦的理想铰。

(2)各杆件的轴线都是直线，都在同一平面内，并且都通过铰的中心。

(3)荷载和支座反力都作用在节点上，并位于桁架平面内。

满足上述假定的桁架称为**理想桁架**，在绘制理想桁架的计算简图时，应以轴线代替各杆件，以小圆圈代替铰节点。图 13-12 所示为一理想桁架的计算简图。

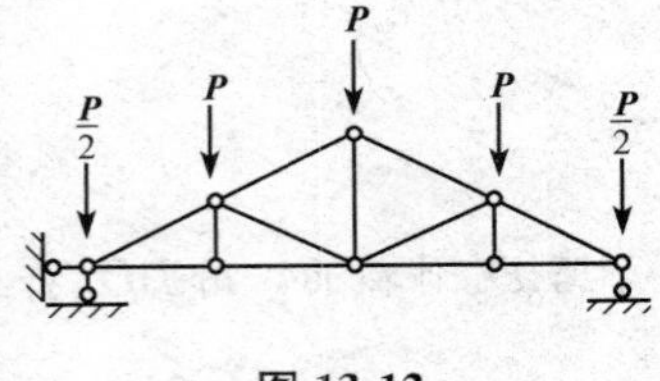

图 13-12

必须强调的是，实际桁架与上述理想桁架存在着一定的差距。例如，桁架节点可能具有一定的刚性，有些杆件在节点处是连续不断的，杆的轴线也不完全为直线，节点上各杆轴线也不交于一点，存在着类似于杆件自重、风荷载、雪荷载等非节点荷载。因此，通常**将按理想桁架算得的内力称为主内力(轴力)**；而将上述一些原因所产生的内力称为**次内力(弯矩、剪力)**。另外，工程中通常将几片桁架联合组成一个空间结构来共同承受荷载。计算时，一般是将空间结构简化为平面桁架进行计算，而不考虑各片桁架之间的相互影响。

二、静定平面桁架的分类

按照桁架的几何组成方式，静定平面桁架可分为以下三类。

1. 简单桁架

如图 13-13 所示，从一个基本铰接三角形开始，逐次增加二元体，最后用三杆与基础相连而成或从基础开始逐次增加二元体而形成的桁架，称为简单桁架。

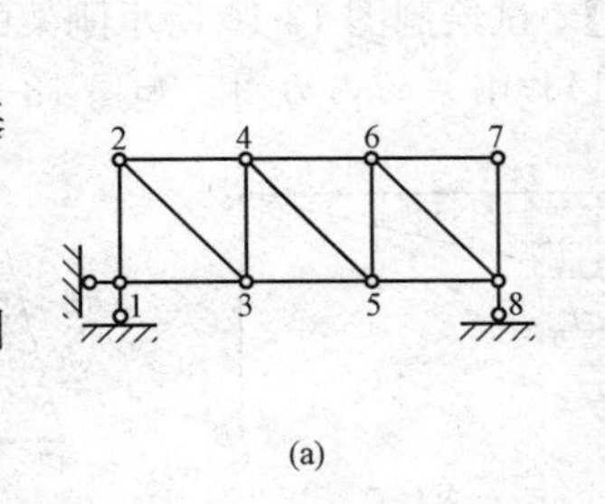

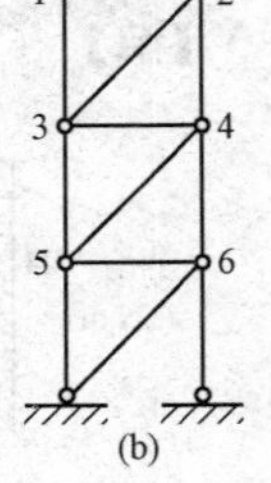

图 13-13

2. 联合桁架

如图 13-14 所示，几个简单桁架按照两刚片规则或三刚片规则组成的桁架，称为联合桁架。

3. 复杂桁架

如图 13-15 所示，不属于简单桁架及联合桁架的，称为复杂桁架。

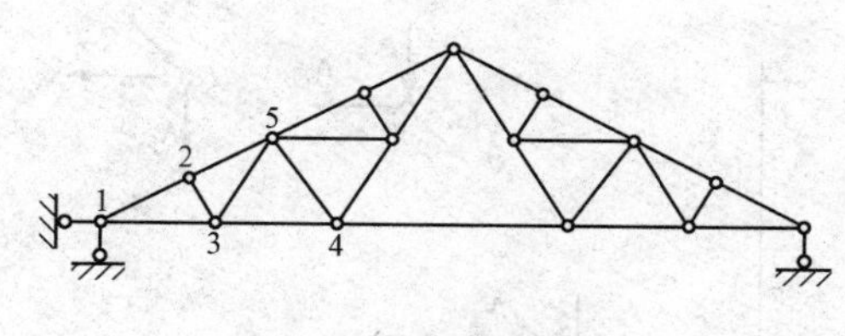

图 13-14

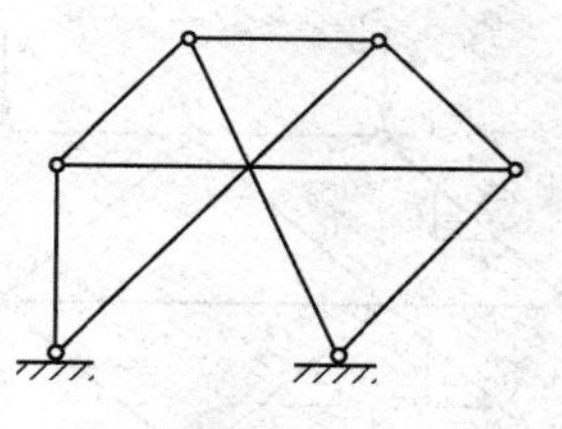
图 13-15

三、桁架的内力计算

桁架的内力计算方法有节点法、截面法、联合法。计算桁架内力的基本方法仍然是先取隔离体，然后根据平衡方程求解，即所求内力。当所取隔离体仅包含一个节点时，这种方法称为节点法；当所取隔离体包含两个或两个以上节点时，这种方法称为截面法；节点法与截面法联合应用的方法，称为联合法。

1. 节点法计算桁架杆件内力

节点法是以桁架节点为研究对象(也称隔离体)，由节点平衡条件求杆件内力的方法。每一个平面桁架的节点受平面汇交力系的作用，可以并且只能列两个独立的平衡方程。因此，在所取节点上，未知内力的个数不能超过两个。在求解时，应先截取只有两个未知力的节点，依次逐点计算，即可求得所有杆件的内力。计算时，通常先假设未知杆件内力为拉力(拉力的指向是离开节点)，若计算结果为正即为拉力；反之，表示轴力为压力。

桁架中某杆的轴力为零时，此杆称为**零杆**。计算时宜先判断出零杆，使计算得以简化。常见的零杆有以下几种情况：

(1)不共线的两杆节点，若无外力作用，则此两杆轴力必为零，如图 13-16(a)所示。

(2)不共线的两杆节点，若外力与其中一杆共线，则另一杆轴力必为零，如图 13-16(b)所示。

(3)三杆节点，无外力作用，若其中两杆共线，则另一杆轴力必为零，如图 13-16(c)所示。

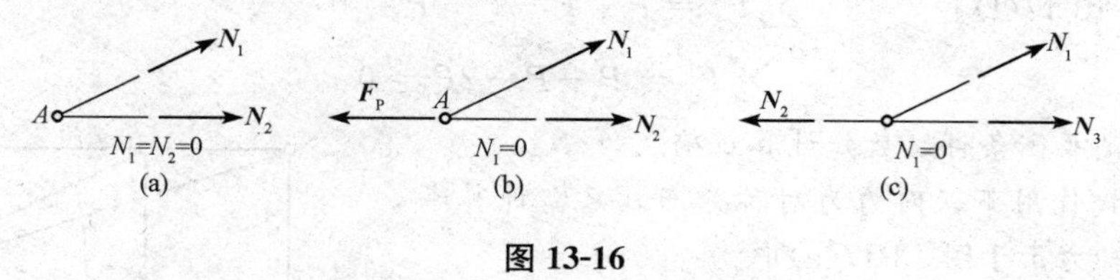

图 13-16

【例 13-6】 试用节点法计算图 13-17(a)所示桁架的各杆内力。

【解】 (1)求支座反力。由于无水平外力作用，故水平反力 $R_{Ax}=0$。可由对称性判断 $R_{Ay}=R_B=2P(\uparrow)$

(2)求内力。由对称性判断

$$N_{DG}=N_{DH}=0$$

节点 C[图 13-17(b)] $\qquad \sum F_y=0 \quad Y_{CF}=-P$

由比例关系 $\qquad N_{CF}=\sqrt{2}Y_{CF}=-\sqrt{2}P$(压力)

$$X_{CF}=Y_{CF}=-P$$

$$\sum F_x=0 \qquad N_{CD}=X_{CF}=-P\text{(压力)}$$

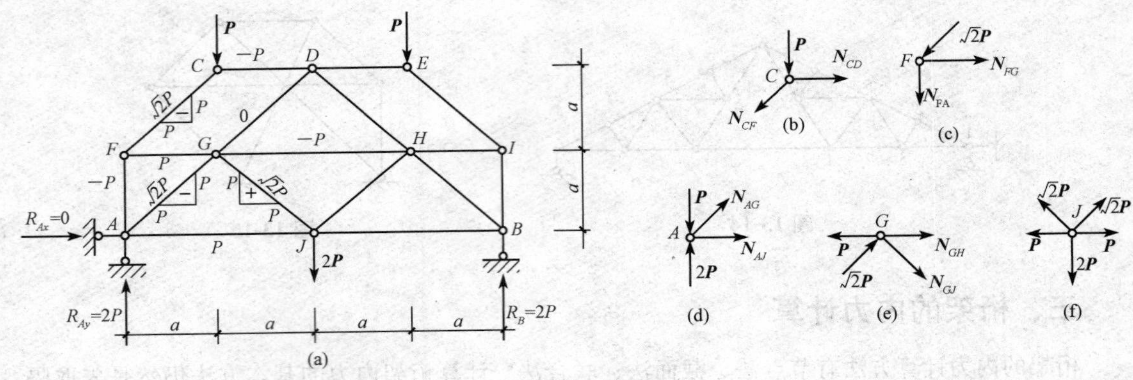

图 13-17

节点 F[图 13-17(c)] $\sum F_x = 0, N_{FG} = P$

$$\sum F_y = 0 \qquad N_{FA} = -P(\text{压力})$$

节点 A[图 13-17(d)] $\sum F_y = 0 \quad Y_{AG} = P - 2P = -P$

由比例关系 $N_{AG} = \sqrt{2} Y_{AG} = -\sqrt{2} P(\text{压力})$

$$X_{AG} = Y_{AG} = -P$$

$$\sum F_x = 0 \qquad N_{AJ} = -X_{AG} = P$$

节点 G[图 13-17(e)] $\sum F_y = 0 \quad Y_{GJ} = P$

由比例关系 $N_{GJ} = \sqrt{2} Y_{GJ} = \sqrt{2} P$

$$X_{GJ} = Y_{GJ} = P$$

$$\sum F_x = 0 \qquad N_{GH} = P - P - X_{GJ} = -P(\text{压力})$$

(3)校核。

节点 J[图 13-17(f)] $\sum F_x = P + P - P - P = 0$

$$\sum F_y = P + P - 2P = 0$$

节点 J 满足平衡条件，故知计算正确。

在图示荷载作用下，内力为对称分布，只需计算半个桁架，各杆轴力示于图 13-17(a)中。

2. 截面法计算桁架杆件内力

截面法就是假想用一个截面将桁架分成两部分，取其中一部分为隔离体。隔离体受平面一般力系的作用，由三个独立的平衡方程可求得所切各杆的未知轴力。通常，截面所切断的杆件个数不应超过三个。有时，被截杆件虽然超过三个，但某些杆件的轴力仍能由此隔离体求出。图 13-18 所示的截面，虽然截了四根杆，但除第一根杆外，均交于点 B，由 $\sum M_B = 0$ 可求出 N_1。

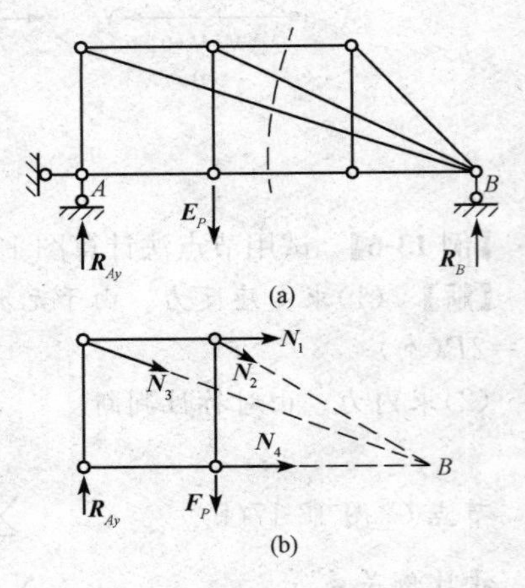

图 13-18

【例 13-7】 求图 13-19(a)所示桁架 1、2、3 杆的内力 N_1、N_2、N_3。

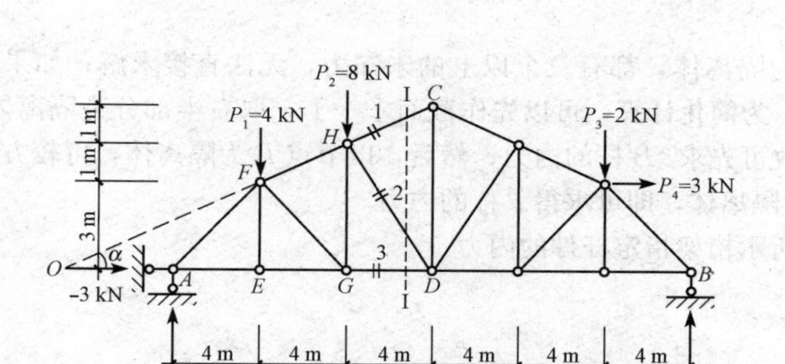

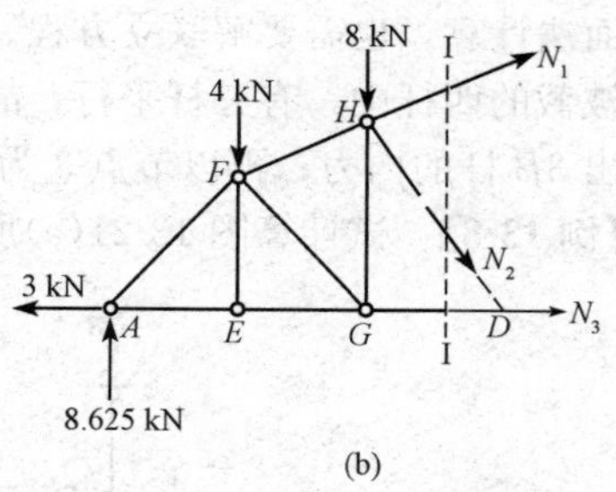

图 13-19

【解】 (1)求支座反力：

$$\sum F_x = 0 \qquad R_{Ax} = -3\ \text{kN}(\leftarrow)$$

$$\sum M_B = 0 \qquad R_{Ay} = \frac{1}{24} \times (4 \times 20 + 8 \times 16 + 2 \times 4 - 3 \times 3) = 8.625(\text{kN})(\uparrow)$$

$$\sum M_A = 0 \qquad R_B = \frac{1}{24} \times (4 \times 4 + 8 \times 8 + 2 \times 20 + 3 \times 3) = 5.375(\text{kN})(\uparrow)$$

(2)求内力。利用截面Ⅰ—Ⅰ将桁架截断，以左段为研究对象，受力图如图 13-19(b)所示。则由 $\sum M_D = 0$ 得

$$-8.625 \times 12 + 4 \times 8 + 8 \times 4 - 5N_1 \cos\alpha = 0$$

$$\cos\alpha = \frac{4}{\sqrt{4^2+1^2}} = \frac{4}{\sqrt{17}}$$

$$\sin\alpha = \frac{1}{\sqrt{4^2+1^2}} = \frac{1}{\sqrt{17}}$$

故 $$N_1 = -8.143\ \text{kN}(压力)$$

$$由 \sum F_y = 0 得\ 8.625 - 4 - 8 + N_1 \sin\alpha - N_2 \cos 45° = 0$$

故 $$N_2 = \frac{1}{0.707} \times 5.350 = -7.567(\text{kN})(压力)$$

求 N_3 仍利用图 13-19(b) 的受力图。由 $\sum F_x = 0$ 得

$$-3 + N_1 \cos\alpha + N_2 \sin 45° + N_3 = 0$$

$$-3 - 7.900 - 5.350 + N_3 = 0$$

故 $$N_3 = 16.25\ \text{kN}(拉力)$$

(3)校核。用图 13-19(b)中未用过的力矩方程 $\sum M_H = 0$ 进行校核。

$\sum M_H = -3 \times 4 - 8.625 \times 8 + 4 \times 4 + 16.25 \times 4 = 0$，计算无误。

3. 联合法计算桁架杆件内力

对于一些简单桁架，单独使用节点法或截面法求解各杆内力是可行的，但是对于一些复杂桁架和联合桁架，将节点法和截面法联合起来使用则更方便。如图 13-20 所示，欲求图中 a 杆的内力，如果

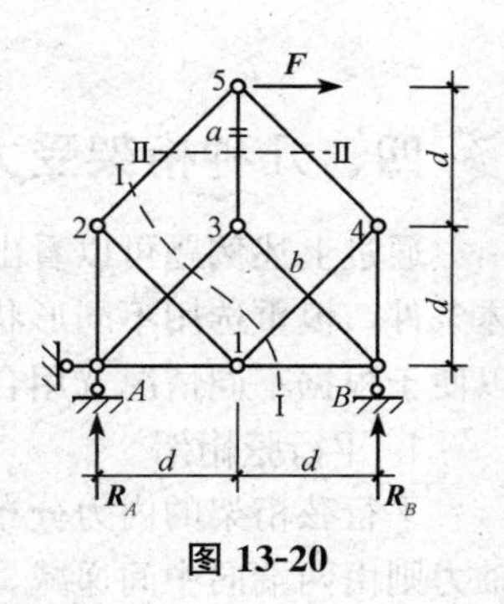

图 13-20

只用节点法计算，无论取哪个节点为隔离体，都有三个以上的未知力，无法直接求解；如果只用截面法计算，也需要解联立方程。为简化计算，可以先作截面Ⅰ—Ⅰ，取右半部分为隔离体，由于被截的四杆中，有三杆平行，故可先求 $1B$ 杆的内力；然后，以节点 B 为隔离体，可较方便地求出 $3B$ 杆的内力；再以节点 3 为隔离体，即可求得 a 杆的内力。

【例 13-8】 试计算图 13-21(a)所示桁架指定杆件的内力。

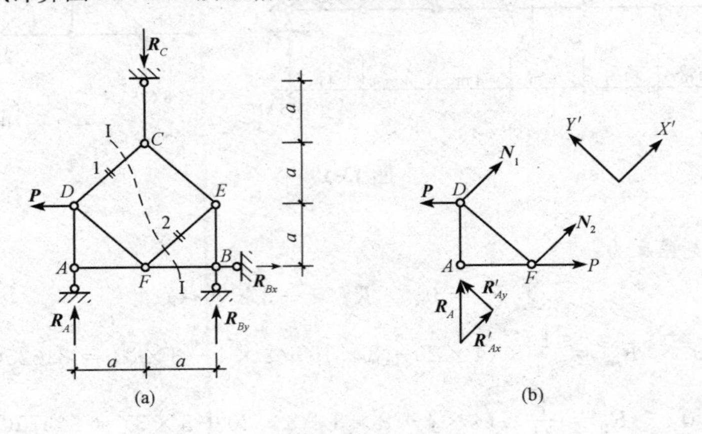

图 13-21

【解】 本例为联合桁架，属于三刚片结构，不能由整体平衡条件求得全部反力。宜联合应用节点法和截面法，求所需反力和指定杆件内力。

在截面Ⅰ—Ⅰ以左的隔离体上，包含 R_A、N_1、N_2 三个未知力。其中，N_1 和 N_2 为两平行力。选择垂直于 N_1 和 N_2 的投影轴，建立独立的投影方程，求得 R'_{Ax} 和 R'_{Ay} 后，则易求解 N_1 和 N_2。

(1)求水平反力。由整体平衡条件：$\sum F_x = 0$，得 $R_{Bx} = P$

(2)求内力。

节点 B $\qquad \sum F_x = 0 \qquad N_{BF} = P$

截面Ⅰ－Ⅰ左[图 13-21(b)] $\qquad \sum F'_y = 0 \qquad F'_{Ay} = 0$

故

$$R_A = 0$$

$$\sum M_F = 0 \qquad N_1 = \frac{\sqrt{2}}{2}P$$

$$\sum M_D = 0 \qquad N_2 = -\frac{\sqrt{2}}{2}P(\text{压力})$$

四、几种桁架受力性能的比较

通过上述例题可以看出，桁架的外形对杆件的内力影响较大。故在实际应用中，应根据具体条件，慎重选用不同形状的桁架。下面对工程中常用的几种桁架进行受力性能的分析比较，以便于根据不同情况选用合适的桁架。

1. 平行弦桁架

平行弦桁架的内力分布不均匀，如图 13-22 所示。弦杆的轴力由两端向中间递增，腹杆的轴力则由两端向中间递减。因此，为节省材料，各节点之间的杆件应该采用与其轴力相应的不同的截面，但这样将会增加各节点拼接的困难。在实际应用上，平行弦桁架通常仍采用相同的截面，并常用于轻型桁架，此时材料的浪费不致太大，如厂房中跨度在 12 m 以上的起重机梁。另外，平行弦桁架的优点是杆件和节点的构造统一，有利于标准化制作和施工，常在铁路桥梁中采用。

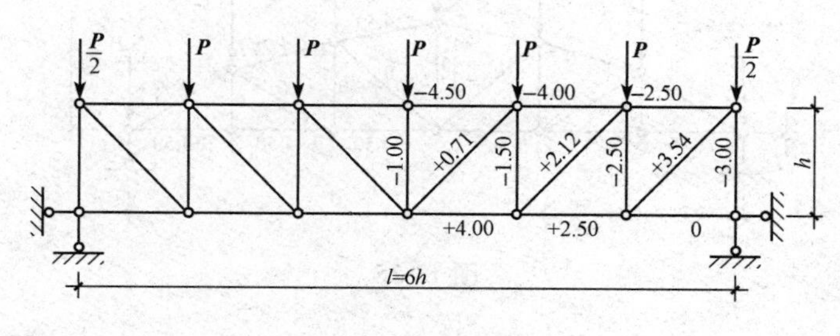

图 13-22

2. 三角形桁架

三角形桁架的内力分布也不均匀，如图 13-23 所示，弦杆的轴力由两端向中间递减，腹杆的轴力则由两端向中间递增。三角形桁架两端节点处弦杆的轴力最大，而夹角又很小，制作困难。但其两斜面外形符合屋顶构造的要求，故三角形桁架只在屋盖结构中采用。

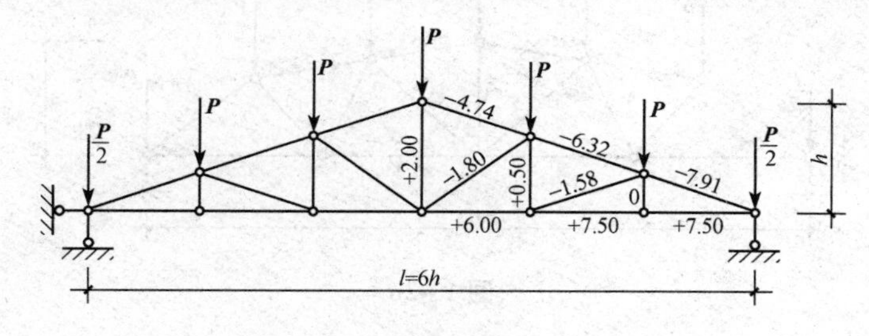

图 13-23

3. 梯形桁架

梯形桁架的受力性能介于平行弦桁架和三角形桁架之间，弦杆的轴力变化不大，腹杆的轴力由两端向中间递减，如图 13-24 所示。梯形桁架的构造较简单，施工也较方便，常用于钢结构厂房的屋盖。

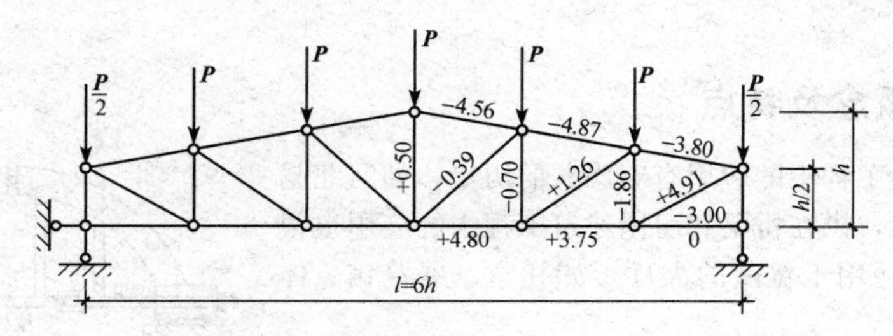

图 13-24

4. 抛物线形桁架

抛物线形桁架的内力分布比较均匀，如图 13-25 所示，上、下弦杆的轴力几乎相等，腹杆的轴力等于零。抛物线形桁架的受力性能较好，但这种桁架的上弦杆在每一节点处均需转折，节点构造复杂，施工复杂。因此，只有在大跨度结构中才会被采用，如 24～30 m 的屋架和 100～300 m 的桥梁。

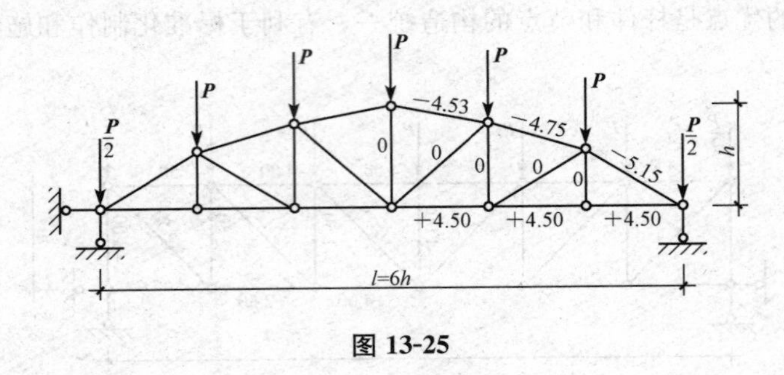

图 13-25

5. 折线形桁架

折线形桁架是抛物线形桁架的改进型，其受力性能与抛物线形桁架相类似，如图 13-26 所示，而制作、施工比抛物线形桁架方便得多，它是目前钢筋混凝土屋架中经常采用的一种形式，在中等跨度(18～24 m)的厂房屋架中使用得最多。

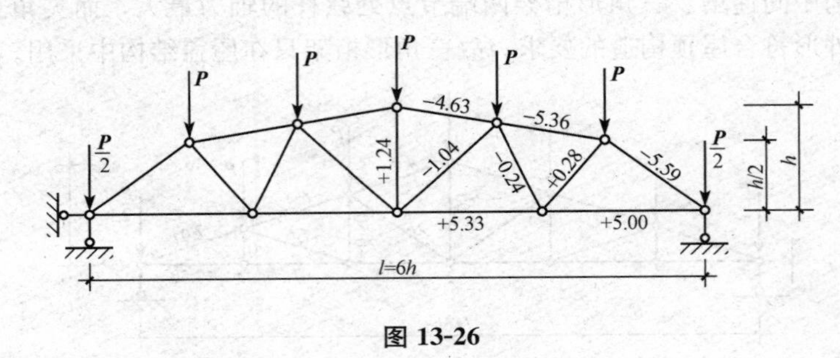

图 13-26

第五节　三　铰　拱

一、拱的概念及特点

拱在我国建设工程中的应用有着悠久的历史，如河北赵县的安济桥。目前，拱在桥梁和房屋建筑工程中的应用也很普遍(图 13-27)，适用于宽敞的大厅，如礼堂、展览馆、体育馆和商场等。

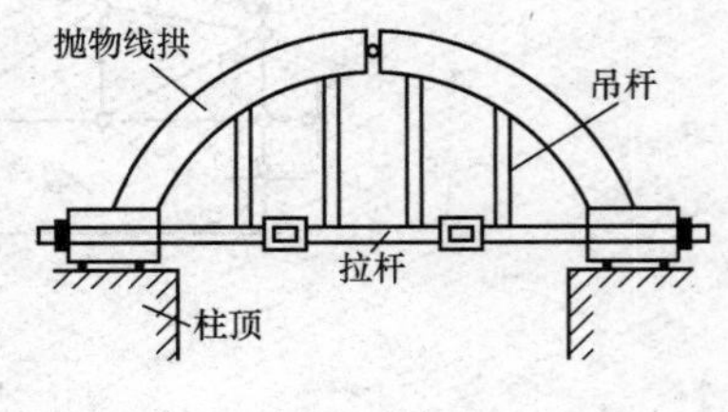

图 13-27

拱是由曲杆组成的在竖向荷载作用下支座处产生水平推力的结构。水平推力是指拱两个支座处指向拱内部的水平反力。在竖向荷载作用下有无水平推力，是拱式结构和梁式结构的主要区别。

在拱结构中，由于水平推力的存在，拱横截面上的弯矩比相应简支梁对应截面上的弯矩小得多，并且可使拱横截面上的内力以轴向压力为主。这样，拱可以用抗压强度较高而抗拉强度较低的砖、石和混凝土等材料来制造。因此，拱结构在房屋建筑、桥梁建筑和水利建筑工程中得到广泛应用。例如，在桥梁工程中，拱桥是最基本的桥型之一。图 13-28(a)所示为屋面承重结构，图 13-28(b)所示为其计算简图。

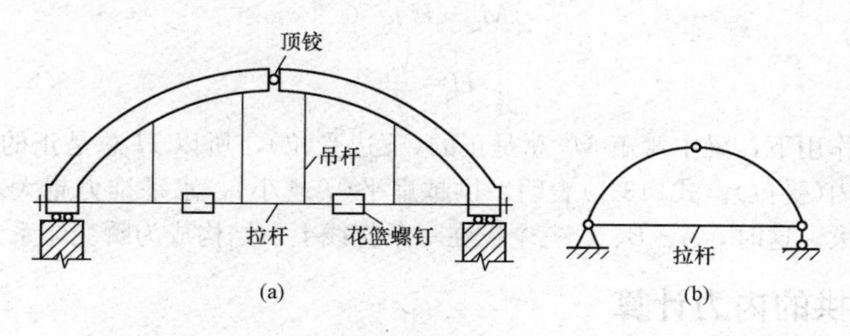

图 13-28

拱结构的计算简图通常有：图 13-29(a)、(b)所示的无铰拱和两铰拱是超静定的；图 13-29(c)所示的三铰拱是静定的。本节只讨论三铰拱的计算。

拱结构(图 13-30)最高的一点称为**拱顶**。三铰拱的中间铰通常安置在拱顶处。拱的两端与支座连接处称为**拱趾**，或称**拱脚**。两个拱趾之间的水平距离 l 称为跨度。拱顶到两拱趾连线的竖向距离 f 称为**拱高**。拱高与跨度之比 f/l 称为**高跨比**。由后面可知，拱的主要力学性能与高跨比有关。

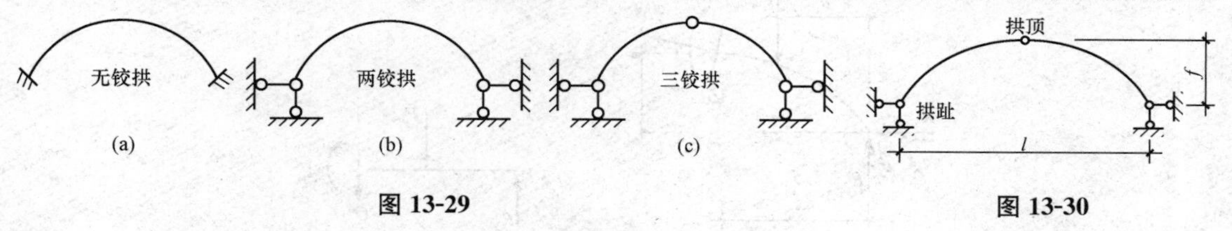

图 13-29 图 13-30

二、三铰拱支座反力的计算

三铰拱为静定结构，其全部反力和内力可以由平衡方程计算出。计算三铰拱支座反力的方法与三铰刚架支座反力的计算方法相同。

如图 13-31(a)所示，三铰拱有四个支座反力 $\boldsymbol{R}_{Ax}$、$\boldsymbol{R}_{Ay}$、$\boldsymbol{R}_{Bx}$、$\boldsymbol{R}_{By}$。同时有四个平衡方程：三个整体平衡方程和半个拱(AC 或 CB)的一个平衡方程。图 13-31(b)所示为跨度和荷载与三铰拱相同的简支梁，称为三铰拱的"代梁"。

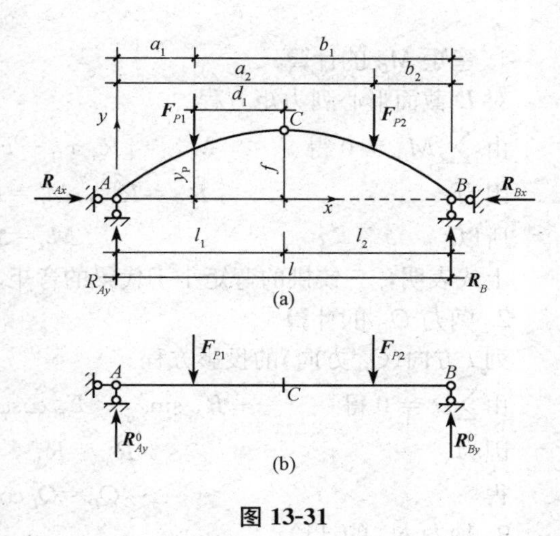

图 13-31

分别取三铰拱和"代梁"的整体为研究对象，由平衡方程 $\sum M_A = 0$，得 $R_{By} = R_{By}^0$。

同理，由 $\sum M_B = 0$，得 $R_{Ay} = R_{Ay}^0$。

即三铰拱的竖向支座反力与代梁的竖向支座反力相同。

由拱整体平衡方程 $\sum F_x = 0$，得 $R_{Ax} = R_{Bx} = H$（H 为水平推力）。

由 AC 曲杆的平衡方程 $M_C=0$，考虑铰 C 左边所有外力对 C 点力矩的代数和为零，即

$$\sum M_C = 0 \qquad (R_{Ay}l_1 - F_{p1}d_1) - Hf = 0$$

由于代梁相应截面的弯矩为 $M_C^0 = R_{Ay}^0 l_1 - F_{p1}d_1 = R_{Ay}l_1 - F_{p1}d_1$

所以

$$M_C^0 - Hf = 0$$

$$H = \frac{M_C^0}{f} \tag{13-1}$$

在竖向荷载作用下，梁中弯矩 M_C^0 总是正的（下边受拉），所以 H 总是正的，即三铰拱的水平推力永远指向内（受拉）。式(13-1)表明，拱越扁平（f 越小），水平推力越大。如果 f 趋于 0，则推力趋于无穷大。这时，A、B、C 三个铰在一条直线上，结构成为瞬变体系。

三、三铰拱的内力计算

三铰拱截面的内力有弯矩、剪力和轴力。

内力正负号规定如下：**弯矩以使拱曲杆内边受拉为正；剪力以使拱小段顺时针方向转动为正；轴力以拉力为正。**

为了方便表达，采用 xy 坐标系。在图 13-32(a)中任取一截面 D，其坐标为(x_D，y_D)，拱轴在此处的切线与水平线的倾角为 φ_D。取 D 左边部分为隔离体，其受力分析如图 13-32(a)所示。图 13-32(b)所示为相应的代梁的受力图。

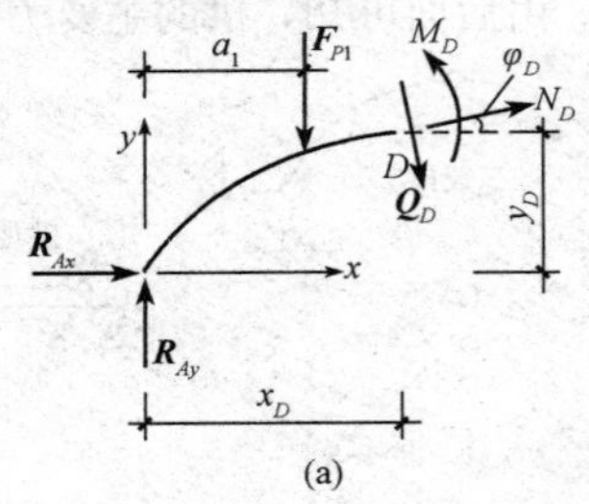

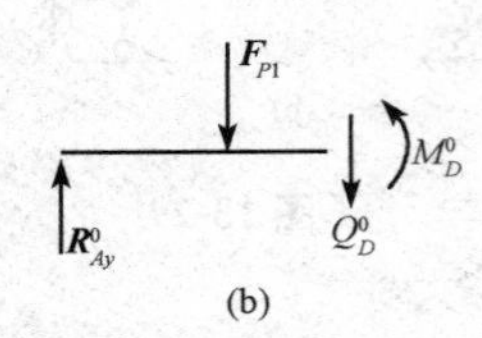

图 13-32

1. 弯矩 M_D 的计算

对 D 截面形心列力矩方程。

由 $\sum M_D = 0$ 得 $\qquad M_D = [R_{Ay}x_D - F_{p1}(x_D - a_1)] - Hy_D$

因为 $\qquad R_{Ay} = R_{Ay}^0$，$M_D^0 = R_{Ay}x_D - F_{p1}(x_D - a_1)$

所以 $\qquad M_D = M_D^0 - Hy_D$

上式表明，三铰拱的弯矩小于代梁的弯矩。

2. 剪力 Q_D 的计算

列 t 方向（Q_D 方向）的投影方程。

由 $\sum t = 0$ 得 $\qquad -R_{Ax}\sin\varphi_D - F_{p1}\cos\varphi_D + R_{Ay}\cos\varphi_D - Q_D = 0$

因为 $\qquad R_{Ay} = R_{Ay}^0$，$R_{Ay}^0 - F_{p1} = Q_D^0$

得

$$Q_D = Q_D^0\cos\varphi_D - H\sin\varphi_D \tag{13-2}$$

3. 轴力 N_D 的计算

列 n 方向（D 截面法线方向）的投影方程。

由$\sum n=0$得 $$R_{Ax}\cos\varphi_D+R_{Ay}\sin\varphi_D-F_{p1}\sin\varphi_D+N_D=0$$

因为 $$R_{Ay}=R_{Ay}^0，R_{Ay}^0-F_{p1}=Q_D^0$$

得 $$N_D=-(Q_D^0\sin\varphi_D+H\cos\varphi_D) \tag{13-3}$$

4. 曲杆中弯矩与剪力间的微分关系

x截面弯矩的表达式为

$$M_x=M_x^0-Hy \tag{13-4}$$

对x取导得

$$\frac{dM_x}{dx}=\frac{dM_x^0}{dx}+H\frac{dy}{dx} \tag{13-5}$$

而$\dfrac{dM_x^0}{dx}=Q_x^0$，$\dfrac{dy}{dx}=\tan\varphi$

因此$\dfrac{dM_x}{dx}=Q_x^0+H\tan\varphi$

两端乘以$\cos\varphi$得

$$\frac{dM_x}{dx}\cos\varphi=Q_x^0\cos\varphi+H\sin\varphi \tag{13-6}$$

而$Q_x^0\cos\varphi+H\sin\varphi=Q_x$

故得 $$\frac{dM_x}{dx}\cos\varphi=Q_x \tag{13-7}$$

而弧坐标的微分$ds=dx/\cos\varphi$

于是有 $$\frac{dM_x}{ds}=Q_x \tag{13-8}$$

式(13-7)或式(13-8)即三铰拱中弯矩与剪力的微分关系。

注意：M_D、Q_D和N_D的表达式是由拱的左边部分任一截面导出的，它们也适用于右部截面，只是左侧φ_D取正号，右侧φ_D取负号。

由于拱轴坐标y及$\sin\varphi$、$\cos\varphi$都是x的非线性函数，所以，三铰拱的弯矩图、剪力图、轴力图都是曲线图形。计算时，通常将拱沿跨度分为若干等份，求出各分点处截面的内力值，然后连一曲线得到内力图。

【例 13-9】 图13-33(a)所示的三铰拱，跨度$l=16$ m，拱高$f=4$ m，拱轴方程为$y=\dfrac{4f}{l^2}x(l-x)$，坐标系如图13-33(a)所示。计算K截面($x_K=4$ m)中的弯矩、剪力和轴力。

【解】 (1)求代梁[图13-33(b)]的支座反力R_{Ay}^0、R_{By}^0、M_C^0、M_K^0、Q_K^0。

由$\sum M_B=0$

得 $$R_{Ay}^0\times16-2\times8\times12-8\times4=0$$

$$R_{Ay}^0=14\ \text{kN}$$

由$\sum F_y=0$

得 $$14-2\times8-8+R_{By}^0=0$$

由此得 $$R_{By}^0=10\ \text{kN}$$

$$M_C^0=14\times8-2\times8\times4=48(\text{kN}\cdot\text{m})$$

$$M_K^0=14\times4-2\times4\times2=40(\text{kN}\cdot\text{m})$$

$$Q_K^0=14-2\times4=6(\text{kN}\cdot\text{m})$$

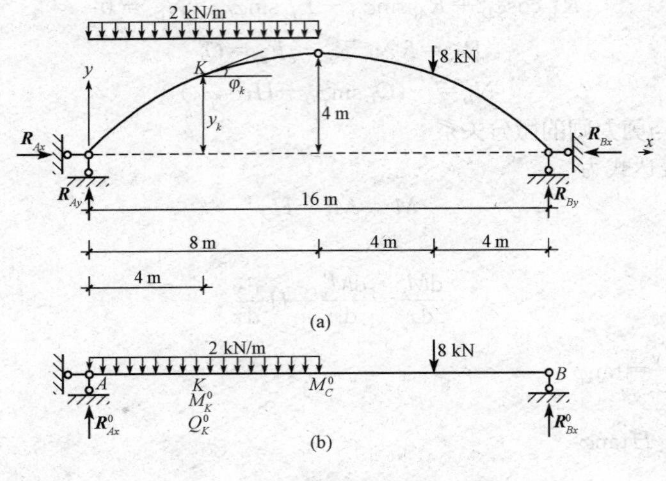

图 13-33

(2)求三铰拱的支座反力。

$$R_{Ay}=R_{Ay}^0=14\ \text{kN},\ R_{By}=R_{By}^0=10\ \text{kN}$$

$$H=M_C^0/f=48/4=12(\text{kN})$$

(3)求 y_K、φ_K、$\cos\varphi_K$、$\sin\varphi_K$。

$$y=\frac{4f}{l^2}x(l-x)$$

$$y_K=\frac{4\times4}{16^2}\times4\times(16-4)=3(\text{m})$$

$$\tan\varphi=\frac{\mathrm{d}y}{\mathrm{d}x}=\left[\frac{4f}{l^2}x(l-x)\right]'x=\frac{4f}{l^2}x(l-2x)$$

将 $x=4$ m 代入，得 $\tan\varphi_K=0.5$。由此可查得 $\varphi_K=26.565°$，$\cos\varphi_K=0.894$，$\sin\varphi_K=0.447$。

(4)求三铰拱 K 截面的内力。

$$M_K=M_K^0-Hy_K=40-12\times3=4(\text{kN}\cdot\text{m})$$

可见拱中弯矩(4 kN·m)远小于梁中弯矩(40 kN·m)。

$$Q_K=Q_K^0\cos\varphi_K-H\sin\varphi_K=6\times0.894-12\times0.447=0$$

$$N_K=-(Q_K\sin\varphi_K+H\cos\varphi_K)=-(6\times0.447+12\times0.894)=-13.41(\text{kN})(\text{压力})$$

四、三铰拱的合理拱轴

在工程中，为了充分利用砖石等脆性材料的特性(即抗压强度高而抗拉强度低)，往往在给定荷载下，通过调整拱轴曲线，尽量使得截面上的弯矩减小，甚至使得截面处弯矩值为零，而只产生轴向压力。这时，压应力沿截面均匀分布，此时的材料使用最为经济。这**种在固定荷载作用下，使拱各截面的弯矩等于零(即拱处于无弯矩状态)的拱轴线，称为合理拱轴。**

由上可知，三铰拱任一截面的弯矩为

$$M_D=M_D^0-Hy_D \tag{13-9}$$

当拱为合理拱轴时，各截面的弯矩应为零，即

$$M_D=0,\ M_D^0-Hy_D=0 \tag{13-10}$$

因此，合理拱轴的方程为

$$y_D=\frac{M_D^0}{H} \tag{13-11}$$

式中，M_D^0 为相应简支梁的弯矩方程。

当拱上作用的荷载为已知时，只需求出相应简支梁的弯矩方程，而后与水平推力之比即为合理拱轴线方程。不难看出，在竖向荷载作用下，三铰拱的合理拱轴的表达式与相应简支梁弯矩的表达式差一个比例常数 H，即合理拱轴的纵坐标与相应简支梁弯矩图的纵坐标成比例。

【例 13-10】 计算出图 13-34(a)所示三铰拱承受竖向均布荷载时的合理拱轴。

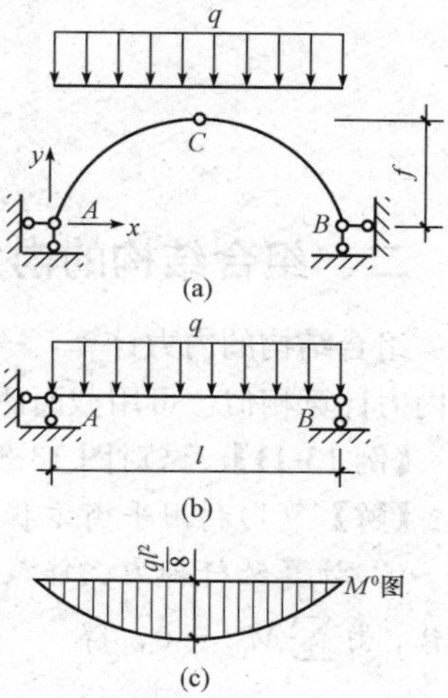

【解】 作相应简支梁，其弯矩方程为

$$M^0=\frac{1}{2}qlx-\frac{1}{2}qx^2=\frac{1}{2}qx(l-x)$$

支座水平推力为

$$H_A=\frac{M_C^0}{f}=\frac{ql^2}{8f}$$

合理拱轴方程应为

$$y=\frac{M^0}{H_A}=\frac{1}{2}qx(l-x)/\frac{ql^2}{8f}=\frac{4f}{l^2}(l-x)x$$

由此可见，三铰拱在竖向均布荷载作用下的合理拱轴是一条二次抛物线。

显然，同一结构受到不同荷载的作用，就有不同的合理拱轴线方程。在工程中，同一结构往往受到各种荷载作用(固定荷载、移动荷载)，而合理拱轴线只对应一种已知的固定荷载。对于移动荷载，不能得到其合理拱轴线方程。通常是以主要荷载作用下的合理拱轴线作为拱的轴线。在其他不同荷载作用下，拱截面虽存在弯矩，但也相对较小。

(a) (b) (c)

图 13-34

第六节 静定组合结构

一、组合结构的概念

在实际工程中，经常会遇到一种结构，这种结构中一部分杆件只受轴力作用，属于链杆；而另一部分杆件除受轴力作用外还承受弯矩和剪力作用，属于梁式杆。这种**由链杆和梁式杆混合组成的结构，通常称为组合结构**。图 13-35(a)所示的下撑式五角形屋架就是静定组合结构中一个较为典型的例子。它的上弦杆由钢筋混凝土制成，主要承受弯矩，下弦杆和腹杆由型钢制成，主要承受轴力。其计算简图如图 13-35(b)所示。

工程中采用组合结构主要是为了减小梁式杆的弯矩，充分发挥材料强度，节省材料。减小梁式杆的弯矩主要采取两项措施：一是减小梁式杆的跨长；二是使梁式杆某些截面产生负弯矩，以减小跨中正弯矩值。

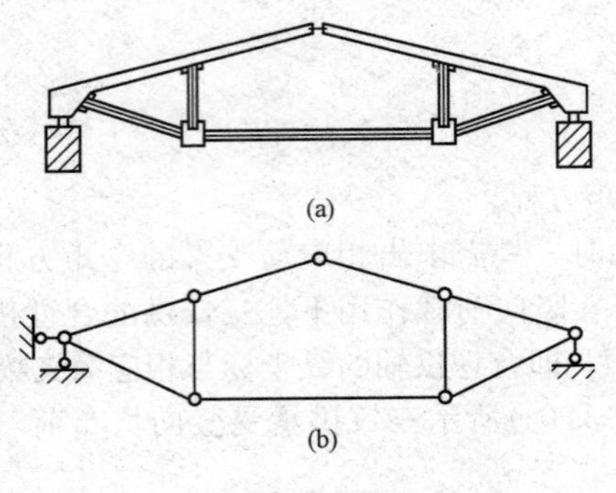

图 13-35

二、组合结构的内力计算

组合结构的内力计算，一般是在求出支座反力后，先计算链杆的轴力，其计算方法与平面桁架内力计算相似，可用截面法和节点法；然后，计算梁式杆的内力；最后，绘制结构的内力图。

【例 13-11】 试对图 13-36(a)所示的组合结构进行内力分析。

【解】 (1)利用平衡方程求支反力[图 13-36(b)]；

(2)计算链杆轴力。作截面Ⅰ—Ⅰ，截开铰 C 和链杆 DE[图 13-36(b)]，取其右半部分为隔离体，由 $\sum M_C=0$，得

$$N_{ED}\times 3-30\times 6=0$$

故

$$N_{ED}=60\ \text{kN(拉)}$$

再由节点 D 及 E 的平衡，可求得所有链杆的轴力，如图 13-36(b)所示。

(3)作梁式杆件的内力图。杆件 AFC 和 CGB 的受力情况如图 13-36(c)所示。根据该隔离体(一般力系)的平衡条件，可作杆 AFC 和 CGB 的 M、V 及 N 图，如图 13-36(d)所示。

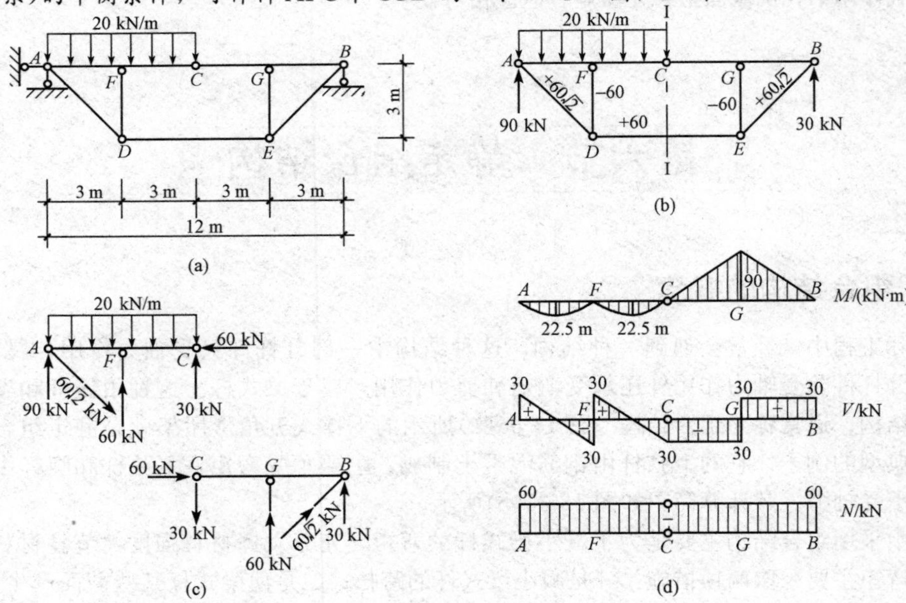

图 13-36

本章小结

静定结构是指仅用平衡方程可以确定全部内力和约束力的几何不变结构，包括静定梁、静定刚架、静定桁架、三铰拱和静定组合结构等。静定结构是无多余约束的几何不变体系，具有解的唯一性、局部平衡性、荷载等效性等特性。本章主要介绍静定结构的特性，多跨静定梁与斜梁，静定平面刚架、桁架，三铰拱及静定组合结构。

思考与练习

一、简答题

1. 如何理解静定结构解的唯一性？

2. 一般斜梁承受哪些形式的荷载？

3. 刚架的优点是什么？

4. 在实际结构中，由于桁架受力情况复杂，为简化计算，常常采用哪些假设？

二、计算题

1. 试作图 13-37 所示多跨静定梁的 M 图。

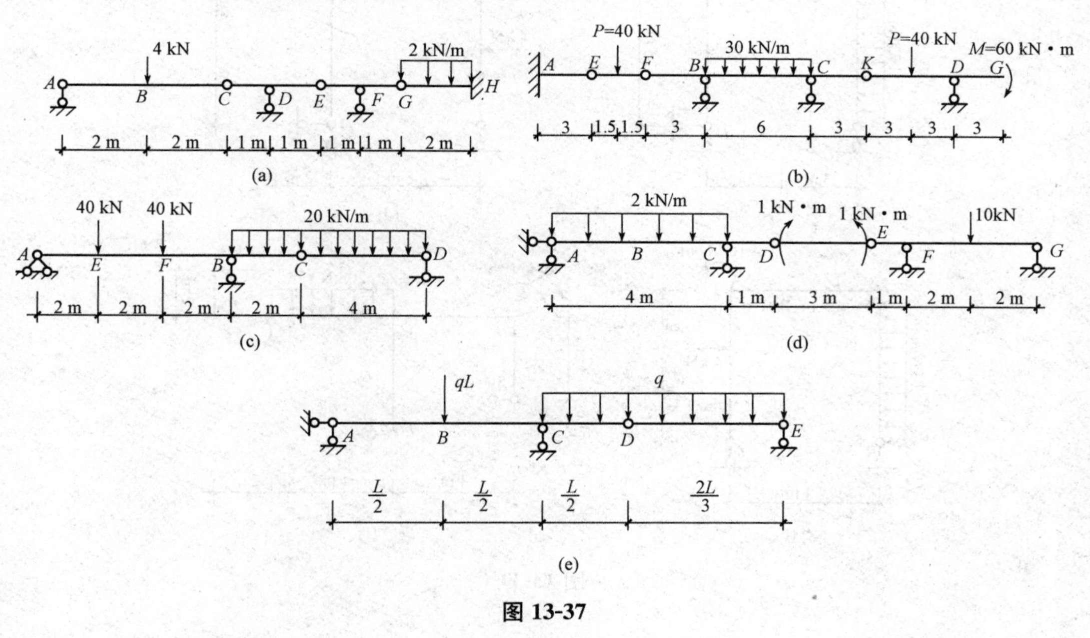

图 13-37

2. 试作图 13-38 所示斜梁的 M 图。

3. 试作图 13-39 所示刚架的 M、Q、N 图。

4. 试绘制图 13-40 所示刚架的 M 图。

5. 计算图 13-41 所示桁架指定杆件的内力。

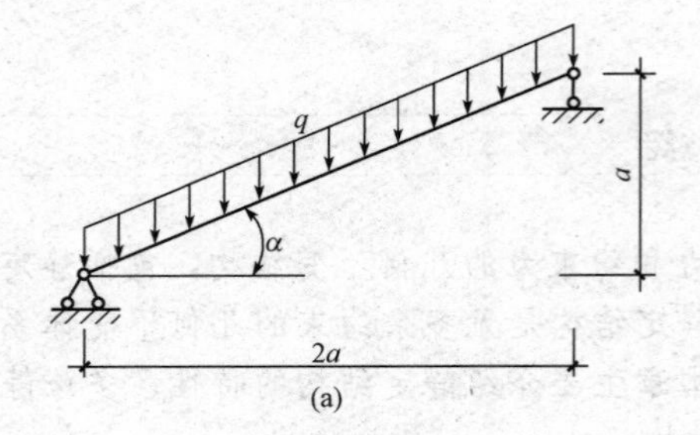
q
α
a
2a
(a)

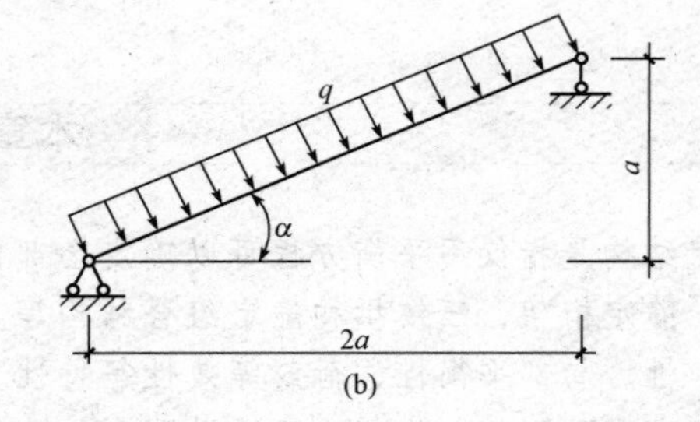
q
α
a
2a
(b)

图 13-38

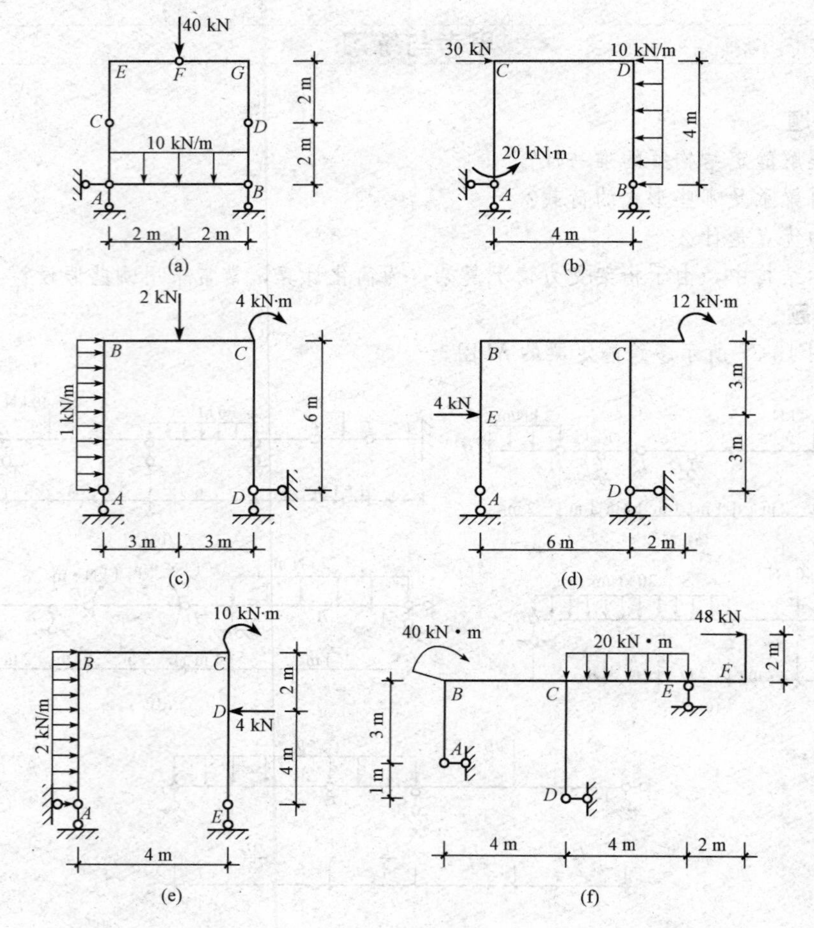
40 kN
E
F
G
C
D
10 kN/m
A
B
2 m
2 m
2 m
2 m
(a)
30 kN
10 kN/m
C
D
4 m
20 kN·m
A
B
4 m
(b)
2 kN
4 kN·m
B
C
1 kN/m
6 m
A
D
3 m
3 m
(c)
12 kN·m
B
C
4 kN
E
3 m
3 m
A
D
6 m
2 m
(d)
10 kN·m
B
C
2 kN/m
D
4 kN
2 m
4 m
A
E
4 m
(e)
40 kN · m
20 kN · m
48 kN
B
C
E
F
2 m
3 m
1 m
A
D
4 m
4 m
2 m
(f)

图 13-39

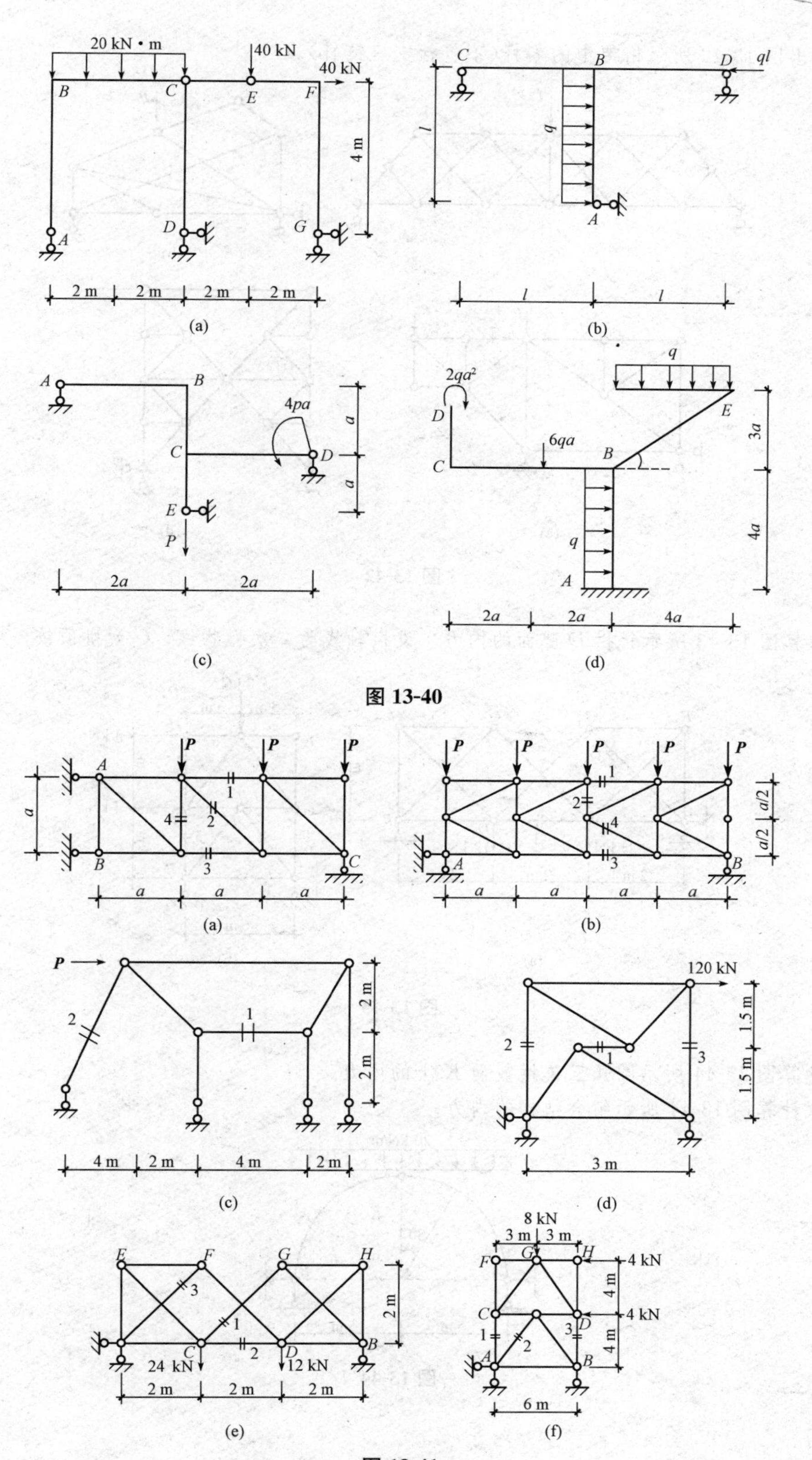

20 kN · m
40 kN
40 kN
B
C
E
F
4 m
A
D
G
2 m
2 m
2 m
2 m
(a)
C
B
D
ql
q
l
A
l
l
(b)
A
B
4pa
a
C
D
a
E
P
2a
2a
(c)
q
2qa²
D
E
3a
6qa
B
C
q
4a
A
2a
2a
4a
(d)
P
P
P
A
a
1
4
2
B
3
C
a
a
a
(a)
P
P
P
P
P
1
2
4
a/2
a/2
A
3
B
a
a
a
a
(b)
P
1
2 m
2
2 m
4 m
2 m
4 m
2 m
(c)
120 kN
1.5 m
2
1
3
1.5 m
3 m
(d)
E
F
G
H
3
2 m
1
C
2
D
B
24 kN
12 kN
2 m
2 m
2 m
(e)
8 kN
3 m
3 m
F
G
H
4 kN
4 m
C
D
4 kN
1
3
4 m
2
A
B
6 m
(f)

图 13-40

图 13-41

6. 指出图 13-42 所示桁架中的零杆(不包括支座链杆)。

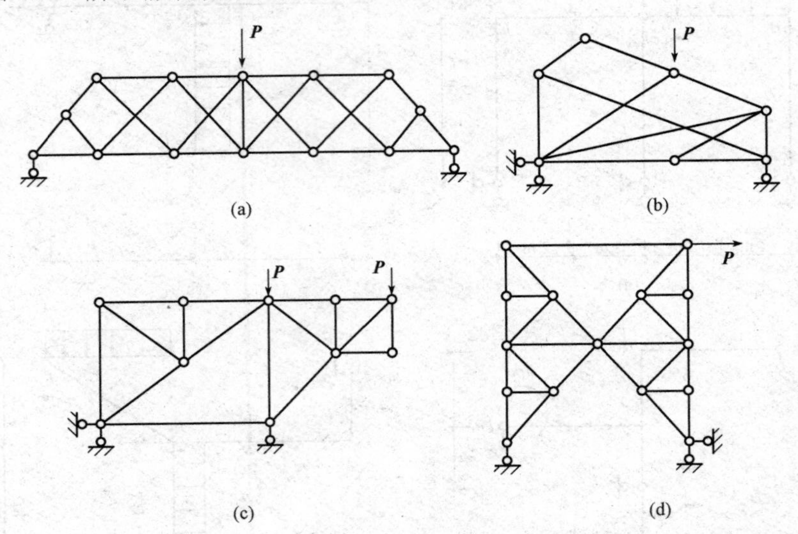

图 13-42

7. 计算图 13-43 所示斜拱 D 截面的内力。设拱轴线为二次抛物线，C 为拱顶铰。

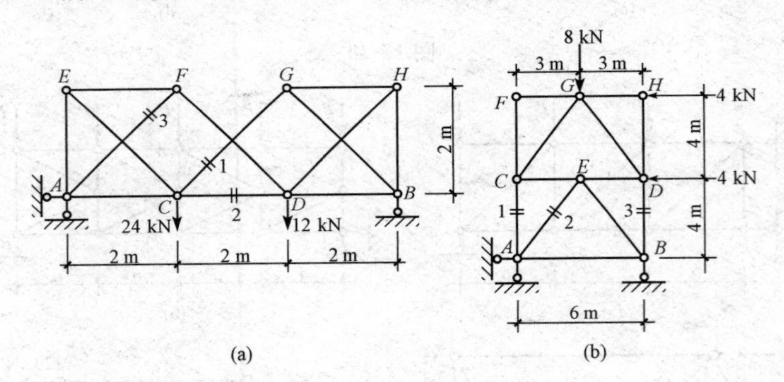

图 13-43

8. 计算图 13-44 所示圆弧三铰拱截面 K 上的内力。

9. 试计算图 13-44 所示组合结构的内力。

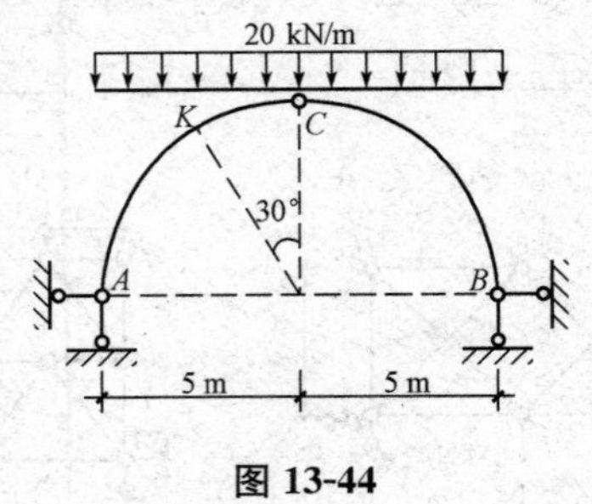

图 13-44

第十四章　结构位移及其计算

学习目标

了解结构位移、力、位移、实功、虚功的概念；熟悉结构位移计算的一般公式及图乘公式；掌握变形体虚功原理、结构位移的计算方法——单位荷载法。

能力目标

通过本章的学习，能够运用单位荷载法计算结构在荷载作用下的位移，能够运用图乘公式计算荷载作用下静定结构的位移，并掌握结构由于支座移动和温度改变引起的位移计算及弹性体系的互等定理。

第一节　认识结构位移

一、结构位移的概念

工程结构都是由变形固体组成的，在荷载、温度变化、支座移动、制造误差等因素影响下，尺寸和形状将发生改变，称为变形。**结构变形后截面的位置会发生变化，这个位置的变化称为结构的位移。**

结构的位移包括截面移动和截面转动两种。截面移动即截面形心的移动，称为**线位移**；截面转动即轴线上该点处切线的方向变化，称为**角位移**。

如图 14-1(a)所示的刚架，在荷载作用下，结构产生变形如图中的虚线所示，截面的形心 A 点沿某一方向移到 A' 点，线段 AA' 称为 A 点的线位移，一般用符号 Δ_A 表示。它也可用竖向线位移 Δ_{AV} 和水平线位移 Δ_{AH} 两个位移分量来表示，如图 14-1(b)所示。同时，此截面还转动了一个角度，称为该截面的角位移，用 φ_A 表示。

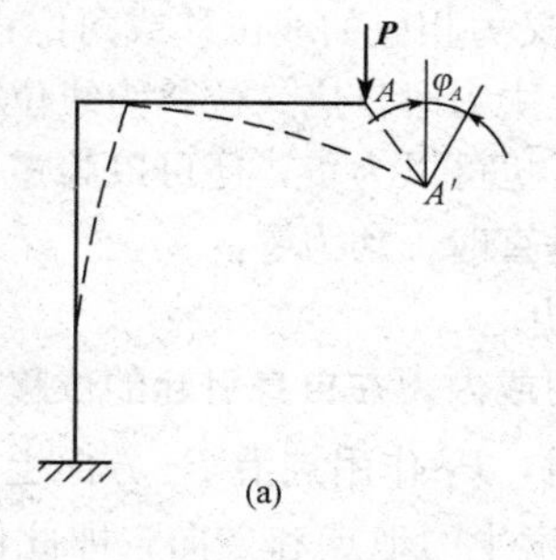

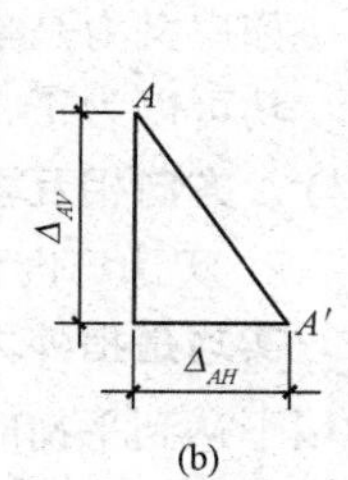

图 14-1

使结构产生位移的原因除荷载作用外，温度改变使材料膨胀或收缩、结构构件的尺寸在制造过程中发生误差、基础的沉陷或结构支座产生移动等因素均会引起结构的位移。

二、计算结构位移的目的

位移的计算是结构设计中经常会遇到的问题。计算位移的目的主要有以下两个：

(1)校核结构的刚度，保证结构产生的位移不超过允许的限值。例如，列车通过桥梁时，若桥梁的挠度(竖向线位移)过大，会使线路不平稳，以致引起较大的冲击和振动，影响桥梁的正常使用。

(2)为计算超静定结构打下基础。因为超静定结构的内力仅由静力平衡条件是不能全部确定的，还必须考虑变形条件，而建立变形条件时就需要计算结构的位移。

另外，在结构的动力计算和稳定计算中也需要用到结构的位移；在结构的制作、施工、架设和养护过程中，也常常需要预先知道结构变形后的位置，以便采取一定的施工措施。

应当指出，本章讨论的是线性弹性变形体系的位移计算。这种体系指的是位移与荷载之间为线性关系的体系，并且当荷载全部卸除后，位移即全部消失。具体来讲，也就是体系具有如下特点：

1)几何不变的；

2)其材料服从胡克定律；

3)其位移(变形)必须是微小的。

对于这种体系，计算其位移时可以应用叠加原理。

第二节　变形体的虚功原理与弹性体的互等定理

一、变形体的虚功原理

(一)基本概念

1. 功、广义力和广义位移

由物理学可知，功与力和位移两个因素有关，功的大小等于力和位移的乘积，即

$$W=P\Delta \tag{14-1}$$

式中　P——力或力偶，称为广义力；

Δ——与广义力相应的线位移或角位移，称为广义位移。

如广义力是集中力时，广义位移为线位移；若广义力是力偶时，广义位移为转角。

功可以为正，也可以为负，还可以为零。**当 P 与 Δ 方向相同时，为正；反之，则为负。若 P 与 Δ 方向相互垂直时，功为零。**

2. 实功与虚功

实功是指外力或内力在自身引起的位移上所做的功。如图 14-2(a)所示的简支梁，设其在 P_1 作用下达到平衡时，P_1 作用点沿 P_1 方向上产生的位移为 Δ_{11}。这里 Δ_{11} 用了两个角标，第一个角标"1"代表位移发生的地点和方向，即此位移是 P_1 作用点沿 P_1 方向上的位移；第二个角标"1"表示引起位移的原因，即此位移是由于 P_1 作用而引起的。荷载 P_1 在位移 Δ_{11} 上所做的功 W_{11} 即为实功，则

$$W_{11}=\frac{1}{2}P_1\Delta_{11} \tag{14-2}$$

式(14-2)中含系数“$\frac{1}{2}$”是因为当荷载从零逐渐增大到最后值 P_1 时，由它引起的位移从零逐渐增大到最后值 Δ_{11}，两者成线性函数关系。

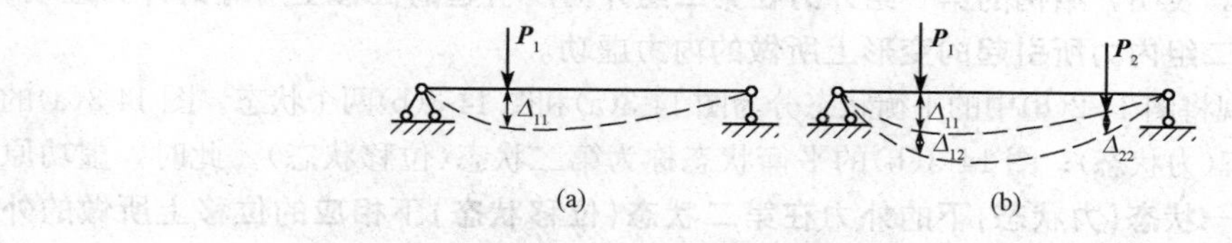

图 14-2

外力(内力)在其他原因引起的位移上所做的功则称为虚功。如图 14-2(b)所示，当第一组荷载 $\boldsymbol{P}_1$ 作用于结构达到稳定平衡后，再加上第二组荷载 $\boldsymbol{P}_2$，这时结构将继续变形，而引起 $\boldsymbol{P}_1$ 作用点沿 $\boldsymbol{P}_1$ 方向产生新的位移 Δ_{12}，因而 $\boldsymbol{P}_1$ 将在 Δ_{12} 位移上做功，这时所做的功即为虚功。由于位移 Δ_{12} 由零增加至最终值的过程中，$\boldsymbol{P}_1$ 保持不变是常力，因此 $\boldsymbol{P}_1$ 沿 Δ_{12} 做的功为

$$W_{12}=P_1\Delta_{12} \tag{14-3}$$

所谓虚功并非是不存在的意思，“虚”字强调做功过程中位移与力相互独立且无关的特点。

应该指出，当其他因素引起的位移与力的方向一致时虚功为正值；反之则为负值。而实功由于力自身所引起的相应位移总是与力的作用方向相一致，故总为正值。

3. 实功原理

结构受到外力作用而发生变形，则外力在发生变形过程中做了功。如果结构处于弹性阶段范围，当外力去掉后，该结构将能恢复到原来变形前的位置，这是由于弹性变形使结构积蓄了做功的能量，这种能量称为变形能。由此可见，结构之所以有这种变形，实际上是结构受到外力做功的结果，也就是功与能的转化。根据能量守恒定律可知，在加载过程中外力所做的实功 W 将全部转化为结构的变形能，用 U 表示，即

$$W=U \tag{14-4}$$

从另一个角度讲，结构在荷载作用下产生内力和变形，那么内力也将在其相应的变形上做功，而结构的变形能又可用内力所做的功来度量。这个功能原理，称为弹性结构的实功原理。

(二)变形体的虚功原理

前面所讲到的简支梁，在力 $\boldsymbol{P}_1$ 作用下会引起内力，那么，内力在其本身引起的变形上所做的功，称为**内力实功**，用 W'_{11} 表示；$\boldsymbol{P}_1$ 所做的功 W_{11} 称为**外力实功**。力 $\boldsymbol{P}_1$ 作用下引起的内力在其他原因(如 $\boldsymbol{P}_2$)引起的变形上所做的功，称为内力虚功；用 W'_{12} 表示。$\boldsymbol{P}_1$ 所做的功 W_{12} 称为外力虚功。在该系统中，外力 $\boldsymbol{P}_1$ 和 $\boldsymbol{P}_2$ 所做的总功为

$$W_{外}=W_{11}+W_{12}+W_{22} \tag{14-5}$$

而 $\boldsymbol{P}_1$ 和 $\boldsymbol{P}_2$ 引起的内力所做的总功为

$$W_{内}=W'_{11}+W'_{12}+W'_{22} \tag{14-6}$$

根据能量守恒定律，应有 $W_{外}=W_{内}$，即

$$W_{11}+W_{12}+W_{22}=W'_{11}+W'_{12}+W'_{22}$$

根据实功原理，可知：

$$W_{11}=W'_{11} \qquad W_{22}=W'_{22}$$

由此可得

$$W_{12}=W'_{12} \tag{14-7}$$

式(14-7)又称为**虚功方程**。

在上述情况中，$\boldsymbol{P}_1$ 和 $\boldsymbol{P}_2$ 是彼此独立无关的。$\boldsymbol{P}_1$ 视为第一组力先加在结构上；$\boldsymbol{P}_2$ 视为第二组力后加在结构上。其表明，**结构的第一组外力在第二组外力所引起的位移上所做的外力虚功，等于第一组内力在第二组内力所引起的变形上所做的内力虚功。**

为了便于应用，现将图 14-2(b)中的平衡状态分为图 14-3(a)和图 14-3(b)两个状态。图 14-3(a)的平衡状态称为第一状态(力状态)；图 14-3(b)的平衡状态称为第二状态(位移状态)。此时，虚功原理又可以描述为：**第一状态(力状态)下的外力在第二状态(位移状态)下相应的位移上所做的外力虚功，等于第一状态(力状态)下的内力在第二状态(位移状态)下相应的变形上所做的内力虚功。**

图 14-3

必须指出，力状态和位移状态是同一体系的两种彼此无关的状态，因此，不仅可以将位移状态看作是虚设的，也可以将力状态看作是虚设的，它们各有不同的应用。若取第一状态为实际状态，第二状态为虚拟状态，也就是虚功中力状态是实际的，位移状态是虚拟的，这时，虚功原理也称为虚位移原理；反之，若取第一状态为虚拟状态，第二状态为实际状态，也就是虚功中的力状态是虚拟的，位移状态是实际的，这时，虚功原理也称为虚力原理。计算结构位移时，需要用到的是虚力原理，不过习惯上仍称它为虚功原理，以下仍沿用这一称呼。

虚功原理既适用于静定结构，也适用于超静定结构。

二、弹性体系的互等定理

线性变形体系的功的互等定理和位移互等定理在位移计算及分析超静定结构时将会用到。

1. 功的互等定理

功的互等定理是指同一弹性结构在两种不同状态下的虚功相等。如图 14-4 所示的简支梁，分别作用两组外力 $\boldsymbol{P}_1$ 与 $\boldsymbol{P}_2$，并分别称为第一状态[图 14-4(a)]和第二状态[图 14-4(b)]。计算第一状态的外力及其所引起的内力在第二状态的相应位移和变形上所做的虚功 T_{12} 和 W_{12} 时，据虚功原理有 $T_{12}=W_{12}$，即

$$P_1\Delta_{12}=\sum\int\frac{M_1M_2}{EI}\mathrm{d}s \tag{14-8}$$

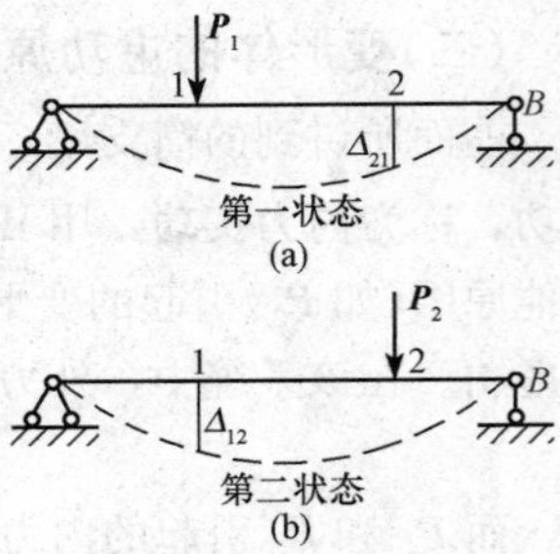

式中　Δ_{12}——由 P_2 力引起的在 P_1 力作用点沿 P_1 力方向的位移。

第一状态 (a)

第二状态 (b)

图 14-4

反之，计算第二状态的外力及其所引起的内力在第一状态的相应位移和变形上所做的虚功 T_{21} 和 W_{21} 时，据虚功原理有 $T_{21}=W_{21}$，即

$$P_2\Delta_{21}=\sum\int\frac{M_2M_1}{EI}\mathrm{d}s \tag{14-9}$$

式中　Δ_{21}——由 P_1 力引起的在 P_2 力作用点沿 P_2 力方向的位移。

比较式(14-8)和式(14-9)，有：

$$P_1\Delta_{12}=P_2\Delta_{21} \tag{14-10}$$

也可写为

$$T_{12}=T_{21} \tag{14-11}$$

式(14-11)表明，**第一状态的外力在第二状态的位移上所做的虚功，等于第二状态的外力在第一状态的位移上所做的虚功。这就是功的互等定理。**

功的互等定理可以推广到任何弹性结构。

2. 位移互等定理

在功的互等定理中，假如两个状态中的荷载是单位力时($P_1=1$，$P_2=1$)，为了明显起见，由单位力所引起的位移，用小写字母 δ_{12}、δ_{21} 表示，如图 14-5 所示。代入功的互等定理式(14-10)，则有：

$$1\times\delta_{12}=1\times\delta_{21} \tag{14-12}$$

即

$$\delta_{12}=\delta_{21}$$

式(14-12)即弹性结构的位移互等定理表达式。该定理表明：对任何弹性结构，单位力 $P_2=1$ 在单位力 P_1 作用点的截面产生的位移 δ_{12}(沿 P_1 方向)，等于单位力 $P_1=1$ 在单位力 P_2 作用点的截面产生的位移 δ_{21}(沿 P_2 方向)。

这里的单位力是广义单位力，位移是相应的广义位移。例如，在图 14-6 的两个状态中，根据位移互等定理，应有 $\varphi_A=f_C$。实际上，由材料力学可知：

$$\varphi_A=\frac{Pl^2}{16\,EI},\ f_C=\frac{Ml^2}{16EI}$$

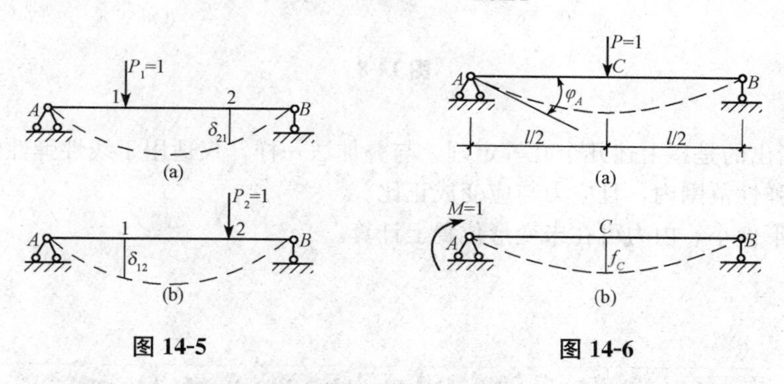

图 14-5　　　　图 14-6

现在 $P=1$、$M=1$(这里的 1 都是不带单位的，即都是无量纲量)，故有 $\varphi_A=f_C=\dfrac{l^2}{16EI}$。可见，虽然 φ_A 代表单位力引起的角位移，f_C 代表单位力偶引起的线位移，含义不同，但此时二者在数值上是相等的，量纲也相同。

3. 反力互等定理

反力互等定理也是功的互等定理的一个特殊情况，并且只适用于超静定结构。该定理将在用位移法计算结构中得到应用。

在一个结构的诸约束中任取两个约束——约束 1 及约束 2。在图 14-7(a)所示结构中约束 1 是固定端中限制转角的约束，约束 2 是右端支杆。

考察两种状态：令约束 1 发生单位位移，即 $\Delta_1=1$，在支座 2 引起支座反力 R_{21}，此为状态 1，如图 14-7(a)所示；令约束 2 发生单位位移，即 $\Delta_2=1$，在支座 1 引起支座反力 R_{12}，此为状态 2，如图 14-7(b)所示(这里 R 表示单位位移引起的支座反力，第一个角标表示发生反力的地点和方向，第二个角标表示引起反力的原因)。

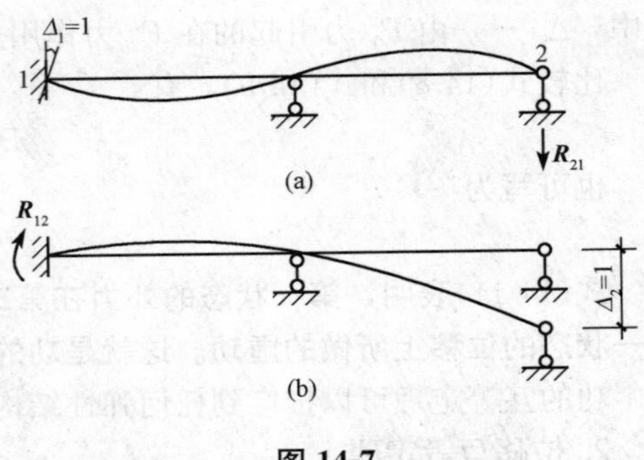

图 14-7

由功的互等定理可得：

$$R_{21}\Delta_2=R_{12}\Delta_1$$

因为 $\Delta_1=\Delta_2=1$，故：

$$R_{21}=R_{12} \tag{14-13}$$

式(14-13)称为反力互等定理，即支座 1 发生单位位移时在支座 2 处引起的反力(R_{21})，等于支座 2 发生单位位移时在支座 1 处引起的反力(R_{12})。

需要指出的是，这里 R_{21} 与 R_{12} 拥有相同的量纲。这是因为它们并非一个是支杆反力，一个是反力偶，而都是约束反力与引起此反力的位移的比值，它们是反力系数，乘以位移后得反力，不拥有反力的量纲。

反力互等定理对结构上任何两个支座都适用，但应注意反力与位移在做功的关系上应相适应。力对应于线位移，力偶对应于角位移。

图 14-8(a)、(b)所示为一个反力互等的例子。应用上述定理可知反力 R_{12} 与反力偶 R_{21} 相等，虽然它们一个代表力，一个代表力偶，两者含义不同，但在数值上是相等的。

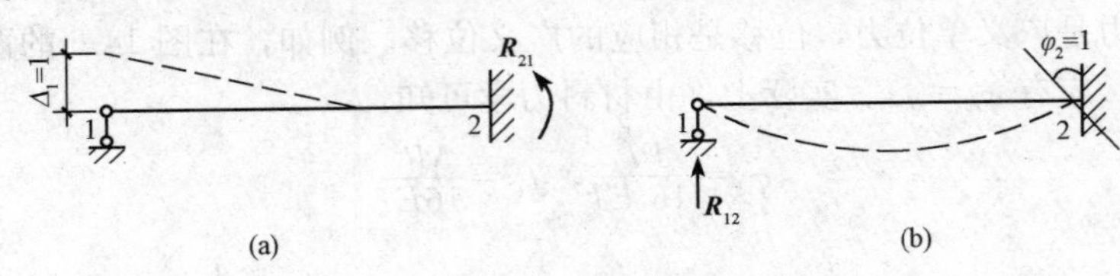

图 14-8

最后需要指出的是，上述几个互等定理，与叠加法一样，仅适用于线性弹性体系，即

(1)应力在弹性范围内，且应力与应变成正比。

(2)结构变形微小，内力可在未变形位置上计算。

第三节　单位荷载法计算位移

一、荷载作用下位移计算的一般公式

利用虚功原理推导结构在荷载作用下位移计算的一般公式，首先要确定力状态和位移状态。

如图 14-9(a)所示，结构在荷载 q 作用下发生了如图中的虚线所示变形。下面来求结构上任一截面沿任一指定方向上的位移，如 K 截面的水平位移 Δ_K。

由于所求为实际荷载 q 作用下结构的位移，故应以图 14-9(a)为结构的位移状态(实际状态)。为了建立虚功方程，需要人为地另建立一个虚拟的力状态。为此，在 K 点上作用一个水平的单位荷载 $P_K=1$，它应与 Δ_K 相对应，如图 14-9(b)所示。

虚拟状态中的外力所做虚功：

$$W=P_K \cdot \Delta_K=\Delta_K \tag{14-14}$$

式(14-14)说明，当 $P_K=1$ 时，外力虚功在数值上恰好等于所要求的位移 Δ_K。

为了计算虚拟状态中的内力所做的虚功 W'，首先在图 14-9(a)上取 ds 微段，其上由于实际荷载所产生的内力 M_P、Q_P、N_P 作用下所引起的相应变形为 dθ、dη、dλ，分别如图 14-9(c)、(d)、(e)所示，其计算式分别如下：

相对转角 $$\mathrm{d}\theta=\frac{1}{\rho}\mathrm{d}s=\frac{M_P}{EI}\mathrm{d}s$$

相对剪切位移 $$\mathrm{d}\eta=\gamma \cdot \mathrm{d}s=K\frac{Q_P}{GA}\mathrm{d}s$$

相对轴向位移 $$\mathrm{d}\lambda=\frac{N_P}{EA}\mathrm{d}s$$

式中，K 是与杆横截面形状有关的系数。对于矩形截面，$K=\frac{6}{5}$；对于圆形截面，$K=\frac{32}{27}$。

同样在图 14-9(b)所示的虚拟状态中从结构的相应位置取微段 ds，该微段两端所受内力为 $\overline{M}$、$\overline{Q}$、$\overline{N}$，如图 14-9(f)、(g)、(h)所示，其中已略去了内力的高阶微量。

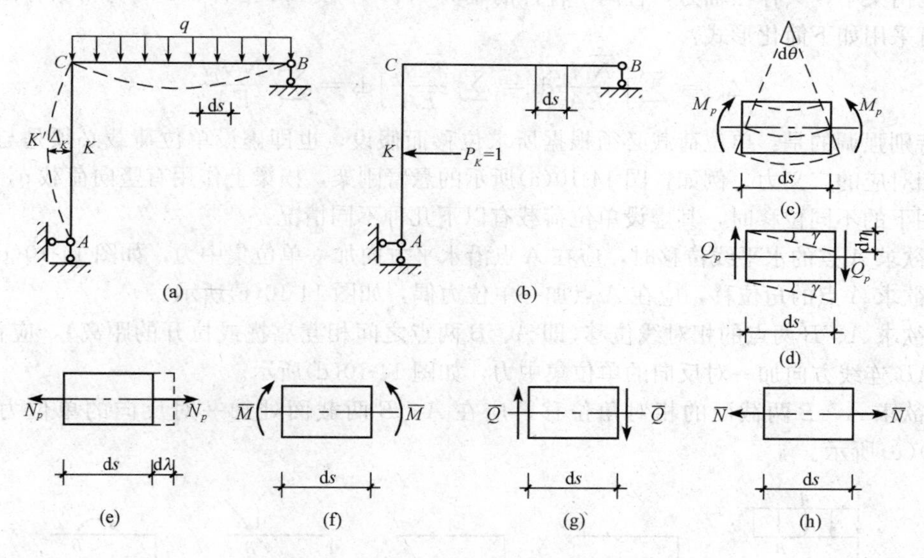

图 14-9

微段上虚内力在实际变形上所做内力虚功为

$$\mathrm{d}W_{内}=\overline{M}\mathrm{d}\theta+\overline{Q}\mathrm{d}\eta+\overline{N}\mathrm{d}\lambda \tag{14-15}$$

整根杆件的内力虚功可由积分求得为

$$W_{内}=\int_0^l \overline{M}\mathrm{d}\theta+\int_0^l \overline{Q}\mathrm{d}\eta+\int_0^l \overline{N}\mathrm{d}\lambda \tag{14-16}$$

当结构由多根杆件组成时，可分别求得各杆段的虚功，再求总和就是结构内力虚功，即

$$W_{内}=\sum\int\overline{M}\mathrm{d}\theta+\sum\int\overline{Q}\mathrm{d}\eta+\sum\int\overline{N}\mathrm{d}\lambda=\sum\int\frac{M_P\overline{M}}{EI}\mathrm{d}s+\sum\int\frac{KQ_P\overline{Q}}{GA}\mathrm{d}s+\sum\int\frac{N_P\overline{N}}{EA}\mathrm{d}s \tag{14-17}$$

由虚功原理得：

$$\Delta_K = \sum\int \frac{M_P\overline{M}}{EI}\mathrm{d}s + \sum\int \frac{KQ_P\overline{Q}}{GA}\mathrm{d}s + \sum\int \frac{N_P\overline{N}}{EA}\mathrm{d}s \tag{14-18}$$

式(14-18)中右边第一、二、三项分别是弯矩、剪力、轴力所引起的位移。这就是变形体在荷载作用下位移计算的一般公式。它只要求结构处于平衡状态和变形微小两个条件。利用式(14-18)计算结构位移时，应根据结构的具体情况，只考虑其中一项或两项。例如，对于梁、刚架应取第一项，对于桁架应取第三项。

这种用虚设单位荷载产生的内力，在实际状态荷载所引起的位移上做虚功，而利用虚功原理计算结构位移的方法，称为**单位荷载法**。单位荷载法计算位移公式适用于弹性材料和非弹性材料，可以用于计算静定结构的位移，也可以用于计算超静定结构的位移。

二、静定结构在荷载作用下的位移计算

对梁或刚架等弯曲变形的结构，可以证明，轴力和剪力对结构位移的影响相对于弯矩来说很小，在计算时可以忽略不计，因此对这类结构，位移计算公式可采用下述简化公式：

$$\Delta_K = \sum\int \frac{M_P\overline{M}}{EI}\mathrm{d}s \tag{14-19}$$

而在桁架中，只存在轴力，且同一杆件的轴力 $\overline{N}$、N_P 及 EA 沿杆长 l 均为常数，因此，位移计算可采用如下简化形式：

$$\Delta_K = \sum\int \frac{\overline{N}N_P}{EA}\mathrm{d}s = \sum \frac{\overline{N}N_P}{EA}\int\mathrm{d}s = \sum \frac{\overline{N}N_P l}{EA} \tag{14-20}$$

应特别强调的是：单位荷载必须根据所求位移而假设，也即虚设单位荷载必须是与所求广义位移相对应的广义力。例如，图 14-10(a)所示的悬臂刚架，横梁上作用有竖向荷载 q，当求此荷载作用下的不同位移时，其虚设单位荷载有以下几种不同情况：

(1)欲求 A 点的水平线位移时，应在 A 点沿水平方向加一单位集中力，如图 14-10(b)所示。

(2)欲求 A 点的角位移，应在 A 点加一单位力偶，如图 14-10(c)所示。

(3)欲求 A、B 两点的相对线位移(即 A、B 两点之间相互靠拢或拉开的距离)，应在 A、B 两点沿 AB 连线方向加一对反向的单位集中力，如图 14-10(d)所示。

(4)欲求 A、B 两截面的相对角位移，应在 A、B 两截面处加一对反向的单位力偶，如图 14-10(e)所示。

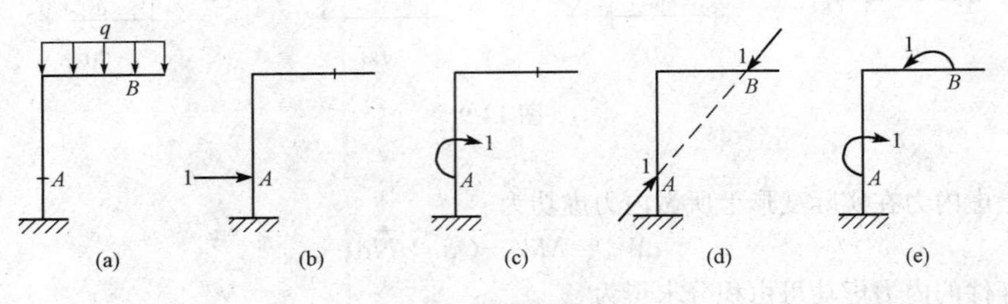

图 14-10

利用单位荷载法计算结构位移的步骤如下：

(1)根据欲求位移选定相应的虚拟状态。

(2)根据所要求的位移，虚设相应的单位荷载。

(3)列出结构各杆段在虚拟状态下和实际荷载作用下的内力方程。

(4)将各内力方程分别代入位移计算公式，分段积分求总和即可计算出所求位移。

【例 14-1】 试计算图 14-11(a)所示的等截面简支梁中点 C 的竖向位移 Δ_{CV}。已知 EI 为常数。

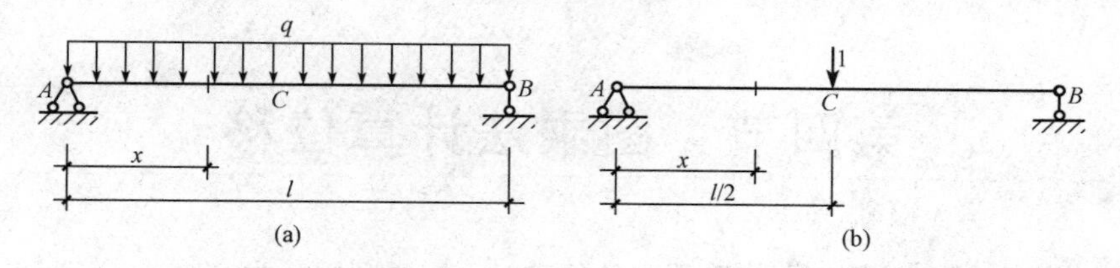

图 14-11

(a)实际状态；(b)虚拟状态

【解】 (1)在 C 点加一竖向单位荷载作为虚拟状态[图 14-11(b)]，分段列求出单位荷载作用下梁的弯矩方程。设以 A 为坐标原点，则当 $0\leqslant x\leqslant\frac{l}{2}$ 时，有

$$\overline{M}=\frac{1}{2}x$$

(2)实际状态下[图 14-11(a)]杆的弯矩方程：

$$M_P=\frac{q}{2}(lx-x^2)$$

(3)因为结构对称，所以由式(14-19)得

$$\Delta_{CV}=2\int_0^{\frac{l}{2}}\frac{1}{EI}\times\frac{x}{2}\times\frac{q}{2}(lx-x^2)\mathrm{d}x=\frac{q}{2EI}\int_0^{\frac{l}{2}}(lx^2-x^3)\mathrm{d}x=\frac{5ql^4}{384EI}(\downarrow)$$

计算结果为正，说明 C 点竖向位移的方向与虚拟单位荷载的方向相同。

【例 14-2】 试计算图 14-12(a)所示桁架节点 C 的竖向位移 Δ_{CV}，设各杆的 EA 都相同。

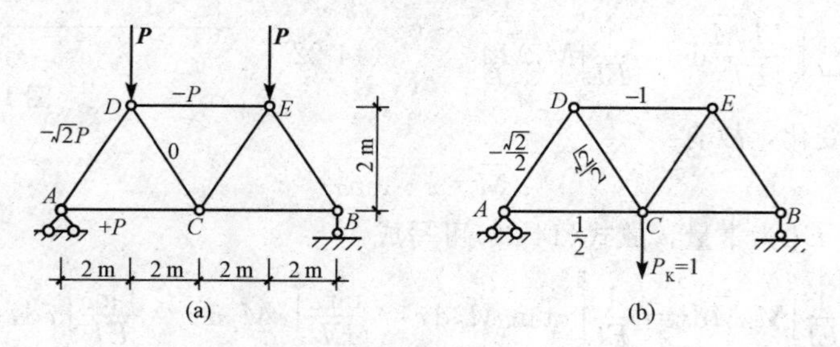

图 14-12

【解】 (1)确定虚设状态。如图 14-12(b)所示，在 C 点处沿所求位移方向虚设一单位集中力 $P_K=1$。

(2)计算两种状态下各杆的内力。由于桁架及荷载对称，故只需计算一半桁架的内力。计算结果如图 14-12(a)、(b)所示。

(3)计算 Δ_{CV}。将各杆的内力代入位移计算公式得：

$$\Delta_{CV}=\sum\frac{N_P\overline{N}l}{EA}=\frac{1}{EA}\left[(-\sqrt{2}P)\times\left(-\frac{\sqrt{2}}{2}\right)\times2\sqrt{2}\times2+P\times\frac{1}{2}\times4\times2+(-P)\times(-1)\times4\right]$$

$$=\frac{13.66P}{EA}(\downarrow)$$

计算结果为正值，表明 C 点的位移方向与虚设单位力 P_K 的方向相同。

第四节　图乘法计算位移

由前一节已经知道，计算弯曲变形引起的位移时，需要利用公式

$$\Delta = \sum \int \frac{M_P \overline{M}}{EI} \mathrm{d}s \tag{14-21}$$

如果结构杆件数目较多，荷载又较复杂，计算上述积分就比较麻烦。

图乘法是梁和刚架在荷载作用下位移计算的一种工程实用方法。在数学上该方法是积分式的一种简化，可避免列内力方程及解积分式的烦琐计算。

一、图乘法使用条件

计算梁或刚架的位移时，结构的各杆段若满足以下三个条件，就可以用图乘法来计算：一是杆轴为直线；二是 EI 为常数；三是 $\overline{M}$ 与 M_P 两个弯矩图中至少有一个是直线图形。

如图 14-13 所示，设结构上 AB 杆段为等截面直杆，EI 为常数，$\overline{M}$ 图为一段直线，而 M_P 图为任意形状。现以 $\overline{M}$ 图的基线为 x 轴，以 $\overline{M}$ 图的延长线与 x 轴的交点 O 为原点，建立 xOy 坐标系，则：

$$\Delta = \sum \int \frac{M_P \overline{M}}{EI} \mathrm{d}s = \frac{1}{EI} \int_A^B M_P \overline{M} \mathrm{d}s \tag{14-22}$$

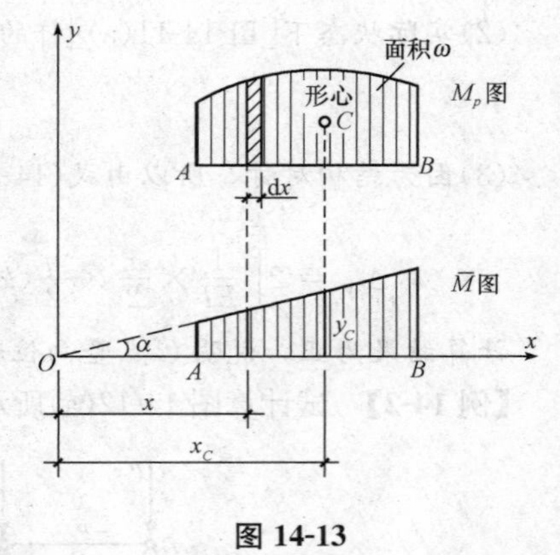

图 14-13

式中，$\overline{M}$ 因随直线变化，故有：

$$\overline{M} = x \cdot \tan\alpha$$

用 $\mathrm{d}x$ 代替 $\mathrm{d}s$，EI 为常量，故式(14-22)可写成：

$$\frac{1}{EI}\int_A^B M_P \overline{M} \mathrm{d}s = \frac{1}{EI}\int_A^B x \tan\alpha M_P \mathrm{d}x = \frac{\tan\alpha}{EI}\int_A^B x M_P \mathrm{d}x = \frac{\tan\alpha}{EI}\int_A^B x \mathrm{d}\omega \tag{14-23}$$

式中，$\mathrm{d}\omega = M_P \mathrm{d}x$ 为 M_P 图中阴影线的微面积。故 $x\mathrm{d}\omega$ 是这个微面积 $\mathrm{d}\omega$ 对 y 轴的一次矩。因而，$\int_A^B x \mathrm{d}\omega$ 为整个 M_P 图的面积对 y 轴的一次矩。根据面积矩定理，它应等于 M_P 图的面积 ω 乘以其形心 C 到 y 轴的距离 x_C，即

$$\int_A^B x \mathrm{d}\omega = \omega x_C$$

代入式(14-23)，则有：

$$\int_A^B \frac{\overline{M} M_P}{EI} \mathrm{d}s = \frac{1}{EI} \omega \cdot x_C \cdot \tan\alpha \tag{14-24}$$

但 $x_C \tan\alpha = y_C$，这里 y_C 为 M_P 图的形心 C 处所对应的 $\overline{M}$ 图的竖标(纵坐标)，故式(14-24)又可写成：

$$\int_A^B \frac{\overline{M}M_P}{EI}\mathrm{d}s = \frac{1}{EI}\omega \cdot y_C \tag{14-25}$$

由此可知，计算位移的积分就等于一个弯矩图的面积 ω 乘以其形心所对应的另一个直线弯矩图上的竖标 y_C，再除以 EI，将积分运算转化为数值乘除运算，此法即称为图乘法。

如果结构上各杆段均可图乘，则位移计算式(14-22)可写成：

$$\Delta = \sum \int \frac{\overline{M}M_P}{EI}\mathrm{d}s = \sum \frac{\omega y_C}{EI} \tag{14-26}$$

式(14-26)就是图乘法所使用的公式。它将积分运算问题简化为求图形的面积、形心和标距的问题。

应用图乘法计算时应注意以下几点：

(1)杆件应是等截面直杆，且 EI 为常数；

(2)M_P 图和 $\overline{M}$ 图中，至少有一个直线图形，标距 y_C 应取自直线图中；

(3)正负号规则：面积 ω 与标距 y_C 在杆件同侧时取正号，异侧时取负号。

为了图乘方便，必须熟记几种常见几何图形的面积公式及形心位置，如图 14-14 所示。值得注意的是：抛物线的顶点处的切线与基线平行时此抛物线才是标准抛物线，才能应用式(14-26)计算，否则不能应用。

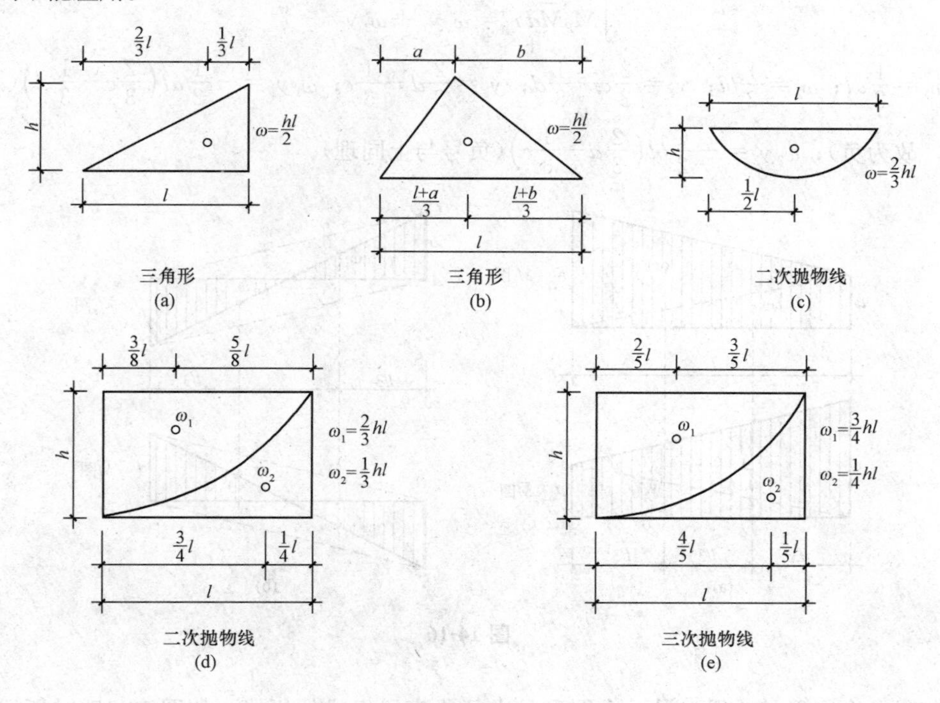

图 14-14

二、图乘法使用技巧

(1)图中标准抛物线图形顶点位置的确定。顶点是指该点的切线平行于基线的点，即顶点处截面的剪力应等于零。图 14-15 所示的在集中力及均布荷载作用下悬臂梁的弯矩图，其形状虽与图 14-14(c)相似，但不能采用其面积和形心位置公式，因为 B 处的剪力不为零。这时应采用图形叠加的方法解决。

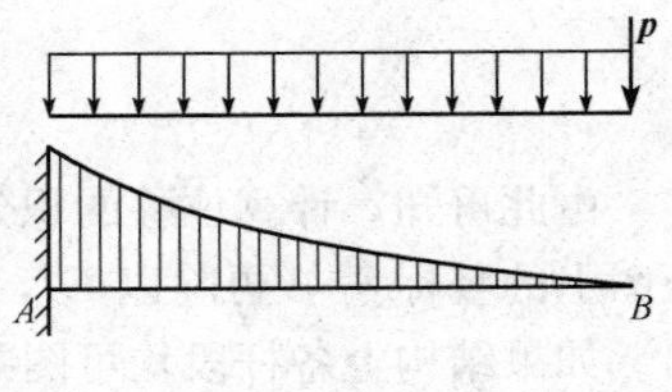

图 14-15

(2)若遇较复杂的图形不便确定形心位置，则应运用叠加原理，将图形分解后分别图乘，然后求其结果的代数和。存在以下几种具体情况：

1)如果在两个图形都是直线，则标距 y_C 可取自其中任一图形。

2)如果在两个图形中，一个是曲线，一个是直线，曲线图形只能取面积，直线图形取 y_C。

3)如果两个都是梯形[图 14-16(a)]，则可以将它分解成两个三角形，分别图乘后再叠加，即

$$\int M_P\overline{M}dx=\omega_1 y_1+\omega_2 y_2$$

式中，$\omega_1=\frac{1}{2}al$；$\omega_2=\frac{1}{2}bl$；$y_1=\frac{2}{3}c+\frac{1}{3}d$；$y_2=\frac{1}{3}c+\frac{2}{3}d$。

4)若 M_P 图和 $\overline{M}$ 图均有正、负两部分[图 14-16(b)]，则可将 M_P 图看作是两个三角形的叠加，三角形 ABC 在基线的上边为正值，高度为 a；三角形 ABD 在基线的下边为负值，高度为 b。然后，将两个三角形面积各乘以相应的 $\overline{M}$ 图的竖标(注意乘积结果的正负)再叠加。即

$$\int M_P\overline{M}dx=\omega_1 y_1+\omega_2 y_2$$

式中，$\omega_1=\frac{1}{2}al$；$\omega_2=\frac{1}{2}bl$；$y_1=\frac{2}{3}c-\frac{1}{3}d$；$y_2=\frac{2}{3}d-\frac{1}{3}c$；$\omega_1 y_1=-\frac{1}{2}al\left(\frac{2}{3}c-\frac{1}{3}d\right)$($\omega_1$ 与 y_1 是异侧，故为负)；$\omega_2 y_2=-\frac{1}{2}bl\left(\frac{2}{3}d-\frac{1}{3}c\right)$(负号与上同理)。

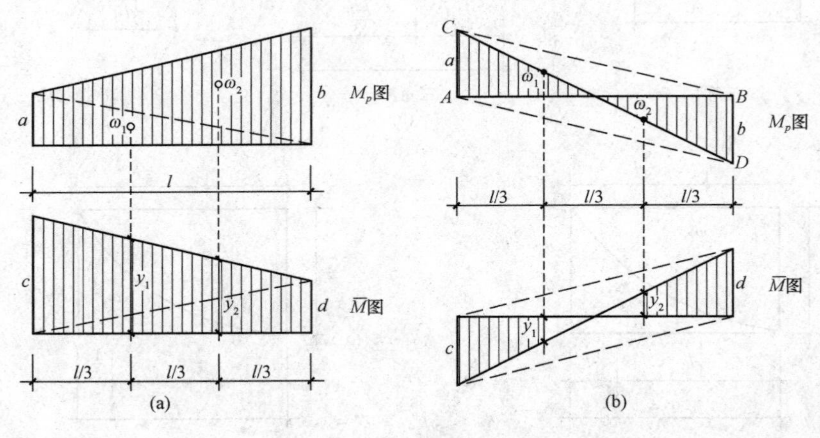

图 14-16

5)如果一个图形是曲线，另一个图形是由几段直线组成的折线，如图 14-17(a)所示，或者各杆段的 EI 不相等时，则应分段考虑，如图 14-17(b)所示。即

$$\int M_P\overline{M}\mathrm{d}x=\omega_1 y_1+\omega_2 y_2+\omega_3 y_3$$

6)对于图 14-18 所示由于均布荷载 q 所引起的 M_P 图，可以将它看作是两端弯矩竖标所连成的梯形 $ABDC$ 与相应简支梁在均布荷载作用下的弯矩图叠加而成，后者即虚线 CD 与曲线之间所围部分。将 M_P 图分解成上述两个简单图形后，分别与 $\overline{M}$ 图作图乘运算，再相叠加，即得所求结果。

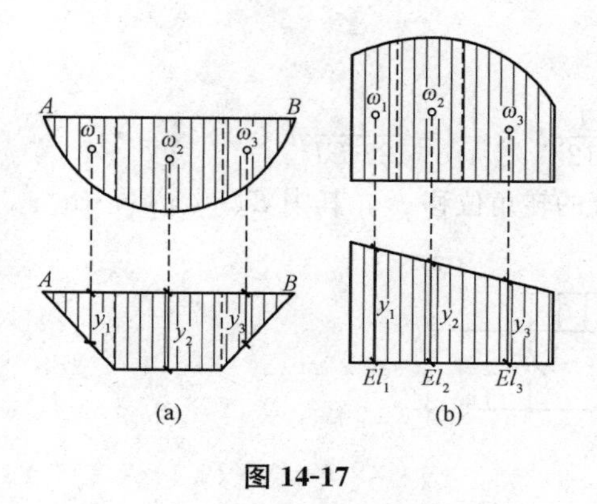

图 14-17

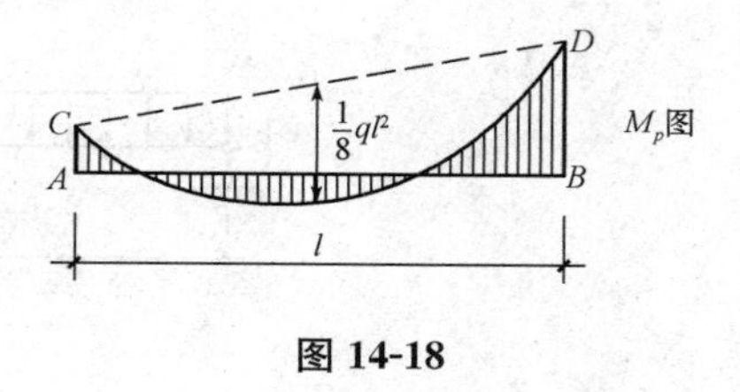

图 14-18

三、应用图乘法计算静定结构的位移

图乘法计算位移的解题步骤如下：

(1)画出结构在实际荷载作用下的弯矩图 M_P。

(2)据所求位移选定相应的虚拟状态，画出单位弯矩图 $\overline{M}$。

(3)分段计算一个弯矩图形的面积 ω 及其形心所对应的另一个弯矩图形的竖标 y_C。

(4)将 ω、y_C 代入图乘法公式计算所求位移。

【例 14-3】 利用图乘法计算图 14-19(a)中外伸梁 C 截面的竖向位移 Δ_{CY}。

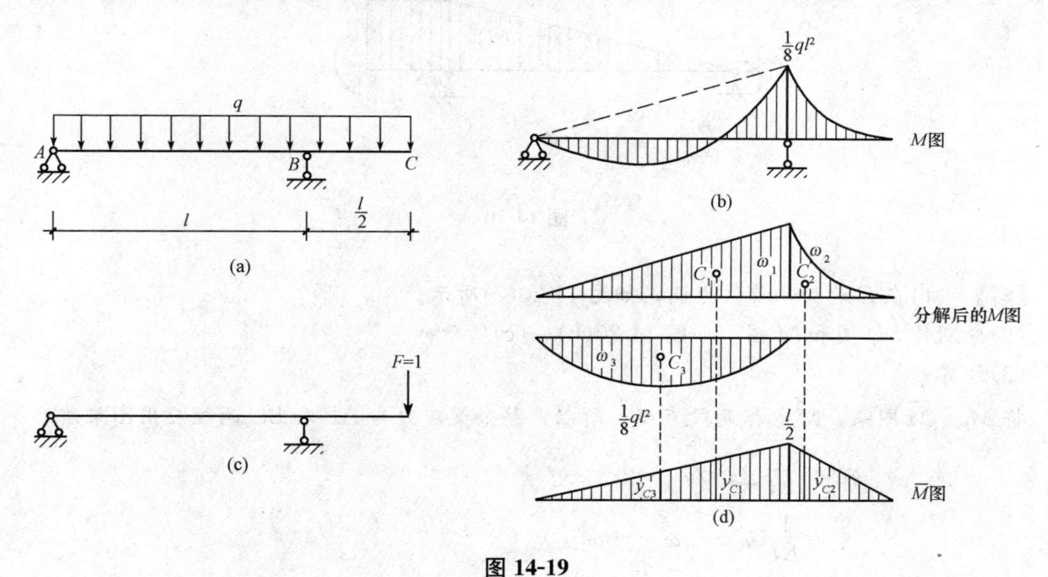

图 14-19

【解】 (1)作出实际状态的弯矩图，如图 14-19(b)所示，将其分解为三个简单图形。

(2)作出虚设单位荷载 $F=1$，如图 14-19(c)所示，并作出弯矩图，如图 14-19(d)所示。

(3)利用式(14-26)计算位移。

经过计算可知：$\omega_1=\frac{1}{2}l\times\frac{1}{8}ql^2=\frac{1}{16}ql^3$，$y_{C_1}=\frac{1}{3}l$；$\omega_2=\frac{1}{3}\times\frac{1}{2}l\times\frac{1}{8}ql^2=\frac{1}{48}ql^3$，$y_{C_2}=\frac{3}{4}\times$

$\frac{1}{2}l=\frac{3}{8}l$；$\omega_3=\frac{2}{3}l\times\frac{1}{8}ql^2=\frac{1}{12}ql^3$，$y_{C_3}=\frac{1}{4}l$。

则
$$\Delta_{CY}=\frac{1}{16}ql^3\times\frac{1}{3}l+\frac{1}{48}ql^3\times\frac{3}{8}l-\frac{1}{12}ql^3\times\frac{1}{4}l=\frac{1}{128\,EI}ql^4(\downarrow)$$

【例 14-4】 试计算图 14-20(a)所示伸臂梁 C 端的转角位移 φ_C，其中 $EI=45\ \text{kN}\cdot\text{m}^2$。

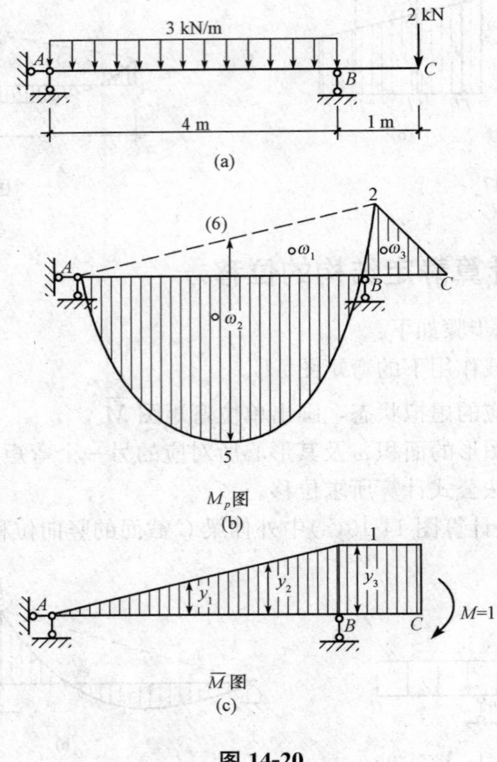

图 14-20

【解】 (1)在 C 端加一单位力偶，如图 14-20(c)所示；

(2)分别作 M_P 图和 $\overline{M}$ 图，如图 14-20(b)、(c)所示；

(3)计算 φ_C。

将 M_P、$\overline{M}$ 图乘，$\overline{M}$ 包括两段直线，所以，整个梁应分为 AB 和 BC 两段应用图乘法。

$$\begin{aligned}\varphi_C&=\frac{1}{EI}\sum\omega y_C\\&=\frac{1}{EI}(\omega_1y_1-\omega_2y_2+\omega_3y_3)\\&=\frac{1}{EI}\left(\frac{1}{2}\times4\times2\times\frac{2}{3}\times1-\frac{2}{3}\times4\times6\times\frac{1}{2}\times1+\frac{1}{2}\times1\times2+1\right)\\&=\frac{1}{45}\times\left(4\times\frac{2}{3}-16\times\frac{1}{2}+1\right)\\&=-0.096(\text{rad})(\curvearrowleft)\end{aligned}$$

负号表示 C 端转角的方向与所假设单位力偶的方向相反。

第五节 支座移动与温度改变时静定结构的位移计算

一、支座移动时静定结构的位移计算

1. 支座移动时的位移计算公式

对于静定结构，支座发生移动并不引起内力，因而材料不发生变形，故此时结构的位移纯属刚体位移，通常由几何关系求得。图 14-21(a)所示的刚架，支座移动为 C_1、C_2、C_3，致使整个结构移动到了虚线位置。下面利用虚功原理求结构上任一点 K 沿 $i-i$ 方向的位移 Δ_{Ki}。

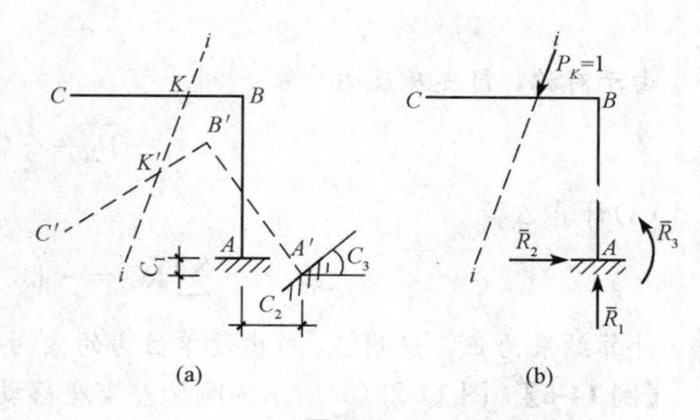

图 14-21

(a)实际状态；(b)虚设状态

以图 14-21(a)所示为实际状态(位移状态)，为了建立虚功方程还需选取虚拟状态(力状态)，为此在 K 点沿 $i-i$ 方向加一个单位集中力 $P_K=1$，如图 14-21(b)所示。

容易计算出由于 $P_K=1$ 而引起的与实际位移 C_1、C_2、C_3 相应的支座反力 $\overline{R_1}$、$\overline{R_2}$、$\overline{R_3}$。外力虚功为

$$W = P_K\Delta_{Ki} + \sum \overline{R}C \tag{14-27}$$

由于静定结构在支座移动时不产生任何内力和变形，所以内力虚功应等于零，即

$$W'=0$$

由虚功原理 $W=W'$，即

$$P_K\Delta_{Ki} + \sum \overline{R}C = 0$$

而 $P_K=1$，代入上式整理得：

$$\Delta_{Ki} = -\sum \overline{R}C \tag{14-28}$$

式中 $\overline{R}$——虚设单位力所产生的支座反力；

C——支座处的实际位移。

式(14-28)就是静定结构在支座移动时的位移计算公式。当 $\overline{R}$ 与 C 的方向一致时，两者乘积取正值，否则取负值。应注意式(14-28)本身由于移项而带有一个负号，计算时不可遗漏。

2. 支座移动时的位移计算步骤

(1)根据所求位移虚设单位荷载。

(2)根据单位荷载解出所需的支座反力。

(3)将支座反力和对应的位移代入式(14-28)，计算位移。

【例 14-5】 已知简支梁 AB 跨度为 l，右支座 B 竖直下沉 Δ，如图 14-22(a)所示。试计算梁中点 C 的竖向位移 Δ_{CV}。

【解】 (1)在梁中点 C 处加单位力 $P=1$，如图 14-22(b)所示。

(2)计算单位荷载作用下的支座反力。

由于A支座无位移，故只需计算B支座反力$\overline{R}_B$即可。

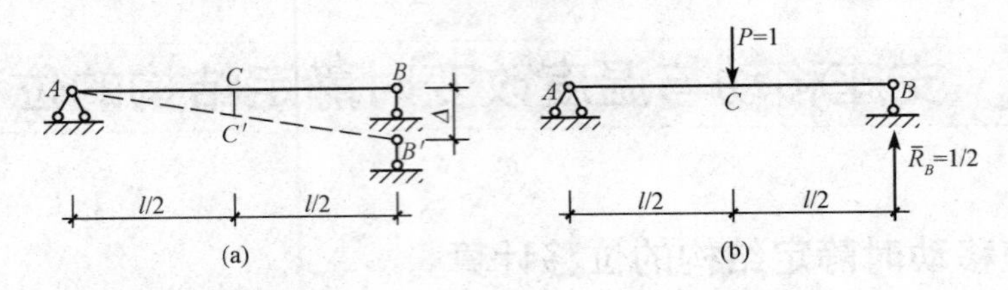

图 14-22

由于对称，B支座反力

$$\overline{R}_B=\frac{1}{2}(\uparrow)$$

(3)计算Δ_{CV}。

$$\Delta_{CV}=-\sum\overline{R}C=-\left(-\frac{1}{2}\times\Delta\right)=\frac{\Delta}{2}(\downarrow)$$

计算结果为正，说明Δ_{CV}与虚设单位力的方向一致。

【例 14-6】 图 14-23(a)所示为刚架左支座移动情况。试计算由此引起的C点水平位移Δ_{CH}。

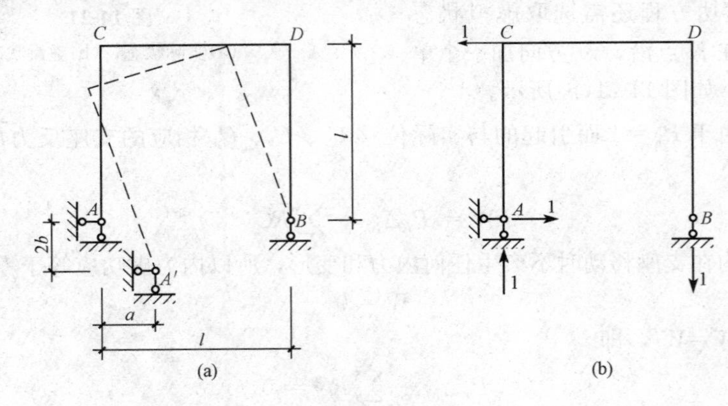

图 14-23

【解】 (1)在C点加一水平单位力，即虚拟状态[图 14-23(b)]；

(2)用平衡条件求出虚拟状态下各支座反力，代入式(14-28)得：

$$\Delta_{CH}=-\sum\overline{R}C=-(1\times a-1\times 2b)=2b-a$$

二、温度改变时静定结构的位移计算

1. 温度改变时的位移计算公式

结构使用时与建造时的温度不同，因而会产生位移。这个位移取决于温度的改变量(两个时期的温差)。下面所说的温度均指温度的改变量，而非结构的实际温度。

静定结构由于温度改变只产生位移，而不产生内力，因而，位移的产生是由于结构的各个微段产生了“温度变形”的结果。计算温度改变引起的位移时，仍利用变形体虚功方程。

图 14-24(a)所示的结构，设杆件外缘温度升高t_1，内缘温度升高t_2，且温度沿杆的截面高度

h 按直线规律变化，如图 14-24(b)所示，杆件在温度变化后的变形如图 14-24(a)中的虚线所示，求刚架中任一点 K 的位移 Δ_K。

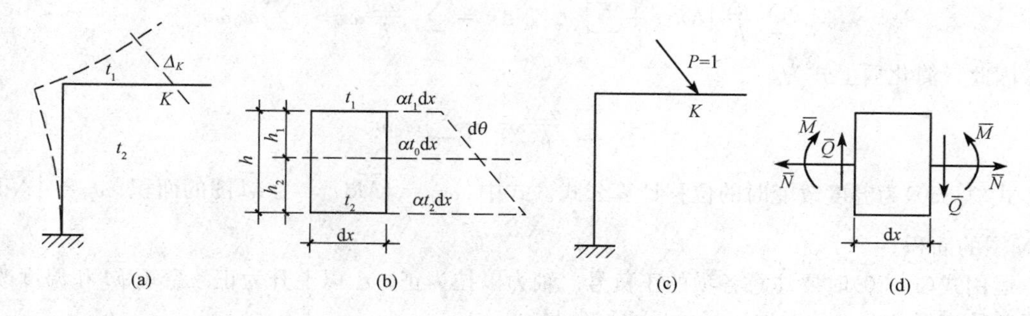

图 14-24

图 14-24(a)所示为位移状态(也是实际状态)，在 K 点处沿所求位移方向虚设一单位集中力 $P_P=1$ 的力状态(即虚设状态)，如图 14-24(c)所示，则外力虚功为

$$W_{外}=P\cdot\Delta_K=\Delta_K$$

现分析内力虚功，在力状态中任一微段 $\mathrm{d}x$ 的内力如图 14-24(d)所示，在位移状态中同一微段 $\mathrm{d}x$ 的变形如图 14-24(b)所示。在温度变化时，杆件不引起剪应变，引起的轴向变形 $\mathrm{d}\lambda$ 和左右两截面的相对转角 $\mathrm{d}\theta$ 分别为

$$\mathrm{d}\lambda=\alpha t_1\mathrm{d}x+(\alpha t_2\mathrm{d}x-\alpha t_1\mathrm{d}x)\frac{h_1}{h}=\alpha\frac{t_1h_2+t_2h_1}{h}\mathrm{d}x=\alpha t_0\mathrm{d}x$$

$$\mathrm{d}\theta=\frac{\alpha(t_2-t_1)}{h}\mathrm{d}x=\frac{\alpha\Delta t}{h}\mathrm{d}x$$

式中 h——截面高度；

h_1，h_2——截面形心轴到上、下边缘的距离；

Δt——结构内侧和外侧的温度差，$\Delta t=t_2-t_1$；

t_0——截面形心轴处的温度，$t_0=\dfrac{t_1h_2+t_2h_1}{h}$；

α——材料的膨胀系数[α 表示温度每升高(下降)1 ℃时，单位长度纤维的伸长(缩短)值]。

虚设单位荷载 $P=1$，建立虚设状态，如图 14-24(c)所示，引起的内力分别为 $\overline{M}$ 和 $\overline{N}$，没有剪力。则内力虚功为

$$\begin{aligned}W_{内}&=\sum\int\overline{M}\mathrm{d}\theta+\sum\int\overline{N}\mathrm{d}\lambda=\sum\int\overline{M}\frac{\alpha\Delta t}{h}\mathrm{d}x+\sum\int\overline{N}\alpha t_0\mathrm{d}x\\&=\sum\int\overline{M}\frac{\alpha(t_2-t_1)}{h_1+h_2}\mathrm{d}x+\sum\int\overline{N}\alpha\left(\frac{h_2}{h_1+h_2}t_1+\frac{h_1}{h_1+h_2}t_2\right)\mathrm{d}x\end{aligned}$$

即

$$\Delta_K=\sum\int\overline{M}\frac{\alpha(t_2-t_1)}{h_1+h_2}\mathrm{d}x+\sum\int\overline{N}\alpha\left(\frac{h_2}{h_1+h_2}t_1+\frac{h_1}{h_1+h_2}t_2\right)\mathrm{d}x \tag{14-29}$$

若轴线为截面对称轴，如矩形和I形截面，记 $h_1=h_2=\dfrac{h}{2}$，且温度沿杆长方向不发生改变，$t_0=\dfrac{t_1+t_2}{2}$，则：

$$\Delta_K=\sum\int\overline{M}\frac{\alpha(t_2-t_1)}{h_1+h_2}\mathrm{d}x+\sum\int\overline{N}\alpha\left(\frac{h_2}{h_1+h_2}t_1+\frac{h_1}{h_1+h_2}t_2\right)\mathrm{d}x$$

$$= \sum \int \overline{M} \frac{\alpha \Delta t}{h} \mathrm{d}x + \sum \int \overline{N} \alpha \frac{t_1 + t_2}{2} \mathrm{d}x = \sum \frac{\alpha \Delta t}{h} \int \overline{M} \mathrm{d}x + \sum \alpha \frac{t_1 + t_2}{2} \int \overline{N} \mathrm{d}x$$

$$= \sum \frac{\alpha \Delta t}{h} \int \overline{M} \mathrm{d}x + \sum \alpha t_0 \int \overline{N} \mathrm{d}x = \sum \frac{\alpha \Delta t}{h} \omega_{\overline{M}} + \sum \alpha t_0 \omega_{\overline{N}}$$

因此，简化后上式为

$$\Delta_K = \sum \frac{\alpha \Delta t}{h} \omega_{\overline{M}} + \sum \alpha t_0 \omega_{\overline{N}} \tag{14-30}$$

式(14-30)为温度改变时的位移计算公式。式中，$\omega_{\overline{M}} = \int \overline{M} \mathrm{d}x$，为$\overline{M}$图的面积；$\omega_{\overline{N}} = \int \overline{N} \mathrm{d}x$，为$\overline{N}$图的面积。

运用式(14-30)时要注意各项的正负号。轴力以拉为正，t_0以上升为正。弯矩$\overline{M}$和温度改变所引起的变形方向一致时取正号；反之取负号。

若外缘和内缘温度改变相同，则$\Delta t=0$，记$t_0=t_1=t_2$，则：

$$\Delta_K = \sum \alpha t_0 \int \overline{N} dx = \sum \alpha t_0 \omega_{\overline{N}} \tag{14-31}$$

对于桁架，没有弯矩，位移公式为

$$\Delta_K = \sum \alpha t_0 \omega_{\overline{N}} = \sum \alpha t_0 \overline{N} l \tag{14-32}$$

对于梁，没有轴力，位移公式为

$$\Delta_K = \sum \frac{\alpha \Delta t}{h} \int \overline{M} \mathrm{d}x = \sum \frac{\alpha \Delta t}{h} \omega_{\overline{M}} \tag{14-33}$$

2. 温度改变时的位移计算步骤

(1)根据所求位移虚设单位荷载。

(2)列出内力方程。

(3)利用位移公式[式(14-30)～式(14-33)]计算位移。

求温度引起的位移时，除要画$\overline{M}$图外，还要画$\overline{N}$图。

【例 14-7】 如图 14-25(a)所示的刚架，内侧温度升高 10 ℃，外侧温度无变化。各杆截面为矩形，其截面高度 $h=80$ cm，杆长 $l=10$ m，热膨胀系数 $\alpha=0.000\ 01$，计算 C 点的竖向位移Δ_{CV}。

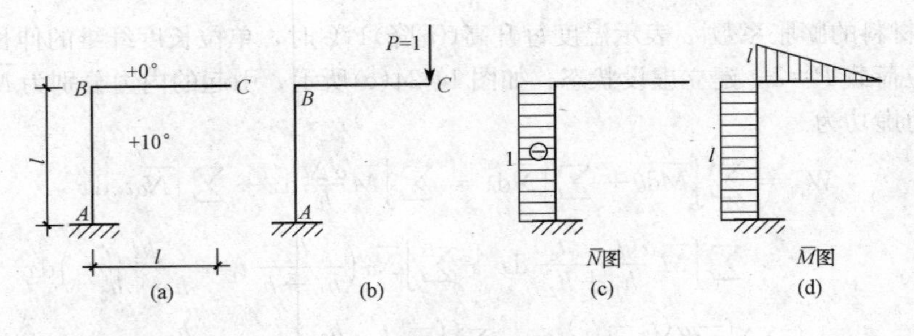

图 14-25

【解】 (1)在 C 点虚设一单位力 $P=1$ 得虚设状态，如图 14-25(b)所示。作虚设状态下的$\overline{N}$图和$\overline{M}$图，如图 14-25(c)、(d)所示。

(2)计算Δ_{CV}。

$$\Delta t = 10 - 0 = 10(℃)$$

$$t_0=\frac{10+0}{2}=5(\text{℃})$$

则

$$\Delta_{CV}=-\frac{\alpha\Delta t}{h}\left(l^2+\frac{1}{2}l^2\right)+\alpha t_0 l=-\frac{3\alpha\Delta t l^2}{2h}+\alpha t_0 l$$

$$=\frac{-3\times0.000\ 01\times10\times10^2}{2\times0.8}+0.000\ 01\times5\times10$$

$$=-0.019\ 25(\text{cm})(\uparrow)$$

本章小结

工程结构都是由变形固体组成的，在荷载、温度变化、支座移动、制造误差等因素影响下，其尺寸和形状将发生改变，称为变形。结构变形后截面的位置会发生变化，这个位置的变化称为结构的位移。结构的位移包括截面移动和截面转动两种。计算位移的目的主要是校核结构的刚度，保证结构产生的位移不超过允许的限值和为计算超静定结构打下基础。结构位移的计算方法包括单位荷载法和图乘公式法。本章重点讲述了结构位移的计算方法。

思考与练习

一、填空题

1. 截面移动即截面形心的移动，称为________。

2. 截面转动即轴线上该点处切线的方向变化，称为________。

3. ________是指外力或内力在自身引起的位移上所做的功。

4. 利用虚功原理推导结构在荷载作用下位移计算的一般公式，首先要确定________和________。

二、计算题

1. 用单位荷载法计算图 14-26 所示悬臂梁 A 端的竖向位移 Δ_{AV} 和转角 φ_A（忽略剪切变形的影响，EI 为常数）。

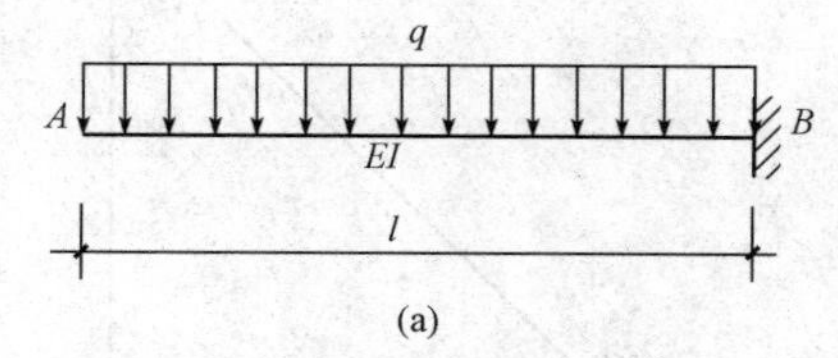

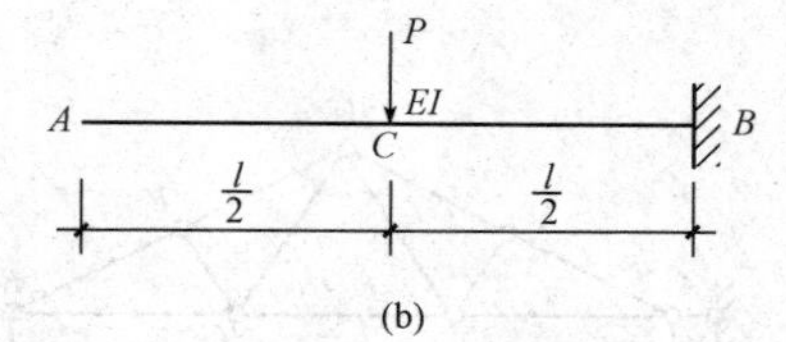

图 14-26

2. 用单位荷载法计算图 14-27 所示结构中 B 处的转角 φ_B 和 C 点的竖向线位移 Δ_{CV}（EI 为常数）。

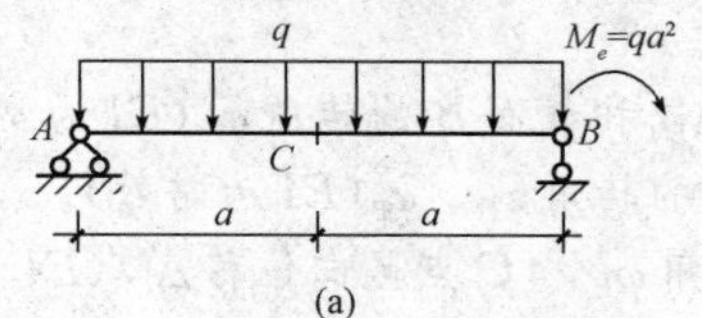

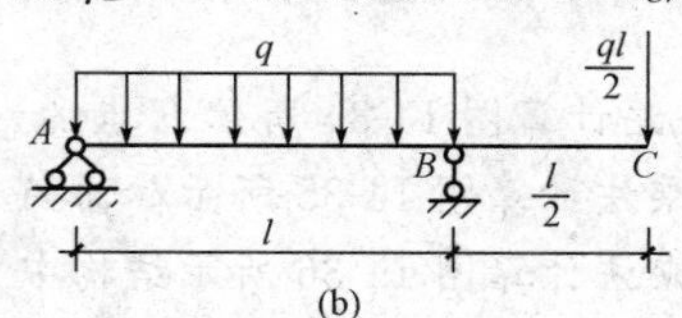

图 14-27

3. 用单位荷载法计算图 14-28 中 B 点的水平位移 Δ_{BH} 和 B 截面的转角 φ_B(EI 为常数)。

4. 用单位荷载法计算图 14-29 所示 D 点的竖向位移 Δ_{DV} 和 B、C 两截面的相对转角 φ_{BC}(EI 为常数)。

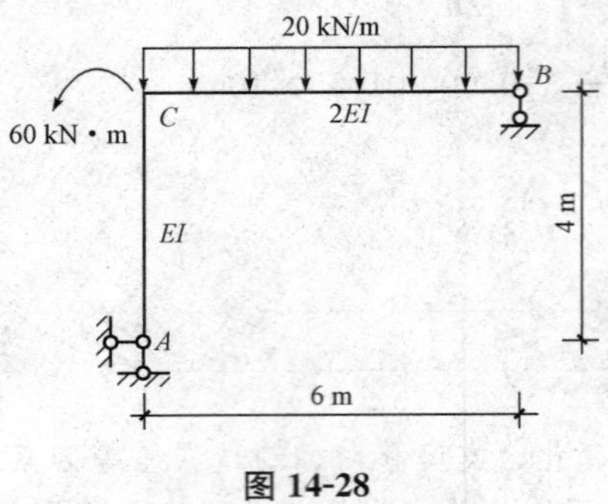

图 14-28

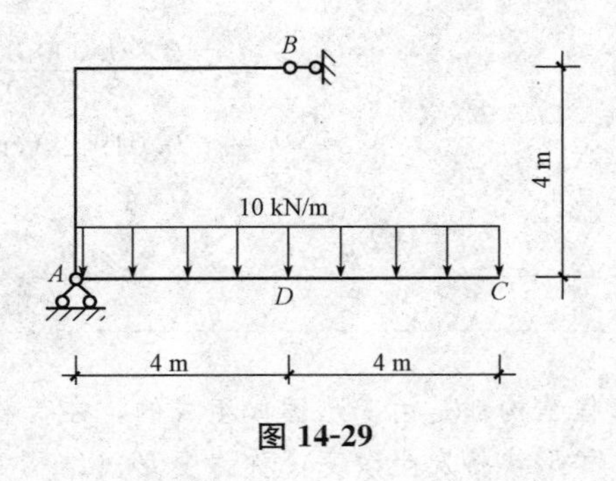

图 14-29

5. 计算单位荷载法计算图 14-30 所示刚架节点 K 的转角 φ_K(EI 为常数)。

6. 计算图 14-31 所示桁架结点 C 的水平位移 Δ_{CH}。各杆 EA 为常数。

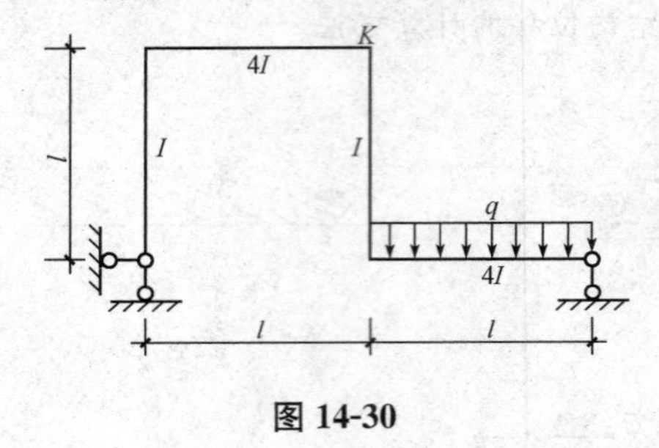

图 14-30

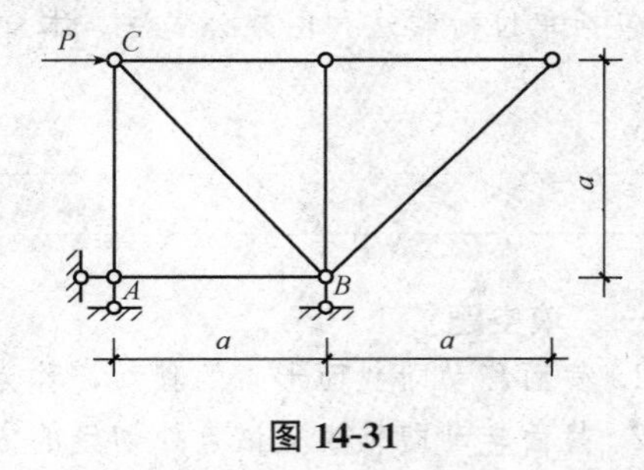

图 14-31

7. 计算图 14-32 所示桁架 C 点的竖向位移 Δ_{CV}。已知各杆截面相等，$A=30\ \text{cm}^2$，$E=21\ 000\ \text{kN/cm}^2$。

8. 计算图 14-33 所示杆 AB 的转角 φ_{AB}。各杆 EA 为常数。

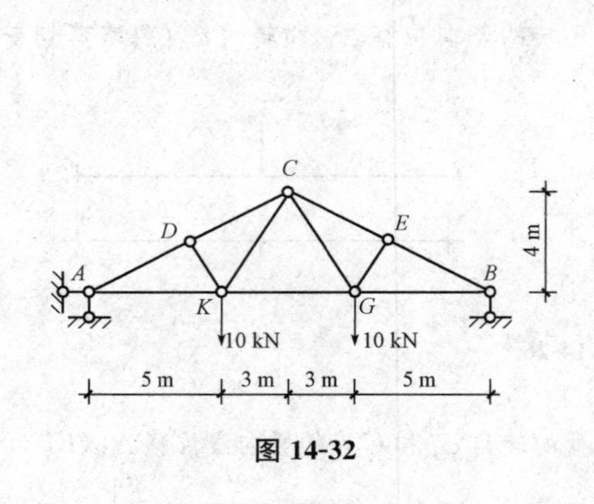

图 14-32

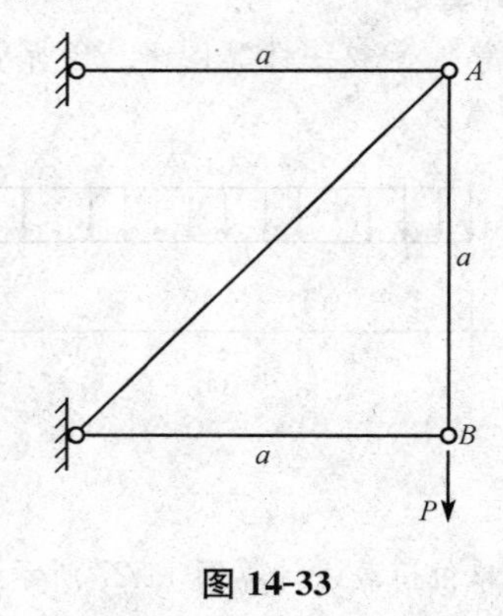

图 14-33

9. 用图乘法计算图 14-34 所示 E 点的水平位移 Δ_{EH} 和截面 B 的转角 φ_B(EI 为常数)。

10. 用图乘法计算图 14-35 所示截面 A 和截面 B 的转角 φ_A、φ_B(EI 为常数)。

11. 用图乘法计算图 14-36 所示结构中 B 点的转角 φ_B 和 C 点竖向位移 Δ_{CV}(EI 为常数)。

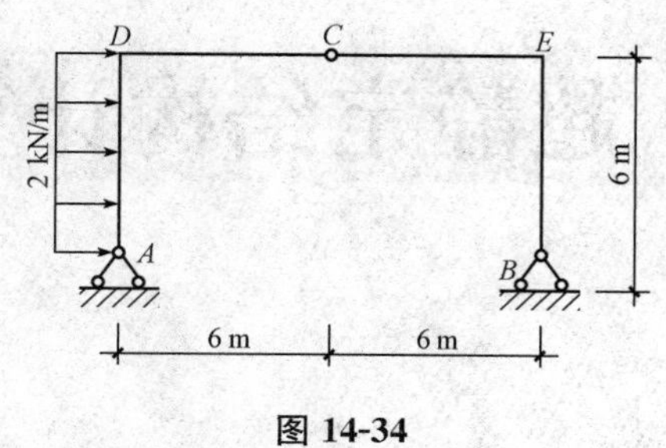

图 14-34

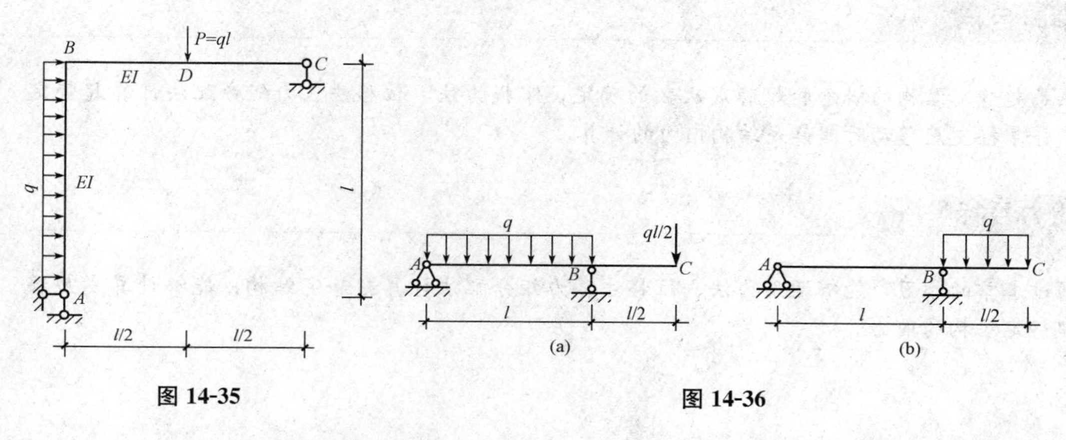

图 14-35 图 14-36

12. 图 14-37 所示刚架的支座 B 向下移动了 a，向右移动了 b，试计算由此引起支座 A 的角位移 φ_A。

13. 图 14-38 所示多跨梁的支座 B 下移 Δ_1，试计算截面 E 的竖向位移 Δ_{EV}。

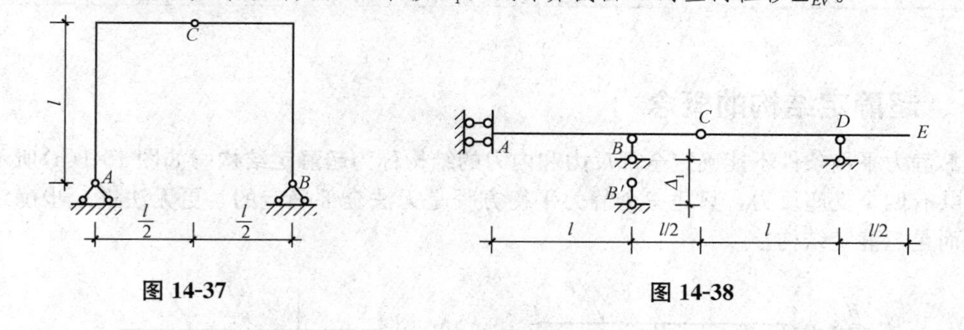

图 14-37 图 14-38

14. 图 14-39 所示桁架各杆温度升高 t，材料的线膨胀系数为 α。计算 K 点的竖向位移 Δ_{KV}。

15. 如图 14-40 所示，某刚架各杆截面为矩形，截面高度为 h，并对称于形心轴。若内部温度增加 20 ℃，外部温度增加 6 ℃，试计算 A 点的水平位移 Δ_{AH}（已知材料的线膨胀系数为 α）。

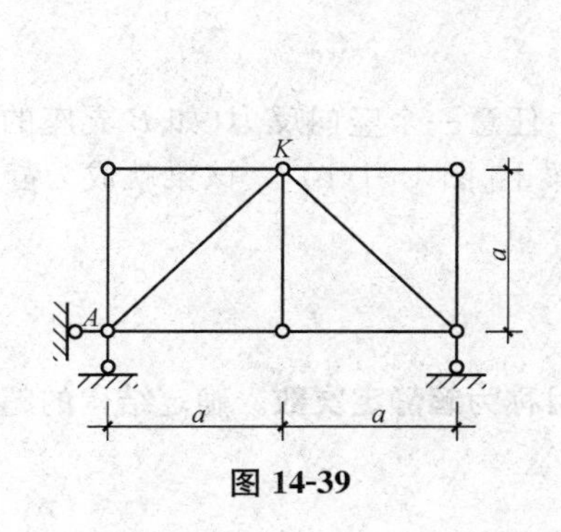

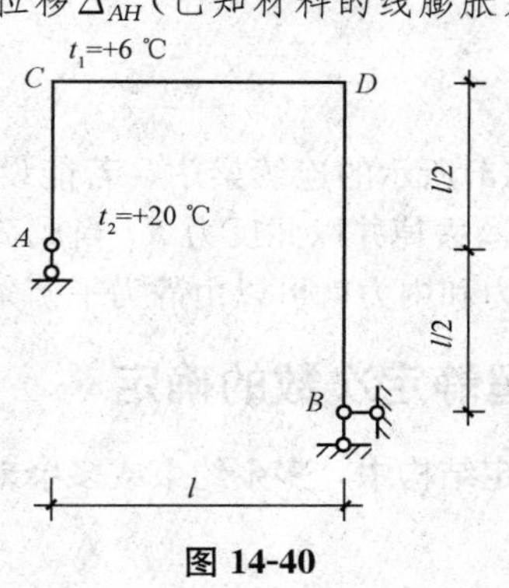

图 14-39 图 14-40

第十五章　超静定结构计算

学习目标

熟悉超静定结构的概念和超静定次数的确定；掌握力法、位移法、力矩分配法计算超静定结构，并掌握支座移动时超静定结构内力的计算。

能力目标

通过本章的学习，能够运用力法、位移法、力矩分配法计算超静定结构；能够计算支座移动时超静定结构的内力。

第一节　超静定结构概述

一、超静定结构的概念

单靠静力平衡条件不能确定全部反力和内力的结构称为**超静定结构**。如图 15-1(a)所示的连续梁，共有四个支座反力，只凭三个静力平衡方程是无法全部确定的，更无法进一步确定其内力，因而是超静定结构。

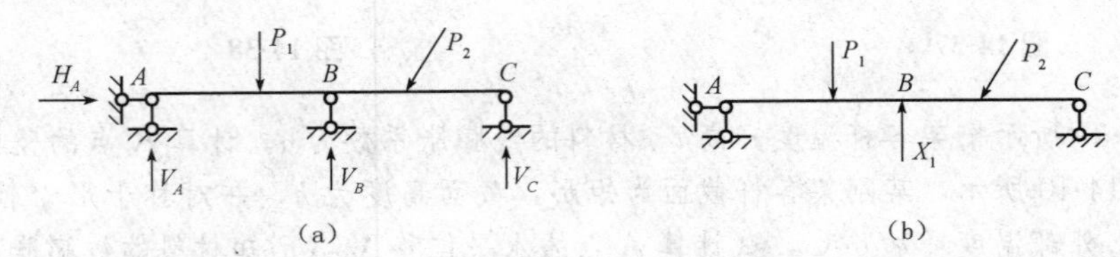

图 15-1

图 15-1(a)所示的连续梁中，若能设法求得其中任意一个竖向反力(如 B 支座的反力 X_1)，则可将 B 支座去掉并以此反力 X_1 当成荷载作用于梁上[图 15-1(b)]，该梁就成为静定简支梁，其余支座反力和内力就可以由静力平衡条件确定。

二、超静定次数的确定

在超静定结构中，多余约束或多余未知力的数目称为**超静定次数**。确定结构的超静定次数，一般采用去掉多余约束的方法，将超静定结构变为静定结构。将去掉的 n 个多余约束用作用力 X_i 表示。

1. 超静定结构去掉多余约束的方法

（1）去掉支座处的一根链杆或者切断一根链杆，相当于去掉一个约束，如图 15-2 所示的两个结构都多出来一个约束，都是一次超静定结构。

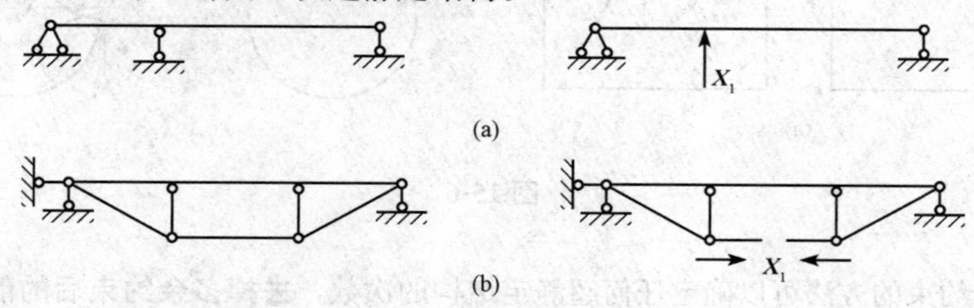

图 15-2

（2）去掉一个铰支座或内部的一个单铰，相当于去掉两个约束。图 15-3 所示的两个刚架都多出来两个约束，都是二次超静定结构。

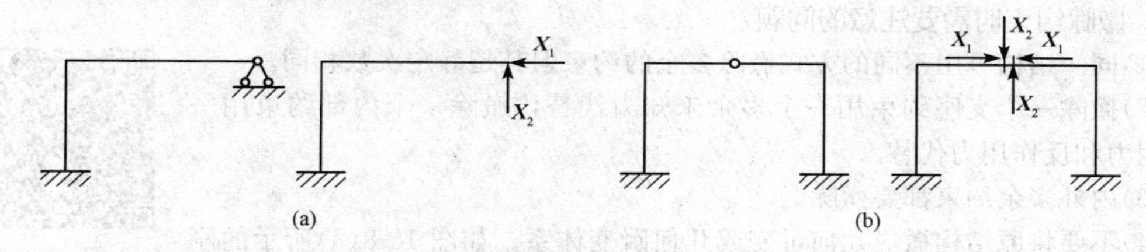

图 15-3

（3）去掉一个固定端支座或者切断一根梁式杆，相当于去掉三个约束，如图 15-4 所示。

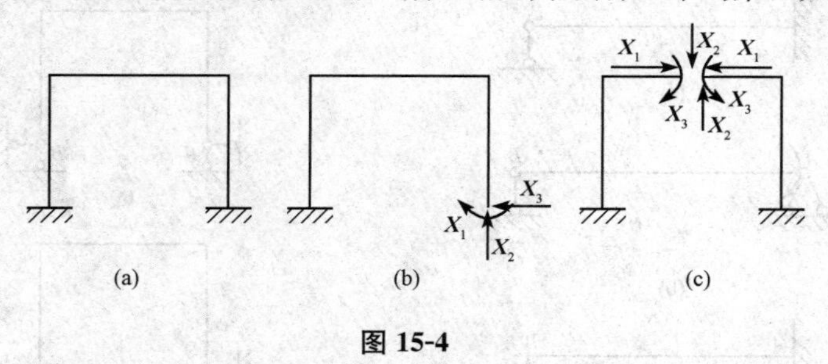

图 15-4

（4）将一个固定端支座改为铰支座或者将一刚性连接改为单铰连接，相当于去掉一个约束，如图 15-5 所示。

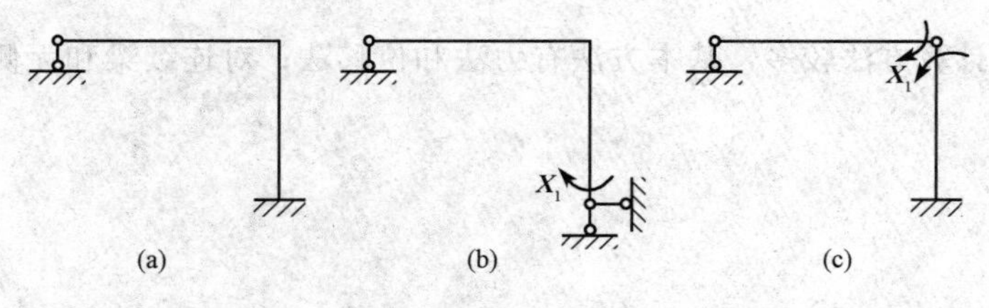

图 15-5

对于无铰封闭形结构，每一封闭框格都是三次超静定。如图 15-6 所示，在实际工程中的单孔箱形结构、圆管，都是三次超静定结构。

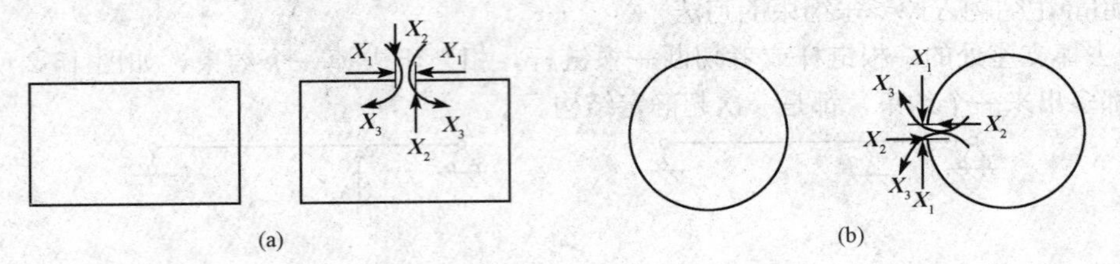

图 15-6

用去掉多余约束的方法可以确定任何超静定结构的次数，**去掉多余约束后的静定结构，称为原超静定结构的基本结构。**对于同一个超静定结构，去掉多余约束可以有多种方法，所以，基本结构也有多种形式。但无论是采用何种形式，所去掉的多余约束的数目必然是相同的。图 15-7(a)所示的单跨超静定梁可以变成图 15-7(b)所示的简支梁，也可以变成图 15-7(c)所示的悬臂梁，但超静定次数仍然是一次。

2. 撤除约束时需要注意的问题

(1)同一结构可用不同的方式撤除多余的约束但其超静定次数相同。

(2)撤除一个支座约束用一个多余未知力代替，撤除一个内部约束用一对作用力和反作用力代替。

(3)内外多余约束都要撤除。

(4)不要将原结构撤成几何可变或几何瞬变体系。如图 15-8(a)所示的刚架，如果去掉一个支座处的链杆，变成图 15-8(b)所示的瞬变体系，是不允许的。

超静定结构的特性与优缺点

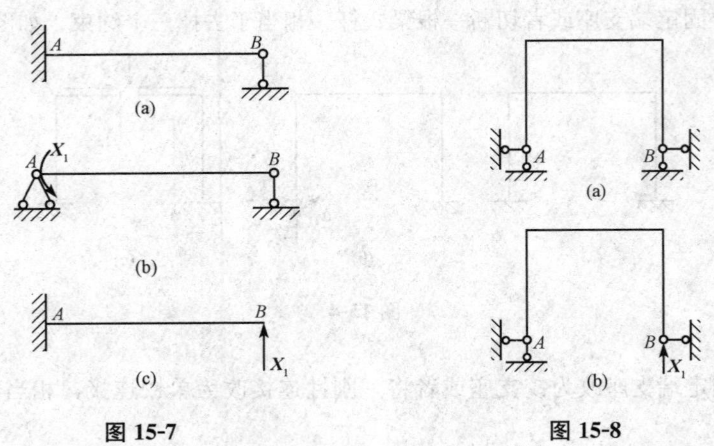

图 15-7　　图 15-8

超静定结构的计算方法较多，基本方法有力法和位移法；对连续梁和无侧移刚架，用力矩分配法比较简单。

第二节　力法计算超静定结构

一、力法基本原理

力法是计算超静定结构最基本的方法，下面先用一个例子说明力法的基本原理。

图 15-9(a)所示的一次超静定梁，EI 为常数。如果撤去 B 处支座链杆并以多余未知力 $\boldsymbol{X}_1$ 代替，便成为图 15-9(b)所示的静定梁。这个静定梁称为原超静定梁的基本结构。原超静定梁称为原结构。只要能设法求出多余未知力 $\boldsymbol{X}_1$，则其余支座反力和内力的计算就与静定结构相同。

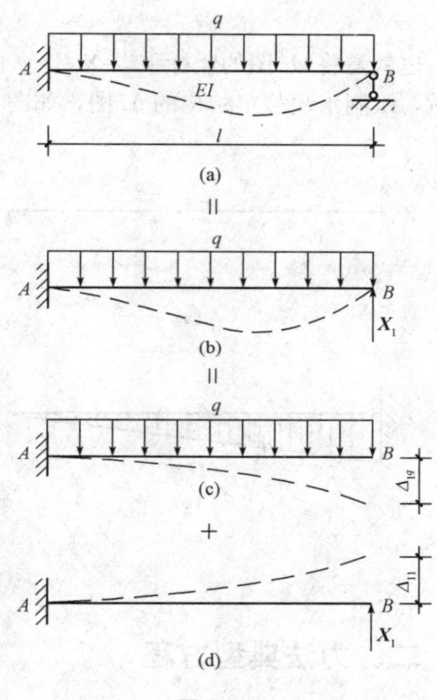

图 15-9

基本结构在 B 端不再受约束限制，因此在荷载 q 作用下 B 点竖向位移向下[图 15-9(c)]，在 $\boldsymbol{X}_1$ 作用下 B 点竖向位移向上[图 15-9(d)]。显然在二者共同作用下，B 点竖向位移将随 $\boldsymbol{X}_1$ 的大小不同而异，由于 $\boldsymbol{X}_1$ 是取代了被拆去约束对原结构的作用，因此，基本结构的变形位移状态应与原结构完全一致，即 B 点的竖向位移 Δ_1 必须为零，也就是说基本结构在已知荷载与多余未知力 $\boldsymbol{X}_1$ 共同作用下，在拆除约束处沿多余未知力 $\boldsymbol{X}_1$ 作用方向产生的位移应与原结构在 $\boldsymbol{X}_1$ 方向的位移相等。即 $\Delta_1=0$ 就是基本结构应满足的变形谐调条件，又称位移条件。

若用 Δ_{1q} 和 Δ_{11} 分别表示荷载 q 和多余未知力 $\boldsymbol{X}_1$ 单独作用下基本结构在 $\boldsymbol{X}_1$ 作用处沿 X_1 方向产生的位移(符号 Δ_{1q} 和 Δ_{11} 中第一个下标表示位移发生的地点与方向，第二个下标表示引起位移的原因)，则由叠加原理根据位移条件可得下列方程：

$$\Delta_1=\Delta_{11}+\Delta_{1q}=0 \tag{15-1}$$

若 $X_1=1$，在 $\boldsymbol{X}_1$ 方向产生的位移为 δ_{11}，则有 $\Delta_{11}=\delta_{11}\boldsymbol{X}_1$，于是式(15-1)可以写成

$$\delta_{11}X_1+\Delta_{1q}=0 \tag{15-2}$$

这就是求解多余未知力的补充方程，称为**力法方程**。式中 δ_{11} 和 Δ_{1q} 都是静定结构在已知荷载作用下产生的位移，因而可用第十四章介绍的计算位移的方法求得，将其代入式(15-2)即可解得多余未知力 X_1。

为了计算 δ_{11} 和 Δ_{1q}，分别作基本结构在荷载 q 作用下的弯矩图 M_q[图 15-10(a)]和在单位力 $X_1=1$ 作用下的单位弯矩图 $\overline{M}_1$[图 15-10(b)]，应用图乘法可得

$$\delta_{11}=\frac{1}{EI}\int\overline{M}_1^2\,\mathrm{d}x=\frac{1}{EI}\left(\frac{1}{2}l\times l\times\frac{2}{3}l\right)=\frac{l^3}{3EI} \tag{15-3}$$

$$\Delta_{1q}=\frac{1}{EI}\int\overline{M}_1M_q\,\mathrm{d}x=-\frac{1}{EI}\left(\frac{1}{3}\times\frac{ql^2}{2}\times l\times\frac{3}{4}l\right)=\frac{ql^4}{8EI} \tag{15-4}$$

代入力法方程式(15-2)得

$$\frac{l^3}{3EI}X_1+\frac{ql^4}{8EI}=0 \tag{15-5}$$

由此解得 $X_1=\frac{3}{8}ql(\uparrow)$

$\boldsymbol{X}_1$ 为正，表示所设的 X_1 方向与实际方向相同。

多余未知力 $\boldsymbol{X}_1$ 求得后，即可由静力平衡条件求得其余的约束反力和内力。最后，弯矩图也可以利用已经绘制出的基本结构的 $\overline{M}_1$ 图[图 15-10(c)]和 M_q 图由叠加原理按下式求得：

$$M=\overline{M}_1X_1+M_q \tag{15-6}$$

也就是将 $\overline{M}_1$ 图的竖标乘以 X_1 倍，再与 M_q 图中的对应竖标相加，计算出控制截面的弯矩值后，绘制出超静定结构的 M 图，如图 15-10(d)所示。

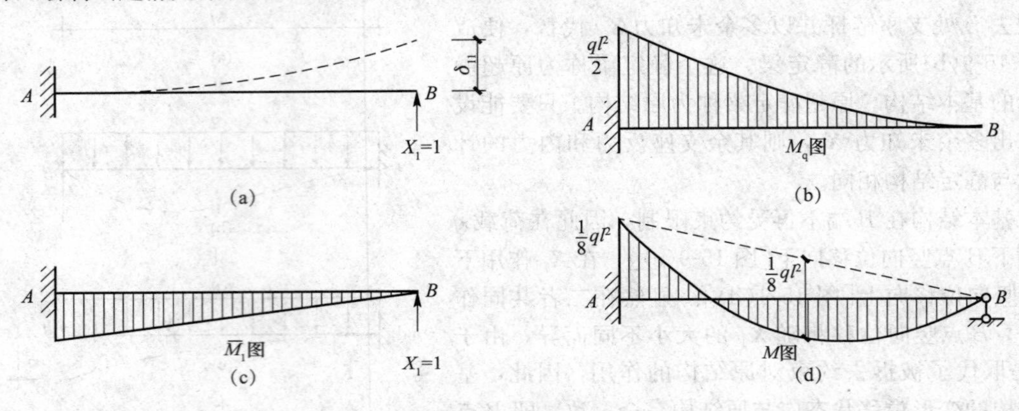

图 15-10

二、力法典型方程

由力法基本原理可知，用力法计算超静定结构的关键在于根据位移条件建立力法的基本方程，求解多余力。对于多次超静定结构，其计算原理与一次超静定结构完全相同。下面以一个三次超静定结构来说明力法解超静定结构的典型方程。

图 15-11(a)所示为一个三次超静定刚架，荷载作用下结构的变形如图中的虚线所示。这里取基本结构，如图 15-11(b)所示，去掉固定支座 C 处的多余约束，用基本未知量 $\boldsymbol{X}_1$、$\boldsymbol{X}_2$、$\boldsymbol{X}_3$ 代替。

由于原结构 C 为固定支座，其线位移和转角位移都为零。所以，基本结构在荷载及 $\boldsymbol{X}_1$、$\boldsymbol{X}_2$、$\boldsymbol{X}_3$ 共同作用下，C 点沿 $\boldsymbol{X}_1$、$\boldsymbol{X}_2$、$\boldsymbol{X}_3$ 方向的位移都等于零，即基本结构的几何位移条件为

$$\left.\begin{aligned}\Delta_1=0\\ \Delta_2=0\\ \Delta_3=0\end{aligned}\right\} \tag{15-7}$$

根据叠加原理，上面的几何条件可以表示为

$$\left.\begin{aligned}\Delta_1=\Delta_{1q}+\Delta_{11}+\Delta_{12}+\Delta_{13}=0\\ \Delta_2=\Delta_{2q}+\Delta_{21}+\Delta_{22}+\Delta_{23}=0\\ \Delta_3=\Delta_{3q}+\Delta_{31}+\Delta_{32}+\Delta_{33}=0\end{aligned}\right\} \tag{15-8}$$

第一式中 Δ_{1q}、Δ_{11}、Δ_{12}、Δ_{13} 分别为荷载 q 及多余未知力 $\boldsymbol{X}_1$、$\boldsymbol{X}_2$、$\boldsymbol{X}_3$ 分别作用在基本结构上沿 $\boldsymbol{X}_1$ 方向产生的位移，如果用 δ_{11}、δ_{12}、δ_{13} 表示单位力 $X_1=1$、$X_2=1$、$X_3=1$ 分别作用于基本结构上产生的沿 X_1 方向的相应位移，如图 15-11(c)、(d)、(e)、(f)所示，则 Δ_{11}、Δ_{12}、Δ_{13} 可以表示为 $\Delta_{11}=\delta_{11}X_1$，$\Delta_{12}=\delta_{12}X_2$，$\Delta_{13}=\delta_{13}X_3$，上面几何条件式(15-8)中的第一式可以写为

$$\Delta_1=\Delta_{1q}+\delta_{11}X_1+\delta_{12}X_2+\delta_{13}X_3=0 \tag{15-9}$$

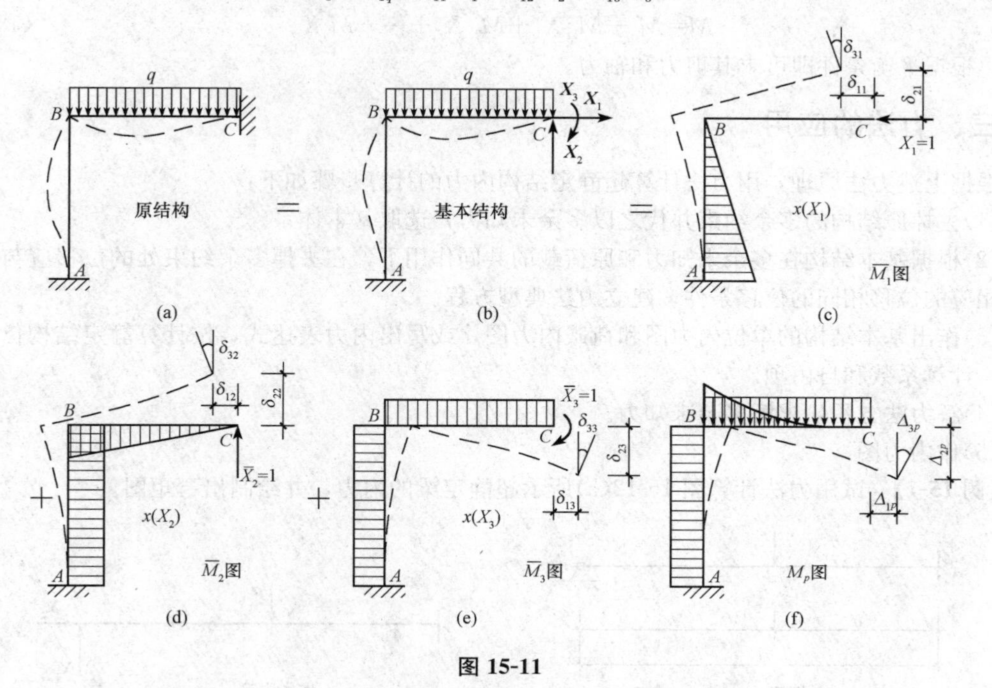

图 15-11

另外两式以此类推，则可以由式(15-8)得到求解多余未知力 $\boldsymbol{X}_1$、$\boldsymbol{X}_2$、$\boldsymbol{X}_3$ 的力法方程为

$$\left.\begin{aligned}\Delta_1=\Delta_{1q}+\delta_{11}X_1+\delta_{12}X_2+\delta_{13}X_3=0\\ \Delta_2=\Delta_{2q}+\delta_{21}X_1+\delta_{22}X_2+\delta_{23}X_3=0\\ \Delta_3=\Delta_{3q}+\delta_{31}X_1+\delta_{32}X_2+\delta_{33}X_3=0\end{aligned}\right\} \tag{15-10}$$

对于 n 次超静定结构，有 n 个多余约束，也就是有 n 个多余未知力 $\boldsymbol{X}_1$，$\boldsymbol{X}_2$，…，$\boldsymbol{X}_n$，且在 n 个多余约束处有 n 个已知的位移条件，故可建立 n 个方程，称为力法典型方程，具体形式如下：

$$\left.\begin{aligned}\Delta_1=\Delta_{1q}+\delta_{11}X_1+\delta_{12}X_2+\delta_{13}X_3+\cdots+\delta_{1n}X_n=0\\ \Delta_2=\Delta_{2q}+\delta_{21}X_1+\delta_{22}X_2+\delta_{23}X_3+\cdots+\delta_{2n}X_n=0\\ \Delta_n=\Delta_{nq}+\delta_{n1}X_1+\delta_{n2}X_2+\delta_{n3}X_3+\cdots+\delta_{nn}X_n=0\end{aligned}\right\} \tag{15-11}$$

力法典型方程的物理意义是：基本结构在全部多余未知力和已知荷载作用下，沿着每个多余未知力方向的位移，应与原结构相应的位移相等。

在力法典型方程中，Δ_{iq} 项不包含未知量，称为自由项，是基本结构在荷载单独作用下沿 X_i 方向产生的位移。从左上方的 δ_{11} 到右下方 δ_{nn} 主对角线上的系数项 δ_{ii}，称为主系数(由于主系数 δ_{ii} 代表由于单位力 $X_i=1$ 单独作用于基本结构时，在其本身方向引起的位移，它必然与单位力 $\boldsymbol{X}_i$ 方向一致，故其值恒为正)。其余系数 δ_{ij} 称为副系数，是基本结构在 $X_j=1$ 作用下沿 $\boldsymbol{X}_i$ 方向的位移，其值可能为正，可能为负，也可能为零。

根据位移互等定理，有：

$$\delta_{ij}=\delta_{ji} \tag{15-12}$$

它表明，力法方程中位于主对角线两侧对称位置上的两个副系数相等。

由力法方程解出多余未知力 X_1，X_2，…，X_n 后，即可按照静定结构的分析方法求得原结构的反力和内力，或按下述叠加公式求出弯矩：

$$M=M_q+\overline{M}_1 X_1+\overline{M}_2 X_2+\cdots+\overline{M}_n X_n \tag{15-13}$$

再根据平衡条件即可求其剪力和轴力。

三、力法的应用

根据上述力法原理，用力法计算超静定结构内力的计算步骤如下：

(1)去掉原结构的多余约束并代之以多余未知力，选取基本体系。

(2)根据基本结构在多余未知力和原荷载的共同作用下，在去掉多余约束处的位移应与原结构中相应的位移相同的位移条件，建立力法典型方程。

(3)作出基本结构的单位内力图和荷载内力图，或写出内力表达式，按计算静定结构位移的方法，计算系数和自由项。

(4)解力法方程，求解多余未知力。

(5)作内力图。

【例 15-1】 试用力法计算图 15-12(a)所示超静定梁的内力，并绘制出弯矩图。

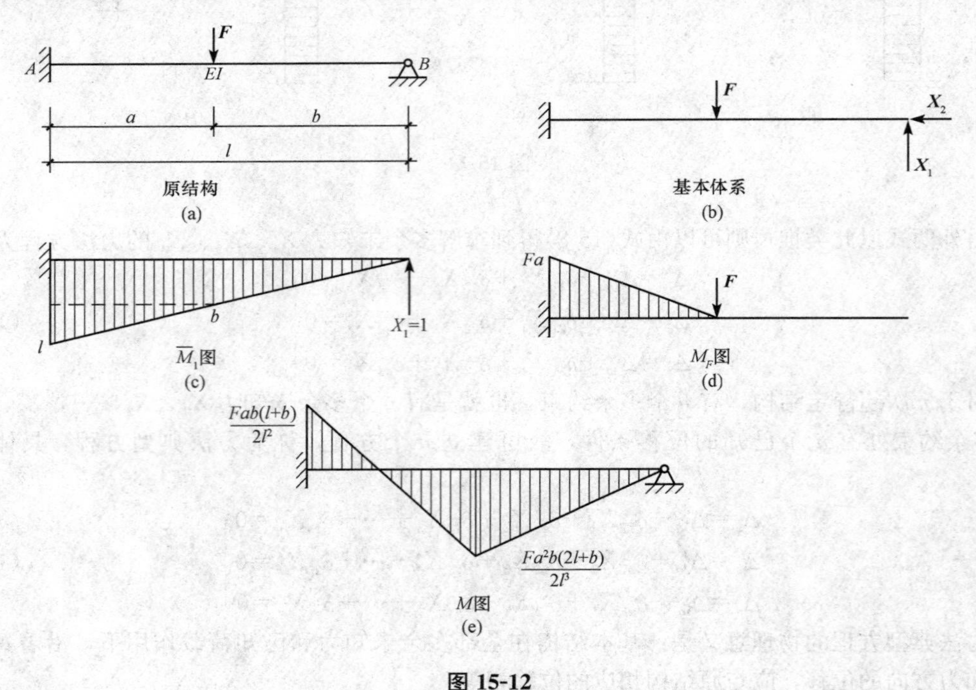

图 15-12

【解】 (1)选取基本体系。此梁为二次超静定结构，现去掉 B 端的固定铰支座，代之以多余未知力 $\boldsymbol{X}_1$、$\boldsymbol{X}_2$，得到一悬臂梁基本体系，如图 15-12(b)所示。在竖向荷载作用下，当不计梁中轴向变形时，$X_2=0$(对于其他支承形式的单跨梁，同样可认为轴向约束力为零)。故只需计算多余未知力 $\boldsymbol{X}_1$。

(2)建立力法方程。由基本体系在多余未知力 $\boldsymbol{X}_1$ 及荷载的共同作用下，B 点处沿 X_1 方向上的位移等于零的变形条件，建立力法方程为

$$\delta_{11}X_1+\Delta_{1F}=0$$

(3)计算方程中的系数和自由项。分别绘制出基本体系在单位多余未知力 $X_1=1$ 作用下的弯矩图 $\overline{M}_1$，如图 15-12(c)所示，以及荷载作用下的弯矩图 M_F，如图 15-12(d)所示。由图乘法有：

$$\delta_{11}=\frac{1}{EI}\times\frac{1}{2}\times l\times l\times\frac{2}{3}l=\frac{l^3}{3EI}$$

$$\Delta_{1F}=\frac{1}{EI}\left[\frac{1}{2}\times F\times a\times a\times\left(b+\frac{2}{3}a\right)\right]=-\frac{Fa^3(2+b)}{6EI}$$

(4)解方程求多余未知力。将求得的系数和自由项代入力法方程，有：

$$l^3X_1-\frac{Fa^2(2l+b)}{2}=0$$

解得

$$X_1=\frac{Fa^2(2l+b)}{2l^3}$$

(5)绘制弯矩图。由 $M=\overline{M}_1X_1+M_F$ 绘制出的弯矩图如图 15-12(e)所示。

由以上计算可知，由于超静定梁受多余约束限制，在固定端不能产生转角位移而使梁上侧纤维受拉。因此，它的弯矩图与同跨度、同荷载的简支梁相比较，最大弯矩峰值较小，使整个梁上内力分布得以改善。

【例 15-2】 试用力法计算如图 15-13(a)所示刚架的内力，并绘制内力图。

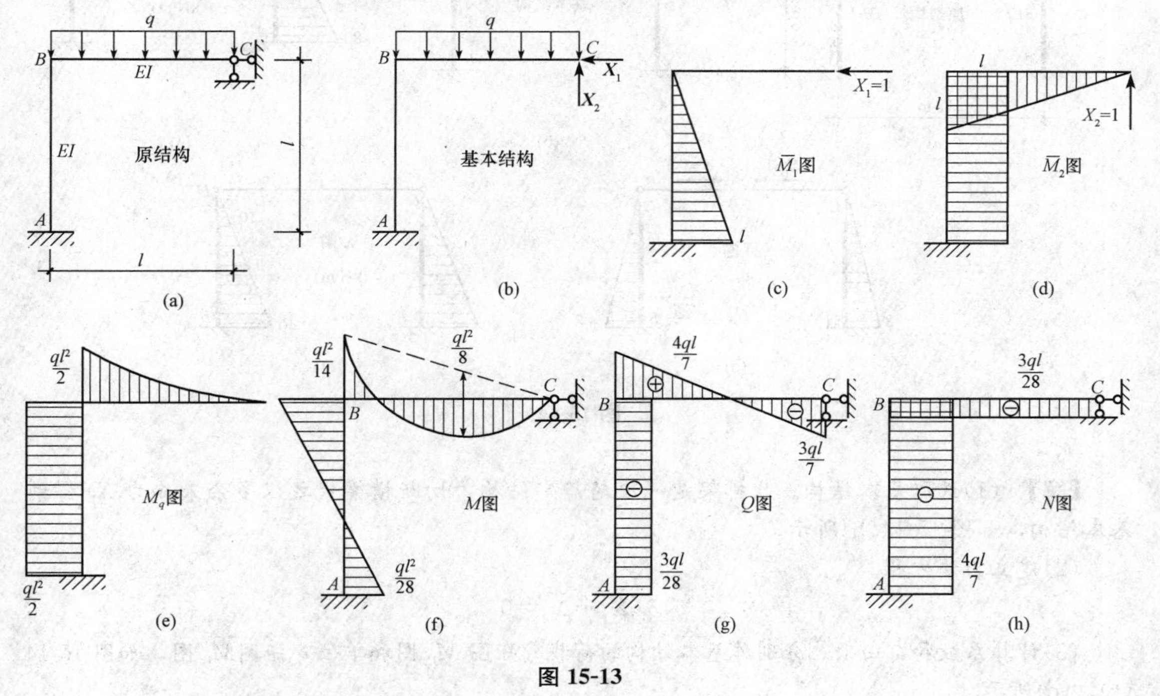

图 15-13

【解】 (1)选取基本结构。本题为二次超静定结构，去掉 C 处的两个多余约束，得基本结构，如图 15-13(b)所示。

(2)建立力法典型方程。

$$\begin{cases}\delta_{11}X_1+\delta_{12}X_2+\Delta_{1q}=0\\ \delta_{21}X_1+\delta_{22}X_2+\Delta_{2q}=0\end{cases}$$

(3)绘制$\overline{M}_i$和M_q图，如图15-13(c)、(d)、(e)所示，计算系数和自由项。

$$\delta_{11}=\frac{1}{EI}\left(\frac{1}{2}\times l\times l\times\frac{2}{3}l\right)=\frac{l^3}{3EI}$$

$$\delta_{22}=\frac{1}{EI}\left(\frac{1}{2}\times l\times l\times\frac{2}{3}l+l^3\right)=\frac{4l^3}{3EI}$$

$$\Delta_{1q}=-\frac{1}{EI}\left(\frac{1}{2}\times l\times l\times\frac{ql^2}{2}\right)=-\frac{ql^4}{4EI}$$

$$\Delta_{2q}=-\frac{1}{EI}\left(\frac{l}{3}\times\frac{ql^2}{2}\times\frac{3l}{4}+\frac{ql^2}{2}\times l^2\right)=\frac{-5ql^4}{8EI}$$

(4)求解多余未知力。

$$X_1=\frac{3}{28}ql,\ X_2=\frac{3}{7}ql$$

(5)根据叠加原理绘制M图，如图15-13(f)所示。

(6)根据静力平衡条件绘制Q图和N图，分别如图15-13(g)、(h)所示。

【例15-3】 计算图15-14(a)所示排架柱的内力，并作出弯矩图。

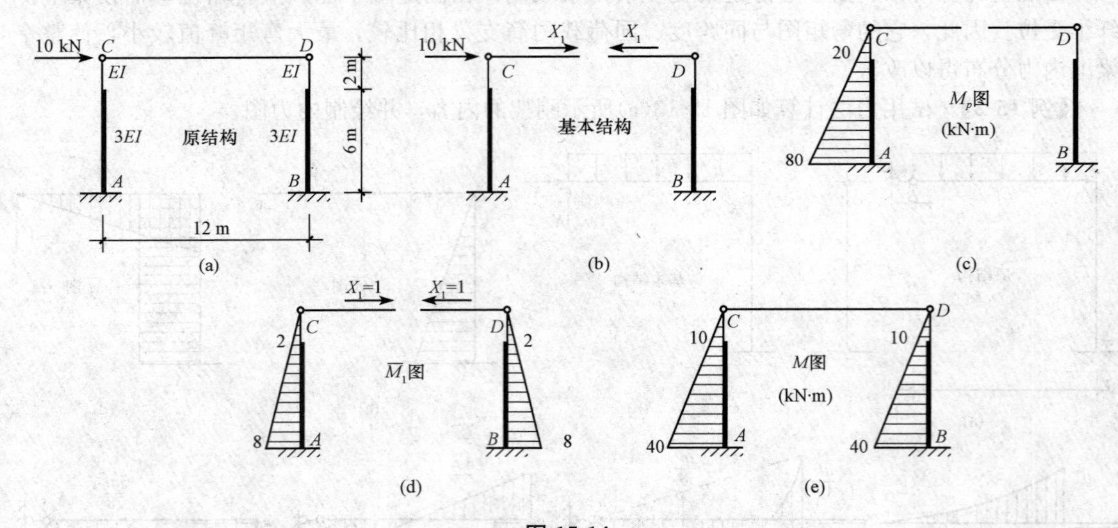

图15-14

【解】 (1)选取基本结构。此排架是一次超静定结构，切断横梁代之以多余未知力$\boldsymbol{X}_1$得到基本结构，如图15-14(b)所示。

(2)建立力法方程。

$$\delta_{11}X_1+\Delta_{1q}=0$$

(3)计算系数和自由项。分别作基本结构的荷载弯矩图M_P图和单位弯矩图$\overline{M}_1$图，如图15-14(c)、(d)所示。

利用图乘法计算系数和自由项分别如下：

$$\delta_{11}=\frac{2}{EI}\left(\frac{1}{2}\times2\times2\times\frac{2}{3}\times2\right)+\frac{2}{3EI}\times\frac{6}{6}\times(2\times2\times2+2\times8\times8+2\times8+2\times8)$$

$$=\frac{16}{3EI}+\frac{336}{3EI}=\frac{352}{3EI}$$

$$\Delta_{1P}=\frac{1}{EI}\left(\frac{1}{2}\times2\times20\times\frac{2}{3}\times2\right)+\frac{1}{3EI}\times\frac{6}{6}\times(2\times20\times2+2\times80\times8+20\times8+80\times2)$$

$$=\frac{80}{3EI}+\frac{1\ 680}{3EI}=\frac{1\ 760}{3EI}$$

(4)计算多余未知力。将系数和自由项代入力法方程，得

$$\frac{352}{3EI}X_1+\frac{1\ 760}{3EI}=0$$

解得

$$X_1=-5(\text{kN})$$

(5)作弯矩图。按公式 $M=\overline{M}_1X_1+M_P$ 即可作出排架最后的弯矩图，如图 15-14(e)所示。

四、力法的简化——对称性的应用

用力法求解超静定结构时，结构的超静定次数越高，则需计算的系数及自由项的数目就越多。若要使计算简化，就要设法使力法典型方程中的系数和自由项数值尽可能多地为零。由于主系数永远是大于零的数值，因此，应使力法方程中尽可能多的副系数等于零。而达到这一目的的方法是利用对称性合理地选择基本结构，以及合理地设置基本未知量。

工程实际中的结构很多都是对称的，利用其对称性即可达到简化计算的目的。图 15-15 所示的结构都是对称结构，它们都具有对称轴。所谓对称结构，是指结构的几何形状和支承情况对某轴对称；杆件截面和材料性质也对此轴对称，即 EI 或 EA 值均相同。

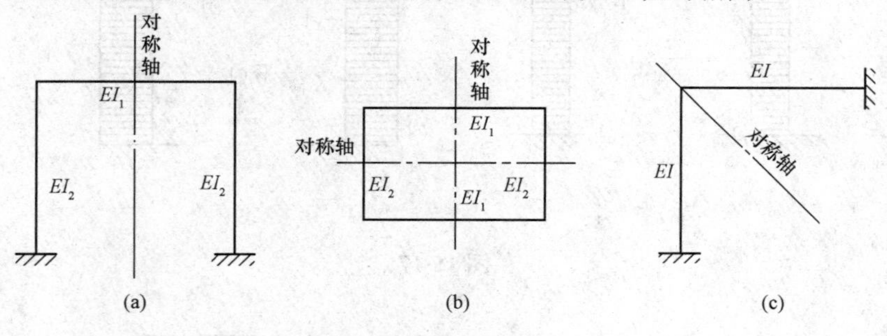

图 15-15

作用在对称结构上的任何荷载[图 15-16(a)]都可分解为两组：一组是正对称荷载[图 15-16(b)]；另一组是反对称荷载[图 15-16(c)]。正对称荷载绕对称轴对折后，左右两部分的荷载彼此重合(作用点对应、数值相等、方向相同)；反对称荷载绕对称轴对折后，左右两部分的荷载正好相反(作用点对应、数值相等、方向相反)。

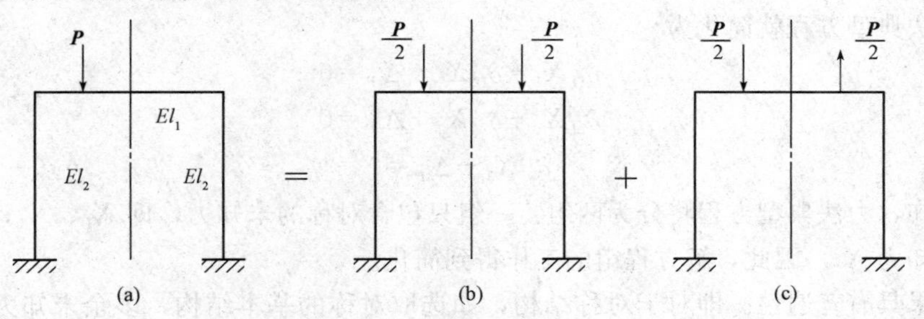

图 15-16

(一)选取对称基本结构

图 15-16(a)所示的刚架为对称结构，可选取图 15-17(a)所示的基本结构，即在对称轴处切开，以多余未知力 $\boldsymbol{X}_1$、$\boldsymbol{X}_2$、$\boldsymbol{X}_3$ 代替所去掉的三个多余联系。其中，多余未知力 $\boldsymbol{X}_1$、$\boldsymbol{X}_2$ 为正对称未知力，$\boldsymbol{X}_3$ 为反对称未知力。根据切口处两侧截面的相对位移为零的条件，可建立力法典型方程如下：

$$
\begin{aligned}
\delta_{11}X_1+\delta_{12}X_2+\delta_{13}X_3+\Delta_{1P}=0\\
\delta_{21}X_1+\delta_{22}X_2+\delta_{23}X_3+\Delta_{2P}=0\\
\delta_{31}X_1+\delta_{32}X_2+\delta_{33}X_3+\Delta_{3P}=0
\end{aligned}
\tag{15-14}
$$

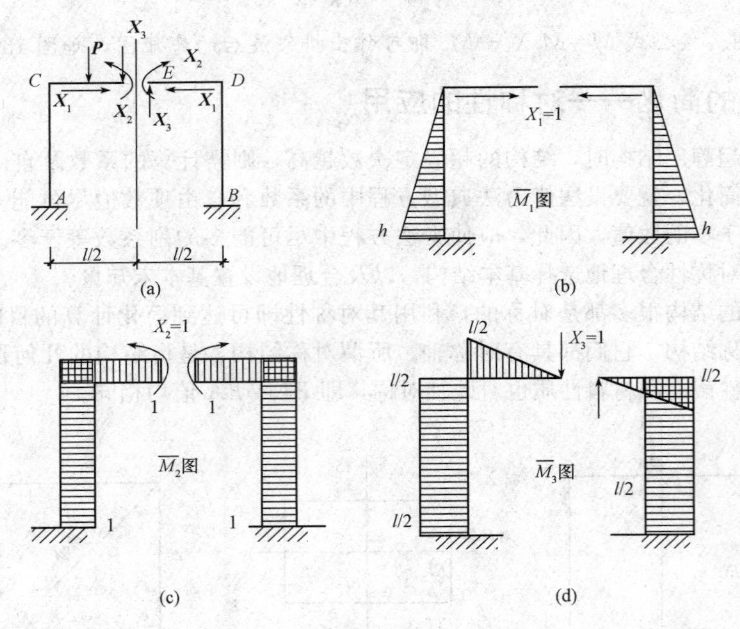

图 15-17

图 15-17(b)、(c)、(d)所示为相应的单位力弯矩图。显然，$\overline{M_1}$ 和 $\overline{M_2}$ 图是正对称的；$\overline{M_3}$ 图是反对称的。由图乘法可得：

$$
\begin{aligned}
\delta_{13}=\delta_{31}=\sum\int\frac{\overline{M_1}\,\overline{M_3}}{EI}\mathrm{d}s=0\\
\delta_{23}=\delta_{32}=\sum\int\frac{\overline{M_2}\,\overline{M_3}}{EI}\mathrm{d}s=0
\end{aligned}
\tag{15-15}
$$

这样力法典型方程就简化为

$$
\begin{aligned}
\delta_{11}X_1+\delta_{12}X_2+\Delta_{1P}=0\\
\delta_{21}X_1+\delta_{22}X_2+\Delta_{2P}=0\\
\delta_{33}X_3+\Delta_{3P}=0
\end{aligned}
\tag{15-16}
$$

由此可知，力法典型方程将分为两组：一组只包含对称的未知力，即 X_1、X_2；另一组包括反对称的未知力 X_3。因此，解方程组的工作得到简化。

上述结果具有普遍性。即对于对称结构，如选取对称的基本结构，多余未知力都是正对称力或反对称力，则力法典型方程必然分解成独立的两组，一组只包含对称未知力；另一组只包含反对称未知力。

现在作用在结构上的外荷载是非对称的[图 15-16(a)]，若将此荷载分解为正对称和反对称的两种情况[图 5-16(b)、(c)]，则计算还可进一步得到简化。

(1)正对称荷载。以图 15-16(b)所示正对称荷载为例，此时基本结构的荷载弯矩图 M_P 是正对称的[图 15-18(a)]。由于$\overline{M_3}$图是反对称的，因此可得：

$$\Delta_{3P}=\sum\int\frac{M_P\overline{M_3}}{EI}\mathrm{d}s=0 \tag{15-17}$$

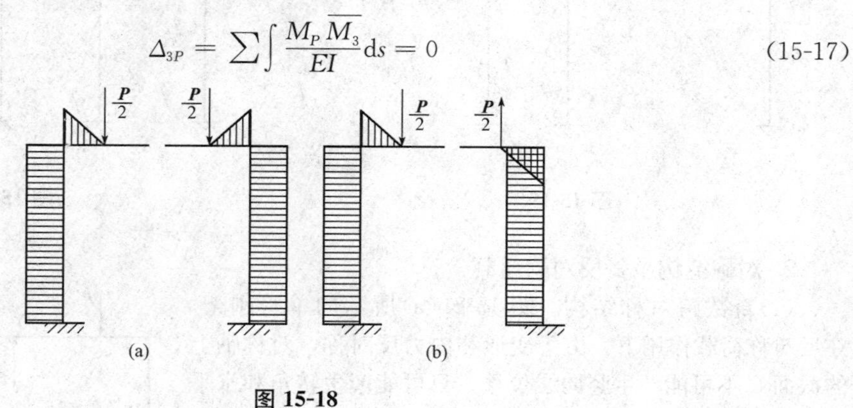

图 15-18

代入前述简化后的力法典型方程第三式，得：

$$X_3=0$$

由此得出结论：**对称结构在正对称荷载作用下，只有对称的多余未知力存在，而反对称的多余未知力必为零。**也就是说，基本体系上的荷载和多余未知力都是对称的，故原结构的受力和变形也必是对称的，没有反对称的内力和位移。

(2)反对称荷载。以图 15-16(b)所示反对称荷载为例，此时基本结构的荷载弯矩图 M_P 是反对称的[图 15-18(b)]。由于$\overline{M_1}$和$\overline{M_2}$图是正对称的，因此可得：

$$\begin{aligned}\Delta_{1P}&=\sum\int\frac{M_P\overline{M_1}}{EI}\mathrm{d}s=0\\ \Delta_{2P}&=\sum\int\frac{M_P\overline{M_2}}{EI}\mathrm{d}s=0\end{aligned} \tag{15-18}$$

代入前述简化后的力法典型方程第一式和第二式，得：

$$X_1=0;\ X_2=0 \tag{15-19}$$

由此得出结论：**对称结构在反对称荷载作用下，只有反对称的多余未知力存在，而正对称的多余未知力必为零。**也就是说，基本体系上的荷载和多余未知力都是反对称的，故原结构的受力和变形也必是反对称的，没有对称的内力和位移。

(二)半刚架法

对称结构承受对称荷载作用时，可利用上述结论，简化截取对称结构的一半来进行计算，这个方法称为半刚架法。

1. 对称结构承受正对称荷载

(1)奇数跨对称结构。图 15-19(a)所示的单跨刚架，在正对称荷载作用下，由于变形和内力对称，位于对称轴上的截面 C，不会产生转角和水平线位移，但可以发生竖向线位移；同时，在该截面上将有弯矩和轴力，没有剪力。因此，在截取其一半计算时，在该截面处用两根平行链杆代替原有的约束，而得到如图 15-19(b)所示的半刚架。

(2)偶数跨对称结构。图 15-20(a)所示的两跨刚架，在正对称荷载作用下，截面 C 没有转角和水平线位移，若不考虑中间竖轴的轴向变形，C 处也没有竖向线位移。因此，可将此处用固定支座代替，而得到如图 15-20(b)所示的半刚架。

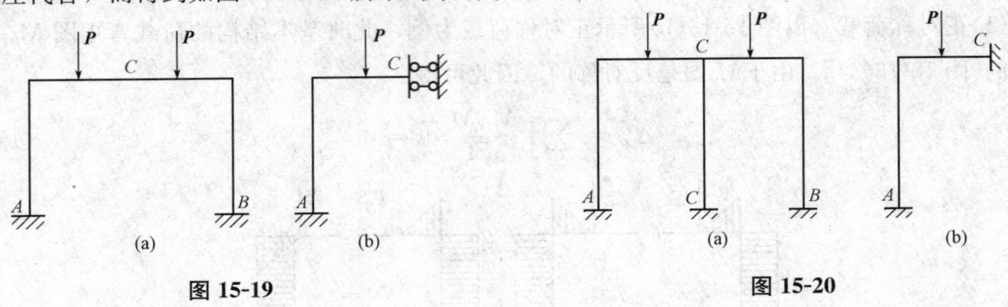

图 15-19　　　　图 15-20

2. 对称结构承受反对称荷载

(1)奇数跨对称结构。图 15-21(a)所示的单跨刚架，在反对称荷载作用下，由于变形和内力反对称，对称轴上的截面 C 不可能产生竖向线位移，只可能产生转角和水平线位移；同时，在该截面上只有剪力，没有弯矩和轴力，因此，在截取其一半计算时，在该处可用竖向链杆支座代替原有的约束，而得到图 15-21(b)所示的半刚架。

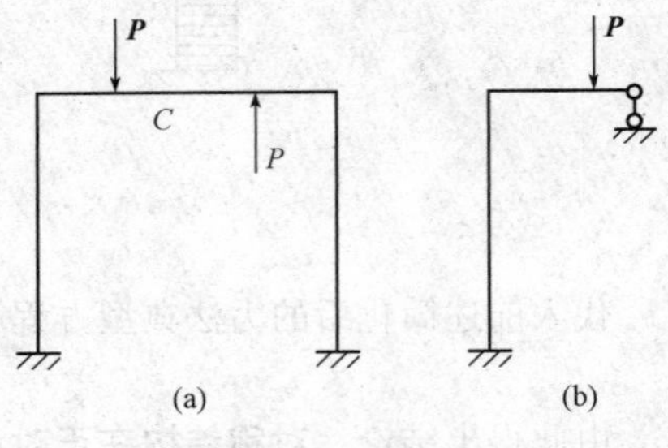

图 15-21

(2)偶数跨对称结构。图 15-22(a)所示的两跨刚架，在反对称荷载作用下，可设想将中间柱分成两根分柱，分柱的抗弯刚度为原柱的一半，这相当于在两根分柱之间增加了一跨，但其跨度为零，如图 15-22(b)所示。取半结构如图 15-22(c)所示。因为忽略轴向变形的影响，半结构也可按图 15-22(d)选取。中间柱 CD 的内力为两根分柱内力之和。由于分柱的弯矩和剪力相同，轴力绝对值相同而正负号相反，故中间柱的弯矩和剪力为分柱的弯矩和剪力的两倍，轴力为零。

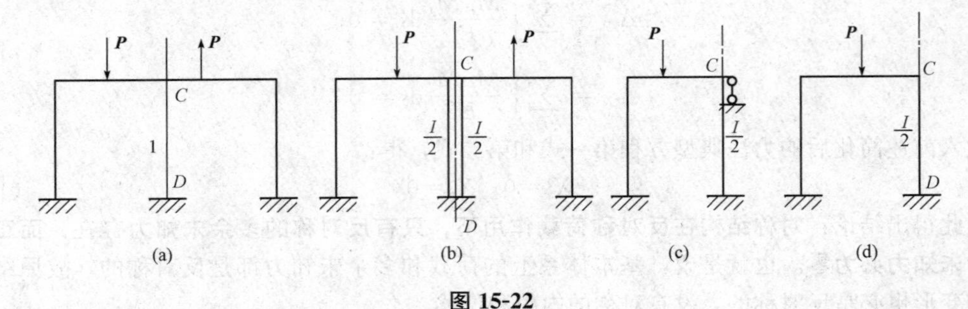

图 15-22

当按上述方法取出半结构后，即可按解超静定结构的方法绘制出其内力图，然后再根据对称关系绘制出另外半边结构的内力图。

【例 15-4】 利用对称性，计算图 15-23(a)所示的刚架，并绘制最后弯矩图。各杆的 EI 均为常数。

【解】 此刚架为对称的三次超静定结构，且荷载是非对称的。现将荷载分解为正对称荷载和反对称荷载两种情况，如图 15-23(b)、(c)所示。在正对称荷载作用下，只有横梁 CD 产生轴力，其他各杆弯矩均为零，反对称荷载作用下的弯矩图即原结构的弯矩图，因此，只需对反对

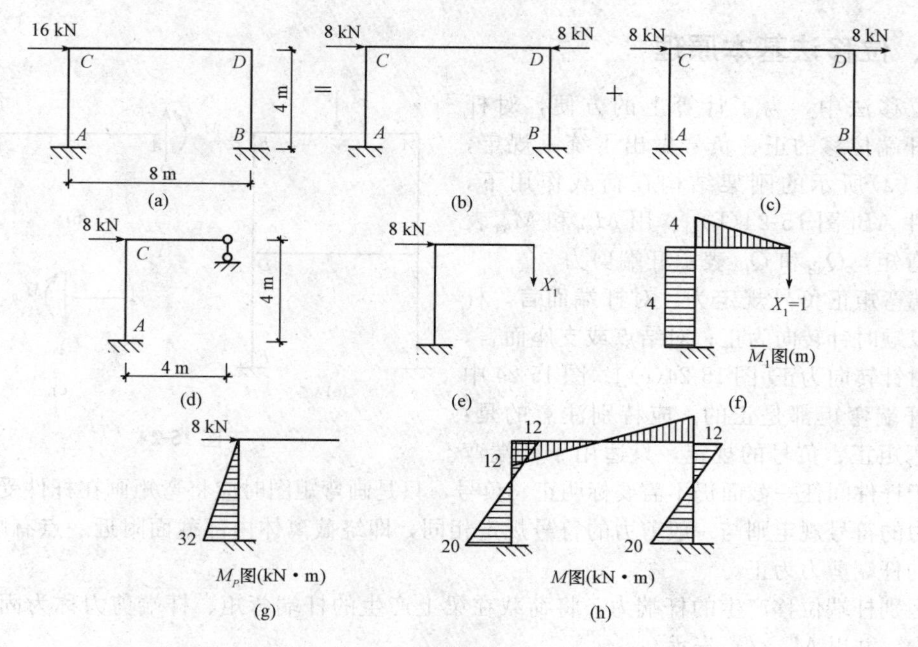

图 15-23

称荷载作用下的情况进行计算即可。刚架在反对称荷载作用下的半刚架如图 15-23(d)所示。

(1)选取基本体系。半结构为一次超静定结构，取图 15-23(e)所示的基本体系。

(2)建立力法典型方程。

$$\delta_{11}X_1+\Delta_{1P}=0$$

(3)求系数和自由项。绘制出单位弯矩图$\overline{M_1}$和荷载弯矩图 M_P，如图 15-23(f)、(g)所示。计算各系数和自由项如下：

$$\delta_{11}=\frac{1}{EI}\left(\frac{1}{2}\times4\times4\times\frac{2}{3}\times4+4\times4\times4\right)=\frac{256}{3EI}$$

$$\Delta_{1P}=\frac{1}{EI}\times\frac{1}{2}\times32\times4\times4=\frac{256}{EI}$$

(4)求多余未知力。代入力法方程，得

$$X_1=-\frac{\Delta_{1P}}{\delta_{11}}=-3\ \text{kN}$$

(5)绘制最后弯矩图。半刚架中各杆件杆端弯矩可按 $M=\overline{M_1}X_1+M_P$ 计算，根据对称性，最后的弯矩图如图 15-23(h)所示。

第三节　位移法计算超静定结构

力法和位移法的主要区别在于选用的基本未知量不同，力法是以多余约束力为基本未知量，位移法则是以结点位移作为基本未知量。

一、位移法基本原理

在位移法中，为了计算上的方便，对杆端力和杆端位移的正、负号做出了统一规定，图 15-24(a)所示的刚架结构在荷载作用下，截取杆件 AB[图 15-24(b)]，用 M_{AB} 和 M_{BA} 表示杆端弯矩，Q_{AB} 和 Q_{BA} 表示杆端剪力。

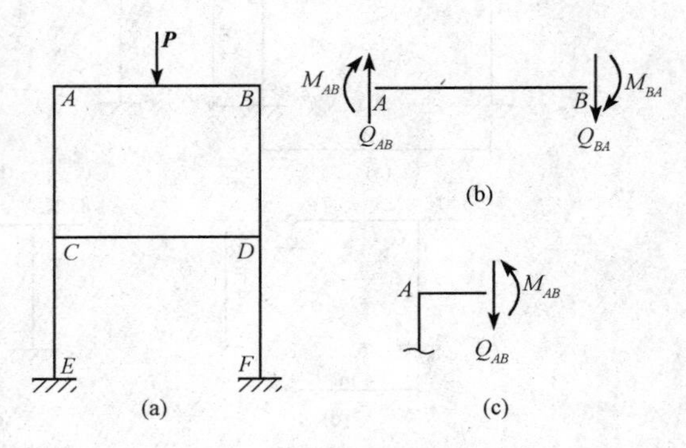

图 15-24

杆端弯矩正负号规定为：对杆端而言，杆端弯矩以顺时针转向为正；对结点或支座而言，则以逆时针转向为正[图 15-24(c)]。图 15-24 中所画的杆端弯矩都是正的。应特别注意的是：这种对弯矩正、负号的规定，只适用于杆端弯矩，对于杆件间任一截面仍不需要标明正、负号，只是画弯矩图时应将弯矩画在杆件受拉一侧。杆端剪力的符号规定则与一般剪力的符号规定相同，即绕截离体内部截面附近一点有顺时针转动趋势的杆端剪力为正。

为区别杆端位移产生的杆端力，将荷载在梁上产生的杆端弯矩、杆端剪力称为固端弯矩、固端剪力，并以 M^F、Q^F 表示。

为了说明位移法的基本思路，下面用位移法分析图 15-25(a)所示的简单刚架。

在荷载作用下，结构产生图中虚线所示的变形。由于结点 B 是刚节结点，交于结点的两杆的杆端应有相同的转角 θ_B，以此转角作为基本未知量。考察 AB 杆、BC 杆的变形情况，它们分别相当于两端固定和一端固定、一端铰支的单跨超静定梁在 B 端处发生了 θ_B 的转角，如图 15-25(b)所示。分析这两个单跨超静定梁，建立其杆端转角和杆端内力的函数关系。用力法可得到如下关系式：

$$M_{BA}=4i\theta_B-\frac{F_Pl}{8}，M_{AB}=2i\theta_B+\frac{F_Pl}{8}，M_{BC}=3i\theta_B，M_{CB}=0 \tag{15-20}$$

此处，$i=\frac{EI}{l}$，称为杆件的线刚度；符号 M_{BA} 表示杆端弯矩，其第一个下标表示此杆端弯矩所在的杆端，第二个下标表示此杆的远端。

利用结构结点 B 的力矩平衡条件[图 15-25(c)]建立位移法方程：

$$M_{BA}+M_{BC}=0 \tag{15-21}$$

即

$$4i\theta_B-\frac{F_Pl}{8}+3i\theta_B=0 \tag{15-22}$$

由此解得 $\theta_B=\frac{F_Pl^2}{56EI}$，代入式(15-22)，计算出各杆杆端弯矩，作弯矩图，如图 15-25(d)所示。

由位移法的解题思路可见，位移法分析需要解决以下几个问题：

(1)确定结构的独立结点位移，即位移法的基本未知量。

(2)确定杆件的杆端力和杆端位移之间的函数关系。

(3)根据平衡条件建立求解基本未知量的方程式。

二、位移法基本未知量确定

位移法以结点位移作为基本未知量，结点位移包括结点角位移和结点线位移。

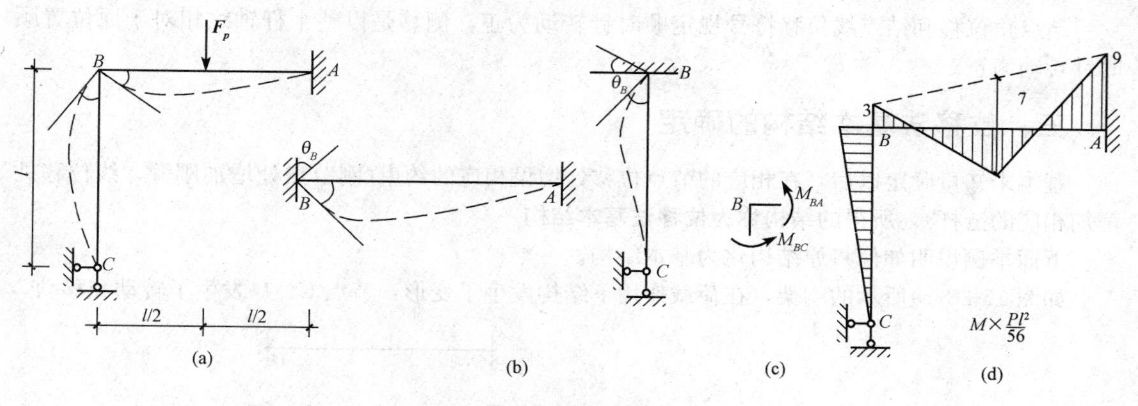

图 15-25

1. 结点角位移的确定

结点角位移比较容易确定，根据刚架的性质，同一刚结点处各杆的转角是相等的，因此，每一个刚结点只有一个独立的角位移。在固定支座(固定端)处，转角为零，没有角位移。至于铰结点和铰支座处的角位移，结构容许自由转动，其角位移是不独立的，也不能作为基本未知量。因此，确定结点角位移的数目时，只要计算刚结点的数目即可，角位移数＝刚结点数。

如图 15-26 所示的刚架有两个刚结点 D、E，故有两个结点角位移 φ_D 和 φ_E。

2. 结点线位移的确定

一般情况下，结点都有线位移，但确定结点线位移时，通常略去受弯杆件的轴向变形，可认为受弯杆件两端之间的距离变形后是不变的，从而减少了结点线位移的数目。如图 15-26 所示，由于各杆不考虑轴向变形，刚结点 D 和 E 在原位置保持不动，因此没有线位移，只有角位移。

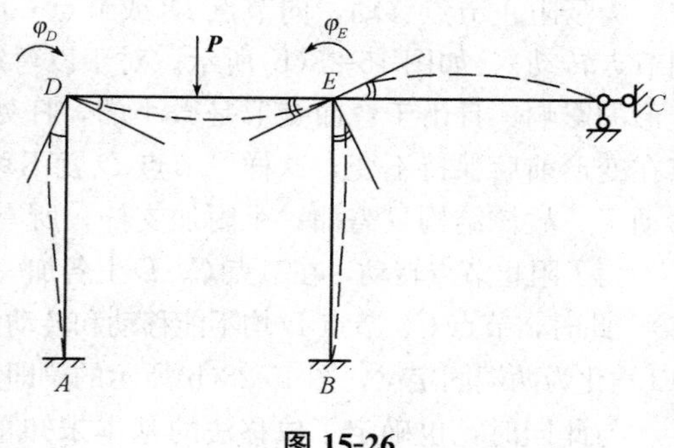

图 15-26

通常可用“铰化结点法”确定结点线位移，具体做法是：将结构中所有的刚结点、固定端全部改成铰接，得到一个铰接体系，按二元体规则组成几何不变体系，需增加的链杆数即原结构的结点线位移数。结点线位移也称侧移。

图 15-27(a)所示刚架的铰化体系如图 15-27(b)所示，它必须增加一根链杆才能成为几何不变体系，所以原结构的结点线位移为 Δ_1。

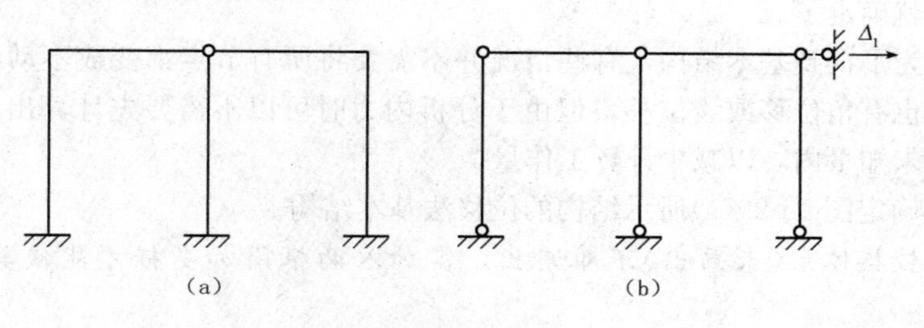

图 15-27

结点角位移和结点线位移符号规定顺时针转动为正，侧移是以整个杆轴线相对于原位置顺时针转动为正。

三、位移法基本结构的确定

基本未知量确定以后，在相应的节点位移处增设相应的约束(刚节点处增加刚臂，线位移处增加相应的链杆)，所得的结构称为**位移法基本结构**。

下面举例说明如何将原结构化为基本结构。

如图 15-28(a)所示的刚架，在荷载作用下结构发生了变形，节点 C、D 发生了转动和移动。

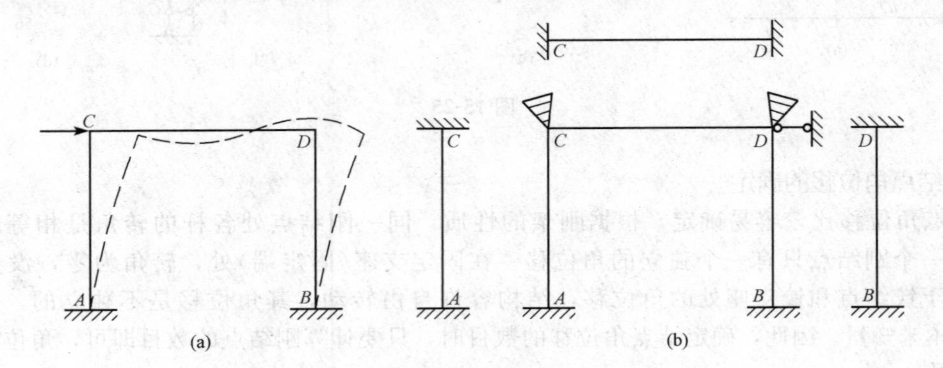

图 15-28

为了阻止节点移动，向节点 D(或节点 C)上加一附加支杆(其作用是阻止节点线位移而不限制节点转动)，如图 15-28(b)所示。对于以弯矩为主要内力的受弯直杆，可略去轴向变形和剪切变形的影响，且由于弯曲变形是微小的，杆处于微弯状态。因此，假定受弯直杆两端之间的距离在变形前后保持不变，这样，节点 D 就不移动了。由于节点 D、节点 A 不移动，节点 C 也不移动了。故该结构只需加一个附加支杆，所有节点就不能移动而只能转动了。

为了阻止节点转动，在节点 C、D 上各加一个刚臂(其作用是阻止节点转动而不限制节点的线位移)。此时，节点 C、节点 D 均不能移动和转动，成为周围各杆的固定支座。于是杆 AC、杆 CD、杆 DB 均化为两端固定梁，图 15-28(b)所示的梁即为图 15-28(a)所示原结构的位移法基本结构。

与此同时，也确定了位移法的基本未知量。因为在选定位移法基本结构时，为了使各杆都化为单跨超静定梁应在每一个刚节点上加入附加刚臂以阻止其转动，显然，附加刚臂的数目恰好等于结构中刚节点的数目；另外，还需加入一定数量的附加支杆以阻止各节点发生线位移，附加支杆的数目显然与原结构各节点的独立线位移数目相等。由此可见，在位移法中基本未知量的数目就等于基本结构上所应具有的附加约束的数目。因此，在选定基本结构的同时，基本未知量的数目也就确定了。

顺便指出，为了得到基本结构，有些情况并不需要将所有节点都变成不动节点。因为虽然结构中某些节点也有角位移或线位移，但由于分析内力时可以不需要先计算出该位移，因而不必将它列入基本未知量内，以减少计算工作量。

【例 15-5】 确定图 15-29(a)所示结构的位移法基本结构。

【解】 化为铰接体系(未画出)不难看出，需加入两根附加支杆才能使其形成几何不变体系。

在刚节点 B、C、D 处加入三个附加刚臂。

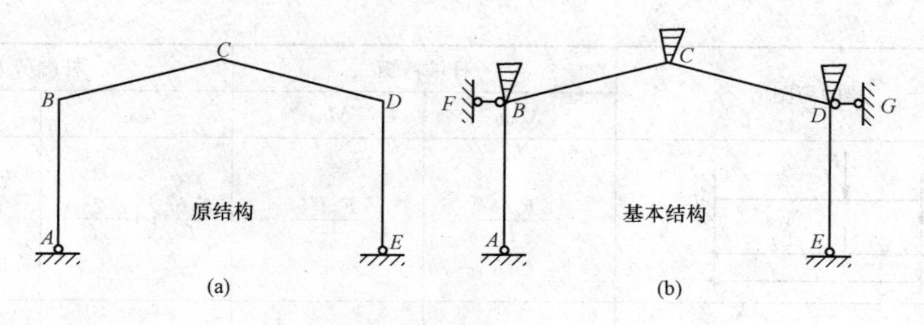

图 15-29

位移法基本结构如图 15-29(b)所示。

四、等截面直杆的转角位移方程

在位移法中，确定基本未知量和基本结构以后，就可以将各杆段单独隔离出来分析，找出基本未知量和杆上的荷载与杆端内力的关系式，这样的关系式就是转角位移方程。

对于被隔离出来的单跨杆件，可以从表 15-1 中查到相应的项进行叠加，列出其转角位移方程。

表 15-1　等截面直杆杆端弯矩和剪力

序号	梁的简图	杆端弯矩		杆端剪力	
		M_{AB}	M_{BA}	Q_{AB}	Q_{BA}
1		$4i$ $i=\frac{EI}{l}$(下同)	$2i$	$-\frac{6i}{l}$	$-\frac{6i}{l}$
2		$-\frac{6i}{l}$	$-\frac{6i}{l}$	$\frac{12i}{l^2}$	$\frac{12i}{l^2}$
3		$3i$	0	$-\frac{3i}{l}$	$-\frac{3i}{l}$
4		$-\frac{3i}{l}$	0	$\frac{3i}{l^2}$	$\frac{3i}{l^2}$
5		i	$-i$	0	0

续表

序号	梁的简图	杆端弯矩		杆端剪力	
		M_{AB}	M_{BA}	Q_{AB}	Q_{BA}
6	F_p A B a b l	$-\frac{F_p ab^2}{l^2}$	$\frac{F_p a^2 b}{l^2}$	$\frac{F_p b^2}{l^2}\left(1+\frac{2a}{l}\right)$	$-\frac{F_p a^2}{l^2}\left(1+\frac{2b}{l}\right)$
7	F_p A B $\frac{l}{2}$ $\frac{l}{2}$	$-\frac{1}{8}F_p l$	$\frac{1}{8}F_p l$	$\frac{F_p}{2}$	$-\frac{F_p}{2}$
8	q A B l	$-\frac{1}{12}ql^2$	$\frac{1}{12}ql^2$	$\frac{ql}{2}$	$-\frac{ql}{2}$
9	F_p A B a b l	$-\frac{F_p ab(l+b)}{2l^2}$	0	$\frac{F_p b(3l^2-b^2)}{2l^3}$	$-\frac{F_p a^2(2l+b)}{2l^3}$
10	F_p A B $\frac{l}{2}$ $\frac{l}{2}$	$-\frac{3F_p l}{16}$	0	$\frac{11}{16}F_p$	$-\frac{5}{16}F_p$
11	q A B l	$-\frac{ql^2}{8}$	0	$\frac{5}{8}ql$	$-\frac{3}{8}ql$
12	F_p A B a b l	$-\frac{F_p a(l+b)}{2l}$	$-\frac{F_p a^2}{2l}$	F_p	0
13	F_p A B $\frac{l}{2}$ $\frac{l}{2}$	$-\frac{3}{8}F_p l$	$-\frac{1}{8}F_p l$	F_p	0
14	F_p A B l	$-\frac{F_p l}{2}$	$-\frac{F_p l}{2}$	F_p	0
15	q A B l	$-\frac{ql^2}{3}$	$-\frac{1}{6}ql^2$	ql	0

1. 两端固定杆件的转角位移方程

如图 15-30(a)所示的杆件，两端固定，A 发生转角 θ_A，B 发生转角 θ_B，两端还发生有相对线位移 Δ，同时杆上作用有荷载。

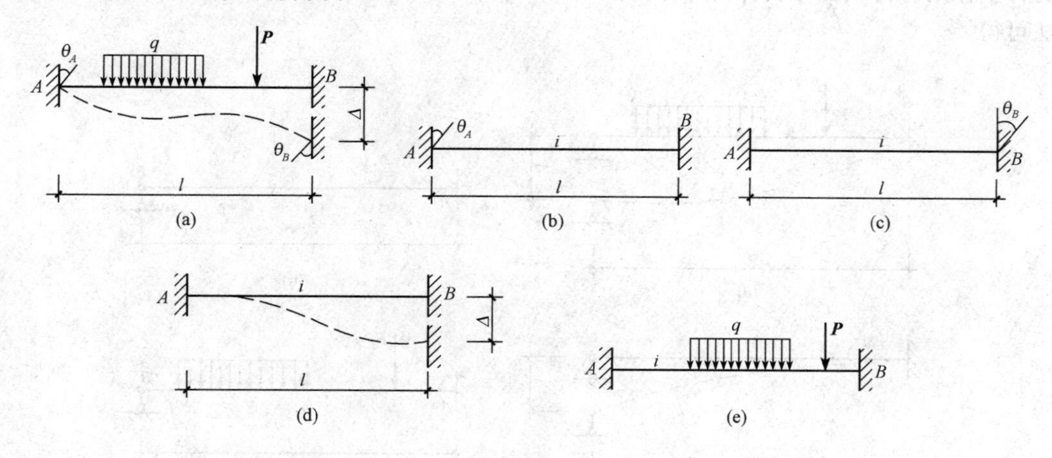

图 15-30

根据叠加原理，其杆端弯矩可分为图 15-30(b)、(c)、(d)、(e)四种情况叠加，查表 15-1 得到：

(1)由 A 端转角 θ_A 引起的杆端力为

$$M'_{AB}=4i\theta_A \qquad M'_{BA}=2i\theta_A$$

$$Q'_{AB}=-\frac{6i}{l}\theta_B \qquad Q'_{BA}=-\frac{6i}{l}\theta_A$$

(2)由 B 端转角 θ_B 引起的杆端力为

$$M''_{AB}=2i\theta_B \qquad M''_{BA}=4i\theta_B$$

$$Q''_{AB}=-\frac{6i}{l}\theta_B \qquad Q''_{BA}=-\frac{6i}{l}\theta_B$$

(3)由两端相对侧移 Δ 引起的杆端力为

$$M'''_{AB}=-\frac{6i}{l}\Delta \qquad M'''_{BA}=-\frac{6i}{l}\Delta$$

$$Q'''_{AB}=\frac{12i}{l^2}\Delta \qquad Q'''_{BA}=\frac{12i}{l^2}\Delta$$

(4)如果有荷载作用，其固端弯矩、固端剪力为 M^F_{AB}、M^F_{BA} 和 Q^F_{AB}、Q^F_{BA}，根据叠加原理，将以上所得叠加有

$$\left.\begin{aligned}
M_{AB}&=4i\theta_A+2i\theta_B-\frac{6i}{l}\Delta+M^F_{AB}\\
M_{BA}&=2i\theta_A+4i\theta_B-\frac{6i}{l}\Delta+M^F_{BA}\\
Q_{AB}&=-\frac{6i}{l}\theta_A-\frac{6i}{l}\theta_B+\frac{12i}{l^2}\Delta+Q^F_{AB}\\
Q_{BA}&=-\frac{6i}{l}\theta_A-\frac{6i}{l}\theta_B+\frac{12i}{l^2}\Delta+Q^F_{AB}
\end{aligned}\right\} \tag{15-23}$$

式(15-23)就是两端固定的等截面单跨超静定梁的转角位移方程。

2. 一端固定另一端铰支杆件的转角位移方程

图 15-31(a)所示的杆件，一端固定，另一端铰支，A 发生转角 θ_A，两端有相对线位移 Δ，同时杆上作用有荷载。可以将杆件分为图 15-31(b)、(c)、(d)三种情况叠加，查表 15-1，同样方法可得

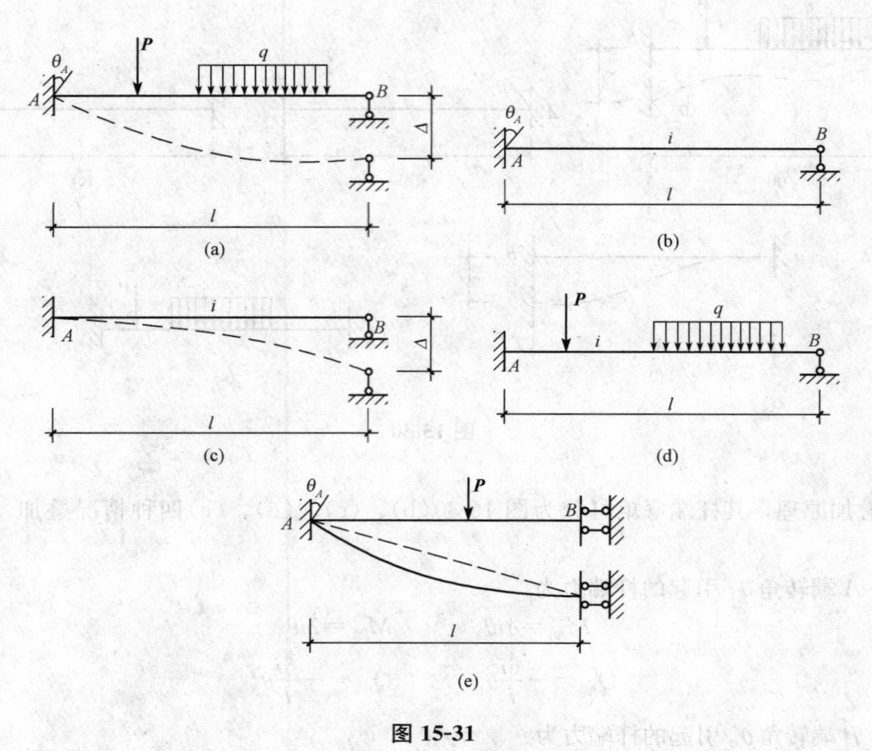

图 15-31

$$
\left.
\begin{aligned}
M_{AB} &= 3i\theta_A - \frac{3i}{l}\Delta + M_{AB}^F \\
M_{BA} &= 0 \\
Q_{AB} &= -\frac{3i}{l}\theta_A + \frac{3i}{l^2}\Delta + Q_{AB}^F \\
Q_{BA} &= -\frac{3i}{l}\theta_A + \frac{3i}{l^2}\Delta + Q_{BA}^F
\end{aligned}
\right\} \tag{15-24}
$$

式(5-24)为一端固定，另一端铰支的等截面单跨超静定梁的转角位移方程。

3. 一端固定另一端定向支承杆件的转角位移方程

对于一端固定另一端滑动的杆件[图 15-31(e)]，参考以上方法查表 15-1，同样可以写出其转角位移方程：

$$
\left.
\begin{aligned}
M_{AB} &= i\theta_A + M_{AB}^F \\
M_{BA} &= -i\theta_A + M_{BA}^F
\end{aligned}
\right\} \tag{15-25}
$$

五、单跨超静定梁的载常数与形常数

如前文所述，位移法的基本结构由一系列单跨超静定梁组成。常用单跨超静定梁主要包括两端固定的梁、一端固定另一端为铰支的梁及一端固定另一端为定向支座的梁三种类型。对于

单跨超静定梁，无论其内力是由荷载引起的还是由支座移动所引起的，都可用力法求得其结果，见表 15-1。表 15-1 中所列的杆端弯矩和剪力数值，凡是由荷载作用产生的均称为载常数；凡由单位位移产生的均称为形常数。

杆端弯矩、杆端剪力和杆端位移的正、负号规定如下：

(1)M_{AB} 和 M_{BA} 分别表示 AB 杆 A 端和 B 端的弯矩，以顺时针方向为正；反之为负。

(2)Q_{AB} 和 Q_{BA} 分别表示 AB 杆 A 端和 B 端的剪力，以使杆件有顺时针转动趋势为正；反之为负。

(3)θ_A 表示固定端 A 的角位移，以顺时针方向为正；反之为负。

(4)Δ_A 表示固定端或铰支座的线位移，以杆的旋转角顺时针方向转动为正；反之为负。

六、用位移法计算连续梁与超静定刚架

位移法计算连续梁及超静定刚架一般步骤如下：

(1)确定基本未知量和基本结构。

(2)列出各杆端转角位移方程。

(3)根据平衡条件建立位移法基本方程(一般对有转角位移的刚节点取力矩平衡方程，有节点线位移时则考虑线位移方向的静力平衡方程)。

(4)解出未知量。

(5)求出杆端内力。

(6)作出内力图。

1. 无节点线位移结构的计算

如果结构的各节点只有转角而没有线位移，则为**无节点线位移结构**。用位移法计算时，只有节点转角基本未知量，故仅需建立刚节点处的力矩平衡方程，即可求解出全部未知量，进而计算杆端弯矩，绘制出内力图。下面举例说明具体计算过程。

【例 15-6】 用位移法计算图 15-32(a)所示的连续梁，作出内力图，$P=\frac{3}{2}ql$(刚度 EI 为常数)。

【解】 (1)确定基本未知量。此连续梁只有一个刚节点 B 的转角位移 θ_B，如图 15-32(b)所示。

(2)写出转角位移方程：

$$M_{AB}=2i\theta_B-\frac{1}{8}Pl$$

$$M_{BA}=4i\theta_B+\frac{1}{8}Pl$$

$$M_{BC}=3i\theta_B-\frac{1}{8}ql^2$$

$$M_{CB}=0$$

(3)对刚节点 B 取力矩平衡：

$$\sum M_B=0$$

$$M_{BA}+M_{BC}=0$$

$$4i\theta_B+3i\theta_B+\frac{1}{8}Pl-\frac{1}{8}ql^2=0$$

(4)解得：$\theta_B=-\frac{1}{56i}(Pl-ql^2)=-\frac{1}{112i}ql^2$(负号说明 θ_B 逆时针转)

(5)将 $\theta_B=-\frac{ql^2}{112i}$代入转角位移方程计算出各杆端弯矩[图 15-32(d)、(e)]：

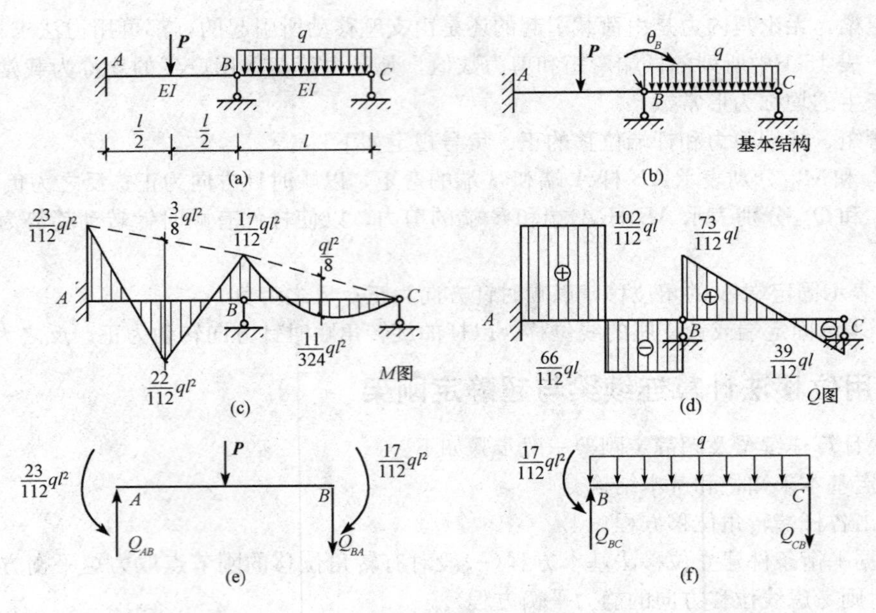

图 15-32

$$M_{AB}=2i\theta_B-\frac{1}{8}Pl=-\frac{23}{112}ql^2$$

$$M_{BA}=4i\theta_B+\frac{1}{8}Pl=\frac{17}{112}ql^2$$

$$M_{BC}=3i\theta_B-\frac{1}{8}ql^2=-\frac{17}{112}ql^2$$

(6)作出弯矩图和剪力图，如图 15-32(c)、(d)所示。

【例 15-7】 作图 15-33(a)所示刚架的弯矩图。

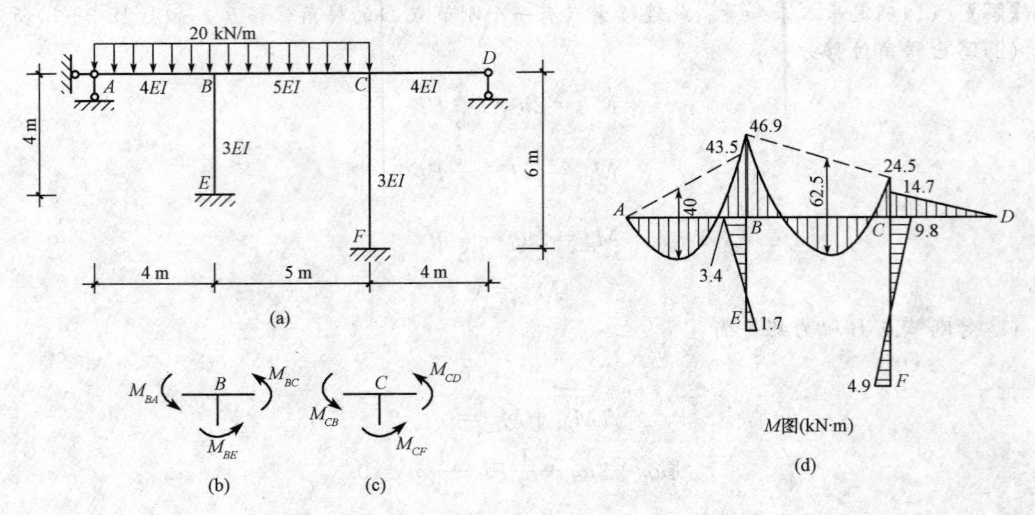

图 15-33

【解】 (1)基本未知量为刚节点 B、C 的转角 θ_B、θ_C。

(2)列各杆杆端弯矩计算式。设 $EI=1$，各杆线刚度为

$$i_{BA}=\frac{4EI}{4}=1;\ i_{BC}=\frac{5EI}{5}=1;\ i_{CD}=\frac{4EI}{4}=1;\ i_{BE}=\frac{3EI}{4}=\frac{3}{4};\ i_{CF}=\frac{3EI}{6}=\frac{1}{2}$$

则：

$$M_{BA}=3i_{BA}\theta_B+\frac{20\times4^2}{8}=3\theta_B+40$$

$$M_{BC}=4i_{BC}\theta_B+2i_{BC}\theta_C-\frac{20\times5^2}{12}=4\theta_B+2\theta_C-41.7$$

$$M_{CB}=2i_{BC}\theta_B+4i_{BC}\theta_C+\frac{20\times5^2}{12}=2\theta_B+4\theta_C+41.7$$

$$M_{CD}=3i_{CD}\theta_C=3\theta_C$$

$$M_{BE}=3i_{BE}\theta_B=3\theta_B;\ M_{EB}=2i_{BE}\theta_B=1.5\theta_B$$

$$M_{CF}=4i_{CF}\theta_C=2\theta_C;\ M_{FC}=2i_{CF}\theta_C=\theta_C$$

(3)建立位移法基本方程求解基本未知量。

节点 B，如图 15-33(b)所示：

$$\sum M_B=0 \qquad M_{BA}+M_{BE}+M_{BC}=0$$

节点 C，如图 15-33(c)所示：

$$\sum M_C=0 \qquad M_{CB}+M_{CF}+M_{CD}=0$$

杆端弯矩代入后：

$$10\theta_B+2\theta_C-1.7=0$$
$$2\theta_B+9\theta_C+41.7=0$$

联立求解得：

$$\theta_B=1.15 \qquad \theta_C=-4.89$$

(4)计算杆端弯矩：

$$M_{BA}=3\times1.15+40=43.5(\text{kN}\cdot\text{m})$$
$$M_{BC}=4\times1.15+2\times(-4.89)-41.7=-46.9(\text{kN}\cdot\text{m})$$
$$M_{CB}=2\times1.15+4\times(-4.89)+41.7=24.5(\text{kN}\cdot\text{m})$$
$$M_{CD}=3\times(-4.89)=-14.7(\text{kN}\cdot\text{m})$$
$$M_{BE}=3\times1.15=3.4(\text{kN}\cdot\text{m})$$
$$M_{EB}=1.5\times1.15=1.7(\text{kN}\cdot\text{m})$$
$$M_{CF}=2\times(-4.89)=-9.8(\text{kN}\cdot\text{m})$$
$$M_{FC}=-4.9\ \text{kN}\cdot\text{m}$$

(5)作弯矩图如图 15-33(d)所示。

2. 有节点线位移刚架的计算

如果结构的节点有线位移，则此结构称为**有节点线位移结构**。对于有节点线位移的刚架来说，一般要考虑杆端剪力，建立线位移方向的静力平衡方程和刚节点处的力矩平衡方程，才能解出未知量，下面举例说明。

【例 15-8】 用位移法计算图 15-34(a)所示的超静定刚架，并作出弯矩图。

【解】 (1)确定基本未知量。此刚架有一个刚节点 C 转角位移 θ，一个线位移 Δ，如图 15-34(b)所示。

(2)列出转角位移方程。

$$M_{AC}=2i\theta-\frac{6i}{l}\Delta-\frac{1}{12}ql^2=2\theta-\frac{6}{4}\Delta-\frac{1}{12}\times6\times4^2=2\theta-\frac{3}{2}\Delta-8$$

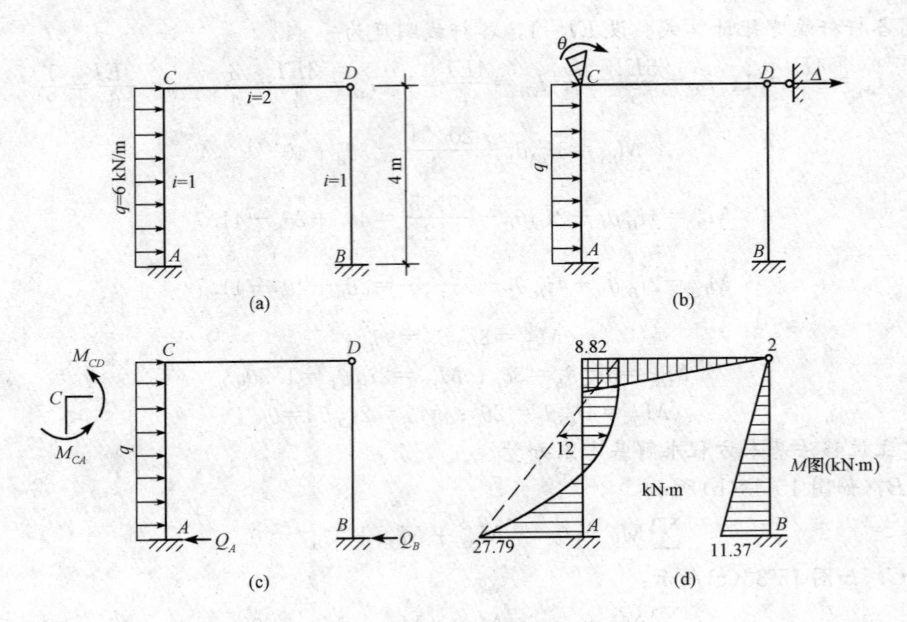

图 15-34

$$M_{CA}=4i\theta-\frac{6i}{l}\Delta+\frac{1}{12}ql^2=4\theta-\frac{3}{2}\Delta+8$$

$$M_{CD}=3i\theta=3\times2\times\theta=6\theta$$

$$M_{BD}=-\frac{3i}{l}\Delta=-\frac{3}{4}\Delta$$

$$Q_{CA}=-\frac{6i}{l}\theta+\frac{12i}{l^2}\Delta-\frac{ql}{2}=-\frac{3}{2}\theta+\frac{3}{4}\Delta-12$$

$$Q_{AC}=-\frac{6i}{l}\theta+\frac{12i}{l^2}\Delta+\frac{ql}{2}=-\frac{3}{2}\theta+\frac{3}{4}\Delta+12$$

$$Q_{DB}=\frac{3i}{l^2}\Delta=\frac{3}{16}\Delta$$

$$Q_{BD}=\frac{3i}{l^2}\Delta=\frac{3}{16}\Delta$$

(3)对刚节点 C 取力矩平衡，如图 15-34(c)所示。

$$\sum M_C=0 \qquad M_{CA}+M_{CD}=0$$

取整体结构水平合力投影方程，如图 15-34(c)所示。

$$\sum F_x=0 \quad ql-Q_{AC}-Q_{BD}=0$$

代入杆端转角位移方程化简得：

$$10\theta-\frac{3}{2}\Delta+8=0$$

$$\frac{3}{2}\theta-\frac{15}{16}\Delta+12=0$$

(4)联立解得：

$$\theta=1.47,\ \Delta=15.16$$

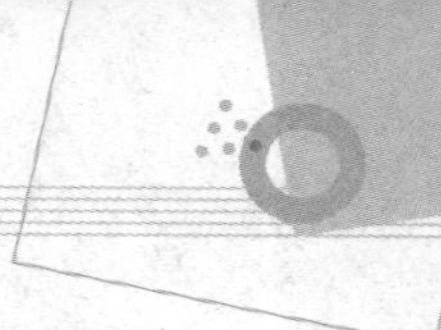

(5)将θ、Δ代入转角位移方程求出各杆端弯矩：

$$M_{AC}=2\theta-\frac{3}{2}\Delta-8=2\times1.47-\frac{3}{2}\times15.16-8=-27.8(\text{kN}\cdot\text{m})$$

$$M_{CA}=4\theta-\frac{3}{2}\Delta+8=4\times1.47-\frac{3}{2}\times15.16+8=-8.86(\text{kN}\cdot\text{m})$$

$$M_{CD}=6\theta=6\times1.47=8.82(\text{kN}\cdot\text{m})$$

$$M_{BD}=-\frac{3}{4}\Delta=-\frac{3}{4}\times15.16=-11.37(\text{kN}\cdot\text{m})$$

(6)作出弯矩图如图 15-34(d)所示。

第四节　力矩分配法计算超静定结构

力法和位移法是计算超静定结构的两种基本方法，但却需要解算方程，当未知量的数目较多时，计算工作量很大。为避免解算方程组，人们曾提出了许多实用的计算方法，其中较为流行的是力矩分配法。力矩分配法是一种逐渐逼近精确解的方法，即根据结构的受力状况，由开始的渐近值逐次加以修正，最后逼近精确解。这种方法的优点是避免了解联立方程，计算的结果就是杆端弯矩，计算中每一步都有明确的物理意义，便于记忆，容易掌握，计算过程不容易出错，适用于求解连续梁和无节点线位移刚架。

一、力矩分配法的基本概念

1. 转动刚度 S

转动刚度表示杆端对转动的抵抗能力，在数值上等于使杆端(或称近端)发生单位转角时需在杆端施加的力矩，用S表示。如图 15-35 所示，转动刚度S_{AB}与AB杆的线刚度$i\left(i=\frac{EA}{l}\right)$及远端支承有关，而与近端支承无关。

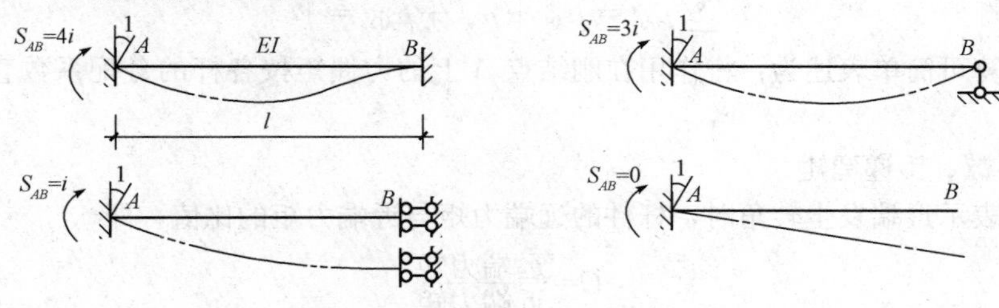

图 15-35

2. 分配系数、分配弯矩

图 15-36(a)所示的刚架，由于刚结点上力偶矩m_A的作用而发生变形，刚结点A发生转角θ_A而达到平衡。此时各杆在A端都发生了相同的转角θ_A，由转动刚度的定义可知：

$$\left.\begin{aligned}M_{AB}&=S_{AB}\theta_A=4i_{AB}\theta_A\\M_{AC}&=S_{AC}\theta_A=i_{AC}\theta_A\\M_{AD}&=S_{AD}\theta_A=3i_{AD}\theta_A\end{aligned}\right\}\qquad(15\text{-}26)$$

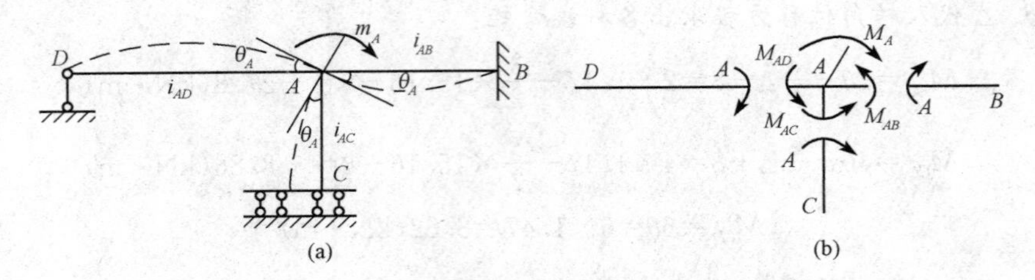

图 15-36

取结点 A 为隔离体，如图 15-36(b)所示，由平衡方程 $\sum M_A=0$ 得

$$m_A=S_{AB}\theta_A+S_{AC}\theta_A+S_{AD}\theta_A \tag{15-27}$$

整理得

$$\theta_A=\frac{m_A}{S_{AB}+S_{AC}+S_{AD}}=\frac{m_A}{\sum\limits_A S} \tag{15-28}$$

式中，$\sum\limits_A S$ 为刚结点 A 所连接的各杆件转动刚度之和。

将 θ_A 值代入式(15-26)得

$$M_{AB}=\frac{S_{AB}}{\sum\limits_A S}\cdot m_A \quad M_{AC}=\frac{S_{AC}}{\sum\limits_A S}\cdot m_A \quad M_{AD}=\frac{S_{AD}}{\sum\limits_A S}\cdot m_A$$

由此得出，各杆 A 端的弯矩与各杆的转动刚度成正比。可以用下列公式表示计算结果：

$$M_{Ai}^{\mu}=\mu_{Ai}m_A \tag{15-29}$$

式中，μ_{Ai} 称为分配系数，$\mu_{Ai}=\frac{S_{Ai}}{\sum\limits_A S}$；$M_{Ai}^{\mu}$ 称为分配弯矩。其中 i 可以是 B、C 或 D，如 μ_{AB} 称为杆件 AB 在 A 端的分配系数。杆件 AB 在刚结点 A 的分配系数 μ_{AB} 等于杆体 AB 的转动刚度与交于 A 点的各杆转动刚度之和的比值。

同一刚结点各杆分配系数之间存在下列关系：

$$\sum\mu_{Ai}=\mu_{AB}+\mu_{AC}+\mu_{AD}=1 \tag{15-30}$$

以上的计算可简单表述为：将作用在刚结点 A 上的力偶矩按各杆的分配系数直接分配于各杆的 A 端。

3. 传递系数、传递弯矩

传递系数表示近端发生转角时，杆件的远端力矩与近端力矩的比值，即

$$C=\frac{\text{远端力矩}}{\text{近端力矩}} \tag{15-31}$$

如图 15-37 所示，当转动端 A(近端)转动某个转角 θ 时，A 端发生近端力矩 M_{AB}，同时 B 端发生远端力矩 M_{BA}。以 C_{AB} 表示 A 端转动时向 B 端的传递系数，以 C_{BA} 表示 B 端转动时向 A 端的传递系数。

如图 15-37 所示，传递系数的值取决于远端的支承情况。常见杆件远端支承形式及其传递系数如下：

远端固定时[图 15-37(a)]：

$$C_{AB}=\frac{2i_{AB}\theta_A}{4i_{AB}\theta_A}=0.5 \tag{15-32}$$

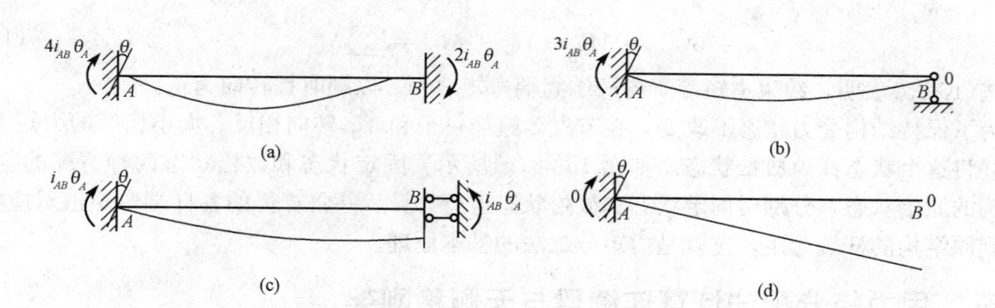

图 15-37

远端铰支时[图 15-37(b)]：

$$C_{AB}=\frac{0}{3i_{AB}\theta_A}=0 \tag{15-33}$$

远端为定向支承时[图 15-37(c)]：

$$C_{AB}=\frac{-i_{AB}\theta_A}{i_{AB}\theta_A}=-1 \tag{15-34}$$

弯矩为一常数，两端杆端弯矩正负号相反，故 C 为负数。

远端为自由端时，近端力矩、远端力矩均等于零。其比值传递系数可取为任意值，计算中用不到它。

根据传递系数的定义可知：远端弯矩等于近端弯矩乘以传递系数。故将远端弯矩称为传递弯矩。

二、力矩分配法的基本原理

现以只有一个刚节点的刚架为例，来说明力矩分配法的基本原理，如图 15-38(a)所示。刚架各杆均为等截面直杆，在刚架计算中，一般不考虑杆件轴向变形的影响。

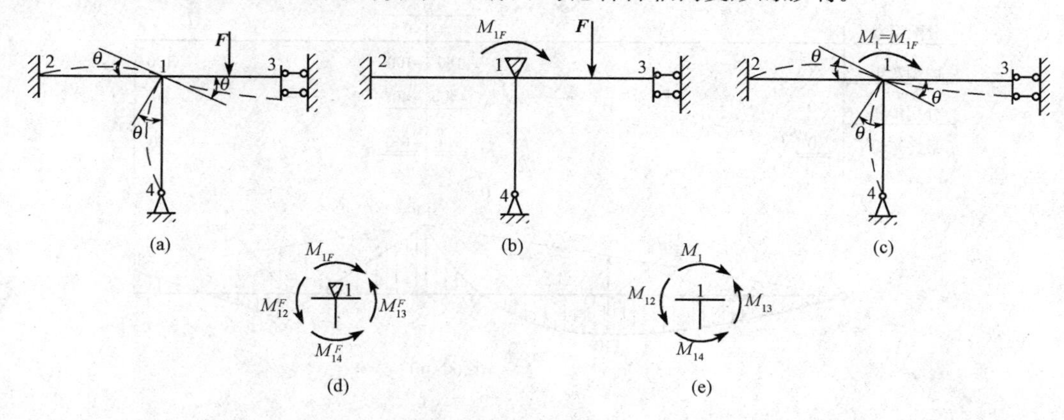

图 15-38

根据位移法的分析，在荷载作用下，刚节点 1 产生一个转角位移 θ。假设在 1 点增加一个刚臂约束，这时刚节点 1 被附加约束固定，不能发生转动，这一状态称为**固定状态**，如图 15-38(b)所示。在固定状态下，由于各杆段被约束隔离，可以分离出来独立研究，其内力可以直接查表 15-1 得到，称为固端弯矩，用 M^F 表示。同时，节点 1 满足平衡条件，如图 15-38(d)所示，据此可以求得附加刚臂的约束力矩 M_{1F}：

$$M_{1F}=M_{12}^{F}+M_{13}^{F}+M_{14}^{F}=\sum M^{F} \tag{15-35}$$

式(15-35)表明，约束力矩等于各杆端固端弯矩之和。以顺时针转向为正。

为了保持结构受力状态不改变，在节点1施加一个和M_{1F}转向相反、大小相等的力矩M_1作用，并将这个状态称为**放松状态**，如图15-38(c)所示。固定状态和放松状态两种情况的叠加就是结构的原始状态，分别对固定状态和放松状态进行计算，并将算得的各杆端弯矩值对应叠加，即得到原结构的杆端弯矩，这就是力矩分配法的基本原理。

三、用力矩分配法计算连续梁与无侧移刚架

1. 单节点力矩分配法(只有一个节点转角结构的计算)

单节点力矩分配法的计算步骤如下：

(1)确定刚节点处各杆的分配系数，并用$\sum\mu_{ij}=1$验算。

(2)以附加刚臂固定刚节点，得到固定状态，查表15-1得到各杆端的固端弯矩M^{F}。

(3)计算各杆近端分配弯矩。

(4)计算各杆远端传递弯矩。

(5)叠加计算出最后的各杆端弯矩。对于近端，用固端弯矩叠加分配弯矩；对于远端，用固端弯矩叠加传递弯矩。

现结合具体例子加以说明。

【例15-9】 用力矩分配法分析图15-39(a)所示的连续梁，绘制弯矩图。

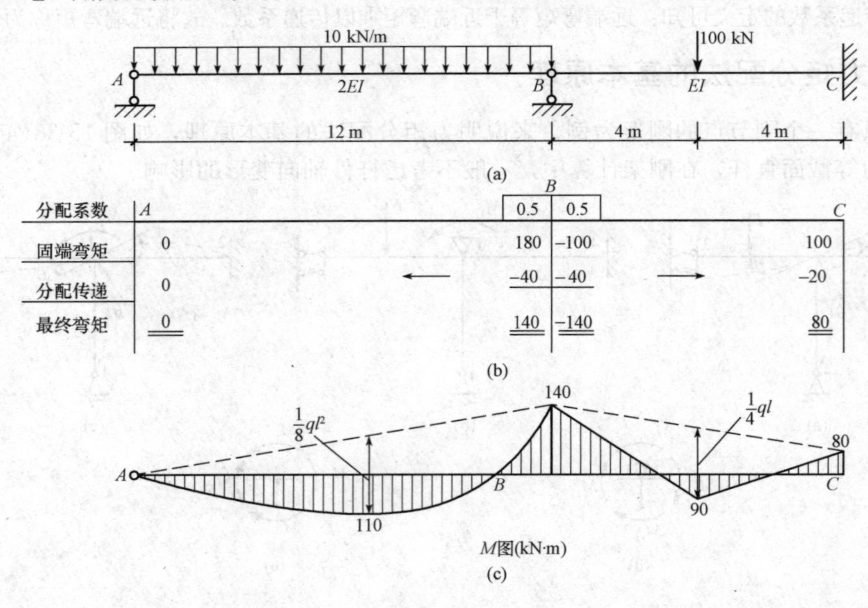

图 15-39

【解】 (1)计算分配系数。两杆在节点B刚性连接，A端为链杆支座，C端为固定，两杆的转动刚度分别为

$$S_{BA}=3i_{BA}=3\times\frac{2EI}{12}=\frac{1}{2}EI$$

$$S_{BC}=4i_{BC}=4\times\frac{EI}{8}=\frac{1}{2}EI$$

因此可得：
$$\mu_{BA}=\frac{S_{BA}}{S_{BA}+S_{BC}}=\frac{\frac{1}{2}EI}{\frac{1}{2}EI+\frac{1}{2}EI}=\frac{1}{2}$$

$$\mu_{BC}=\frac{S_{BC}}{S_{BA}+S_{BC}}=\frac{\frac{1}{2}EI}{\frac{1}{2}EI+\frac{1}{2}EI}=\frac{1}{2}$$

$$\sum\mu=1$$

证明计算无误。

(2)计算固端弯矩和约束力矩。由表15-1查得各固端弯矩为

$$M_{AB}^{F}=0$$

$$M_{BA}^{F}=\frac{ql^2}{8}=\frac{1}{8}\times10\times12^2=180(\text{kN}\cdot\text{m})$$

$$M_{BC}^{F}=-\frac{Pl}{8}=-\frac{1}{8}\times100\times8=-100(\text{kN}\cdot\text{m})$$

$$M_{CB}^{F}=\frac{Pl}{8}=\frac{1}{8}\times100\times8=100(\text{kN}\cdot\text{m})$$

连接于节点B的各固端弯矩之和等于约束力矩M_B：

$$M_B=M_{BA}^{F}=+M_{BC}^{F}=180-100=80(\text{kN}\cdot\text{m})$$

(3)计算分配弯矩、传递弯矩。将分配系数乘以约束力矩的负值即得分配弯矩：

$$M_{BA}^{\mu}=\mu_{BA}(-M_B)=\frac{1}{2}\times(-80)=-40(\text{kN}\cdot\text{m})$$

$$M_{BC}^{\mu}=\mu_{BC}(-M_B)=\frac{1}{2}\times(-80)=-40(\text{kN}\cdot\text{m})$$

将传递系数乘以分配弯矩即得传递弯矩：

$$M_{AB}^{C}=C_{BA}M_{BA}^{\mu}=0$$

$$M_{CB}^{C}=C_{BC}M_{BC}^{\mu}=0.5\times(-40)=-20(\text{kN}\cdot\text{m})$$

(4)计算各杆端的最终弯矩。

$$M_{AB}=M_{AB}^{F}+M_{AB}^{C}=0$$

$$M_{BA}=M_{BA}^{F}+M_{BA}^{\mu}=180-40=140(\text{kN}\cdot\text{m})$$

$$M_{BC}=M_{BC}^{F}+M_{BC}^{\mu}=-100-40=-140(\text{kN}\cdot\text{m})$$

$$M_{CB}=M_{CB}^{F}+M_{CB}^{C}=100-20=80(\text{kN}\cdot\text{m})$$

(5)画弯矩图。根据各杆端的最终弯矩和已知荷载，用叠加法画弯矩图，如图15-39(c)所示。

2. 多节点力矩分配法

对于具有多个刚节点的连续梁和无侧移的刚架，只要逐次对每一个节点应用基本运算，就可计算出各杆端弯矩。下面通过具体例题说明计算步骤和格式。

【例15-10】 用力矩分配法计算图15-40所示的连续梁，并作出M图。

【解】 (1)计算分配系数。

$$S_{BA}=\frac{4EI}{6},\ S_{BC}=\frac{4\times2EI}{8},\ \sum_{B}S=S_{BA}+S_{BC}=\frac{5EI}{3}$$

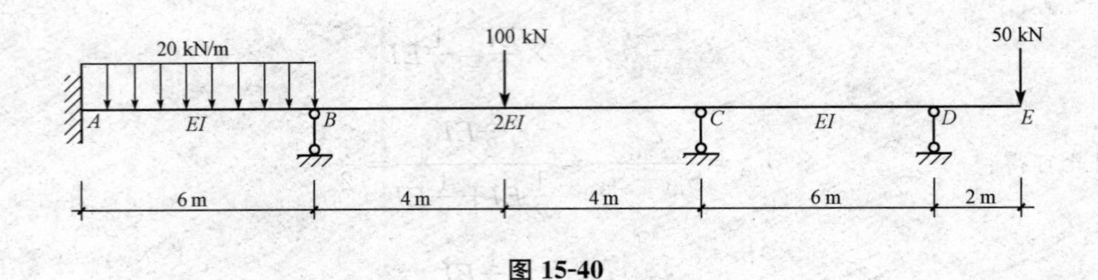

图 15-40

$$S_{CB}=\frac{4\times 2EI}{8},\ S_{CD}=\frac{3EI}{6},\ \sum_{C}S=S_{CB}+S_{CD}=\frac{3EI}{2}$$

$$\mu_{BA}=\frac{S_{BA}}{\sum\limits_{B}S}=\frac{4}{6}\times\frac{3}{5}=\frac{2}{5};\ \mu_{BC}=\frac{S_{BC}}{\sum\limits_{B}S}=\frac{3}{5}$$

$$\mu_{CB}=\frac{S_{CB}}{\sum\limits_{C}S}=\frac{2}{3};\ \mu_{CD}=\frac{S_{CD}}{\sum\limits_{C}S}=\frac{1}{3}$$

(2)计算固端弯矩。DE 相当于悬臂梁，截面 D 的弯矩作为固端弯矩作用于 CD 跨 D 端，并传递给 C 端作为固端弯矩。

$$M_{BA}^{F}=-M_{AB}^{F}=\frac{1}{12}\times 20\times 6^{2}=60(\mathrm{kN\cdot m})$$

$$M_{BC}^{F}=-M_{CB}^{F}=-\frac{1}{8}\times 100\times 8=-100(\mathrm{kN\cdot m})$$

$$M_{DC}^{F}=M_{D}=50\times 2=100(\mathrm{kN\cdot m})$$

$$M_{CD}^{F}=\frac{1}{2}\times M_{DC}^{F}=50(\mathrm{kN\cdot m})$$

(3)列表分配传递弯矩，计算杆端弯矩，见表 15-2。

表 15-2　杆端弯矩计算表

	AB		BA	BC		CB	CD	DC	DE
分配系数 μ			2/5	3/5		2/3	1/3	1	0
固端弯矩 M^F	−60		+60	−100		+100	+50	+100	−100
分配与传递				−50	←	−100	−50		
	+18	←	+36	+54	→	+27			
				−9	←	−18	−9		
	+1.8	←	+3.6	+5.4	→	+2.7			
				−0.9	←	−1.8	−0.9		−100
	+0.18	←	+0.36	+0.54	→	+0.27			
				−0.09	←	−0.18	−0.09		
	+0.018	←	+0.036	+0.054	→	+0.027			
						−0.018	−0.009		
杆端弯矩	−40		+100	−100		+10	−10	+100	

(4)作弯矩图，如图 15-41 所示。

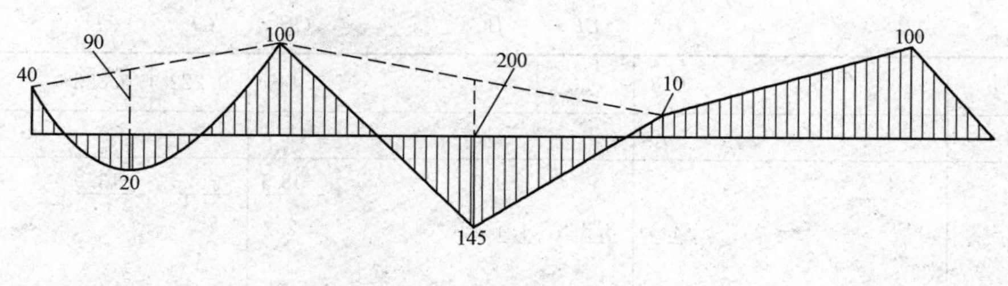

图 15-41

【例 15-11】 用力矩分配法计算图 15-42(a)所示的刚架，绘制出弯矩图(EI 为常数)。

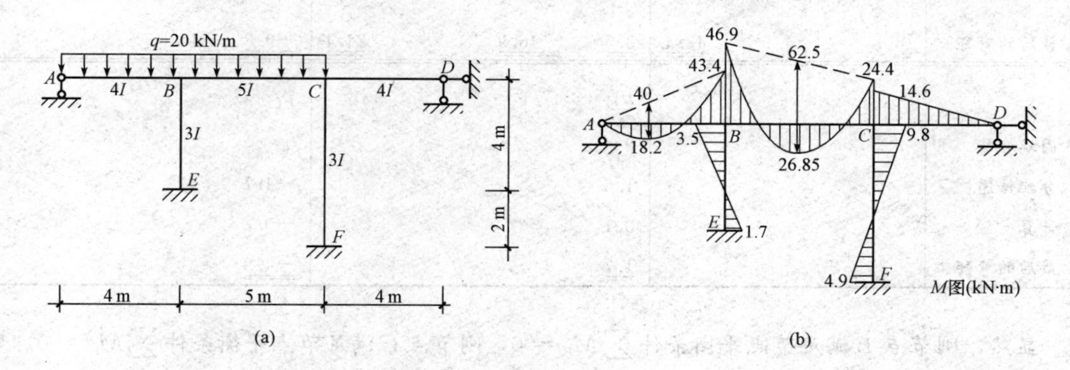

图 15-42

【解】 (1)确定刚节点处各杆的分配系数，为了计算简便，令 $EI=1$。

节点 B：$S_{BA}=3i_{BA}=3\times\dfrac{4EI}{4}=3$；$S_{BC}=4i_{BC}=4\times\dfrac{5EI}{5}=4$；$S_{BE}=4i_{BE}=4\times\dfrac{3EI}{4}=3$

$\mu_{BA}=\dfrac{3}{3+4+3}=0.3$；$\mu_{BC}=\dfrac{4}{3+4+3}=0.4$；$\mu_{BE}=\dfrac{3}{3+4+3}=0.3$

节点 C：$S_{CB}=4$；$S_{CD}=3i_{CD}=3\times\dfrac{4EI}{4}=3$；$S_{CF}=4i_{CF}=4\times\dfrac{3EI}{6}=2$

$\mu_{CB}=\dfrac{4}{4+3+2}=0.445$；$\mu_{CD}=\dfrac{3}{4+3+2}=0.333$；$\mu_{CF}=\dfrac{2}{4+3+2}=0.222$

(2)计算固端弯矩。

$$M_{BA}^{F}=\frac{ql^2}{8}=\frac{20\times4^2}{8}=40(\text{kN}\cdot\text{m})$$

$$M_{BC}^{F}=-\frac{ql^2}{12}=-\frac{20\times5^2}{12}=-41.7(\text{kN}\cdot\text{m})$$

$$M_{CB}^{F}=\frac{ql^2}{12}=\frac{20\times5^2}{12}=41.7(\text{kN}\cdot\text{m})$$

(3)分配弯矩、传递弯矩计算及最后弯矩的叠加，见表 15-3。

表 15-3　分配弯矩、传递弯矩计算及最后的弯矩

	AB		BA	BE	BC		CB	CF	CD		DC
分配系数 μ			0.3	0.3	0.4		0.445	0.222	0.333		
固端弯矩	0		40	0	−41.7		41.7	0	0		0
					−9.3	←	−18.5	−9.3	−13.9	→	0
	0	←	3.3	3.3	4.4	→	2.2				
分配传递					−0.5	←	−1.0	−0.5	−0.7	→	0
计算	0	←	0.15	0.15	0.2						
最后的弯矩	0		43.4	3.5	−46.9		24.4	−9.8	−14.6		0
				EB				FC			
固端弯矩				0				0			
分配传递				1.6				−4.7			
计算				0.1				−0.2			
最后的弯矩				1.7				−4.9			

显然，刚节点 B 满足节点平衡条件 $\sum M_B = 0$，刚节点 C 满足节点平衡条件 $\sum M_C = 0$。弯矩图如图 15-42(b) 所示。

【例 15-12】 用力矩分配法计算图 15-43(a)所示的刚架，作弯矩图。

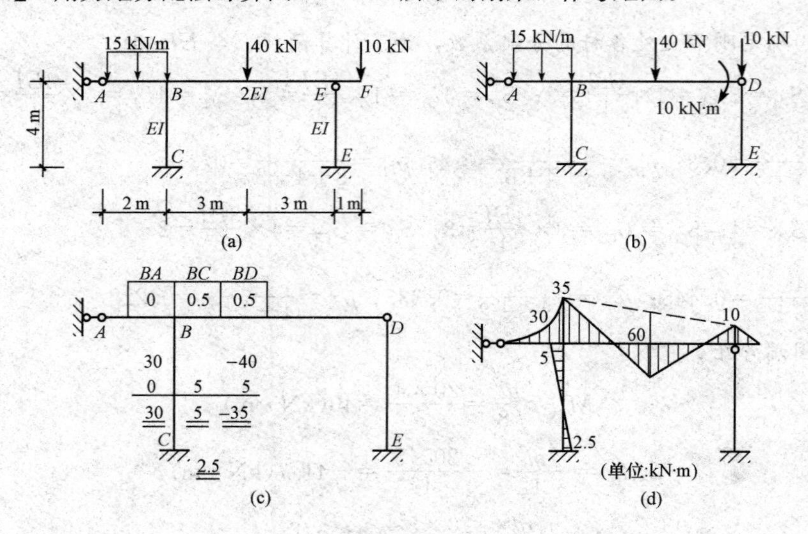

图 15-43

【解】 A 处虽有水平支杆，但其水平反力对 AB 杆的弯矩无影响，AB 杆仍相当于悬臂梁。但若将悬臂杆 AB 去掉，并不能简化计算过程。因为在节点 B 处还有 BC、BD 两杆的刚结，仍需在节点 B 附加刚臂，所以 AB 杆不去掉。悬臂杆 DF 去掉后，节点 D 成为铰节点，不需进行力矩分配，简化了计算。原结构变成图 15-43(b)所示结构进行计算。

分配系数为

$$S_{BA}=0;\ S_{BC}=4\times\frac{EI}{4}=EI;\ S_{BD}=3\times\frac{2EI}{6}=EI$$

$$\mu_{BA}=0;\ \mu_{BC}=0.5;\ \mu_{BD}=0.5$$

固端弯矩为

$$M_{BA}^{F}=\frac{1}{2}\times15\times2^{2}=30(\text{kN}\cdot\text{m})$$

$$M_{BD}^{F}=-\frac{3}{16}\times40\times6+\frac{1}{2}\times10=-40(\text{kN}\cdot\text{m})$$

力矩分配及传递如图 15-43(c)所示。作原结构的弯矩图，如图 15-43(d)所示。

第五节　支座移动时超静定结构内力的计算

由于超静定结构有多余约束，因此，使结构产生变形的因素都将导致结构产生内力。这是超静定结构的重要特征之一，是静定结构所没有的。

在实际工程中的结构除具有承受直接荷载的作用外，还受支座移动、温度改变、制造误差及材料的收缩膨胀等因素影响。下面将研究支座移动与温度改变时超静定结构的计算问题。

用力法计算超静定结构在支座移动所引起的内力时，其基本原理和解题步骤与荷载作用的情况相同，只是力法方程中自由项的计算有所不同，它表示基本结构由于支座移动在多余约束处沿多余未知力方向所引起的位移 Δ_{iC}，可用第十四章第五节“支座移动与温度改变时静定结构的位移计算”所述方法求得。另外，还应注意力法方程等号右侧为基本结构在拆除约束处沿多余未知力方向的位移条件，也就是原结构在多余未知力方向的已知实际位移值 Δ_i，当 Δ_i 与多余未知力方向一致时取正值；反之，取负值。

【例 15-13】 图 15-44(a)所示的超静定梁，设支座 A 发生转角 θ，求作梁的弯矩图。已知梁的 EI 为常数。

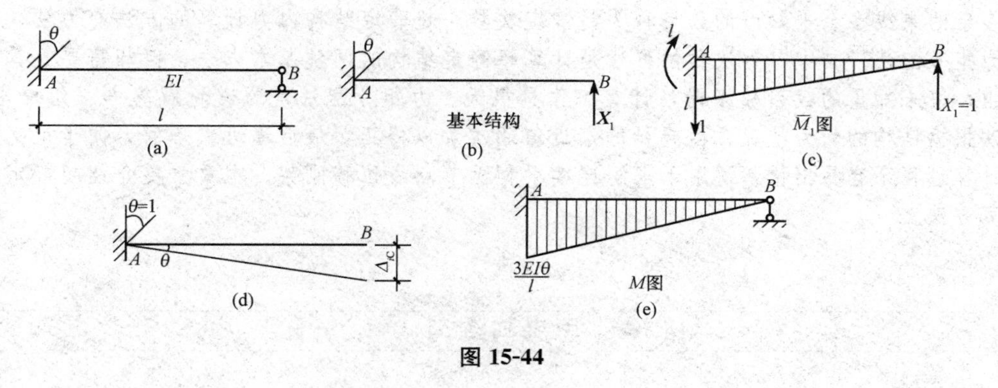

图 15-44

【解】 (1)选取基本结构。原结构为一次超静定梁，选取图 15-44(b)所示的悬臂梁为基本结构。

(2)建立力法方程。原结构在 B 处无竖向位移，可建立力法方程如下：

$$\delta_{11}X_1+\Delta_{1C}=0$$

(3)计算系数和自由项。

1)作单位弯矩图 $\overline{M}_1$，如图 15-44(c)所示，可由图乘法求得：

$$\delta_{11}=\frac{1}{EI}\left(\frac{1}{2}\times l\times l\times\frac{2}{3}l\right)=\frac{l^3}{3EI}$$

2) $\Delta_{iC}=-\sum\overline{R}C=-(l\cdot\theta)=-l\cdot\theta$

(4)求多余未知力。将 δ_{11}、Δ_{1C} 代入力法方程得：

$$\frac{l^3}{3EI}X_1-l\cdot\theta=0$$

解得

$$X_1=\frac{3EI\theta}{l^2}$$

(5)作弯矩图。由于支座移动在静定的基本结构中不引起内力，故只需将 $\overline{M}_1$ 图乘以 X_1 值即可。

$$M=\overline{M}_1X_1$$

所以

$$M_{AB}=l\times\frac{3EI\theta}{l^2}=\frac{3EI\theta}{l}$$

$$M_{BA}=0$$

作 M 图如图 15-44(e)所示。

由图 15-44(e)所示的弯矩图可知，**超静定结构由于支座移动引起的内力，其大小与杆件的刚度 EI 成正比，与杆长 l 成反比。或者，其内力大小与杆件的 $\frac{EI}{l}$ 成正比。为方便起见，$\frac{EI}{l}$ 常用 i 表示，即 $i=\frac{EI}{l}$，称为杆的线刚度。**其物理意义是单位长度的抗弯刚度。因此，由支座移动引起的杆件内力与杆的线刚度成正比。

本章小结

多余约束或多余未知力的数目称为超静定次数。超静定结构内力计算的方法有力法、位移法和力矩分配法。其中，力法和位移法是计算超静定结构的两种基本方法，但却需要解算联立方程组，当未知量的数目较多时，计算工作量很大。力矩分配法是为避免解算方程组提出的，该方法根据结构的受力状况，由开始的渐近值逐次加以修正，最后逼近精确解，便于记忆和掌握，计算过程不容易出错，适用于求解连续梁和无节点线位移刚架。本章主要介绍超静定结构的计算方法。

思考与练习

一、填空题

1. 用去掉多余约束的方法可以确定任何超静定结构的________。
2. 超静定结构的计算方法较多，基本方法有________和________。

3. 力法方程中位于主对角线两侧对称位置上的两个副系数________。

4. 对杆端而言，杆端弯矩以________转向为正。

5. 结点位移包括________和________。

6. 常用单跨超静定梁主要包括________、________和________三种类型。

7. 约束力矩等于________。

二、简答题

1. 撤除超静定结构的多余约束时，应注意哪些问题？

2. 用力法计算超静定结构内力的计算步骤是什么？

3. 用位移法计算超静定结构的内力时应解决哪些问题？

4. 用位移法计算连续梁及超静定刚架的步骤是什么？

三、计算题

1. 试确定图 15-45 所示各结构的超静定次数。

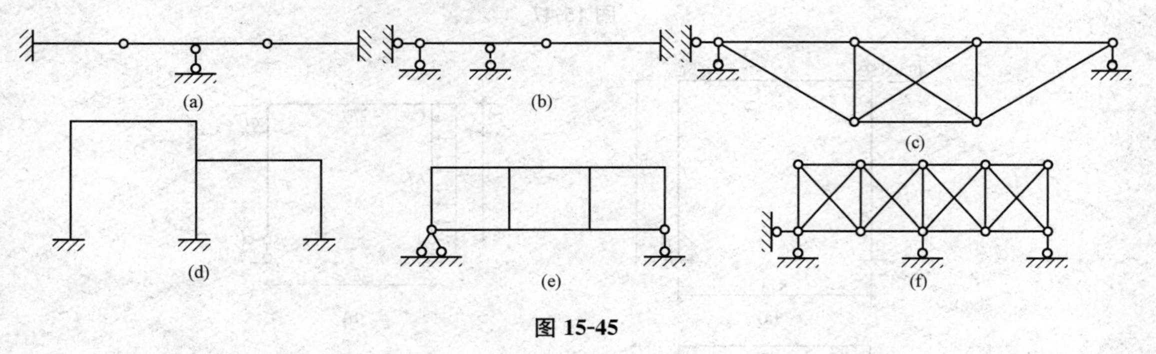

图 15-45

2. 图 15-46(a)所示为二次超静定刚架，图 15-46(b)所示为所选的基本结构和基本未知力，试写出力法方程，并用变形示意图表示方程中全部系数和自由项。

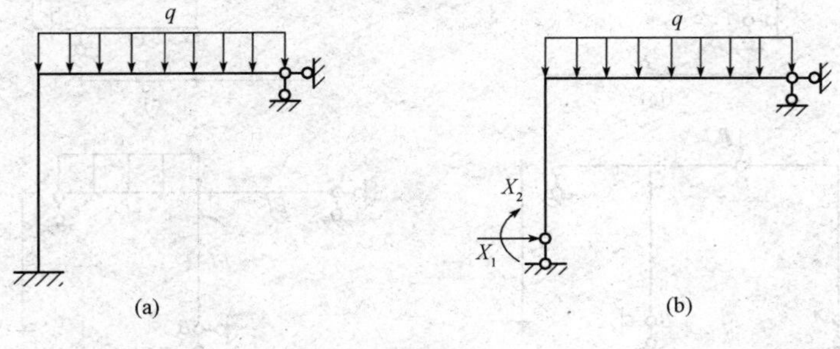

图 15-46

3. 试用力法求解图 15-47 所示的超静定梁。

4. 试用力法计算图 15-48 所示的超静定刚架，并作出内力图。

5. 试用力法计算图 15-49 所示的排架，并作出弯矩图。

6. 计算图 15-50 所示两跨排架的弯矩，并作出弯矩图，其中，$M_1:M_2:M_3=1:2:5$。

7. 试利用对称性计算图 15-51 所示的结构，并作出弯矩图。

8. 如图 15-52 所示，已知梁 AB 的支座 B 竖向移动 Δ，试作出其内力图。

9. 试确定图 15-53 所示结构在位移法计算时的基本未知量。

10. 用位移法计算图 15-54 所示各梁的弯矩图(EI 为常数)。

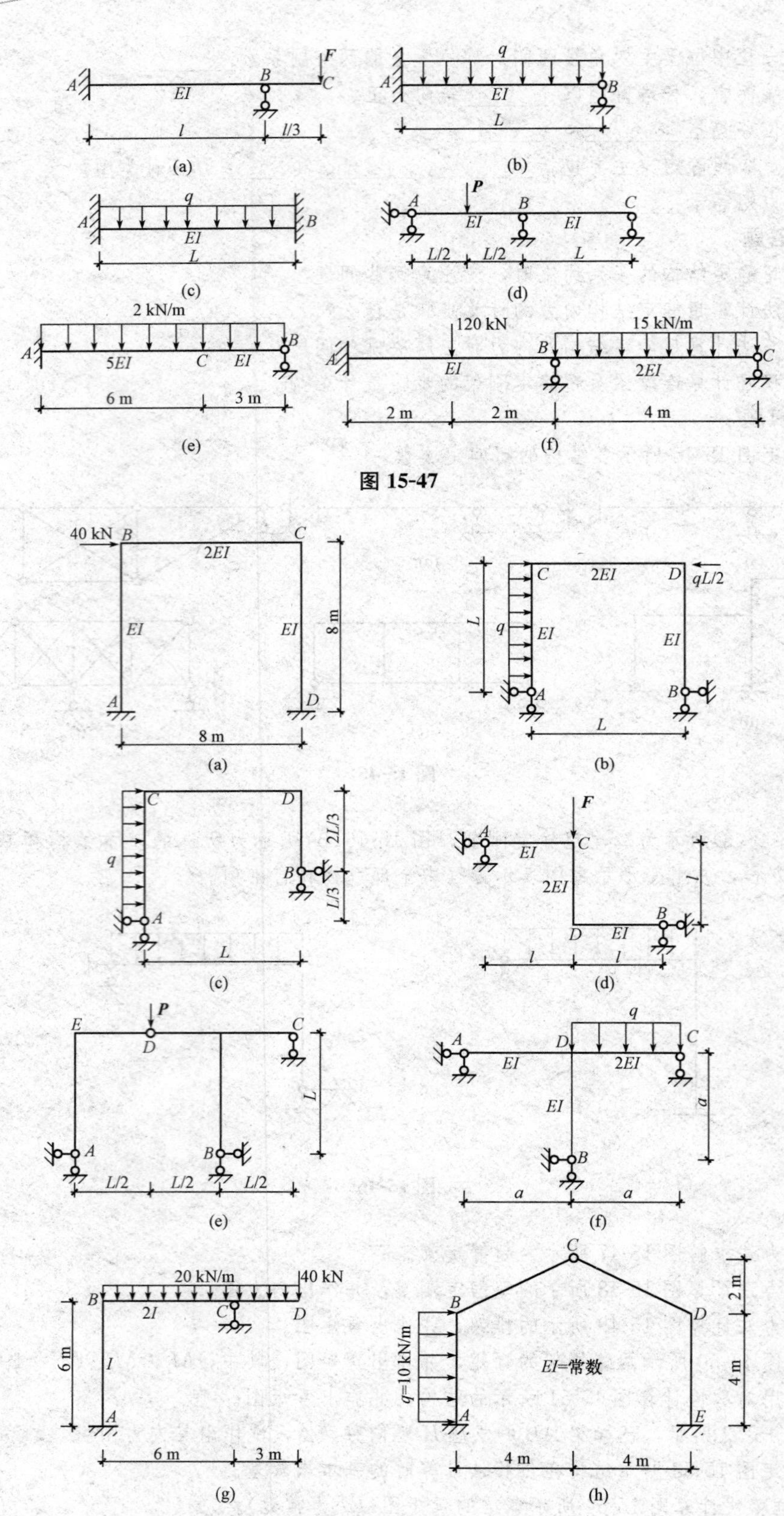
F
A
B
C
EI
l
l/3
(a)
q
A
EI
B
L
(b)
q
A
B
EI
L
(c)
P
A
B
C
EI
EI
L/2
L/2
L
(d)
2 kN/m
A
B
5EI
C
EI
6 m
3 m
(e)
120 kN
15 kN/m
A
B
C
EI
2EI
2 m
2 m
4 m
(f)
40 kN
B
C
2EI
EI
EI
8 m
A
D
8 m
(a)
C
2EI
D
qL/2
L
q
EI
EI
A
B
L
(b)
C
D
q
2L/3
B
L/3
A
L
(c)
F
A
C
EI
2EI
l
B
D
EI
l
l
(d)
P
E
D
C
L
A
B
L/2
L/2
L/2
(e)
q
A
D
C
EI
2EI
a
EI
B
a
a
(f)
20 kN/m
40 kN
B
2I
C
D
6 m
I
A
6 m
3 m
(g)
C
B
D
2 m
q=10 kN/m
EI=常数
4 m
A
E
4 m
4 m
(h)

图 15-47

图 15-48

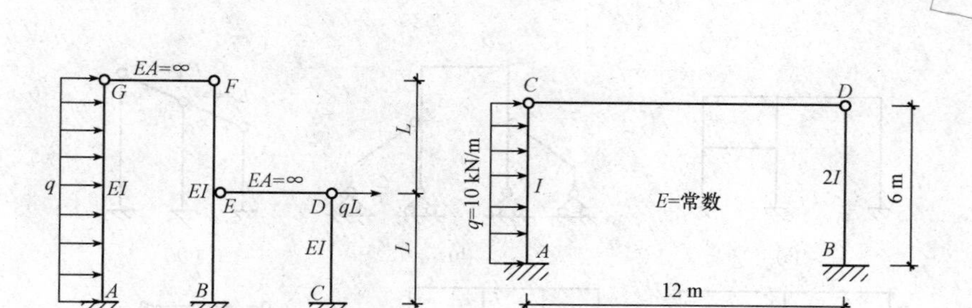

图 15-49

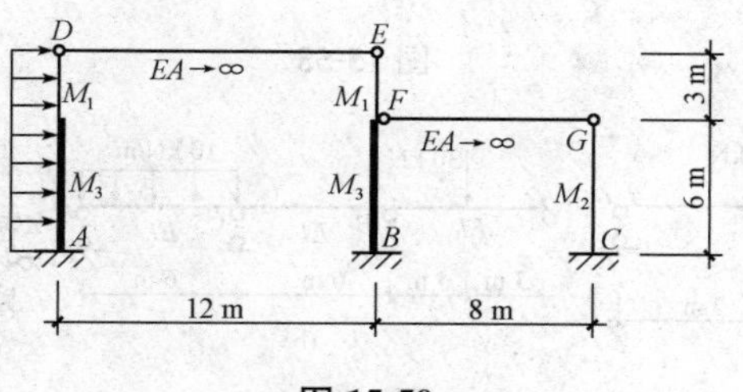

图 15-50

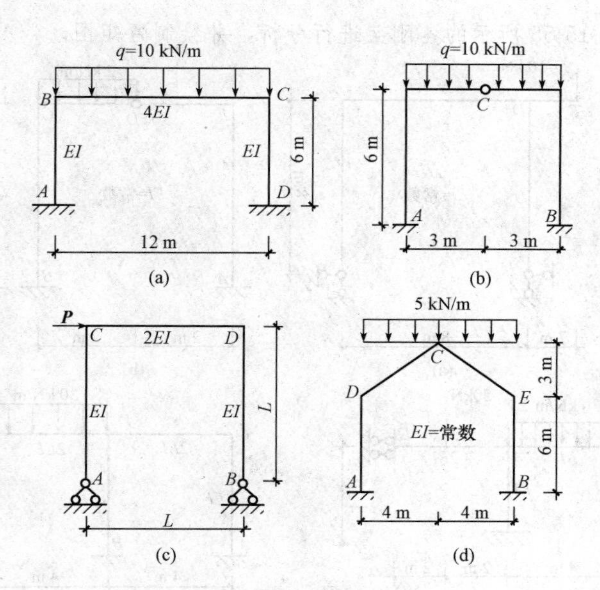

图 15-51

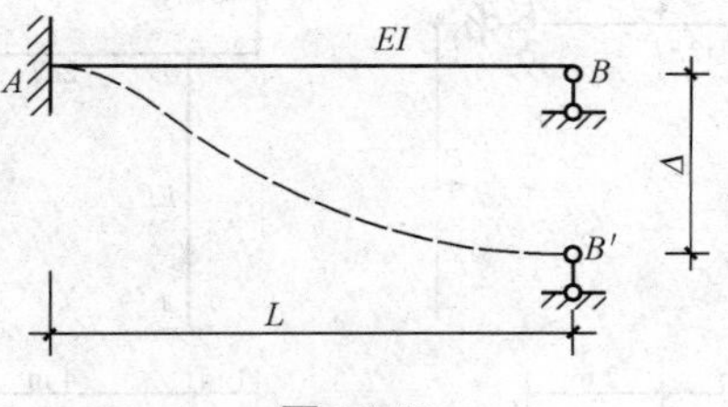

图 15-52

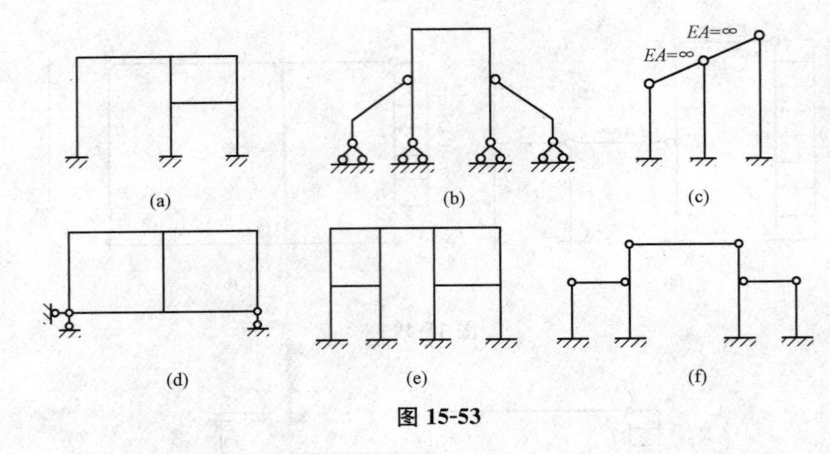

图 15-53

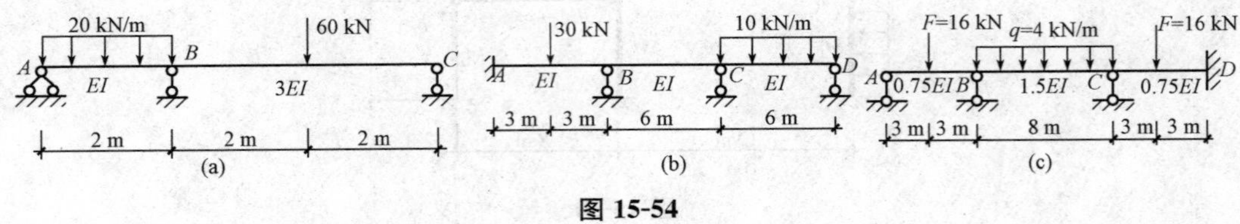

图 15-54

11. 用位移法对图 15-55 所示的各刚架进行分析，并绘制弯矩图。

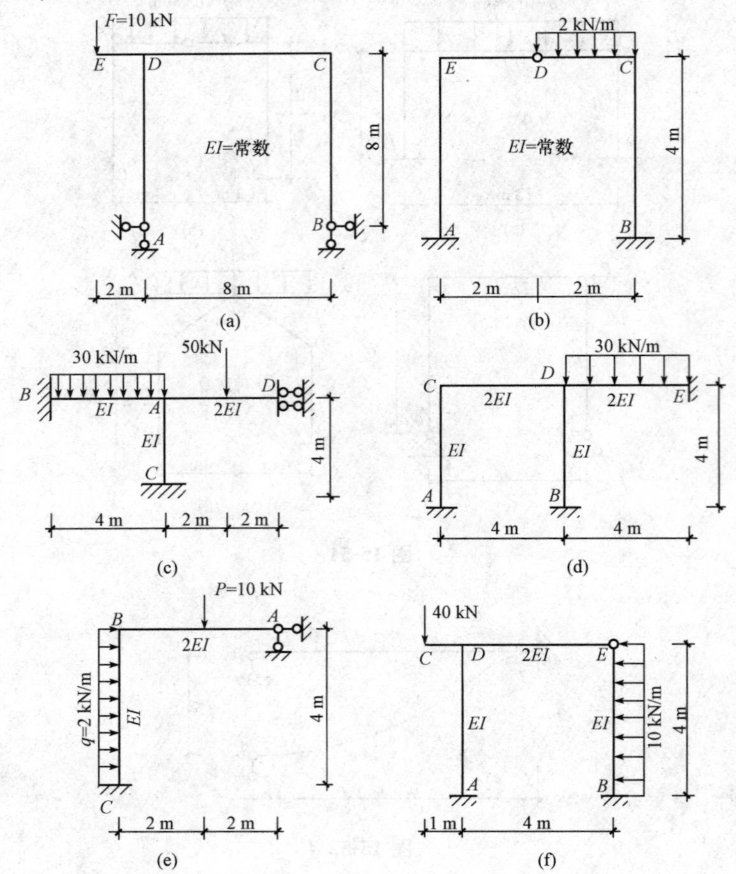

图 15-55

12. 试用力矩分配法计算图 15-56 所示的各连续梁，并绘制其弯矩图。

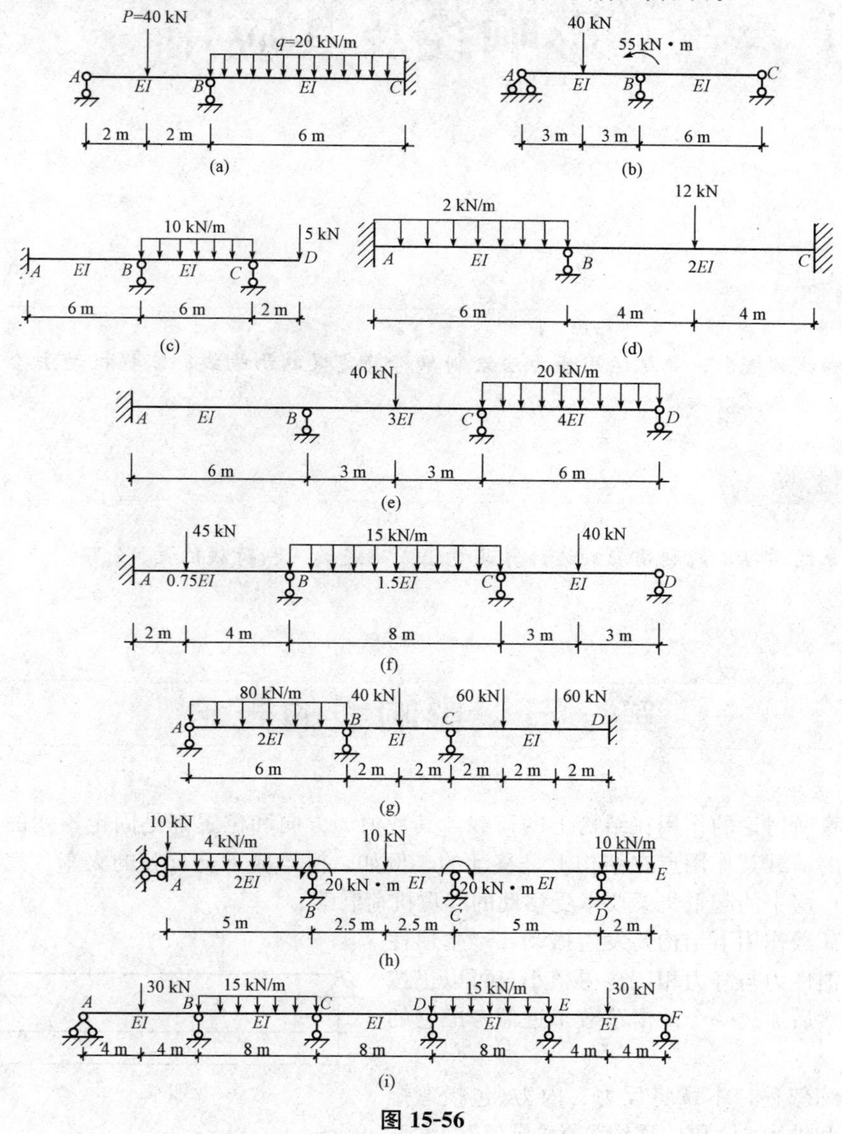

图 15-56

13. 试用力矩分配法计算图 15-57 所示的各刚架，并绘制其弯矩图。

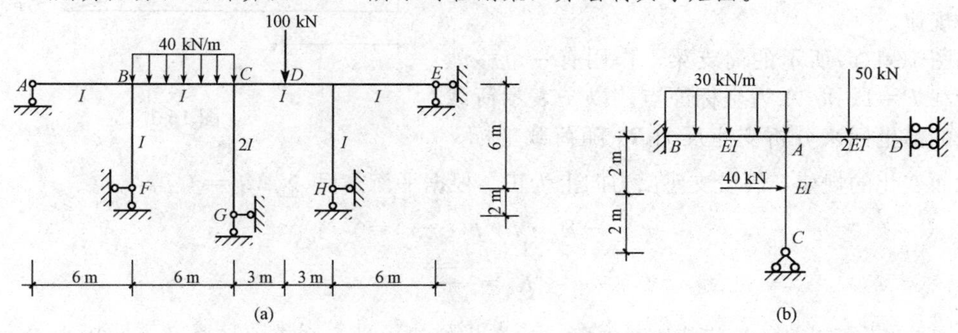

图 15-57

第十六章 影响线及其应用

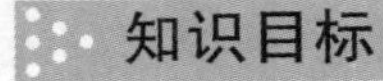

知识目标

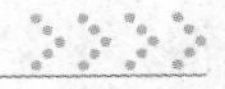

了解影响线的概念；熟练运用静力法绘制单跨静定梁的影响线；掌握机动法绘制单跨静定梁影响线的方法。

能力目标

通过本章的学习，能利用影响线计算某量值或确定最不利荷载位置。

第一节 影响线的概念

前面各章所讨论的作用在结构上的荷载，其数值、方向和位置都是固定不变的，但是有些结构所承受的荷载其作用点在结构上是移动的。例如，桥梁要承受行驶的火车、汽车和走动人群等荷载，厂房中的起重机梁要承受移动的起重机荷载等。

在移动荷载作用下结构要发生振动，产生惯性力。但这些惯性力与静力相比显得很小，可以仍按静力计算，然后通过一个冲击系数来近似考虑它的动力效应。

为了简练叙述，本章将反力、内力(包括弯矩 M、剪力 Q 和轴力 N)和位移统称为“量值”。本章的主要内容就是要研究结构上各量值随荷载移动而变化的规律。

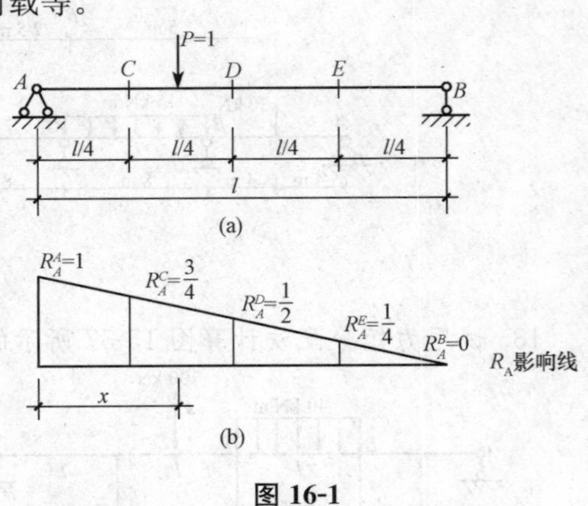

图 16-1

如图 16-1(a)所示的简支梁，作用有一个移动集中荷载 $P=1$。取 A 为坐标原点，以 x 表示荷载作用点的横坐标来分析支座反力 $\boldsymbol{R}_A$ 随荷载坐标 x 的变化而变化的规律，假设支座反力向上为正。根据平衡方程 $\sum M_B=0$ 得：

$$-R_A\cdot l+p(l-x)=0$$

则

$$R_A=\frac{l-x}{l} \tag{16-1}$$

式(16-1)表示出 R_A 与荷载位置坐标 x 的变化规律，是一个直线函数关系，称为 R_A 影响线方程。根据该方程可以作出图 16-1(b)所示的斜直线，即 R_A 的影响线。

从图 16-1 中可以看出，荷载作用在 B 点是($x=l$)，$R_A=0$。荷载逐渐向 A 点移动，则 R_A 逐渐增加，当荷载作用在 A 点时($x=0$)，$R_A=1$，达到最大。所以，单个竖直向下的集中力作用在 A 点时，就是 R_A 的最不利位置。

在实际工程中，移动荷载的种类很多，常见的是由一组间距保持不变、大小不等的竖向荷载所组成的。为了简便，一般先研究一个方向不变而沿着结构移动的竖向单位移动荷载 $P=1$ 对结构上某一量值的影响，然后利用叠加原理，就可求出同一方向的一系列荷载移动时对该量值的共同影响。

通过以上所述可知，影响线的定义是：**当一个方向不变的单位集中荷载 $P=1$ 沿结构移动时，表示某一指定量值(反力、内力或位移)变化规律的图形，称为该值的影响线。**

由于影响线是在单位荷载作用下来分析的，如果荷载大小不是 1，在得知某量值的影响线时，可以从影响线查到相应的值，再乘以荷载大小而得到量值的大小，这个方法就是利用影响线求量值的方法。在图 16-1(a)所示的简支梁中，假如有力 $P=200$ kN 作用在梁中点，可以查到 R_A 影响线中点的值 $y_1=0.5$，此时 $R_A=0.5\times200=100$(kN)。

对于多跨梁来说，用这个方法求量值有时比直接应用平衡方程要简便得多。

影响线的绘制、最不利荷载位置的确定及求出最大量值等是移动荷载作用下结构计算中的几个重要问题。本章主要介绍用静力法和机动法绘制简支梁影响线及最不利荷载位置的确定。

第二节　单跨静定梁的影响线

一、静力法作单跨静定梁的影响线

静力法是应用静力平衡条件，求出某量值的影响线方程，再绘制出影响线的方法。换而言之，就是以单位荷载位置坐标 x 为变量，根据静力平衡条件得出量值和坐标 x 之间的函数关系式，然后作出图线的方法，图 16-1 所示的例子应用的就是静力法。根据同样的步骤来分析简支梁中支座反力、剪力、弯矩的影响线。

1. 支座反力影响线

支座 A 已经在上一节讨论过，现在来看 B 支座力影响线。

根据平衡方程 $\sum M_A=0$ 得：

$$R_B\cdot l-P\cdot x=0$$

$$R_B=\frac{x}{l}\qquad(16\text{-}2)$$

从式(16-2)可以看出，R_B 与 x 的关系是一条斜直线，描两点连直线即可，如图 16-2(c)所示。

由图 16-2 可知，当 $x=l$ 时，$R_B=1$；当 $x=0$ 时，$R_B=0$。

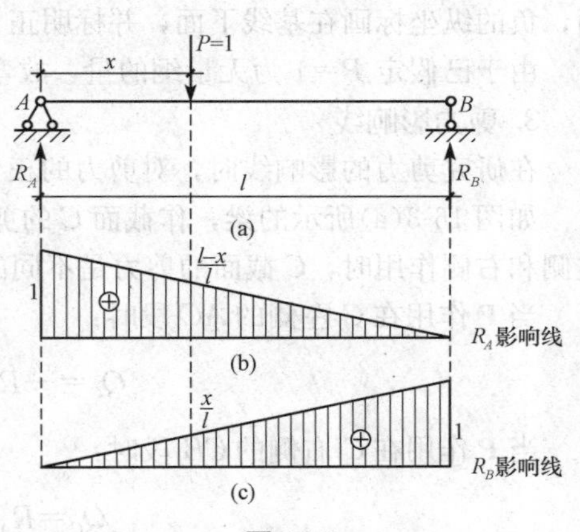

图 16-2

在作影响线时，通常假定单位荷载 $P=1$，由反力影响线的方程可知，反力影响线的竖坐标是无量纲的量。支座反力影响线上某一位置纵坐标的物理意义是：当单位移动荷载 $P=1$ 作用于该处时反力的大小。

2. 弯矩影响线

作弯矩的影响线时，应首先明确指定截面的位置。如图 16-3(a)所示，讨论截面 C 的弯矩影响线。

当荷载 $P=1$ 在截面 C 的左边移动时，为计算简便，取 CB 段为隔离体，由直接法可得：

$$M_C=R_Bb=\frac{x}{l}b \quad (0\leqslant x<a) \qquad (16\text{-}3)$$

式(16-3)表明：M_C 的影响线在截面 C 以左为一直线。

$$\begin{cases}\text{当 } x=0 \text{ 时，} M_C=0 \\ \text{当 } x=a \text{ 时，} M_C=\dfrac{ab}{l}\end{cases}$$

用直线连接两个控制截面的竖标，即得 AC 段 M_C 的影响线。

当 $P=1$ 在截面 C 的右边移动时，为使计算简便，取 AC 段为隔离体，由 $\sum M_C=0$ 即得：

$$M_C=R_Aa=\frac{l-x}{l}a \quad (a<x\leqslant l) \qquad (16\text{-}4)$$

显然，M_C 的影响线在截面 C 以右也是一直线。

$$\begin{cases}\text{当 } x=a \text{ 时，} M_C=\dfrac{ab}{l} \\ \text{当 } x=l \text{ 时，} M_C=0\end{cases}$$

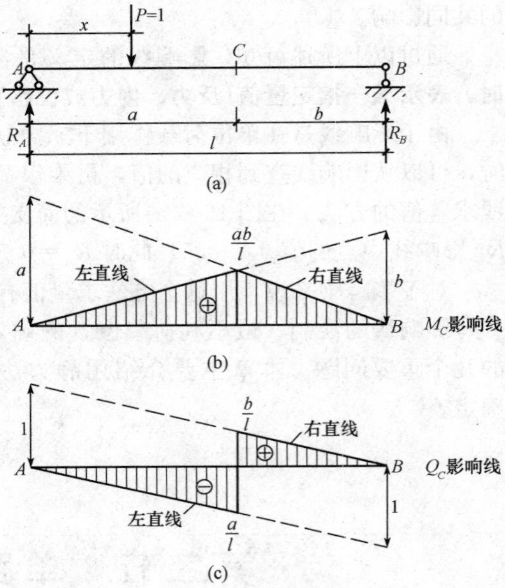

图 16-3

用直线连接两个竖标，即得 CB 段 M_C 的影响线。因此，截面 C 影响线如图 16-3(b)所示。由图 16-3 可知，M_C 影响线是由两段直线所组成的，当 $P=1$ 作用于 C 点时 M_C 是最大值。

分析式(16-3)和式(16-4)可以看出，M_C 影响线左段为反力 R_B 的影响线的纵坐标扩大 b 倍而成，而右段为反力 R_A 的影响线纵坐标扩大 a 倍而成。因此，可以利用 R_A 和 R_B 的影响线来绘制 M_C 的影响线，如图 16-3(b)中的虚线所示。在画弯矩影响线时，规定将正的纵坐标画在基线上面，负的纵坐标画在基线下面，并标明正、负号。

由于已假定 $P=1$ 为无量纲的量，故弯矩影响线纵坐标的量纲为[长度]。

3. 剪力影响线

在研究剪力的影响线时，对剪力的正、负规定与之前所述相同。

如图 16-3(a)所示的梁，作截面 C 的剪力影响线。根据截面法可以得知，力 $\boldsymbol{P}$ 分别在 C 截面左侧和右侧作用时，C 截面的剪力是不同的。

当 $\boldsymbol{P}$ 作用在 C 左侧的 AC 段时：

$$Q_C=-R_B=-\frac{x}{l} \quad (0\leqslant x<a) \qquad (16\text{-}5)$$

当 $\boldsymbol{P}$ 作用在 C 右侧的 CB 段时：

$$Q_C=R_A=\frac{l-x}{l} \quad (a<x\leqslant l) \qquad (16\text{-}6)$$

从图 16-3(c)中可以看出，Q_C 影响线在 AC、CB 上都为斜直线。在 AC 上时，只要将 R_B 影响线反号即可，在 CB 上时，则与 R_A 的影响线相同。

与画弯矩影响线一样，规定将正的纵坐标画在基线上面，负的纵坐标画在基线下面，并标明正、负号。由式(16-5)、式(16-6)可知，剪力影响线与支座反力影响线的纵坐标都是无量纲的。以后会看到，当利用影响线研究实际荷载对某量值的影响时，需将荷载的单位计入，方可得到该量值的实际单位。

【例 16-1】 作图 16-4 所示悬臂梁内力的影响线。

【解】 设 K 截面为悬臂梁上指定的一个截面，$P=1$ 沿整个梁移动，求作 K 截面的弯矩 M_K 和剪力 Q_K 的影响线。

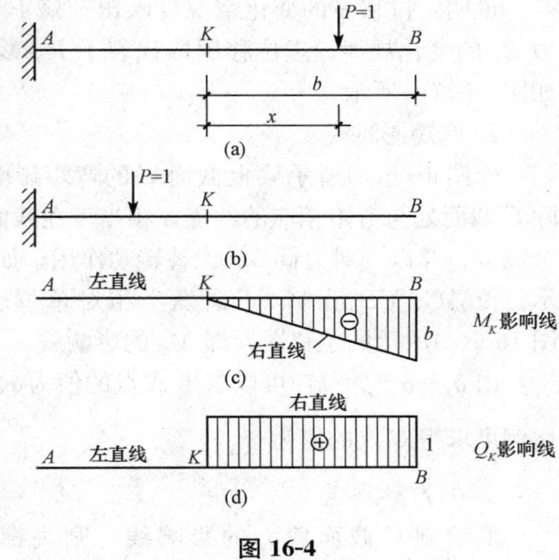

图 16-4

(1)设 $P=1$ 在 K 截面右方移动，如图 16-4(a)所示。取 K 截面以右部分为脱离体，由直接法得：

$$M_K=-x \quad (0<x\leqslant b)$$
$$Q_K=1 \quad (0<x\leqslant b)$$

说明当荷载在 K 截面以右部分移动时，弯矩 M_K 的影响线图形为一直线，剪力图为一水平线，如图 16-4(c)、(d)所示。

(2)设 $P=1$ 在截面 K 以左部分移动，如图 16-4(b)所示。仍取 K 截面以右部分为脱离体，由直接法得：

$$M_K=0$$
$$Q_K=0$$

显然，当荷载在 K 截面以左部分移动时，K 截面上不产生弯矩和剪力，如图 16-4(c)、(d)中的左直线所示。

二、机动法作静定梁的影响线

用静力法作影响线，需要先求影响线方程，而后才能作出相应的图形。当结构较复杂时，用静力法就更加烦琐，而且工程上有时只需画出影响线的轮廓即可，这时常采用机动法作影响线。机动法的理论基础是刚体的虚功原理。

1. 支座反力影响线

外伸臂梁如图 16-5(a)所示。为了作反力 R_B 的影响线，首先解除 B 点约束，代以约束反力 R_B，如图 16-5(b)所示。其次令梁 B 端沿反力正方向产生一个微小的单位虚位移 $\delta=1$，$P=1$ 作用点相应的虚位移为 y，如图 16-5(c)所示。

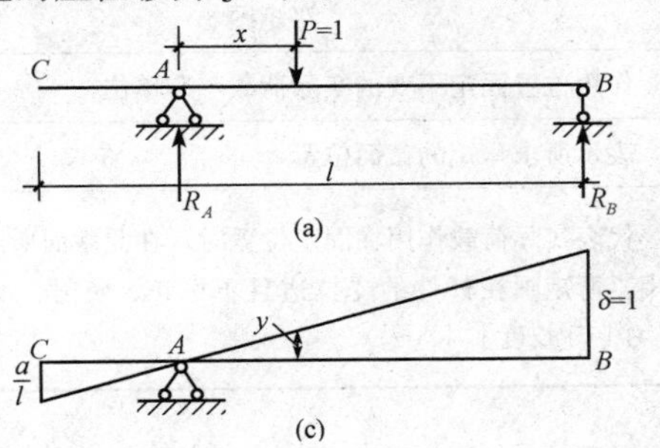

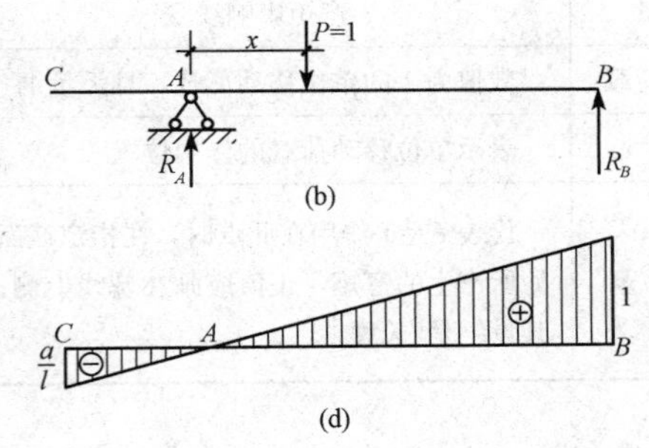

图 16-5

根据刚体的虚功原理，体系的外力虚功总和应等于零，即

$$R_B\delta - Py = 0$$

于是
$$R_B = \frac{Py}{\delta} = \frac{y}{\delta} \tag{16-7}$$

当令 $\delta=1$ 时，y 将随 $P=1$ 的移动而改变，并与 R_B 相等，式(16-7)变为

$$R_B = y$$

说明：位移 y 的变化情况反映出荷载 $P=1$ 移动时反力 R_B 的变化规律。虚位移图即代表了 R_B 影响线的形状，如图 16-5(d)所示。

2. 弯矩影响线

作图 16-6(a)所示梁上截面 C 的弯矩影响线，首先解除 C 截面处与弯矩相应的约束，相当于在截面 C 处设置一个铰链，并以一对力偶 M_C 代替转动作用，如图 16-6(b)所示。使 AC、CB 沿 M_C 正向发生相对单位转角 1，得到图 16-6(c)所示的位移图，即 M_C 的影响线。

由 $\delta_x=\alpha+\beta=1$，可以求出 A 点的值为 a，再根据几何比例可求得 C 点的值为$\frac{ab}{l}$。

3. 剪力影响线

要绘制 C 截面剪力的影响线，则去掉相对应的约束，将 C 变成定向约束，用一对力 Q_C 代替剪切作用，如图 16-6(d)所示。使 C 沿 Q_C 正向发生相对单位位移 1，得到图 16-6(e)所示的位移图，即 Q_C 的影响线。由于 C 点是定向约束，只能在竖向滑移，所以 C 左右两侧梁段的位移是保持平行的。C 点影响线的值可以根据这个条件，按几何比例求得。

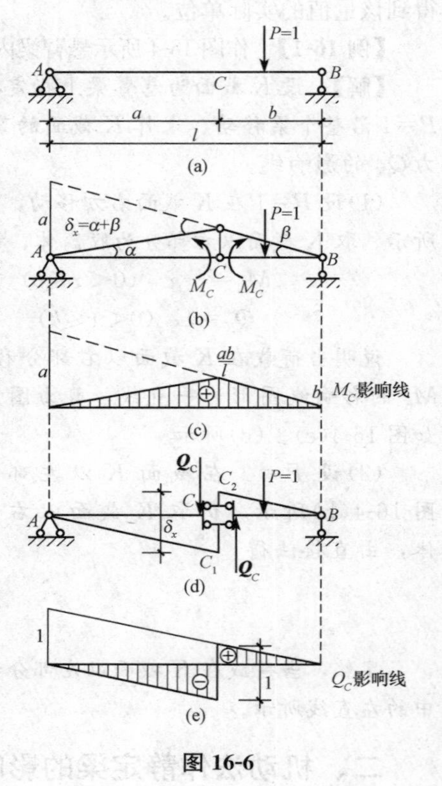

图 16-6

三、内力影响线与内力图的区别

学习影响线时，应特别注意不要将影响线和一个集中荷载作用下简支梁的弯矩图混淆。

图 16-7(a)、(b)分别是简支梁 AB 的弯矩影响线和弯矩图，这两个图形的形状虽然相似，但其概念却完全不同。现列表 16-1 将两个图形的主要区别加以比较，以便更好地掌握影响线的概念。

表 16-1　弯矩影响线与弯矩图的比较

不同量	弯矩影响线	弯矩图
承受的荷载	数值为 1 的单位移动荷载，且无量纲	作用位置固定不变的实际荷载，有单位
横坐标 x	表示单位移动荷载的作用位置	表示所求弯矩的截面位置
纵坐标 y	代表 $P=1$ 作用在此点时，在指定截面处所产生的弯矩，正值应画在基线上侧；其量纲是[长度]	代表实际荷载作用在固定位置时，在此截面所产生的弯矩，弯矩画在杆件的受拉边且不标正、负号，其量纲是[力]·[长度]

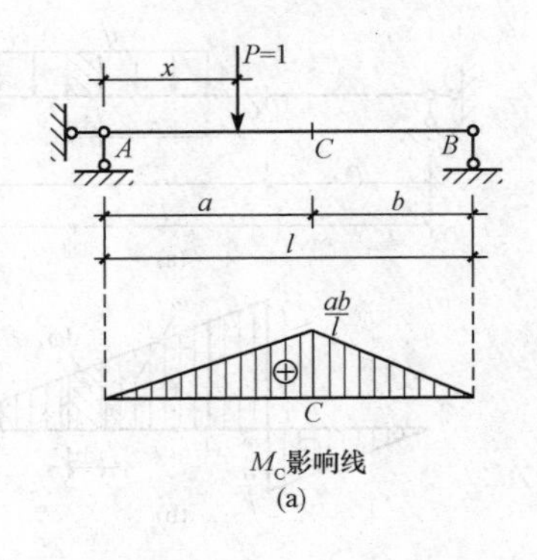

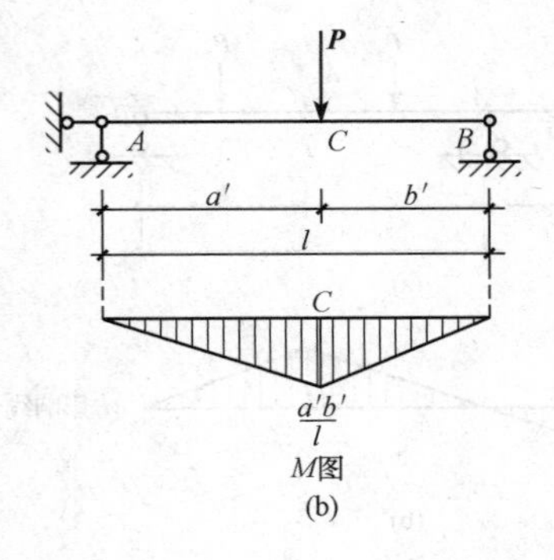

图 16-7

第三节　影响线的应用

绘制影响线可以解决的问题有：荷载位置已定，利用影响线求某量值；利用影响线确定最不利荷载位置。

一、当荷载位置固定时求某量值

1. 集中荷载作用

图 16-8(a)所示的外伸梁上，作用一组位置确定的集中荷载 $\boldsymbol{P}_1$、$\boldsymbol{P}_2$、$\boldsymbol{P}_3$。现拟求截面 C 的弯矩 M_C。为此，首先作出 M_C 影响线，如图 16-8(b)所示，并计算出对应各荷载作用点的竖标 y_1、y_2、y_3。根据叠加原理可知，在 $\boldsymbol{P}_1$、$\boldsymbol{P}_2$、$\boldsymbol{P}_3$ 共同作用下，M_C 值为

$$M_C = P_1 y_1 + P_2 y_2 + \boldsymbol{P}_3 y_3$$

一般情况下，若有一系列集中荷载 $\boldsymbol{P}_1$，$\boldsymbol{P}_2$，…，P_n 作用在结构上，而结构的某一量值 S 的影响线在各荷载作用点处的竖标为 y_1，y_2，…，y_n，则在这组集中荷载共同作用下，量值 S 为

$$S = P_1 y_1 + P_2 y_2 + \cdots P_n y_n = \sum_{i=1}^{n} P_i y_i \tag{16-8}$$

应用式(16-8)时，需注意竖标 y_i 的正、负号。

2. 分布荷载作用

如果结构在 AB 承受均布荷载 q，如图 16-9(a)所示，可将微段上的荷载 $q\mathrm{d}x$ 看作集中荷载，所引起的量值为 $xq\mathrm{d}x$，整个 AB 段均布荷载引起的量值为

$$S = \int_A^B yq\,\mathrm{d}x = q\int_y^B y\,\mathrm{d}x = q\omega \tag{16-9}$$

式中，ω 为分布荷载作用范围内影响线图形的面积。

式(16-9)表明，均布荷载引起的量值等于荷载集度乘以荷载作用段对应的影响线面积。在应用中，要注意面积 ω 的正负，上部面积取为正，下部取为负。

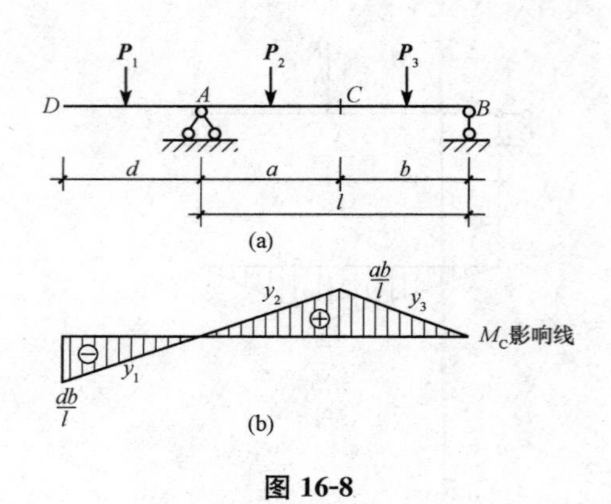

图 16-8

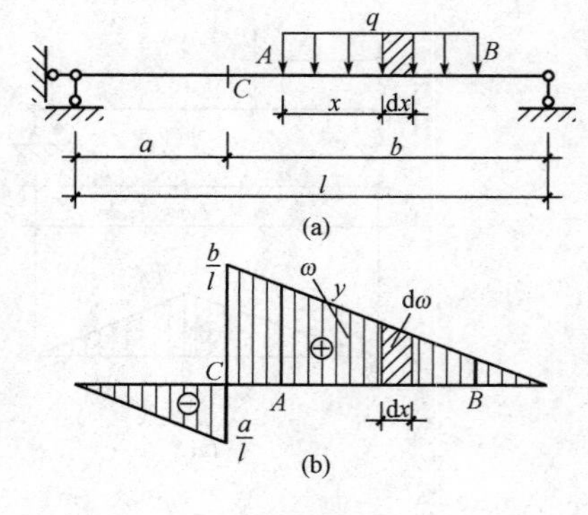

图 16-9

【例 16-2】 试利用 Q_C 影响线求图 16-10(a)所示简支梁 C 截面的剪力值。

【解】 (1)作梁的 Q_C 影响线，如图 16-10(b)所示。

(2)求出力 $\boldsymbol{P}$ 作用点和均布荷载所对应的影响线上的纵坐标数值及面积。

$$y_D=0.4,\ \omega=\frac{1}{2}\times(0.6+0.2)\times2-\frac{1}{2}\times(0.2+0.4)\times1=0.5(\mathrm{m}^2)$$

(3)求简支梁 C 截面的剪力值。

$$Q_C=Py_D+q\omega=10\times0.4+5\times0.5=6.5(\mathrm{kN})$$

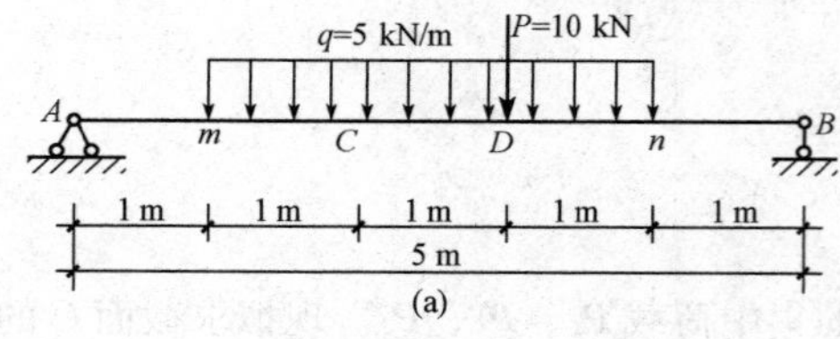

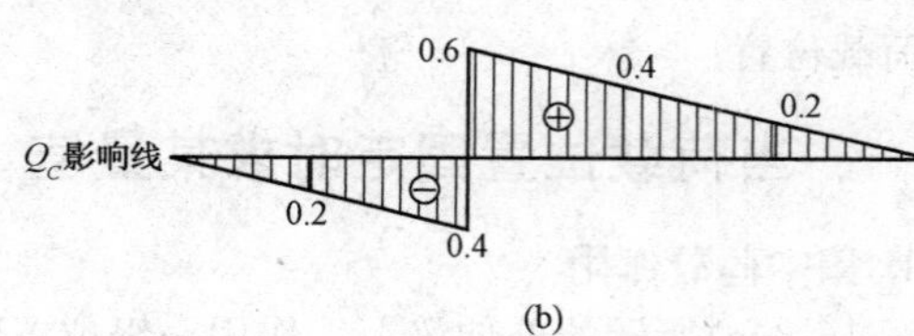

图 16-10

【例 16-3】 利用影响线求图 16-11(a)所示多跨静定梁的 K 点的弯矩 M_K。

【解】 先作出 M_K 的影响线，如图 16-11(b)所示。各项荷载分别计算后叠加得到：

$$M_K=10\times\frac{1}{2}\times4\times1-10\times1-4\times\frac{1}{2}\times2\times1+8\times0.5=10(\mathrm{kN\cdot m})$$

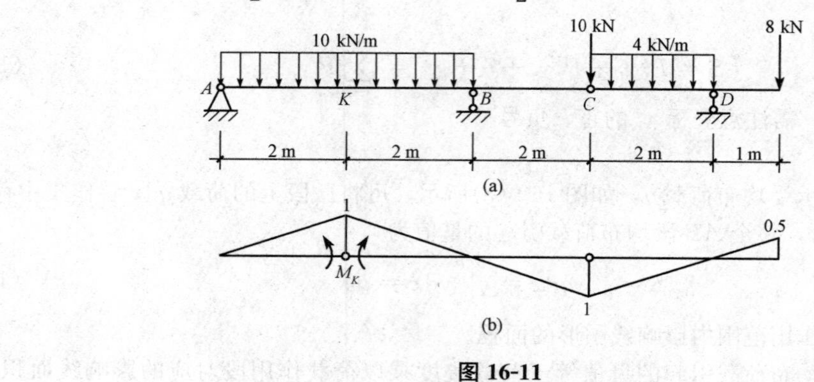

图 16-11

二、确定最不利荷载位置

在活荷载作用下，结构上的某一量值一般都随着荷载位置的变化而变化。使量值产生最大值或最小值时，移动荷载的位置称为该量值的最不利荷载位置。下面对常见的情况进行讨论。

1. 移动均布荷载作用时

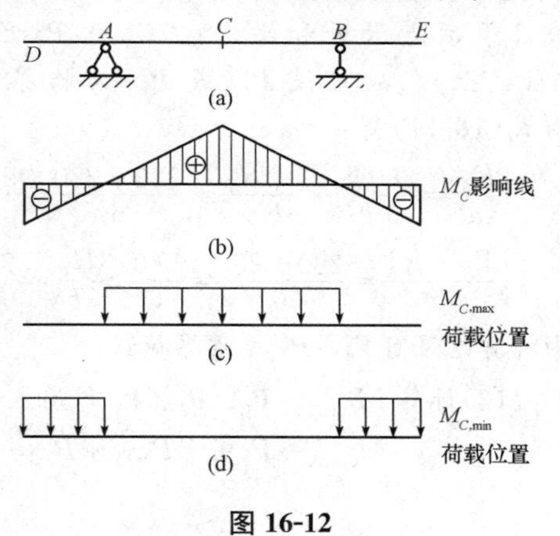

图 16-12

由于移动均布荷载可以随意地布置，而均布荷载下量值又等于荷载集度乘以其对应的影响线的面积，所以，只要将均布荷载布置在所有正号影响线的区段，就可以得到正的最大值；同样，只要将均布荷载布置在所有负号影响线的区段，则可以得到负的最大量值。

如图 16-12(a)所示的外伸梁，由截面 C 的弯矩影响线图 16-12(b)可知，当均布荷载布满梁的 AB 段[图 16-12(c)]时，M_C 为最大值 $M_{C,max}$；当均布荷载布满梁的 AD 段和 BE 段[图 16-12(d)]时，M_C 为最小值 $M_{C,min}$(负的最大量值)。

2. 移动集中荷载作用时

单个移动荷载：当只有一个荷载 $\boldsymbol{P}$ 作用时，只要将力 P 移动到该量值 S 影响线的最大竖标即 y_{max}处，即可得量值 S_{max}，即

$$S_{max}=Py_{max} \tag{16-10}$$

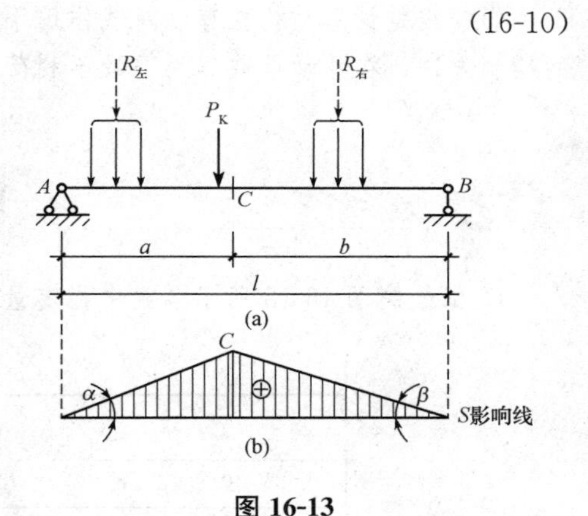

图 16-13

若荷载为一组间距不变的移动荷载 $\boldsymbol{P}_1$，$\boldsymbol{P}_2$，…，$\boldsymbol{P}_n$ 时，其最不利荷载位置较难确定。下面仅就影响线为三角形的情况，研究如何确定产生 S_{max} 的最不利位置。首先给出一个有用的论断，即当荷载位于最不利位置时，必有一个集中荷载位于影响线的顶点位置(证明从略)，通常将这一位于影响线顶点的集中荷载称为临界荷载，其常为荷载密度集中数值最大并且靠近移动荷载的合力的移动荷载。

图 16-13(a)、(b)分别表示一大小、间距不变的移动荷载组和某一量值 S 的三角形影响线。现在来确定 S 有最大值时荷载的最不利位置。

在移动荷载中选定一个 $\boldsymbol{P}_K$，将 $\boldsymbol{P}_K$ 置于 S 影响线的顶点上，以 $\boldsymbol{R}_左$、$\boldsymbol{R}_右$ 分别表示 $\boldsymbol{P}_K$ 左、右两边荷载的合力。对于临界荷载可以用下面两个判别式来判定(推导从略)：

$$\left.\begin{array}{l}\dfrac{R_左}{a}<\dfrac{P_K+R_右}{b}\\[2ex]\dfrac{P_K+R_左}{a}>\dfrac{R_右}{b}\end{array}\right\} \tag{16-11}$$

满足式(16-11)的 P_K 就是临界荷载。有时会出现多个满足上面判别式的临界荷载，则分别求出每个临界荷载位于影响线顶点时的相应量值并进行比较，产生量值最大者的荷载位置就是最不利荷载位置。

【例 16-4】 图 16-14(a)所示为一跨度为 12 m 的简支式起重机梁，同时有两台起重机在其上工作。试计算跨中截面 C 的最大弯矩 $M_{C,max}$。

【解】 (1)作 M_C 影响线，如图 16-14(c)所示。

(2)判别临界荷载。由于当 $\boldsymbol{P}_2$（或 $\boldsymbol{P}_3$）位于影响线顶点[图 16-14(b)]时，有较多的荷载位于顶点附近和梁上（应注意 $\boldsymbol{P}_4$ 已不在 AB 梁上），故可设 $\boldsymbol{P}_2$（或 $\boldsymbol{P}_3$）为临界荷载。由式(16-11)得：

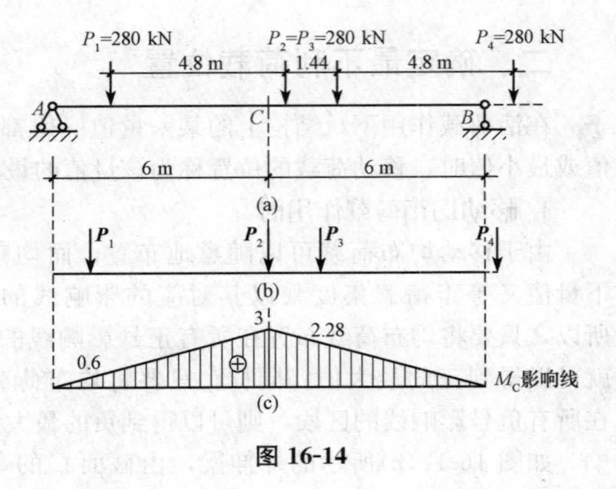

图 16-14

$$\begin{cases}\dfrac{R_{左}}{a}=\dfrac{280}{6}<\dfrac{P_K+R_{右}}{b}=\dfrac{280+280}{6}=\dfrac{560}{6}\\[2ex]\dfrac{P_K+R_{左}}{a}=\dfrac{280+280}{6}=\dfrac{560}{6}>\dfrac{R_{右}}{b}=\dfrac{280}{6}\end{cases}$$

由计算结果可见，P_2 是临界荷载。

(3)计算 $M_{C,\max}$。$\boldsymbol{P}_1$、$\boldsymbol{P}_2$、$\boldsymbol{P}_3$ 作用点处所对应的 M_C 影响线上的竖标如图 16-14(c)所示。

$$M_{C,\max}=P_1y_1+P_2y_2+P_3y_3=280\times(0.6+3+2.28)=1\ 646.4(\mathrm{kN\cdot m})$$

本章小结

影响线是计算结构在移动荷载作用下的反力和内力的工具。本章主要介绍静定梁的影响线的绘制方法、在移动荷载作用下最不利荷载位置的确定，以及内力图的相关概念及绘制方法。

思考与练习

1. 试绘制图 16-15 所示各梁中指定量值的影响线。

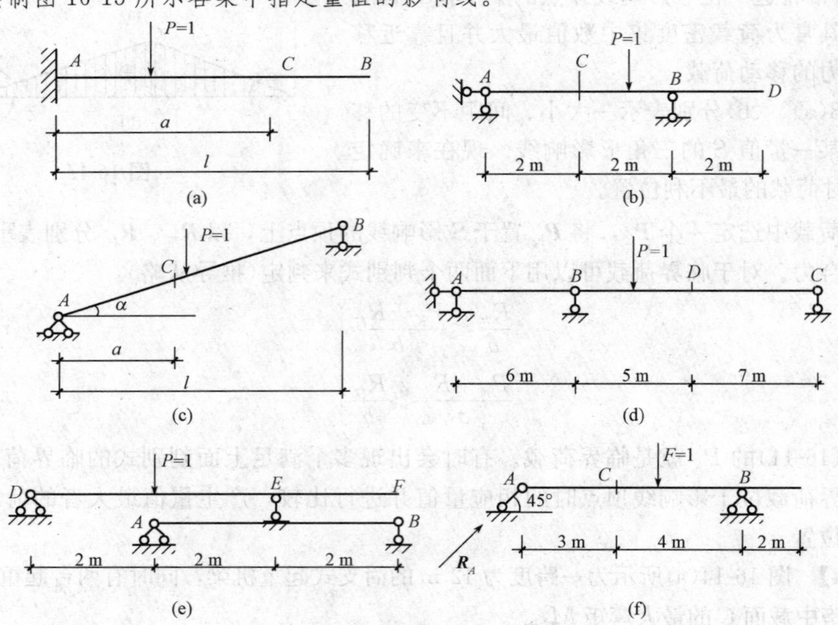

图 16-15

2. 用机动法作图 16-16 所示静定多跨梁的 R_B、M_E、$Q_{B左}$、$Q_{B右}$、Q_C 影响线。

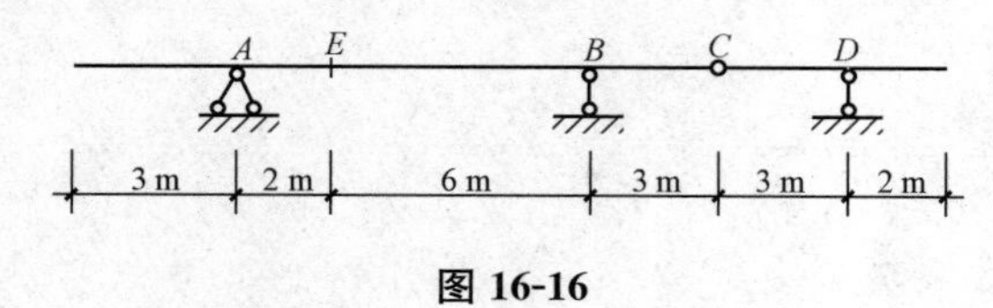

图 16-16

3. 利用影响线计算图 16-17 所示外伸梁 R_B、M_C、Q_C 的值。

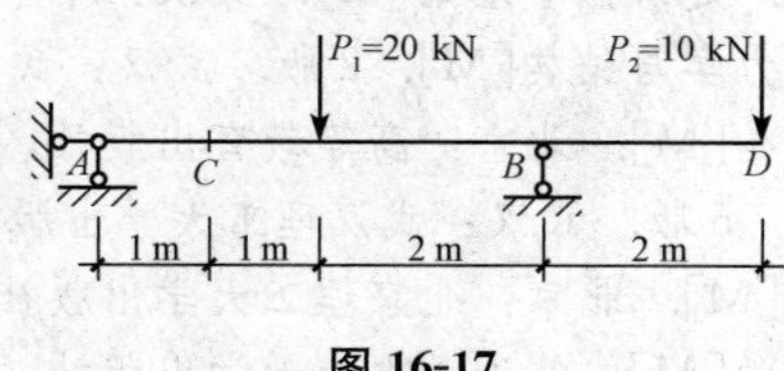

图 16-17

4. 试计算图 16-18 所示简支梁在移动行列荷载作用下截面 C 上的最大弯矩。

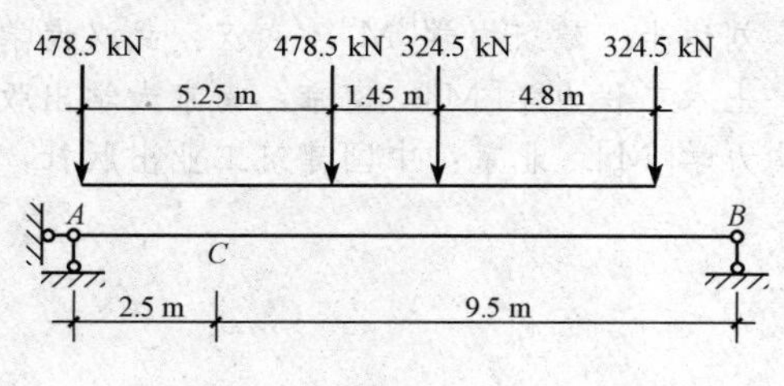

图 16-18

[1] 沈养中. 建筑力学[M]. 3版. 北京：高等教育出版社，2018.
[2] 宫素芝，吴栋，陈淳慧. 建筑力学基础[M]. 武汉：华中科技大学出版社，2018.
[3] 吴承霞，刘卫红. 建筑力学与结构[M]. 2版. 武汉：武汉理工大学出版社，2018.
[4] 刘晓敏. 建筑力学与结构[M]. 北京：高等教育出版社，2018.
[5] 包世华. 结构力学[M]. 5版. 武汉：武汉理工大学出版社，2018.
[6] 陈鹏. 建筑力学与结构[M]. 北京：北京理工大学出版社，2018.
[7] 刘可定，谭敏. 建筑力学[M]. 长沙：中南大学出版社，2018.
[8] 江怀雁，陈春梅. 建筑力学[M]. 北京：机械工业出版社，2019.
[9] 廖永宜，杨清荣. 建筑力学[M]. 北京：冶金工业出版社，2018.
[10] 董传卓，胡翠平，刘运生. 建筑力学[M]. 武汉：武汉大学出版社，2018.
[11] 金舜卿，李蔚英. 土木工程力学[M]. 南京：南京大学出版社，2018.
[12] 祁皑，林伟. 结构力学[M]. 北京：中国建筑工业出版社，2018.